心理学定律
与
经济学定律

叶枫 编著

北京联合出版公司
Beijing United Publishing Co.,Ltd.

图书在版编目（CIP）数据

心理学定律与经济学定律 / 叶枫编著 . -- 北京：北京联合出版公司 , 2015.10
（2024.8 重印）

ISBN 978-7-5502-6199-0

Ⅰ .①心⋯ Ⅱ .①叶⋯ Ⅲ .①心理学－通俗读物②经济学－通俗读物 Ⅳ .
① B84-49 ② F0-49

中国版本图书馆 CIP 数据核字（2015）第 221412 号

心理学定律与经济学定律

编　　著：叶　枫
出 品 人：赵红仕
责任编辑：李　征
封面设计：李艾红
美术编辑：刘欣梅

北京联合出版公司出版
（北京市西城区德外大街 83 号楼 9 层　　100088）
河北松源印刷有限公司印刷　新华书店经销
字数 650 千字　　720 毫米 ×1020 毫米　1/16　28 印张
2015 年 10 月第 1 版　2024 年 8 月第 4 次印刷
ISBN 978-7-5502-6199-0
定价：68.00 元

前　言

许多人以为，成功是由偶然和运气造成的，其实不然，它是由真理和定律决定的。人类进步在很大程度上正是由于运用那些普遍存在的真理和定律而取得的。这些定律被称为"成功背后的经典"。社会中的那些具有普遍意义的定律，使我们的生活成功而有意义。它们旨在告诉人们如何做人，如何面对生活，如何改变自己的命运，如何走向成功的人生。只有自觉地去发掘、掌握这些定律，才能读懂成功和平庸之间的区别，找到从平凡到成功的最为可行可靠的途径，从而跃过障碍、绕过陷阱而一步步地收获人生，成就大业！在这些定律中最不可忽视的莫过于心理学定律和经济学定律。

关于我们的心理世界，有很多神奇的定律，揭示了人们心理运行的一般规律。这些定律渗透于日常生活中的每个角落，与人们的生活、学习、工作都有着非常密切的关系。生活中，每个人的行为都受到自己心理的支配。不同的人有不同的心理，心理决定着一个人的想法，也决定着一个人的行为。掌握心理学定律，能让你更清楚地认识自我，更充分地发掘自我潜能，从而更快速地走向成功。恰当地使用心理学定律，可以让你在人际交往中无往不利，拥有并自由调控海量人脉资源，让贵人自觉自愿甚至主动地为你排忧解难、创造良机。利用心理学定律，可以迅速知晓对方想听的和不想听的、想要的和不想要的、喜欢的和不喜欢的，以及对方担心的和顾虑的等，从而透过显而易见的表象，分析其背后隐藏的真实心理，掌控人际交往的主动权，成为人际博弈大赢家。研究发现，商界精英、政治领袖等各界的风云人物大都是善于灵活运用心理学定律的人。他们具有敏锐的洞察力，会比普通人更仔细地观察他人，能够轻易地洞悉人的心理和本性，并懂得运用相关的心理学定律来影响、控制和操纵身边的人，从而更好地应对和处理工作与生活中的各种问题。爬山要懂山性，游泳要懂水性，成功要懂人性，掌握了心理学定律，就能够掌握对方的心理变化，削弱对方的自信，按照自己的意愿影响对方。总之，运用心理学定律，能够让你像魔鬼一样思考，像天使一样受人欢迎。

要取得成功，只懂心理还不够，还要面临另外一个非常重要的人生命题——经济。人们日常生活中的许多与生计有关的现象都与经济学息息相关，每个人在生活中都在有意无意地运用经济学规律进行选择和取舍，消费、投资、理财、谈判、营销、管理乃至人际交往、职场竞争、爱情婚姻等，都是某种程度上的经济活动。而经济学定律则是一种有助于我们直接提高效益的经济思维和经济方法的总结。经济学定律以各种形式在表象之下暗中支配着人们的人生和商务活动，掌握经济学定律，人们可以更深入地把握住经济思维的本质，提高自己看待财富、处理金钱、衡量利益的智商、情商和财商。一些特别的定律其威力尤其巨大，可以轻而易举地帮助人们以少胜多，以小博大，以最小投入取得最大的收益，达到四两拨千斤的神奇效果，甚至可以帮助你从无到有，白手起家创造成功神话。掌握并运用这些定律，你的人生即踏上了通往成功的高速列车；相反，如果忽视这些定律，你的人生将永远在一种平庸的低速、低效率的状态中运转。经济学定律犹如一根"魔法棒"，指向哪里，哪里就会出现奇迹。

基于上述思想，本书分别从心理学和经济学角度着手，共辑选了120余个神奇而经典的定律，包括晕轮效应、洛克定律、木桶定律、奥卡姆剃刀定律、墨菲定律、互惠定律、马太效应、奥肯定律、测不准定律、羊群效应等。其中的每个定律都是千百年来世界最优秀心理学家、经济学家的思想和智慧的结晶，是经过千锤百炼、被实践反复验证的绝妙真理，也是我们必备的生存利器和成功法则。它们像一扇扇人类智慧的窗户，帮助我们看清复杂世界背后的真相，更深刻地认识人性和社会的本质，洞悉成功人生的方略，然后顺势而为，收到事半功倍之效；它们像人生道路上的一盏盏明灯，指引我们在黑暗中顺利前进，无须再遭受不必要的挫折和走不必要的弯路。总之，你会为拿到这本书而庆幸不已，它曾经改变过无数人的命运，如今，也将让你告别昨日乏味的生活，让你真正成为自己命运的主宰者。

目 录

· 上篇 ·

心智成就梦想
——你不可不知的心理学定律

·下篇·
经济就是生计
——你不可不知的经济学定律

上篇
心智成就梦想
——你不可不知的心理学定律

·第一章·

自我：从"心"开始，遇见未知的自己

皮尔斯定理：意识到无知，是知道的开始

【定律阐释】意识到自己的无知，才能进步。美国贝尔电话电报公司实验室著名科学家、"卫星通讯之父"约翰·皮尔斯说过："意识到无知才使我们充满活力。"做人贵有自知之明，能看到自己的不足，才能弥补这一不足。

最大的智慧是看到自己的无知

在古希腊雅典的一个神庙里，有一道神谕，说世界上最聪明的人是苏格拉底。而苏格拉底却说："我唯一知道的事，就是我什么也不知道。"之所以说苏格拉底是世界上最聪明的人，是因为他意识到了自己的无知。天下最大的智慧就是能意识到自己的无知。

这个世界上从不缺少妄自尊大的人，却缺少那些真正意识到自己无知的人。越是有智慧的人，越能看到自己的无知。一个自以为无所不知的人，却往往是个真正一无所知的人。

我国古代大思想家孔子曾说："三人行，必有我师焉。"想想看，孔子本身就是一位老师，是一位智者，但他却并不认为自己无所不知，反而谦虚地认为自己还有很多不知道的东西，遇到的人中肯定会有自己的老师。不仅如此，孔子还说要"不耻下问"，意识到自己的无知是进步的起点，要真正取得进步就要靠不耻下问来填补自己的无知。大家都知道孔子一生收了不少徒弟，却不知他也拜了不少老师，只要他有不懂的问题就立刻向别人请教。也许，正是意识到自己的无知和拥有不耻下问的精神成就了孔子。

美国历史上颇有作为的总统——林肯也是如此。林肯的父亲是一个目不识丁

的木匠，母亲是一位平庸的家庭主妇。而林肯却有着超凡的文笔、极强的处理事务和管理的能力。更让人吃惊的是，他一生中进学校的时间还不满一年。那他是如何获得那些学识和能力的呢？原来，林肯从小就能看到自己的无知，无论是农夫、商人、律师还是村儒学究，他都能从其身上学到很多知识和道理。他说："每个人都可能做我的教师。"正是这种态度，让他不断积累知识，让他不断增强能力，最终成为美国的总统。

为人应谦虚。真正的谦虚，是在对自我进行清晰剖析后，意识到自己的无知而流露出来的真实态度，而不是表面上做做样子。只有真正谦虚的人，才会得到别人真诚的建议，促进自己改正不足。

学海无涯，没有人是无所不知的。意识到自己的无知，并没有什么好丢脸的，反而是促进自己弥补无知的前提。无论你的人生追求是什么，雄心壮志是什么，在达成这些之前，首先要把自己做好了。换句话说，只有先把自己做好了，才能达成你的人生追求、雄心壮志。

古语云："修身、齐家、治国、平天下。"把修身放在最前面，就是因为这是以下几项的前提和根本。只有先修好身，才可达到齐家、治国、平天下的目标。修身修什么？首要的就是要意识到自己的不足，然后不断地去完善自己；意识到自己的无知，然后不断地去填补空白。如何修？就是要不断地自省。只有不断地进行自我反省，才能意识到自己的无知与不足。慎独，讲的也是这个道理。

人常说，活到老学到老，学无止境。不要让自大阻挡你前进的步伐。又有言曰："大智若愚。"那些真正有大智慧的人，从不自以为是，而是处处都以"无知"的面目示人，能意识到自己的无知，谦虚待人，不耻下问。

人贵有自知之明

老子云："知人者智，自知者明。"《孙子兵法》中有："知己知彼，百战不殆。"说的都是一个道理：人要懂得看清自己，人贵有自知之明。那些有所作为的人，大多是有自知之明的人。如果你不想虚度自己的人生，就先从看清自己做起吧。

春秋时期，有一段时间越国政治混乱，兵力疲弱。作为"五霸"之一的楚庄王认为，这正是攻打越国的好机会，于是就要出兵讨伐越国。这时，有一个名叫杜子的人前来劝阻。他问楚庄王："大王要攻打越国，为的是什么？"楚庄王答："因为越国现在政治混乱，兵力疲弱！"杜子听后，意味深长地说道："一个人的智慧就好比人的眼睛，能够看清楚很远的地方，却始终无法看见自己的眼睫毛。

自从大王的军队被秦国打败，楚国已经丧失了许多的国土，这是兵力疲弱；有人在国内造反，官吏却无法制止，这是政治混乱。目前，楚国兵弱政乱的情况与越国不相上下，而您还要出兵攻打越国，难道您就看不到自己的不足吗？"听了这一席话后，楚庄王立即取消了攻打越国的计划。

有很多人都像楚庄王一样，只看到别人的不足，却看不到自己的缺点。这样是很危险的，不自知的人很可能在战争中送命，在生活工作中失败。所以，无论何时都要谨记中国的那句古训：人贵有自知之明。

有一只乌鸦，看到老鹰总是能抓到羊吃，而自己也一样长着翅膀、尖嘴和爪子，于是它就想自己肯定也能抓到羊吃。可是，当它扑向羊的时候，不但没有抓到羊，还被羊角给扎死了。

不难看出，这只乌鸦犯的就是不自知的错，它并没有清楚地认识到自己和鹰的差别，只是想当然地认为鹰能做到的它也能做到，结果白白地送掉了性命。

其实，人无论在何时，处于何等的高位，都要做到有自知之明。应该说，越是处于高位，越要有自知之明，不要被别人的恭维蒙蔽了神志。

晕轮效应：不要像看"日晕"一样看世界

【定律阐释】晕轮效应，又称"光环效应"，由美国心理学家凯利提出，指人们看问题时，像日晕一样，由一个中心点逐步向外扩散成越来越大的圆圈，是一种在突出这一晕轮或光环的影响下而产生的以点带面、以偏概全的社会心理效应。

为什么我们会"爱屋及乌"

中国有句古话叫"爱屋及乌"，意思是如果爱一个人，连他家屋上的乌鸦都会喜爱。要知道，依我国传统文化，乌鸦是"不祥之鸟"，那么，为什么还会有"爱屋及乌"的现象呢？

其实，这就是晕轮效应的典型表现。无论在人际交往，还是认识事物时，人们常从对方所具有的某个特性而泛化到其他有关的一系列特性上，从局部信息形成一个完整的印象，即根据最少量的情况对别人或其他事物做出全面的结论。这实际上是个人主观推断泛化和扩张的结果。在晕轮效应影响下，一个人或事物的优点或缺点一旦变为光圈被扩大，其缺点或优点也就隐退到光圈的背后，被别人视而不见了。

下面，我们来看看博达列夫实验，亦证明同样的道理。

苏联学者博达列夫曾做过一个有趣的实验：在课堂上，他向两批学生出示同一张照片，告诉第一批学生这是一名罪犯，因杀人而入狱；告诉另一批学生这是一个物理学家，曾得过诺贝尔物理学奖。然后，他要求学生根据其形象描述其可能具有的性格。结果，第一批学生的评价都是贬义的，而第二批几乎全是赞美的。

再有，中国民间有句俗语："情人眼里出西施"，说的是为爱慕之情所迷惑，觉得所爱女子无处不美。黄庭坚的诗"草茅多奇士，蓬荜有秀色。西施逐人眼，称心最相得"，便是由这句古话而来的。情人在相恋的时候，很难找到对方的缺点，认为他（她）的一切都是好的，做的事都是对的，就连别人认为是缺点的地方，在双方看来也是无所谓的。这也是晕轮效应的表现。

心理学家认为，这种效应是由知觉者的情感引起的、对他人的一种主观倾向。由于我们在知觉他人时有一种情感效应，我们对他人的评价就容易出现偏差。这一偏差表现为当某人或某物被我们赋予了一个肯定的、令我们喜欢的特征之后，那么这个人就可能被我们赋予许多其他好的特征。反之，如果某人或某物存在某些不良的特征，那么，我们就会认为他其他的一切都是坏的。后者被称为"坏光环效应"，也被形象地叫作"扫帚星效应"。正所谓"一好百好，一恶百恶"，在生活中，"晕轮效应"与"扫帚星效应"经常发生，这些都是人类一种奇妙的内心反应。

理性人生，辩证对待心中的"光环"

客观上讲，晕轮效应是一把双刃剑，在实际应用中，我们要辩证地对待这顶"光环"。

既然我们知道晕轮效应是一种以偏概全的评价倾向，是个人主观推断泛化和扩张的结果。那么，在实际生活中，我们就要注意在评价自己的时候，要实事求是，考虑全面。当别人称赞你的时候，要保持头脑冷静，知道自己还有不足之处；当别人贬低你的时候，也不要自暴自弃，要知道自己还有可取之处，真实客观地看待自己，避免出现以偏概全而导致的错误。

同时，我们可以利用晕轮效应为自己创造有利条件。下面，我们先来看一下麦哲伦是如何利用晕轮效应成功地获得西班牙国王卡洛尔罗斯的帮助的。

在哥伦布航海成功后，为表明自己与投机者或骗子不同，麦哲伦在觐见国王时特地邀请了当时著名的地理学家路易·帕雷伊洛同往。帕雷伊洛将地球仪摆在国王面前，历数了麦哲伦航海的必要性及种种好处。结果，卡洛尔罗斯国王果然被说服了，麦哲伦成功地得到资助，进行了环绕地球一周的航行。然而，在麦哲伦等人结束航海后，人们发现了他对世界地理的认识及他所计算的经纬度有诸多偏差。

可见，卡洛尔罗斯国王之所以资助麦哲伦，并不是因为麦哲伦本人或帕雷伊洛的劝说内容，只是因为他认为帕雷伊洛作为专家，其建议一定值得信赖。所以，适当地运用晕轮效应，有助于我们积极地发展。

此外，在认识或接触其他人和事物的时候，晕轮效应的负面影响会给人的心理带来很大的障碍。

普希金是俄国著名诗人，当他遇到被公认为"莫斯科第一美人"的娜坦丽时，为她的美丽而心动，以至于疯狂地爱上了她。在普希金眼里，一个漂亮的女人也必然有非凡的智慧和高贵的品格。然而，事实并非如此。他们结婚后，普希金每次把自己的诗读给娜坦丽听时，她总是不耐烦地捂着耳朵说："不听！不听！"相反，她总是要普希金陪她游玩，参加晚会、舞会。普希金为了她放弃了诗歌创作，弄得债台高筑，甚至还为了她与别人决斗而牺牲了生命。

通过普希金的故事，我们要明白，在现实生活中，千万不能让"一俊遮百丑"蒙蔽了我们的双眼和理智。对一个人或事物，不要急于下判断，不要以偏概全，要做全面的了解，避免"晕轮效应"的偏差。

正如著名文学家陀思妥耶夫斯基所言："倘若你想征服全世界，你就得先征服自己。"请辩证地对待我们心中的"光环"，理性地走出精彩的人生！

控制错觉定律：我们总是会"自信地犯错"

【定律阐释】控制错觉定律，由于人们平常的生活都可以用自己的能力来支配，所以把这种错觉扩展到偶然性的事件上。

彩票真的是自己选就容易中吗

日本有一家保险公司，发了一批头奖 500 万美元的彩票。然后，每张彩票以

1 美元的价格卖给自己的职工。其中，一半彩票是买主自己挑选的，另一半彩票则是卖票人挑选的。到了抽奖那天的早晨，公司专门派调查人员找那些买彩票的人，并对他们说自己的朋友想买彩票，希望他们能转让出来。那么，他们会以多高的价格来出售自己的彩票呢？

关于前面的彩票问题，很多朋友会觉得两者的售价肯定不一样。没错，最后的结果是：不是自己挑选彩票的人平均每张彩票的售价是 1.96 美元，而自己挑选彩票的人平均每张彩票的售价则是 8.16 美元。原因就在于，自己选彩票的人相信自己的中奖率一定较高。

其实，这就涉及心理学上的控制错觉定律，即对于彩票等非常偶然的事件，人们也以为自己的能力可以支配。但客观上来讲，偶然性的事件是受到概率支配的。比如，你扔硬币 1000 次，正面和反面的概率一定都非常接近 500。但是哪一次是正面，哪一次是背面，是偶然的、不可预测的。

那么，回到最前面买彩票那个例子。实际上，别人给你买和你自己买，从概率上看，中奖的可能性是完全一样的。尽管从理论上人们都应该知道这个道理，可是到了实际操作中，大家往往还是认为自己"精心挑选"的彩票中奖的可能性更高一些。这可能是由于日常生活中的主要行为都能靠我们的努力和训练加以控制，所以就将这种意识错误地推及所有事，包括那些偶然性事件。

再如，我们掷骰子时，胜负完全是偶然的，与自己的技术和能力毫无关系。当有人想掷出"双六"的时候，心中就在想"六、六、六"，随之口中也小声地唠叨出来，甚至不知不觉地用手逐渐加力捏骰子。可事实上，结果完全是偶然的，与这些附加的动作毫无关系。只是人们潜意识里觉得自己越努力，结果越容易如愿。

心理学家曾做过这样一个实验：他们给大学生一些钱，让他们来做掷骰子的赌博。结果发现，大多数学生都是在掷骰子之前下的赌注大。这是为什么呢？因为学生们都觉得靠自己的努力能使骰子按自己的意愿转动。不过，这根本没有任何逻辑上的依据，只是人们的错觉而已。

了解了控制错觉定律，我们便不难理解：为何赌博游戏会吸引很多人，甚至不少人为此倾家荡产也难以自拔。这些，都需要我们在日常生活中提高警惕。

错觉：该克服时要克服，该运用时要运用

实际生活中，人们很容易产生各种各样的错觉。我国古书《列子》中曾有这样一个有趣的记载：

孔子东游，见两儿辩斗，问其故。一儿曰："我以日始出时去人近，而日中时远也。一儿以日初出远，而日中时近也。"一儿曰："日初出时大如车盖，及日中则如盘盂，此不为远者小而近者大乎？"一儿曰："日初出沧沧凉凉，及其日中如探汤，此不为近者热而远者凉乎？"孔子不能决也。两小儿笑曰："孰谓汝多知乎？"

这里所讲的近如"车盖"，远似"盘盂"，就是错觉现象。简单地说，错觉是指不符合刺激本身特征的错误的知觉经验。它与幻觉或想象不一样，因为它是对应于客观的和可靠的物理刺激的，只是似乎我们的感觉器官在捉弄我们，尽管这样的捉弄自有其道理。再如，飞行员在海上飞行时，海天一色，找不到地标，经验不够丰富者往往因分不清上下方位，产生"倒飞错觉"，造成飞入海中的事故，亦是同理。此外，在一定心理状态下也会产生错觉，如惶恐不安时的"杯弓蛇影"、惊慌失措时的"草木皆兵"等。

关于错觉产生的原因虽有多种解释，但迄今都没有完全令人满意的答案。客观上，错觉的产生大多是在知觉对象所处的客观环境有了某种变化的情况下发生的；主观上，错觉的产生可能与过去经验、情绪以及各种感觉相互作用等因素有关。

同时，外在因素也会引起我们的错觉。曾有一个实验，有人分别从富裕家庭和贫困家庭挑选 10 个孩子，让他们估计从 1 分到 50 分（美元）硬币的大小。实验发现，来自贫困家庭的孩子比来自富裕家庭的孩子要高估硬币的大小，尤其是 5 分、10 分和 25 分值硬币。而当硬币不在眼前只靠记忆估测或者把硬币换成相同大小的硬纸板时，则高估情况会急速降低。这个实验形象地证实了在不同家庭环境中形成的态度和价值观对知觉有不可忽略的影响力。

不过，错觉虽然奇怪，但不神秘，研究错觉的成因有助于揭示客观世界的规律。

一方面，可以通过控制消除错觉对人类实践活动的不利影响。例如前述的"倒飞错觉"，研究其成因，在训练飞行员时增加相关的训练，便可有助于消除错觉，避免事故的发生。

另一方面，我们还可以利用某些错觉为人类服务。人们能够通过控制错觉来获得期望的效果。建筑师和室内设计师常利用人们的错觉来创造空间中比其自身看起来更大或更小的物体。例如一个较小的房间，如果墙壁涂上浅颜色，在屋中央使用一些较低的沙发、椅子和桌子，房间会看起来更宽敞。美国宇航局为航天项目工作的心理学家们设计的太空舱内部的环境，使之在知觉上产生一种愉快的感觉。电影院和剧场中的布景和光线方向也常被有意地设计，以产生电影和舞台上的错觉。

不值得定律：别样的心态，别样的选择

【定律阐释】不值得定律，指不值得做的事情，就不值得做好。一个人如果在做一件自认为不值得做的事情，往往会抱着冷嘲热讽、敷衍了事的态度，不仅成功率低，而且即使成功，也不觉得有多大的成就感；如果在做自认为值得做的事情，就会感到快乐，并认为每一个进展都很有意义。

"值得"与"不值得"，都是心的距离

世界著名指挥家伦纳德·伯恩斯坦，年轻时向美国最有名的作曲家、音乐理论家柯普兰学习作曲，附带学习指挥技巧。可就在作曲方面的造诣炉火纯青的时候，他的指挥才能被当时纽约爱乐乐团指挥发现，他被力荐担任纽约爱乐乐团常任指挥。结果，他一举成名，在近30年的指挥生涯中，几乎成了爱乐乐团的名片。然而，他并不认为自己非常成功，始终受着"我喜欢创作，却在做指挥"矛盾的折磨……

从伯恩斯坦的事例可以看出，在人们的眼中，他是出色的，成功的；但在自己的眼里，他并不是成功的。因为他的大半辈子都活在苦恼和矛盾之中，甚至最后还带着深深的遗憾告别了人世。

这就给予我们一个深深的启示："值得"与"不值得"，距离有多远，就在于我们的内心如何衡量。正如心理学中不值得定律所阐述的那样，一个人如果在做一件自认为不值得做的事情，即使成功，也不觉得有多大的成就感；如果在做自认为值得做的事情，则会认为每一个进展都很有意义。

如今，不少年轻人得到一份工作后，都渴望证实自己的优秀，但因认为简单小事不值得做，从而失去了很多展示自己价值和走向成功的契机。

美国通用电气公司前总裁杰克·韦尔奇曾说：一旦你产生了一个简单而坚定的想法，只要你不停地重复它，终会将之变为现实。年轻人本来就心高气盛，认为自己一开始工作就应该得到重用，就应该得到丰厚的报酬，因此往往会对手头上的琐碎工作不满，动不动就兴起"拂袖而去"的念头。一位先知说过："无知和好高骛远是年轻人最容易犯的错误，也是导致频繁失败的主要原因。"其实，小

事也好，大事也好，都是我们内心价值观的一种判断，我们不妨听听比尔·盖茨的劝告："年轻人，从小事做起吧，不要在日复一日的幻想中浪费年华。"

还有，李嘉诚当初为了开创自己的大事业，离开舅舅的钟表公司独自闯荡。然而，他并不像如今很多年轻人那样浮躁，而是从小事做起，在打工中循序渐进，一点一点地开创事业的新局面，终于，成就了一代富豪的庞大产业。

那么，究竟哪些事值得做呢？通常，这要取决于3个因素。

第一，价值观。一般来说，只有符合我们价值观的事，我们才会满怀热情去做。

第二，现实的处境。同样一份工作，在不同的处境下去做，给我们的感受也是不同的。例如，在一家大公司，如果你最初做的是打杂跑腿的工作，你很可能认为是不值得的。可是，一旦你被提升为领班或部门经理，你就不会这样认为了。

第三，个性和气质。比如，在企业中，让成就欲较强的员工单独或牵头完成具有一定风险和难度的工作，并在其完成时给予及时的肯定和赞扬；让依附欲较强的员工更多地参加到某个团体中共同工作；让权力欲较强的员工担任一个与之能力相适应的主管。同时要加强员工对企业目标的认同感，让员工感觉到自己所做的工作是值得的，这样才能激发员工的热情。

明白了这个道理，做事或作选择时，我们就会理性地对待内心的"值得"与"不值得"。

选择要理性，面对要积极

不值得定律让我们明白：智者，应理性地对待心里的那把尺子，在众多选择中，要认清哪些事情是最重要的、值得做的，然后竭尽全力，把这些值得做的事情做好；反之，那些没有意义、不值得做的事情，干脆不要做。

世界著名编剧家贝尔西蒙的每部剧作都堪称经典，很多人都认为他有着过人的才能或智慧。其实，在写每一个剧本之前，他都会先问自己：若能将这个剧本中每一个角色都表现得淋漓尽致，又保持故事的原则性，那这个剧本究竟会有多好呢？说白了，答案只有3种：一是"很好"，值得花费2年的心血去深入构思创作；二是"还行吧"，但是像鸡肋，没太大意思，不值得耗费太多的精力；最后则是"垃圾、俗套"，根本不值得一写。也正是因为这种做事前认真考虑是否值得做的习惯，贝尔西蒙才能不为不值得做的事浪费时间，从而将有限的精力全部投入值得做的事业中，最终取得成功。

几十年前，一个在贫民窟里长大的、身体瘦弱的穷小子，却在日记里立志长大后要做美国总统。但如何能实现这样宏伟的抱负呢？年纪轻轻的他，经过几天几夜的思索，拟定了这样一系列的连锁目标：做美国总统首先要做美国州长，要竞选州长必须得到有雄厚的财力后盾的支持，要获得财团的支持就一定得融入财团，要融入财团就最好娶一位豪门千金，要娶一位豪门千金必须成为名人，成为名人的快速方法就是做电影明星做电影明星的前提需要练好身体、练出阳刚之气。

按照这样的思路，他开始一步步地走下去。一天，当他看到著名的体操运动主席库尔后，他相信练健美是强身健体的好点子，因而萌生了练健美的兴趣。他开始刻苦而持之以恒地练习健美，他渴望成为世界上最结实的壮汉。3 年后，借着发达的肌肉，一身雕塑似的体魄，他开始成为健美先生。

在以后的几年中，他囊括了欧洲、世界、奥林匹克的健美先生。在 22 岁时，他踏入了美国好莱坞。在好莱坞，他花费了 10 年，利用在体育方面的成就，一心去表现坚强不屈、百折不挠的硬汉形象。终于，他在演艺界声名鹊起。当他的电影事业如日中天时，女友的家庭在他们相恋 9 年后，也终于接纳了这位"黑脸庄稼人"。他的女友就是赫赫有名的肯尼迪总统的侄女。

婚姻生活恩爱地过去了十几个春秋。他与太太生育了 4 个孩子，建立了一个"五好"的典型家庭。2003 年，年逾 57 岁的他，告老退出了影坛，转为从政，成功地竞选成为美国加州州长。他就是阿诺德·施瓦辛格。

所以，在生活中，我们要明确自己的人生目标和价值观，找到我们在社会中的坐标，找到心中的那把标尺，遇到那些"芝麻绿豆"的小事，就没必要大动干戈，以免浪费生命；当遇到了真正值得做的事，就应该像贝尔西蒙和约翰·戈达德那样，坚持下去，尽全力去实现它，只有这样才能取得伟大的成功。

权威效应：人微则言轻，人贵则言重

【定律阐释】权威效应，指如果一个人地位高、有威信、受人尊敬，那么他所说的话、所做的事就容易引起别人的重视，并容易使人相信其正确性。也就是说，人们对权威的信任要远远超过对常人的信任。

南朝的刘勰写出《文心雕龙》却无人重视，他请当时的大文学家沈约审阅，沈约不予理睬。后来他装扮成卖书人，将作品送给沈约。沈约阅后评价极高，于是《文心雕龙》成了中国文学评论的经典名著。在我们赞赏刘勰聪慧的同时，也不得不折服于心理学中强大的权威效应。

掀开"机长综合征"的心理学面纱

在航空工业界，有一个现象叫"机长综合征"。说的是在很多事故中，机长所犯的错误都十分明显，但飞行员们没有针对这个错误采取任何行动，最终导致飞行事故。下面这个故事，就是"机长综合征"的一个典型。

一次，著名空军将领乌托尔·恩特要执行一次飞行任务，但他的副驾驶员在飞机起飞前生病了，于是总部临时给他派了一名副驾驶员做替补。和这位传奇的将军同飞，这名替补觉得非常荣幸。在起飞过程中，恩特哼起歌来，并把头一点一点地随着歌曲的节奏打拍子。这个副驾驶员以为恩特是要他把飞机升起来，虽然当时飞机还远远没有达到可以起飞的速度，他还是把操纵杆推了上去。结果飞机的腹部撞到了地上，螺旋桨的一个叶片飞入了恩特的背部，导致他终生截瘫。

事后有人问这位副驾驶员："既然你知道飞机还不能起飞，为什么要把操纵杆推起来呢？"他的回答是："我以为将军要我这么做。"

从心理学角度讲，这个故事反映了社会中普遍存在的一种心理现象——权威效应。也就是说，尽管我们每个人都对身边的人或者对社会有一定的影响力，但影响力的大小有所不同。一般来说，权威人士容易对其他人产生更大的影响。

例如，某天你眼部不适，到医院就诊，如果其他条件相同，有一位眼科专家和一位刚从医学院毕业的年轻大夫供你选择，相信你一定会选择专家。还有，一篇医学论文是被推荐到联合国的某个组织去报告，还是刊登在普通杂志上，这种反映医学成就的信息，其影响肯定是不同的。

权威对我们的影响力要超出常人，崇尚权威，迷信权威人士成了社会大众的一个普遍特征。社会中大多数处于中下层地位的人，学识有限，心理脆弱，对超出自身生活经验的问题不甚了解，不辨真伪，因而盲目相信所谓权威的意见。他们甚至不在乎"说什么"，只在乎说者本身的权威地位。古往今来的君主枭雄、教主领袖，乃至市井中有号召力之人，他们的号召力往往正是来源于对大众心理的这种控制。

在现实生活中，无论是做人，还是做事，我们都要擦亮双眼，理智思考，不要让权威成为遮盖事实真相的心理面纱。

自信是突围负面"权威效应"的利器

不可否认，"权威效应"有它积极的一面，在日常生活中，积极、上进的"权威效应"是值得提倡的。

例如，树立权威人士做群众的好榜样，有助于形成良好的社会风尚；请权威人士担任形象大使，负责环保、节能、关爱生命、如何急救等有意义的公益宣传，将会在大众心中留下更深刻的印象，从而起到更好的促进作用。

然而，"权威效应"也有其消极、颓废一面。例如，某些虚假、误导的广告，由于聘请了一些权威人士进行代言，造成诸多消费者受骗上当。特别是那些涉及医药用品与医疗服务方面的广告，造成的危害及恶劣影响更大。要知道，从心理学层面讲，对于大众而言，权威人士代言广告的性质属于"证言广告"，大家虽然没有切身去体验，但因为对代言者的推崇和信任，往往会对产品热心追捧，甚至深信不疑。这也是为何人们再三强调，权威人士或名人在代言广告方面，要强化一种责任感和守法意识。

作为普通人，我们应该明白，其实"权威"也是凡人，他们或多或少都会受到时代和自身条件的局限。如果我们不能认识到这一点，而总是跪倒在"权威"的面前，那么我们就永远不会进步。

我们具体应该如何破除"权威效应"的消极圈套呢？

洛德·卢瑟福是英国著名核物理学家，因对元素裂变的研究获得了 1908 年诺贝尔化学奖。他曾断言："由分裂原子而产生能量，是一种无意义的事情。任何企图从原子蜕变中获取能源的人，都是在空谈妄想。"但数年后，用于发电的原子能就问世了。目前原子能已经成为主要的发电新能源。在法国，原子能的利用率甚至已占各种能源的 40%。

在科学大发现的时代——19 世纪，当牛顿发现万有引力定律，伦琴发现 X 射线后，有科学家曾断言：科学的路已走到头了，以后的科学家的任务就是尽量使实验做得更精确一些。但不久，爱因斯坦就发现了"相对论"，为科学界打开了新视野。

与之类似，下面是一个令人深思的真实故事：

一位导师，每天晚饭后都要出去散步，在散步之前，他都要给他的一位学生留三道题，放在桌子上，等学生来解答。

这天这位学生发现老师只给他留了两道题，他很快做完了，又在老师的书中发现了一个折着的小字条，上面写着一道题，题目是："如何用一支圆规和一把没有刻度的尺子来画一个正十七边形？"他开始苦思冥想，到深夜的时候，终于找到了答案。于是次日来见他的导师，导师看到答案后异常地惊讶，因为那道夹在书里的题目是他打算花大力气解决的，是当时数学界的一道难题。这位学生就是高斯。

试想，如果当时高斯知道那是一道当时数学界的难题，也许根本不会那么快找到答案。

所以，我们不要被问题吓倒，不要惧怕权威，更不能盲目地迷信权威。我们应该学会独立思考，用自信心作为突围那些权威名义下的种种圈套的利器。

情绪定律：情绪影响一切

【定律阐释】情绪定律，指人百分之百是情绪化的，任何时候的决定都是情绪化的决定。即使有人说某人很理性，其实当这个人很有"理性"地思考问题的时候，也受到他当时情绪状态的影响，"理性地思考"本身也是一种情绪状态。

情绪的惊人力量

有个岛上生活着一个未开化的部落。一天，村里发生了一桩杀人案。为了查出罪犯，人们请来了一名巫师。巫师让所有嫌疑分子都喝了"法液"——一种有一定毒性但不致毒死人的液体，并告诉他们，这种"法液"只对杀人凶手起作用，清白的人不会有事。结果，喝了法液的所有嫌疑人，几乎都安然无恙，唯独一人，终日绝望，没过多久便死了。究其原因，我们就要到情绪上找答案了。

你一定有过这样的经历：兴高采烈的时候，看什么都顺眼，做什么都顺手；情绪一落千丈的时候，觉得自己做什么事都不顺心，什么都做得不好。其实，这就是情绪的强大影响力。前面法液缉凶的例子亦是如此，清白的人坚信"法液"不会伤害自己，情绪安然，身体也就无恙；而真正的凶手却由于心存恐惧，认为"法液"对身体伤害很大，情绪低落，终日绝望，自然容易走向死亡。

人常说"世界之大，无奇不有"。没错，德国著名的化学家奥斯特瓦尔德曾因自己的情绪变化，差点儿造成他人与诺贝尔奖擦肩而过的后果。

有一天，德国著名的化学家奥斯特瓦尔德由于牙病，疼痛难忍，情绪很坏。他拿起一位不知名的青年寄来的稿件粗粗看了一下，觉得满纸都是奇谈怪论，顺手就把这篇论文丢进了纸篓。

几天以后，他的牙痛好了，情绪也好多了，那篇论文中的一些奇谈怪论又在他的脑海中闪现。于是，他急忙从纸篓里把它拣出来重读一遍，结果发现这篇论文很有科学价值。他马上给一份科学杂志写信，加以推荐。

后来，这篇论文发表了，并且轰动了学术界。该论文的作者也因此而获得了诺贝尔奖。

想想看，如果奥斯特瓦尔德的情绪没有很快好转，结果恐怕就不言而喻了。

事实上，情绪的好坏与我们自己的心态及想法密不可分，这就是心理学中的情绪定律。一件事，在别人眼中看着是悲哀的，在你眼中也许就是喜乐的，关键是自己怎么想。下面就是一个非常有趣的例子：

有两个秀才一起去赶考，路上他们遇到了一支出殡的队伍。看到那口黑乎乎的棺材，其中一个秀才心里立即"咯噔"一下，凉了半截，心想：完了，真触霉头，赶考的日子居然碰到这个倒霉的棺材。于是，心情一落千丈，走进考场，那个"黑乎乎的棺材"一直挥之不去，结果，文思枯竭，名落孙山。

另一个秀才也同时看到了这个棺材，一开始心里也"咯噔"了一下，但转念一想：棺材，棺材，噢！那不就是有"官"又有"财"吗？好，好兆头，看来今天我要红运当头了，一定高中。于是十分兴奋，情绪高涨，走进考场，文思如泉涌，果然一举高中。

可见，面对同一口棺材，两个秀才产生了不同的情绪，进而造成了两种不同的结果。这就是情绪对一个人的巨大影响。

身处世事，人类拥有数百种情绪，它们或泾渭分明，如爱恨对立；或相互渗透，如悲愤、悲痛中有愤恨或愤怒夹杂；或大同小异的情绪彼此混杂，十分微妙。在这些纷繁复杂的情绪面前，语言确实有些苍白无力。不过，只要我们了解了这些情绪，在日常生活中，就可以学着理性地去控制情绪。

不做情绪的奴隶，命运掌握在自己手中

漫漫人生路上，要么是我们驾驭生命，要么是生命驾驭我们，而决定谁是坐骑、谁是骑手的，就是我们的情绪。它就像一把双刃剑，消极不良的情绪可以像敌人一样袭击我们，积极健康的情绪可以像朋友一样帮助我们。

其实，如果能够从根本上改变对一件事的看法，我们的情绪也就会受到很大的影响。

有位老人，她有两个儿子，大儿子是卖雨伞的，小儿子是卖草鞋的。晴天时，她心想：真糟糕，大儿子的雨伞卖不出去了；雨天时，她又想：真糟糕，小儿子的草鞋卖不出去了。所以，老人每天都愁容满面、忧心忡忡。

有一天，邻居告诉她："你换过来想一下不好吗？晴天时，你就想小小儿子的草鞋可以卖出去了，不是很开心吗？雨天时，你就想大儿子的雨伞可以卖出去了，是不是也很开心呀？"老人听了这番话，就照着做了。

从此以后，老人每天都很开心，常常笑容满面。

许多时候，我们也和那位老人一样，对于同一现实或情境，从一个角度去看，可能引起消极的情绪体验，陷入心理困境；如果从另一角度看，就可能发现积极意义，从而使消极情绪转化为积极情绪。

要知道，使自己快乐的钥匙不是掌握在别人手中，而是掌握在自己手中。我们郁闷也好，快乐也好，其实都不是由外界原因造成的，而是由我们自己的情绪造成的。所以，我们要做情绪的主人，而不能被情绪左右。正如心理学家所证明的：人不仅仅是消极情绪的放大镜，而且也是积极情绪的制造者，生气郁闷只能是折磨自己。我们应该学会自我调整，这样就可以时常保持积极情绪。

保持积极情绪状态的方法有很多种，包括宽容别人，保持积极乐观的心态，能接纳自己的情绪变化，善于及时调整自己的不良心态，掌握有效的自我调节的方法等。如果你不慎掉进了河沟，不妨想想也许有一条鱼会游进你的口袋；当你参加一些重要的考试或活动，感到非常紧张时，可以在心里暗暗提醒自己"沉住气，别紧张，胜利一定是属于自己的"，这样自然就会令情绪冷静，信心百倍；当遭遇困难或身陷逆境时，想想"失败乃成功之母"，振作精神，那么，下一步就会走向成功。

心理摆效应：人心也会像钟摆一样

【定律阐释】心理摆效应，指在情绪心理学中，人们那种由于特定背景的心理活动而引发的心理像钟摆那样向两极摆动的现象。

解惑"乐极生悲"

如果直接告诉你，你的心里有个钟摆，你一定不会相信。那么，请你回想，自己的心情是否曾如大海的波涛一样，大起大落？例如，同朋友聚会时热闹得快快乐乐，自己单独一人时又孤寂得冷冷清清；出去玩一场觉得很开心，可回来后又为日常生活的单调枯燥而心烦……这些，都是我们内心向两个极端摆动的现象。

事实就是这样，我们的心理都有十分明显的两极性。有肯定与否定、积极与消极、紧张与轻松、激动与平静、爱与恨、乐与悲、祸与福、赞成与反对等等。

在日常生活中，人们的心理会随着特定背景的心理活动而产生在这些两极之间摆动的现象。范进中举是《儒林外史》中最为精彩、最振聋发聩的篇章，范进的乐极生悲就是典型的心理摆效应的例子。

乡试出榜那天，家里断炊，范进抱着一只母鸡到集上去卖。报喜人来了，邻居寻范进回去打发报喜人，范进不信，被邻居一把拖了回来。范进三两步走进屋里来，见中间报帖已经升挂起来，上写道："捷报贵府老爷范讳进高中广东乡试第七名亚元。京报连登黄甲（金榜）。"范进不看便罢，看了一遍，又念了一遍，自己把两手拍了一下，笑了一声说道："噫！好了！我中了！"说着，往后一跤跌倒，牙关紧咬，不省人事。范进被人唤醒后，哭笑无常，满街疯癫。后来，经他的岳父胡屠户扇了一记耳光，惊醒过来，疯病才见好。

多数人都不解，一个正常的人为什么会产生心理摆效应呢？这主要有如下几个原因：

第一，心理存在着一种起伏现象。这是说，人的心理变化犹如大海的波涛，潮起潮落，经常按照一定的规律变化。而这种变化总是在心理的两极来回摆动，从而产生心理摆效应。

第二，心理摆效应的产生与个人的两极循环人格密切相关。有些人的人格特征总是两极心理状态很明显，一会儿狂喜，一会儿宁静；一会儿激情万丈，一会儿心灰意冷；一会儿快快乐乐，一会儿哭哭啼啼；一会儿爱，一会儿恨等等。这些人特别容易产生心理摆效应。

第三，与环境、角色反差较大有关系。一般来说，环境与角色反差较大的人，心理摆效应易产生；反之，不太容易产生。心理学家认为，人的感情在外界刺激的影响下，具有多度性和两极性的特点。每一种感情具有不同的等级，还有着与之相对立的情感状态，如爱与恨、欢乐与忧愁等。在特定背景的心理活动过程中，感情的等级越高，那么在这种情形下出现的"心理斜坡"就越大，因此也就越容易向相反的情绪状态进行转化。

顺其自然，让心不再摇摆

面对"心理摆效应"给我们带来的不良反应，我们应该如何应对呢？难道就让情绪无情地操控着我们，使心成为一个无休止的钟摆吗？

当然不是！我们应懂得顺其自然，要知道，人生不能总是高潮，生活也不可能永远是低谷。

在现实生活中，我们难免会遇到一些可怕的不幸、灾难或不愿意接受的事实，但是，这些往往是我们无法选择、也不可避免的。对此，明智的应对方案就是默默地接受，从而避免心情陷于低潮。还有另一种方法，也可以帮助你减弱不幸的伤害，那就是，当不幸降临时，不要将其放在心里，予以忽略，予以蔑视，以此来调整心态。

面对不可避免的事实，我们就应该学着做到诗人惠特曼所说的那样："让我们学着像树木一样顺其自然，面对黑夜、风暴、饥饿、意外与挫折。"因为，环境不能决定你是否快乐，你对事情的反应才决定你的心情。

请记住这样一句话：要驱除生命中的黑暗，最好的办法就是使生命充满阳光；要避免混乱，就得追求和谐；要使头脑戒绝错误，就得使头脑充满真知；要远离邪恶，就得多多思索美好可爱的事物；要摆脱一切讨厌和不健康的东西，就必须深思一切怡人和有益健康的事情。因为截然相反的思想不可能同时占据一个人的头脑。做到这一点，你就真正成了自己情绪的主人。

我们一定要懂得消除一些思想上的偏差。人生有聚也有散，生活有乐也有苦。有些人由于希望永远生活在激情、浪漫、刺激等理想的境界之中，因而对缺乏上述因素的平凡生活状态总是心存排斥，他们的心情自然就会因生活场景的变化而大起大落。

我们应该学会体验各种生活状态的不同乐趣。既能在激荡人心的活动中体验激情的热烈奔放，又能在平淡如水的日常生活中享受悠然自得的生活情趣。唯有此，自己才能在生活场景发生较大转换时，避免心理上产生巨大的失落感和消极的情绪。

此外，避免心理的极性摇摆，我们还要做到加强理智对情绪的调控作用。让自己快乐兴奋的生活时空中，保持适度的冷静和清醒。而当自己转入情绪的低谷时，要尽量避免不停地对比和回顾自己情绪高潮时的"激动画面"，隔绝有关刺激源，把注意力转入一些能平和自己心境或振奋自己精神的事情和活动当中去。

情感宣泄定律：请给情感一个宣泄的窗口

【定律阐释】情感宣泄定律，指情感如果不及时宣泄，会引起心理问题。即使你在压抑、克制阶段意识不到它的存在，也只说明它从"显意识层"转移到了"潜意识层"，对你的影响仍然存在，而且一直在找机会真正发泄出去。

由祥林嫂的喋喋不休说开去

鲁迅笔下的祥林嫂，作为《祝福》的主人公，以"喋喋不休地讲述阿毛事件"而为人们所熟知。由于第二个丈夫的死，特别是儿子阿毛的死，祥林嫂的心理处于极度的紊乱状态，正常的精神发展在屡次的灾祸中严重受阻，只有依赖倾诉——反复絮叨她的"阿毛的故事"，来宣泄她那被压抑且痛苦的情感。祥林嫂也是人，这种倾诉，更确切地说是宣泄，完全是创伤心理求得安慰的需要。

仔细想想，我们生活中一反常态的絮叨、歇斯底里，乃至许多失去理智的疯狂举动，不就是因为遭遇灾祸或不顺，对情绪的发泄吗？我们每个人在一生中都会产生数不清的意愿、情绪，但最终能实现、能满足的却并不多，因此也就需要情绪的宣泄。

有人认为，对那些未能实现的意愿、未能满足的情绪，应该千方百计地压抑、克制，不能发泄出来。殊不知，这种做法会产生一种心理上的能量，若不通过其他的途径进行释放，它自身丝毫不会减少，就好像物理学上的"能量守恒定律"。

还有，即使你在压抑、克制阶段意识不到它的存在，但实际上它对你的影响仍然存在，而且一直在找机会真正发泄出去。

王先生是某公司的职员，有段时间经理总是批评他这不对、那不对。自己已经很努力了，可还是被扣上"效率低"的帽子。不过，谁叫人家是领导呢？王先生有怒不敢言，在公司竭力压抑自己，并在心里自我慰藉说"能忍的人情商高"。

可是，每次下班回到家后，王先生总觉得心里堵得慌。于是，他就拿起笔练练字，想通过这种方式平静一下自己。谁料，等他写满一张纸才发现，纸上写的，除了经理的名字外，就是"龌龊""王八蛋"等一类不满和愤恨的话，连他自己都不敢相信。

通过上面王先生的例子，我们可以看出，情绪需要宣泄的时候，光靠自己的克制是解决不了问题的，即使不经意间，它也会向外流露，方式不仅仅局限于祥林嫂的"说"，王先生的"写"也可以，这就像人类的本能一样。

及时疏导，别让坏情绪"决堤"

生活中，难免会发生失败等不顺我们心意的事情。由此所产生的情绪，如同洪水一样，若不及时把它泄出去，就会给我们心理的堤坝造成强大压力。对此，我们不能采用堵的方法，因为随着水位的升高，堵塞只能是暂时的，到一定程度就会造成"决堤"，那时情况就更严重了。

也许你会问："在心理上筑高堤坝不行吗？"要知道，如果这样做，势必使人在心理上与外界日益隔绝，造成精神的忧郁、孤独、苦闷及窒息等不良后果。同时，这股暗流达到一定程度，还是要冲破心理的堤坝，甚至导致精神失常。

从科学上来讲，对于这样的情绪，最好的办法是疏导。霍桑工厂的谈话试验就是很好的例证。

美国芝加哥市郊外的霍桑工厂是一个生产电话交换机的工厂，薪资待遇等各方面条件都相当不错，但工人们仍然愤愤不平，生产状况也不理想。为探求原因，美国国家研究委员会组织了一个由心理学家等多方面专家参与的研究小组，对工厂生产效率与工作物质条件之间的关系进行了研究。

在这一系列试验研究中，有一个是谈话试验。在大约2年多的时间里，心理专家们找工人个别谈话2万余次。在谈话中，专家耐心地听取工人对管理的意见和抱怨，不做任何反驳和训斥，让工人们把不满情绪尽情地宣泄出来。出乎意料的是，这一谈话试验收到了非常好的效果：工厂的工作效率大大提高。

关于这个试验，心理学家分析，工人长期以来对工厂各种管理制度有诸多不满而无处发泄，而专家们通过谈话恰好能让他们将这些不满发泄出来，对情绪起到疏导的作用，从而心情舒畅，干劲倍增，工作效率自然也会大大提高。

再如，中国一些小学为学生开设"情感宣泄"课，让学生走上讲台，讲述自己心中的苦闷、遇到的困惑或者想发泄的事情。这样不仅对学生进行了情绪疏导，为他们提供宣泄的机会，其他同学还可以帮忙想办法、出点子，使学生们在互相帮助中学会如何摆脱苦恼，增进相互间的了解，从而形成融洽的人际关系。

需要注意的是，虽然情绪需要宣泄，但要注意合理性。这就好比我们用高压锅做饭，一方面要将气适当地放掉，另一方面也要保证把饭做好。如果只知道将气泄掉，那么，拿掉整个锅盖就可以达到目的了。然而，这样做却使饭夹生了。因此，情绪宣泄不仅要有建设性，还应该是无害的。

在宣泄的过程中，尽量不要指责别人，而用诉苦的方式，更容易博得别人的理解。也可以找个不影响他人的适当场合，自己大哭一场，或者听音乐，做运动，自言自语，写写日记，养育鱼鸟，种植花木，找心理医生等，都是很好的宣泄方式。

·第二章·

成功："心法"才是真正的"方法"

王安论断：成功，始于果敢的决策

【定律阐释】王安论断由美籍华裔企业家王安博士提出，指婆婆妈妈的人，很难赢得胜利的果实。万事三思而后行，犯错误的几率会降至最低，但错失良机的几率则更高。不能因为怕犯错就犹豫不决，当机立断才是成功之道。

当机立断才能抓住机遇

机遇往往是可遇而不可求的，当你面对它的时候，当机立断抓住了，那是你的运气；如果你犹豫不决错过了，那是你的悲哀。生活中，经常会听到那些失意的人说："如果曾经我……""如果我那时候……"如果那时候把握住了机会，也许就会取得成功，但是不是每个人都有当机立断的勇气和决心的，所以这个世界上能取得成功的人还是少数。

美籍华裔企业家王安曾在一次演讲中说道："犹豫不决固然可以免去一些做错事的机会，但也会失去成功的机遇。"这就是"王安论断"。他之所以会有这样的论断，全得益于他6岁时的一个经历。

王安6岁时，有一天他去外面玩，走到大树下时，一个鸟窝正巧掉在了他头上，那鸟窝里还有一只嗷嗷待哺的小鸟。他看小鸟可怜，就打算把它带回家养。可当他走到家门口时，突然想起他妈妈不许在家养宠物的规定，这可怎么办好呢？他犹豫了一下，觉得还是先问一下妈妈为好。于是，他就把小鸟连带鸟窝放在了门口，进屋去向母亲请示了。经过他的苦苦哀求，妈妈破例答应了。可正当他兴高采烈地跑到门口准备把小鸟带回屋里的时候，却意外地发现鸟窝里的小鸟不见了，而一只不知哪来的黑猫正在意犹未尽地咀嚼着什么。他伤心极了，从那一刻起，他明白了一个道理，或者说汲取了一个教训：凡事要当机立断，不能瞻前顾后，犹豫不决。只要自己认定的事，就绝不能优柔寡断。

不难看出，王安由于自己的犹豫不决，导致了小鸟的丧命。在管理上，如果管理者优柔寡断，那失去的就不只是小鸟了。时间就是生命，时间就是金钱。在商界，谁能最先看到商机，并能当机立断，谁就会成为当之无愧的赢家。

王光英就是一位能够当机立断的管理者。1983 年，在他任中国光大实业公司董事长的时候，在一份报告中他看到了一个巨大的商机：智利一家铜矿倒闭，为了还债该铜矿急于处理 1500 辆刚购买不久的为了加快工程进度的名牌矿车。看到这个消息，王光英眼睛一下亮了，他知道机会来了。于是，他当机立断，火速派人与矿山老板取得了联系，表示了买车的意愿，并立即组织专家和工作人员前往智利与矿主谈判。在谈判小组出发前，王光英还特地下了一个指示，让他们不要事事请示，相信自己的判断力，要有勇气，只要他们认为车好价格好，就果敢拍板成交。那矿主虽说已经破产，却对那要出手的 1500 辆矿车保护有加，不仅租了个体育场专门摆放这些矿车，还让工人把每辆车都仔细地涂抹了防锈油。谈判小组看到这种情况欣喜不已，立即让专家开始验车，当得知矿车的各种指标都非常令人满意时，又马上开始与矿主讨价还价。虽然车是好车，但矿主还债心切，因此双方最终以原价八折的价格成交。就在协议刚刚达成的时候，一位美国商人也抱着同样的目的来到了铜矿。

试想，如果王光英慢一步或者谈判小组稍有犹豫的话，那这 1500 辆矿车就很有可能成为那位美国商人的了。

因此，当你面对机会时，当你自己认定了某事时，就当机立断，立刻去做，那么你离成功就不远了。

果敢决策才能获得成功

"花开堪折直须折，莫待无花空折枝。"机会是上帝赐予的"金苹果"，一不小心就会溜走。所以，当你感觉那是个机会的时候，就要果敢决策，这样才能获得成功。

从前，在一个山林里住着一只神鸟，传说如果谁抓到它，谁就会有好运。一个想要改变自己命运的年轻人听说了这件事后，决定上山去捉那只神鸟。他想到山上肯定有不少荆棘，就拿出斧头花了不少时间把它磨快。斧头磨好后，他又想到中午的时候肯定会很热，还是带些水为好，于是又花了很长时间洗净水壶的污渍，灌了水带上。拿着斧头和水壶走到半山腰的时候，他又想到，如果捉到了神鸟还没有东西可以装它。为此，他又跑回家用藤萝编了个笼子，笼子编完了，太阳也下山了。当他带着笼子爬上山时，神鸟早已飞走了。而这只神鸟只会在同一个地方待一天，日落之前就会飞到另一个地方去。这个年轻人再也没有遇到过那神鸟。

所以，当你要做一件事时，就要果敢决策，不要前怕狼后怕虎的，在你犹豫的时候，难得一见的神鸟说不定就飞走了。

"罗非鱼大王"——周勤富的创业史，就是一部果敢决策史。他的每一次致富经历，都是他敢于果敢决策的结果。

20世纪80年代，我国的海南岛还只是个以农业种植为主的"南国荒岛"，养殖业可以说是一片空白。1985年，"开发海南岛"的口号刚刚喊响，年仅20岁、在家乡学了两年养殖的周勤富觉得这是个机会，就果敢地与海南的一家事业单位合作投资养殖业。他带着自己的12000只鸭子挺进荒岛，不仅促进了海南养殖业的发展，更为自己赚得了第一桶金。可市场说变就变，1988年鸭蛋的价格一下就跌下来了，合作方要求取消合作，周勤富一人根本抵挡不住市场的压力。最终，他不得不含泪卖了自己带到海南去的12000只鸭子。但他相信，禽蛋市场还会"回暖"的。于是，1989年他又果敢地向人借钱重新办起了养鸭场。事实证明，他的预测和决策都是正确的，他的养鸭场不仅很快使他还清了债务，而且还持续盈利。1990年，鸭蛋市场几乎达到饱和，周勤富又开始为自己寻找更好的发展途径。

一个偶然的机会，他从一个台湾商人那里听到了关于罗非鱼的信息。根据海南的气候和自己的养鱼经验，他又果敢地做出了转行养殖罗非鱼的决策。那个时候，罗非鱼的市场尚待开发，而海南正好具备养殖条件，周勤富再一次靠着自己果敢的性格开创了属于自己的"罗非鱼时代"。

周勤富的成功，可以说是上天的眷顾，是机会的垂怜，但没有他的果敢决策，任何眷顾和垂怜都会变得没有一点意义，因此正是他的果敢决策成就了他，创造了他的财富。

其实，这样的例子在商界数不胜数。在金融业，更是如此。无论是股票、基金、期货还是外汇，只要你看准机会，果敢决策，当抛则抛，当买则买，那肯定会大赚。如果你看到机会，却始终不敢出手，犹豫再三，那么只能一失再失赚钱的良机。

总之，无论是在生活中，还是在工作上，都要做一个干脆利落、当机立断的人。至于领导、管理者，在面对机遇或灾难时，更应该当机立断，果敢决策。只有这样，才能使成功的几率大大增加，而损失降至最低。所以，从今天起，做一个当机立断、果敢决策的人吧。

洛克定律：确定目标，专注行动

【定律阐释】要想成功就要制定一个可行的目标。正像美国管理学家埃得温·A.洛克说的那样：当目标既是未来指向的，又是富有挑战性的时候，它便是最有效的。

有目标才会成功

目标，是赛跑的终点线，是跳高的最高点，是篮圈，是球门，是一个人要做一件事所要达成的自己，是奋斗的方向。没有目标，人就会变成没头的苍蝇，盲目而不知所措。没有目标，你终会因碌碌无为而悔恨；没有目标，你就很难与成功相见。

人要有一个奋斗目标，这样活起来才有精神，有奔头。那些整天无所事事、无聊至极的人，就是因为没有目标。从小就要为自己的人生制定一个目标，然后不断地向它靠近，终有一天你会达到这个目标。如果从小就糊里糊涂，对自己的人生不负责任，没有目标没有方向，那这一生也难有作为。每个人出门，都会有自己的目的地，如果不知道自己要去哪里，漫无目的地闲逛，那速度就会很慢；但当你清楚你自己要去的地方，你的步履就会情不自禁地加快。如果你分辨不清自己所在的方位，你会茫然若失；一旦你弄清了自己要去的方向，你会精神抖擞。这就是目标的力量。所以说，一个人有了目标，才会成功。

美国哈佛大学曾经做过一项关于"目标"的跟踪调查，调查的对象是一群智力、学历和环境等都差不多的年轻人。调查结果显示：90%的人没有目标，6%的人有目标，但目标模糊，只有4%的人有非常清晰明确的目标。20年后，研究人员回访发现，那4%有明确目标的人，生活、工作、事业都远远超过了另外96%的人。更不可思议的是，4%的人拥有的财富，超过了96%的人所拥有财富的总和。由此可见目标的重要性。

一位哲人曾经说过，除非你清楚自己要到哪里去，否则你永远也到不了自己想去的地方。要成为职场中的强者，我们首先就要培养自己的目标意识。古希腊彼得斯说："须有人生的目标，否则精力全属浪费。"古罗马小塞涅卡说："有些人活着没有任何目标，他们在世间行走，就像河中的一棵小草，他们不是行走，而是随波逐流。"

在这个世界上有这样一种现象，那就是"没有目标的人在为有目标的人达到目标"。因为有明确、具体的目标的人就好像有罗盘的船只一样，有明确的方向。在茫茫大海上，没有方向的船只能跟随着有方向的船走。

有目标未必能够成功，但没有目标的人一定不能成功。博恩·崔西说："成功就是目标的达成，其他都是这句话的注解。"顶尖的成功人士不是成功了才设定目标，而是设定了目标才成功。

目标是灯塔，可以指引你走向成功。有了目标，就会有动力；有了目标，就会有方向；有了目标，就会有属于自己的未来。

目标要"跳一跳，够得着"

目标不是越大越好，越高越棒，而是要根据自己的实际情况，制定出切实可行的目标才最有效。这个目标不能太容易就能达到，也不能高到永远也碰不着，"跳一跳，够得着"最好。

这个目标既要有未来指向，又要富有挑战性。比如那篮圈，定在那个高度是有道理的，它不会让你轻易就进球，也不会让你永远也进不了球，它正好是你努努力就能进球的高度。试想，如果把篮圈定在1.5米的高度，那进球还有意义吗？如果把篮圈定在15米的高度，还有人会去打篮球吗？所以，制定目标就像这篮圈一样，要不高不低，通过努力能达到才有效。

曾经有一个年轻人，很有才能，得到了美国汽车工业巨头福特的赏识。福特想要帮这个年轻人完成他的梦想，可是当福特听到这位年轻人的目标时，不禁吓了一跳。原来这个年轻人一生最大的愿望就是要赚到1000亿美元，超过福特当时所有资产的100倍。这个目标实在是太大了，福特不禁问道："你要那么多钱做什么？"年轻人迟疑了一会儿，说："老实讲，我也不知道，但我觉得只有那样才算是成功。"福特看看他，意味深长地说："假如一个人果真拥有了那么多钱，将会威胁整个世界，我看你还是先别考虑这件事，想些切实可行的吧。"5年后的一天，那位年轻人再次找到福特，说他想要创办一所大学，自己有10万美元，还差10万美元，希望福特可以帮他。福特听了这个计划，觉得可行，就决定帮助这位年轻人。又过了8年，年轻人如愿以偿地创办了自己的大学——伊利诺斯大学。

所以说，如果一个人的目标定得过大，听起来很空洞，没有一点可行性，那这个目标只是一个空谈，永远没有可以兑现的一天。

千里之行始于足下，汪洋大海积于滴水。成功都是一步一步走出来的。当然也有人一夜暴富，一下成名，但是谁又能看到他们之前的努力与艰辛。在俄国著名生物学家巴甫洛夫临终前，有人向他请教成功的秘诀。巴甫洛夫只说了八个字："要热诚而且慢慢来。""热诚"，有持久的兴趣才能坚持到成功。"慢慢来"，不要急于求成，做自己力所能及的事情，然后不断提高自己；不要妄想一步登天，要为自己定一个切实可行的目标，有挑战又能达到，不断追求，走向成功。

拿破仑·希尔说过："一个人能够想到一件事并抱有信心，那么他就能实现它。"换句话说，一个人如果有坚定明确的目标，他就能达成这一目标。坚定是说态度，明确是讲对自我的认识程度。每个人都有自己的优点和缺点，有自己的爱好与厌恶，所以每个人所制定的目标也是不一样的。

要根据自己的实际情况，制定自己"跳一跳，够得着"的目标。首先要对自己的实际情况有一个清晰的认识。对自己的能力，潜力，自己的各方面条件都有一个明确的把握，经过仔细考虑定出属于自己的奋斗目标。有些人之所以一生都碌碌无为，是因为他的人生没有目标；有些人之所以总是失败，是由于他的目标总是太大太空，不切实际。因此，想要成功，就要先为自己制定一个奋斗目标，属于自己的"跳一跳，够得着"的奋斗目标。

瓦拉赫效应：成功，要懂得经营自己的长处

【定律阐释】瓦拉赫效应，指人的智能发展都是不均衡的，都有智能的强点和弱点，人一旦找到自己的智能最佳点，使智能潜力得到充分的发挥，便可取得惊人的成绩。

经营自己的长处，让人生增值

曾有一个叫奥托·瓦拉赫的人，中学时，父母为他选了文学之路，可一学期

下来，老师给他的评语竟为："瓦拉赫很用功，但过分拘泥，这样的人即使有着完美的品德，也绝不可能在文学上发挥出来。"无奈，他又改学油画，但这次得到的评语更令人难以接受："你是绘画艺术方面的不可造就之才。"面对如此"笨拙"的学生，大多数老师认为他已成才无望，只有化学老师觉得他做事一丝不苟，这是做好化学实验应有的品格，建议他试学化学。谁料，瓦拉赫的智慧火花一下子被点燃了，并最终成了诺贝尔化学奖的得主……

这就是人们广为传颂的"瓦拉赫效应"。

比尔·盖茨，这位赫赫有名的世界级成功典范，令无数的人仰慕不已。他的成功，与他把握住未来的大趋势，尤其是懂得经营自己的强项密不可分。

事实上，盖茨一开始就与伙伴保罗·艾伦看到了个人电脑将改变整个世界的趋势，他们两个人经常通宵达旦地探讨个人电脑世界将会是什么样子，对这场革命的到来深信不疑。对于初出茅庐的微软来说，"它将到来"是他们的坚定信念，而他们为这将要到来的计算机时代开发软件。虽然他们没想到他们的公司能迅速跻身于世界舞台的前列，并发挥着超凡的作用，但当时他们至少窥见了 IBM 或数字设备公司这样的主板生产公司已陷入他们自身无法意识到的困境了。"我记得从一开始我们就纳闷，像数字设备公司这样的微机生产商生产出的机器功能强大而价格低廉，那么他们的发展前景在哪里呢？""IBM 的前景又在哪里呢？在我们看来，他们好像把一切都弄糟了，而且他们的未来也将是一团糟。我们对上帝说，天啊，这些人怎么能不警觉呢？他们怎么能不震惊害怕呢？"

盖茨的技术知识是微软所向披靡的成功秘诀中最重要的一条，而这也正是他的核心强项，他始终保持着对这一领域的决定权。在许多时候，他比他的对手更清楚地看到了未来科技的走势。

微软公司的同事们都盛赞盖茨的技术知识让他独具优势。他总是能提出正确的问题，他对程序的复杂细节几乎了如指掌。"你会纳闷，他怎么知道的呢？"布莱德·斯利夫伯格这位参加了视窗开发设计的人这么说过。

和盖茨个人以强项打天下的套路几乎如出一辙，微软公司把开发新产品作为全部事业的中心，根据市场需求推陈出新，发挥自身优势，力求变弱为强，深谋远虑，未雨绸缪，牢牢把握住了世界信息产业市场的未来。

微软与任何公司一样，实际上类似于一个动态的人体系统。它之所以能够有效运行，是因为微软人将竞争所需的各种技术能力和市场知识结合起来，并且把它们付诸行动。产品开发是微软所有事业的中心，公司的存亡和盛衰关键在于新产品。

微软还必须源源不断地增添有用功能来说服其成百万的现有顾客购买产品的新版本，虽然旧版本对于绝大多数人已经够用。为了保持市场份额在未来持续增长，微软计划创建种类繁多的、结合先进的多媒体及网络通信技术的消费性产品。显然，微软面临的一个关键问题是公司是否能够继续增进其开发能力，并且建立更大、更复杂的软件产品和以软件为基础的信息服务。就像我们已经指出的那样，微软还必须极大地简化这些中间产品，从而将它们成功地推销给世界上数十亿的新兴家庭消费者。

不言而喻，微软公司今日的成功，很大程度上得益于盖茨准确的市场定位和产品的推陈出新。人们公认微软公司的成功是由于"不停地创新"，而盖茨对未来形势精确的分析和其独有的战略眼光，以及对自己强项的经营程度，不仅为微软公司的员工，也为其对手所称道。

这一切，也正是"瓦拉赫效应"的典型体现，幸运之神就是那样垂青于忠于自己个性长处的人。正如松下幸之助所言：人生成功的诀窍在于经营自己的个性长处，经营长处能使自己的人生增值，否则，必将使自己的人生贬值。

承认缺憾，弥补缺陷

在美国某个学校的一间教室里，坐着一个8岁的小孩，他胆小而脆弱，脸上经常带着一种惊恐的表情。他呼吸时就好像别人喘气一样。

一旦被老师叫起来背诵课文或者回答问题，他就会惴惴不安，而且双腿抖个不停，嘴唇也颤动不安。自然，他的回答时常含糊而不连贯，最后，他只好颓废地坐到座位上。如果他能有副好看的面孔，也许给人的感觉会好一点。但是，当你向他同情地望过去时，你一眼就能看到他那一副实在无法恭维的龅牙！通常，像他这种小孩，自然很敏感，他们会主动地回避多姿多彩的生活，不喜欢交朋友，宁愿让自己成为一个沉默寡言的人。但是，这个小孩却不如此，他虽然有许多的缺憾，然而同时，在他身上也有一种坚韧的奋斗精神，一种无论什么人都可具有的奋斗精神。事实上，对他而言，正是他的缺憾增强了他去奋斗的热忱。他并没有因为同伴的嘲笑而使自己奋斗的勇气有丝毫减弱。相反，他使经常喘气的习惯变成了一种坚定的声响；他用坚强的意志，咬紧牙根使嘴唇不再颤动；他挺直腰杆使自己的双腿不再战栗，以此来克服他与生俱来的胆小和众多的缺陷。

这个小孩就是西奥多·罗斯福。

他并没有因为自己的缺憾而气馁。相反，他还千方百计把它们转化为自己可以利用的资本，并以它们为扶梯爬到了荣誉的顶峰。他用一种方法战胜了自己的缺憾，这种方法是大家都可以用得上的。到他晚年时，已经很少有人知道他曾经有过严重的缺憾，他自己又曾经如何惧怕过它。美国人民都爱戴他，他成了美国有史以来最得人心的总统之一。

盖茨说："我们尊敬罗斯福，同时，也希望我们能像他一样，为改变自己的命运做些努力。如果我们尝试着去做一件还有点价值的事，假如失败了，我们便借故来掩饰自己，那么我们就是在以自己的缺憾为借口了。"缺憾应当成为一种促使自己向上的激励机制，而不是一种自甘沉沦的理由，它暗示你在它上面应当做一点努力。

重要的并不在于你所做的是什么事，而在于你应当采取某种行动。最不可取的态度是一点事情都不去做，一味让自己躲藏在困难的后面，动不动就被困难吓倒，这很容易让自己滋生一种自卑感，久而久之，就什么事情都不敢去做了。那么，一个人什么时候应当坦然承认自己的缺陷，什么时候又应当去和困难斗争呢？

不言而喻，真正懂得经营自己强项的人是十分明智的，但同时，我们也要学会承认缺憾，弥补缺陷。

【定律链接】经营强项要有条理性

你最大的敌人是你自己。要巧妙经营自己的强项，就要善于管理自我。而要想成功，必须有条理地安排自己的活动，否则你不可能有什么过人的强项，甚至生活会变成一团糟。

某杂志刊载了这样一个故事：有一位老商人在小市镇做了几十年生意，到后来竟然完全失败。当一位债主跑来要债时，那位老商人正在紧皱双眉，思索他失败的原因。

他说："我为什么会失败呢？难道我对顾客不热情、不客气吗？"而债主却劝他从头干起。

"什么？要从头干起？"

"是啊！你应该把你目前的经营情况列在一张资产负债表上，好好清算一下，然后从头做起。"

"你的意思是要我把所有的资产和负债项目详细核算一下，列出一张表格吗？

要把门面、地板、桌厅、茶几、橱柜都重新洗刷油漆一番，弄成新开张一样吗？"

"是的！"

"这些事我早在15年前就想去做了，但后来因为我没有下定决心，所以一直没有去做。"

无论你是在大都市里还是小城镇里经营生意，你都应该把物资管理得井井有条，把账目记得清清楚楚——这是最重要的一件事。那些把什么东西都弄得乱七八糟的人，终有一天是要失败的。

经营任何事业千万不要做做停停、停停做做。有许多人往往今天说得头头是道，但明天还是毫无改善。对这种人也可以毫不客气地称之为"莽汉"或"懒猪"。他们哪里知道：没有一样事业仅靠喊口号就能成功的，要成就事业，非得集中心思，有条有理，持之以恒，不断地奋斗不可！

所以，要经营自己的强项，使之达到成功，就要做到有条有理。

木桶定律：抓最"长"的，不如抓最"短"的

【定律阐释】木桶定律，指一只木桶盛水的多少，并不取决于桶壁上最高的那块木板，而恰恰取决于桶壁上最短的那块木板。

克服人性"短板"，避开成事"暗礁"

一位老国王给他的两个儿子一些长短不同的木板，让他们各做一个木桶，并承诺：谁做的木桶装下的水多，谁就可以继承王位。大儿子为把自己的木桶做大，每块挡板都削得很长，可做到最后一条挡板时没有木材了；小儿子则平均地使用了木板，做了一个并不是很高的木桶。结果，小儿子的木桶装的水多，最终继承了王位。

与此类似，遇到问题时，我们若能先解决导致问题的"短板"，便可大大缩短解决问题的时间。

俗话说"人无完人"，确实，人性是存在许多弱点的，如恶习、自卑、犯错、忧虑、嫉妒，等等。根据木桶定律，这些短处往往是限制我们能力的关键。就像木桶一样，一个木桶能装多少水，并不是用最长的木板来衡量的，而是要靠最短

的木板来衡量，木桶装水的容量受到最短木板的限制，所以，要想让木桶装更多的水，我们必须加长自己最短的木板。

1. 恶习

我们时时刻刻都在无意识地培养着习惯，这令我们在很多情况下都要臣服于习惯。然而，好的习惯可为我们效力，不好的习惯，尤其是恶习（如果拖沓、酗酒等），会在做事时严重拖我们的后腿。所以，我们要学会对自己的习惯分类，对不好的习惯进行改正、完善，以免将成功毁在自己的恶习之中。

2. 自卑

自卑，可以说是一种性格上的缺陷，表现为对自己的能力、品质评价过低。它往往会抹杀我们的自信心，本来有足够的能力去完成学业或工作任务，却因怀疑自己而失败，显得处处不行，处处不如别人。所以，做事情要相信自己的能力，要告诉自己"我能行""我是最棒的"，那样，才能把事情办好，走向成功。

3. 犯错

人们通常不把犯错误看成是一种缺陷，甚至把"失败是成功之母"当成自己的至理名言。殊不知，有两种情况下犯错误就是一种缺陷。一种是不断地在同一个问题上犯错误，另一种是犯错误的频率比别人高。这些错误，或许是因他们态度问题，或许是因他们做事不够细心，没有责任心导致的，但无论哪种，都是成功的绊脚石。因此，平时要学会控制自己，改掉马虎大意等不良习惯；犯错后不要找托词和借口，懂得正视错误，并加以改正。

4. 忧虑

有位作家曾写道：给人们造成精神压力的，并不是今天的现实，而是对昨天所发生事情的悔恨，以及对明天将要发生事情的忧虑。没错，忧虑不仅会影响我们的心情，而且会给我们的工作和学习带来更大的压力。更重要的是，无休止的忧虑并不能解决问题。所以，我们要学会控制自己的情绪，客观地去看问题，在现实中磨炼自己的性格。

5. 妒忌

妒忌是人类最普遍、最根深蒂固的感情之一。它的存在，总是令我们不能理智地、积极地做事，于是，常导致事倍功半，甚至劳而无功的结果。因此，无论在生活中，还是在工作中，我们都应平和、宽容地对待他人，客观地看待自己。

6. 虚荣

每一个人都有一点虚荣心，但是过强的虚荣心，使人很容易被赞美之词迷惑，甚至不能自持，很容易被对手打败。所以，我们要控制虚荣，摆脱虚荣，正确地认识自己。

7. 贪婪

由于太看重眼前的利益，该放弃时不能放弃，结果铸成大错，甚至悔恨终生。众所周知，很多人因太贪钱财等身外之物而毁了大好前程，有时明知是圈套，却因为抵御不住诱惑而落入陷阱。说到底，不是人不聪明，而是败给了自己的贪欲。可见，要成事，先要找对心态，知足才能常乐。

一位伟人曾经说过："轻率和疏忽所造成的祸患将超乎人们的想象。"许多人之所以失 败，往往是因为他们没有注意到自己成功路上的那块短板，如车祸、建筑工程质量、行贿受贿等。所以，我们要想做好事情，应先学会做人，找到自己成功路上的短板，取长补短，从而摆脱弱点对我们的控制。

找到"阿喀琉斯之踵"，让问题迎刃而解

在希腊神话中，有这样一个意义深刻的故事：

阿喀琉斯是希腊神话中最伟大的英雄之一。他的母亲是一位女神，在他降生之初，女神为了使他长生不死，将他浸入冥河洗礼。阿喀琉斯从此刀枪不入，百毒不侵，只有一点除外——他的脚踵被提在女神手里，未能浸入冥河，于是脚踵就成了这位英雄的唯一弱点。

在漫长的特洛伊战争中，阿喀琉斯一直是希腊人最勇敢的将领。他所向披靡，任何敌人见了他都会望风而逃。

但是，在十年战争快结束时，敌方的将领帕里斯在众神的示意下，抓住了阿喀琉斯的弱点，一箭射中他的脚踵，阿喀琉斯最终不治而亡。

与"阿喀琉斯之踵"类似，任何事情或组织都有它的最薄弱之处，而问题又往往由这里产生。那么，如果我们把这个最薄弱处解决，问题往往就迎刃而解了。

曾有一家刚起步的电子商务公司，采购与销售是两个独立的部门，公司规定两个部门的资料每周沟通2次。然而，由于平时业务繁忙，再加上两个部门的员工不能及时交流沟通，总是造成销售人员在认为商品有货源的情况下接受了顾客的订单，但采购部实际上并不能在短时间内找到相应的货源。于是，顾客不能按时收到商品，公司经常接到投诉和顾客的抱怨，严重影响了业绩和公司的形象。

总经理发现了两个部门缺少沟通这一关键而又薄弱的环节后，为全公司所有

员工电脑安装了及时沟通软件，让两个部门的员工能及时沟通。同时，还在公司建立了库存与近期货源一览表。从而避免了原来有单无货的不良现象，既提高了公司的业绩，又提升了公司的形象。

通过这个例子可以看出，如果不能及时解决采销两个部门沟通的这块"短板"，无论销售人员如何努力接订单，对解决问题仍没有实质性的收效。因此，抓住导致问题的短板，并从根本上予以解决，才能使问题迎刃而解。

与此类似的例子还很多，例如，你和竞争对手同时争取一个项目，那么，你就需要了解对方的薄弱之处在哪儿，如何用你的强势攻克对手的薄弱环节；家庭因家电超负荷导致停电，检查电线和电器往往不起丝毫作用，而真正的解决方法应该是修好脆弱的保险丝；孩子成绩不好，解决的方法不是帮他们做题、写作业，也不是用训斥来打击他们幼小的心灵，而是要找到孩子在学习上的薄弱之处，从这里着手，才能从根本上提高孩子的成绩……

木桶定律让我们明白，遇到问题，不要蛮干，要找到导致问题的短板，科学地予以解决，从而达到事半功倍的效果。

艾森豪威尔法则：分清主次，高效成事

【定律阐释】艾森豪威尔法则，又称四象限法则，指处理事情应分主次，确定优先的标准是紧急性和重要性，据此可以将事情划分为必须做的、应该做的、量力而为的、可以委托别人去做的和应该删除的五个类别。

做事分等级，先抓牛鼻子

一天，动物园管理员发现袋鼠从笼子里跑出来了，于是开会讨论，大家一致认为是笼子的高度过低。所以他们将笼子由原来的 10 米加高到 30 米。第二天，袋鼠又跑到外面来，他们便将笼子的高度加到 50 米。这时，隔壁的长颈鹿问笼子里的袋鼠："他们会不会继续加高你们的笼子？"袋鼠答道："很难说。如果他们再继续忘记关门的话！"

事有"本末""轻重""缓急"，关门是本，加高笼子是末，舍本而逐末，当然不见成效了。与之类似，我们常常会看到这样的现象，一个人忙得团团转，可

是当你问他忙些什么时，他却说不出个具体来，只说自己忙死了。这样的人，就是做事没有条理性，一会儿做这一会儿做那，结果没一件事情能做好，不仅浪费时间与精力，更没见什么成效。

其实，无论在哪个行业，做哪些事情，要见成效，做事过程的安排与进行次序非常关键。

有一次，苏格拉底给学生们上课。他在桌子上放了一个装水的罐子，然后从桌子下面拿出一些正好可以从罐口放进罐子里的鹅卵石。当着学生的面，他把石块全部放到了罐子里。

接着，苏格拉底向全体同学问道："你们说这个罐子是满的吗？"

学生们异口同声地回答说："是的。"

苏格拉底又从桌子下面拿出一袋碎石子，把碎石子从罐口倒下去，然后问学生："你们说，这罐子现在是满的吗？"

这次，所有学生都不作声了。

过了一会，班上有一位学生低声回答说："也许没满。"

苏格拉底会心地一笑，又从桌下拿出一袋沙子，慢慢地倒进罐子里。倒完后，再问班上的学生："现在再告诉我，这个罐子是满的吗？"

"是的！"全班同学很有信心地回答说。

不料，苏格拉底又从桌子旁边拿出一大瓶水，把水倒在看起来已经被鹅卵石、小碎石、沙子填满了的罐子里。然后又问："同学们，你们从我做的这个实验得到了什么启示？"

话音刚落，一位向来以聪明著称的学生抢答道："我明白，无论我们的工作多忙，行程排得多满，如果要逼一下的话，还是可以多做些事的。"

苏格拉底微微笑了笑，说："你的答案也并不错，但我还要告诉你们另一个重要经验，而且这个经验比你说的可能还重要，它就是：如果你不先将大的鹅卵石放进罐子里去，你也许以后永远没机会再把它们放进去了。"

通过这个故事，我们发现，做事前的规划非常重要。在行动之前，一定要懂得思考，把问题和工作按照性质、情况等分成不同等级，然后巧妙地安排完成和解决的顺序。这样才能收到事半功倍的成效。

这就是艾森豪威尔原则的明智之处。它告诉我们，做事前需要科学地安排，要事第一，先抓住牛鼻子，然后再依照轻重缓急逐步执行，一串串、一层层地把所有的事情拎起来，条理清晰，成效才能显著，不要眉毛胡子一把抓。再如最前面动物园的例子，凡事都有本与末、轻与重的区别，千万不能做本末倒置、轻重颠倒的事情。

艾森豪威尔原则分类法

我们知道了做任何事情，只有事前理清事情的条理，排定具体操作的先后顺序，一切才能流畅地进行，并得到良好的收效。

在这方面，艾森豪威尔原则给出了一些具体的方法，可以帮助我们根据自己的目标，确定事情的顺序。

这一原则将工作区分为 5 个类别：

A：必须做的事情；

B：应该做的事情；

C：量力而为的事情；

D：可委托他人去做的事情；

E：应该删除的工作。

每天把要做的事情写在纸上，按以上 5 个类别将事情归类：

A：需要做；

B：应该做；

C：做了也不会错；

D：可以授权别人去做；

E：可以省略不做。

然后，根据上面归类，在每天大部分的时间里做 A 类和 B 类的事情，即使一天不能完成所有的事情，只要将最值得做的事情做完就好。

同样的道理，把自己 1 ~ 5 年内想要做的事情列出来，然后分为 ABC 三类：

A：最想做的事情；

B：愿意做的事情；

C：无所谓的事情。

接着，从 A 类目标中挑出 A1、A2、A3，代表最重要、次重要和第三重要的事情。

再针对这些 A 类目标，抄在另外一张纸上，列出你想要达成这些目标需要做的工作，接着将这份清单再分出 ABC 等级：

A：最想做的事情；

B：愿意做的事情；

C：做了也不会错的事情。

把这些工作放回原来的目标底下，重新调整结构，规划步骤，接着执行。

这些又被称为六步走方法，即挑选目标、设定优先次序、挑选工作、设定优先次序、安排行程、执行。把这些培养成每天的习惯，长期坚持并贯彻下去，相信，无数个条理性的成功慢慢累积，将会使你拥有非常成功的人生。

现实生活中，很多时候，我们总觉得自己身边有"时间盗贼"，没做多少事情，一天就匆匆过去。忙忙碌碌，年复一年，成绩、业绩却寥寥无几。

有句老话说得好："自知是自善的第一步。"要想改善现状，首先要找出问题的根源。此刻，请你仔细地考虑一下，到底是什么偷走了你的时间？是什么让你日复一日地感到时间的压力？想明白这些问题，拿起笔和纸，按照艾森豪威尔原则，开始规划你的每一天，让时间不再像以往那样在不知不觉中被偷走。

相关定律：条条大路通罗马，万事万物皆联系

【定律阐释】相关定律，指世界上的每一件事情之间都有一定的联系，没有一件事情是完全独立的。要解决某个难题，最好从其他相关的某个地方入手，而不只是专注在一个困难点上。

源自"万事万物皆有联系"的"以此释彼"智慧

哲学认为，万事万物皆有联系，世界上没有孤立存在着的事物。例如，水涨船高，说的是水与船的联系；积云成雨，说的是云与雨的联系；冬去春来，说的是冬季与春季之间的联系……

正是由于事物之间存在这种普遍联系，它们才会相互作用，相互影响。因此，一个问题的解决，往往影响到其周围与之相连的众多事物。这就为我们解决问题带来了很好的启发：在进行创造性思维、寻找最佳思维结论时，可根据其他事物的已知特性，联想到与自己正在寻求的思维结论相似和相关的东西，从而把两者结合起来，达到"以此释彼"的目的。即运用心理学中的相关定律。

在这方面，美国铁路两条铁轨之间标准距离的由来就是最好的例证。

美国的铁路两条铁轨之间的标准距离是 4.85 英尺（约 1.48 米）。人们对于这个很奇怪的标准非常好奇。美国的铁路原先是由英国人建造的，所以采用了英国

的铁路标准 4.85 英尺。

人们又问："英国人又为什么要用这个标准呢？"原来英国的铁路是由建电车的人所设计的，而 4.85 英尺是电车轨道所用的标准。

那电车的铁轨标准又是从哪里来的呢？原来最先造电车的人以前是造马车的，而他们则是沿用了马车的轮宽标准。

可马车为什么一定要用这个轮距标准呢？因为如果那时候的马车用任何其他轮距的话，马车的轮子很快会在英国的老路上撞坏的。这又是为什么呢？因为这些路上的辙迹的宽度都是 4.85 英尺。

那么，这些辙迹又是从何而来的呢？答案是古罗马人所制定的，而 4.85 英尺正是罗马战车的宽度。

于是又会有人问："为什么会选择罗马战车的宽度呢？"因为在欧洲，包括英国的长途老路，都是由罗马人的军队所铺的，所以，如果任何人用不同的轮宽在这些路上行车的话，轮子的寿命都不会长。

最后，人们还会问："罗马人为什么以 4.85 英尺为战车的轮距宽度呢？"

原因很简单，这是两匹拉战车的马的屁股的宽度……

通过这个经典的实例，我们可以看出，人们想知道美国铁路两条铁轨之间的标准距离是根据什么设计出来的，并不是一下子就在马屁股上找到答案的，而是通过英国铁路、英国电车、马车、老路辙迹、罗马战车、罗马老路等一系列与该问题相关的事物，顺藤摸瓜，最终找到了想要的答案。

其实，由于万事万物无不处于联系之中，我们遇到问题，应学会发散思维，不要总揪住一个点不放，想不通时，不妨找些与问题相关联的事物，从这些相关处着手，利用"以此释彼"的智慧，往往会令你恍然大悟。

做人不要一根筋，做事不要一条路跑到黑

生活中，我们常用"一条路跑到黑"来形容那些一根筋或钻牛角尖的人。然而，在遇到难题的时候，人们又往往不自觉地成为"一条路跑到黑"的傻瓜。那么，我们如何在难题面前不当傻瓜呢？先看一看下面这个例子：

加拿大伯塔省有一名叫斯考吉的高中女生。为了实现自己到 25 岁成为百万富翁的誓言，斯考吉从小就喜欢看比尔·盖茨的书，并研究《财富》杂志每年所列全球最富有的 100 个人。她发现：那些人中，有 95% 以上的人从小就有发财的欲望，57% 的全球巨富在 16 岁之前就想到了开自己的公司，3% 的全球巨富在未成年之前

至少做过一桩生意。于是，她得出结论，要致富，就必须从小有赚钱的意识。

在赚钱方面，小斯考吉选择了投资股票。很多投资股票的人，不是盯着电视就是盯着报纸，因为这些媒体都对股市做直接报道。然而，小斯考吉并没有选择这种直接的途径，而是根据证券营业部门口的摩托车数量决定该股是抛售还是买进。

例如，她专盯一家钢铁企业的股票。当这家企业股票下跌到 4 美元以下时，某证券营业部门口的摩托车便多起来，过一段时间，股价又涨了回去；当这只股票涨到 8 美元左右时，该证券营业部门口的摩托车又会开始多起来，接下去，该股必跌。期间，她经过调查发现，该企业的工人们不愿意看到工厂的股票下跌，每次股价太低时，他们就自发地去买进一些股票，从而带动股价上升；当上升到一定高位后，工人们便抛售股票，致使该股下跌。

就是这样，小斯考吉借助工人们往返证券营业部的摩托车的数量的变化，采取抛售或买进的举措，取得了不小的收获。

通过这个事例我们可以看出，小斯考吉巧妙利用相关定律，从与股市相关的抛买人群的行动变化下手，反而比那些只知道盯着直接报道股市的媒体的人们更有收效。

与此类似，我们在日常生活中会遇到很多棘手的问题，这些问题往往让人不知如何处理。于是，有的人在困难面前驻足不前，绞尽脑汁也想不出什么好方法；而有的人转换思维，从与之相关的事情着手，很快使问题迎刃而解。

所以，我们平时要大力培养自己洞察事物间相关性的能力，抓住事物和问题的关键，合理利用相关定律寻求解决方法，不做"一条路跑到黑"的傻瓜。其中，培养自己的洞察能力，一方面要虚心，绝不视任何主意为无用，倾听跟你不同的观点，任何人都有东西值得你学习；另一方面，训练你的思想来为你工作，让你的脑子做你要它做的事，而且当你要它做的时候才做。此外，还要培养自己的好奇心，对不懂的事提出问题来，训练你的想象力。

奥卡姆剃刀定律：把握关键，化繁为简

【定律阐释】奥卡姆剃刀定律，由英国奥卡姆的威廉提出来，指"如无必要，勿增实体"。在人们做过的事情中，可能大部分都是无意义的，而常隐藏在繁杂事物中的一小部分才是有意义的。所以，复杂的事情往往可通过最简单的途径来解决，做事要找到关键。

"简单"，真正的大智慧

近几年，随着人们认识水平的不断提高，"精兵简政""精简机构""删繁就简"等一系列追求简单化的观念在整个社会不断深入和普及。根据奥卡姆剃刀定律，这正是一种大智慧的体现。

如今，科技日新月异，社会分工越来越精细，管理组织越来越完善化、体系化和制度化，随之而来的，还有不容忽视的机械化和官僚化。于是，文山会海和繁文缛节便不断滋生。可是，国内外的竞争都日趋激烈，无论是企业还是个人，快与慢已经决定其生死。如同在竞技场上赛跑，穿着水泥做的靴子却想跑赢比赛，肯定是不可能的。因此，我们别无选择，只有脱掉水泥靴子，比别人更快、更有效率，领先一步，才能生存。换言之，就是凡事要简单化。

很多人会问："简单能为我们带来什么呢？"看了下面的例子，我们自然就会明白。

有人曾经请教马克·吐温："演说词是长篇大论好呢？还是短小精悍好？"他没有正面回答，只讲了一件亲身感受的事："有个礼拜天，我到教堂去，适逢一位传教士在那里用令人动容的语言讲述非洲传教士的苦难生活。当他讲了5分钟后，我马上决定对这件有意义的事捐助50元；他接着讲了10分钟，此时我就决定将捐款减到25元；最后，当他讲了1个小时后，拿起钵子向听众请求捐款时，我已经厌烦之极，1分钱也没有捐。"

在上面马克·吐温的例子中，我们发现，他通过自身的经历，向求教者说明：短小精悍的语言，其效果事半功倍；而冗长空泛的语言，不仅于事无益，反而有碍。

事实上，不仅语言如此，现实生活亦同样如此。这就要求我们要学会简化，剃除不必要的生活内容。这种简化的过程，就如同冬天给植物剪枝，把繁盛的枝叶剪去，植物才能更好地生长。每个园丁都知道不进行这样的修剪，来年花园里的植物就不能枝繁叶茂。每个心理学家都知道如果生活匆忙凌乱，为毫无裨益的工作所累，一个人很难充分认识自我。

为了发现你的天性，亦需要简化生活，这样才能有时间考虑什么对你才是重要的。否则，就会损害你的部分天资，而且极有可能是最重要的一部分。

那么，我们如何来实现这种简化呢？很简单，就是重新审视你所做的一切事情和所拥有的一切东西，然后运用奥卡姆剃刀，舍弃不必要的生活内容。

博恩·崔西是美国著名的激励和营销大师，他曾与一家大型公司合作。该公司设定了一个目标：在推出新产品的第一年里实现100万件的销售量。该公司的营销精英们开了8个小时的群策会后，得出了几十种实现100万件销售量的不同方案。每一种方案的复杂程度都不同。这时，博恩·崔西建议他们在这个问题上应用奥卡姆剃刀原理。

他说："为什么你们只想着通过这么多不同的渠道，向这么多不同的客户销售数目不等的新产品，却不选择通过一次交易向一家大公司或买主销售100万件新产品呢？"

当时整个房间内鸦雀无声，有些人看着博恩·崔西的表情就像在看一个疯子。然后有一名管理人员开口说话了："我知道一家公司，这种产品可以成为他们送给客户的非常好的礼物或奖励，而他们有几百万客户。"

最后，根据这一想法，他们得到了一笔100万件产品的订单。他们的目标实现了。

可见，不论你正面临什么问题或困难，都应当思考这样一个问题："什么是解决这个问题或实现这个目标的最简单、最直接的方法？"你可能会发现一个简便的方法，为你实现同一目标节约大量的时间和金钱。记住苏格拉底的话："任何问题最可能的解决办法是步骤最少的办法。"正如奥卡姆剃刀定律所阐释的，我们不需要人为地把事情复杂化，要保持事情的简单性，这样我们才能更快更有效率地将事情处理好。

与此相关的，还有一个非常有趣的故事：

日本最大的化妆品公司收到客户抱怨，买来的肥皂盒里面是空的。他们为了预防生产线再次发生这样的事情，工程师想尽办法发明了一台X光监视器去透视每一台出货的肥皂盒。同样的问题也发生在另一家小公司，他们的解决方法是买一台强力工业用电扇去吹每个肥皂盒，被吹走的便是没放肥皂的空盒。

面对同样的问题，两家公司采用的是两种截然不同的办法。无论从经济成本方面，还是资源消耗角度，相信第二种方案的优势都是不言而喻的。这个例子给了我们一个深刻的启示：如果有多个类似的解决方案，最简单的选择，就是最智慧的选择。

所以，在现实生活中，当遇到问题时，我们要勇敢地拿起"奥卡姆剃刀"，把复杂事情简单化，以选择最智慧的解决方案。

剃掉复杂，切勿乱删

相传，有位科学家带着自己的一个研究成果请教爱因斯坦。爱因斯坦随意地看了一眼最后的结论方程式，就说："这个结果不对，你的计算有问题。"科学家很不高兴："你过程都不看，怎么就说结果不对？"爱因斯坦笑了："如果是对的，那一定是简单的，是美的，因为自然界的本来面目就是这样的。你这个结果太复杂了，肯定是哪里出了问题。"

这个科学家将信将疑地检查自己的推导，果然如爱因斯坦所言，结果不对。

也许你认为奥卡姆剃刀只存在于天才的身边，其实，它无处不在，只是有待人们把它拿起。当我们绞尽脑汁为一些问题烦恼时，试着摒弃那些复杂的想法，也许会立刻看到简单的解决方法。人生的任何问题，我们都可运用奥卡姆剃刀。奥卡姆剃刀是最公平的，无论科学家还是普通人，谁能有勇气拿起它，谁就是成功的人。

越复杂越容易拼凑，越简单就越难设计。在服装界有"简洁女王"之称的简·桑德说："加上一个扣子或设计一套粉色的裙子是简单的，因为这一目了然。但是，对简约主义来说，品质需要从内部来体现。"她认为，简单不仅仅是摈除多余的、花哨的部分，避免喧嚣的色彩和烦琐的花纹，更重要的是体现清纯、质朴、毫不造作。

但需要注意的是，这里所谓的"简单"，不是乱砍一气，而是在对事物的规律有深刻的认识和把握之后的去粗取精，去伪存真。

正如一个雕刻家，能把一块不规则的石头变成栩栩如生的人物雕像，因为他胸中有丘壑。如果你抓不住重点，找不到要害，不知道什么最能体现内在品质，运用剃刀的结果只能是将不该删除的删除了。

那么，我们要合理地使用奥卡姆剃刀，不能盲目。例如，IBM 在电脑产品营销中具有得天独厚的优势，如其前 CEO 郭士纳所指，他们具有非常有优势的集成能力。然而，其广告宣传语却将这一点删掉了，留下推广小型电脑的"小行星问题的解决方法"。结果，IBM 自然未能凭这则广告获得区别于其他电脑的地位。可见，没有什么比删掉自己的优势更可悲了。

所以，在我们使用奥卡姆剃刀时，要将其用在恰当的位置上，而不是盲目乱删。

墨菲定律：与错误共生，迎接成功

【定律阐释】墨菲定律，指如果坏事情有可能发生，不管这种可能性多么小，它总会发生，并引起最大可能的损失。它告诉我们，错误是世界的一部分，人类不得不接受与错误共生的命运。

不存侥幸心理，从失败中吸取教训

众所周知，人类即使再聪明也不可能把所有事情都做到完美无缺。正如所有的程序员都不敢保证自己在写程序时不会出现错误一样，容易犯错误是人类与生俱来的弱点。这也是墨菲定律一个很重要的体现。

想取得成功，我们不能存有侥幸心理，想方设法回避错误，而是要正视错误，从错误中汲取经验教训，让错误成为我们成功的垫脚石。关于这一点，丹麦物理学家雅各布·博尔就是最好的证明。

一次，雅各布·博尔不小心打碎了一个花瓶，但他没有像一般人那样一味地悲伤叹惋，而是俯身精心地收集起了满地的碎片。

他把这些碎片按大小分类称出重量，结果发现：10～100克的最少，1～10克的稍多，0.1克和0.1克以下的最多；同时，这些碎片的重量之间表现为统一的倍数关系，即较大块的重量是次大块重量的16倍，次大块的重量是小块重量的16倍，小块的重量是小碎片重量的16倍……

于是，他开始利用这个"碎花瓶理论"来恢复文物、陨石等不知其原貌的物体，给考古学和天体研究带来意想不到的效果。

事实上，我们主要是从尝试和失败中学习，而不是从正确中学习。例如，超级油轮卡迪兹号在法国西北部的布列塔尼沿岸爆炸后，成千上万吨的油污染了整个海面及沿岸，于是石油公司才对石油运输的许多安全设施重加考虑。还有，在三里岛核反应堆发生意外后，许多核反应过程和安全设施都改变了。

可见，错误具有冲击性，可以引导人想出更多细节上的事情，只有多犯错，人们才会多进步。假如你工作的例行性极高，你犯的错误就可能很少。但是如果你从未做过此事，或正在做新的尝试，那么发生错误在所难免。发明家不仅不会被成千的错误击倒，而且会从中得到新创意。在创意萌芽阶段，错误是创造性思考必要的副产品。正如耶垂斯基所言："假如你想打中，先要有打不中的准备。"

现实生活中，每当出现错误时，我们通常的反应都是："真是的，又错了，真是倒霉啊！"这就是因为我们以为自己可以逃避"倒霉""失败"等，总是心存侥幸。殊不知，错误的潜在价值对创造性思考具有很大的作用。

人类社会的发明史上，就有许多利用错误假设和失败观念来产生新创意的人。哥伦布以为他发现了一条到印度的捷径，结果却发现了新大陆；开普勒发现了行星间引力的概念，却是偶然间由错误的理由得到的；爱迪生也是知道了上万种不能做灯丝的材料后，才找到了钨丝……

所以，想迎接成功，先放下侥幸心理，加强你的"冒险"力量。遇到失败，从中汲取经验，尝试寻找新的思路、新的方法。

从哪里跌倒，就从哪里爬起来

英国小说家、剧作家柯鲁德·史密斯曾说过："对于我们来说，最大的荣幸就是每个人都失败过。而且每当我们跌倒时都能爬起来。"成功者之所以成功，只不过是他不被失败左右而已。

1927年，美国阿肯色州的密西西比河大堤被洪水冲垮，一个9岁的黑人小男孩的家被冲毁，在洪水即将吞噬他的一刹那，母亲用力把他拉上了堤坡。

1932年，男孩8年级毕业了，因为阿肯色的中学不招收黑人，他只能到芝加哥就读，但家里没有那么多钱。那时，母亲做出了一个惊人的决定——让男孩复读一年，她给50名工人洗衣、熨衣和做饭，为孩子攒钱上学。

1933年夏天，家里凑足了那笔费用，母亲带着男孩踏上火车，奔向陌生的芝加哥。在芝加哥，母亲靠当佣人谋生。男孩以优异的成绩读完中学，后来又顺利地读完大学。1942年，他开始创办一份杂志，但最后一道障碍是缺少500美元的邮费，不能给订户发函。一家信贷公司愿借贷，但有个条件，得有一笔财产作抵押。母亲曾分期付款好长时间买了一批新家具，这是她一生最心爱的东西，但她最后还是同意将家具作为抵押。

1943年，那份杂志获得巨大成功。男孩终于能做自己梦想多年的事了：将母亲列入他的工资花名册，并告诉她她算是退休工人，再不用工作了。母亲哭了，那个男孩也哭了。

后来，在一段反常的日子里，男孩经营的一切仿佛都坠入谷底，面对巨大的困难和障碍，男孩感到已无力回天。他心情忧郁地告诉母亲："妈妈，看来这次我真要失败了。"

"儿子，"她说，"你努力试过了吗？"

"试过。"

"非常努力吗？"

"是的。"

"很好。"母亲果断地结束了谈话，"无论何时，只要你努力尝试，就不会失败。"

果然，男孩渡过了难关，攀上了事业新的巅峰。这个男孩就是驰名世界的美国《黑人文摘》杂志创始人、约翰森出版公司总裁、拥有3家无线电台的约翰·H. 约翰森。

事实上，得失本来就不是永恒的，是可以相互转化的矛盾共同体。记得有一本杂志曾归纳出关于失败的优胜可能：

失败并不意味着你是一位失败者——失败只是表明你尚未成功。

失败并不意味着你一事无成——失败表明你得到了经验。

失败并不意味着你是一个不知灵活性的人——失败表明你有非常坚定的信念。

失败并不意味着你要一直受到压抑——失败表明你愿意尝试。

失败并不意味着你不可能成功——失败表明你也许要改变一下方法。

失败并不意味着你比别人差——失败只表明你还有缺点。

失败并不意味着你浪费了时间和生命——失败表明你有理由重新开始。

失败并不意味着你必须放弃——失败表明你还要继续努力。

失败并不意味着你永远无法成功——失败表明你还需要一些时间。

失败并不意味着命运对你不公——失败表明命运还有更好的给予。

那么，期待成功的你，不要再被一时的失败左右了，在哪里跌倒，就在哪里爬起来吧！

·第三章·

处世：交"人"重在交"心"

首因效应：先入为主的第一印象

【定律阐释】首因效应，也叫首次效应、优先效应或"第一印象"效应，指在与人第一次交往中给他人留下的印象，会在对方的头脑中形成并占据着主导地位。这种印象非常深刻，持续的时间也长，比以后得到的任何信息对事物整个印象产生的作用都强。

从破格录用想到的

《三国演义》中，凤雏庞统起初准备效力东吴，于是去面见孙权。孙权见庞统相貌丑陋、傲慢不羁，无论鲁肃怎样苦言相劝，最后，还是将这位与诸葛亮比肩齐名的奇才拒于门外。为什么会这样呢？是庞统无能，还是孙权根本不需要帮手呢？其实，造成这样的后果仅仅是因为庞统没能给孙权留下良好的"第一印象"。

如今，大家都认为工作不好找，尤其是刚毕业的人。其实，如果把握好求职时的第一印象，效果往往会出乎意料。

一个新闻系的毕业生正急于找工作。一天，他到某报社对总编说："你们需要一个编辑吗？"

"不需要！"

"那么记者呢？"

"不需要！"

"那么排字工人、校对呢？"

"不，我们现在什么空缺也没有了。"

"那么，你们一定需要这个东西。"说着他从公文包中拿出一块精致的小牌子，上面写着"额满，暂不雇用"。总编看了看牌子，微笑着点了点头，说："如果你愿意，可以到我们广告部工作。"

这个大学生通过自己制作的牌子，表现了自己的机智和乐观，给总编留下了良好的"第一印象"，引起对方极大的兴趣，从而为自己赢得了一份满意的工作。这也是为什么当我们进入一个新环境，参加面试，或与某人第一次打交道的时候，常常会听到这样的忠告："要注意你给别人的第一印象噢！"

也许你会好奇，第一印象真的有那么重要，以至于在今后很长时间内都会影响别人对你的看法吗？心理学家曾做了这样一个实验：

心理学家设计了两段文字，描写一个叫吉姆的男孩一天的活动。其中，一段将吉姆描写成一个活泼外向的人：他与朋友一起上学，与熟人聊天，与刚认识不久的女孩打招呼等；另一段则将他描写成一个内向的人。

研究者让一些人先阅读描写吉姆外向的文字，再阅读描写他内向的文字；而让另一些人先阅读描写吉姆内向的文字，后阅读描写他外向的文字，然后请所有的人都来评价吉姆的性格特征。

结果，先阅读外向文字的人中，有78%的人评价吉姆热情外向；而先阅读内向文字的人中，则只有18%的人认为吉姆热情外向。

由此可见，第一印象真的很重要！事实上，人们对你形成的某种第一印象，往往日后也很难改变。而且，人们还会寻找更多的理由去支持这种印象。有的时候，尽管你的表现并不符合原先留给别人的印象，但人们在很长一段时间里仍然要坚持对你的最初评价。例如，一对结婚多年的夫妻，最清晰难忘的，是初次相逢的情景，在什么地方，什么情景，站的姿势，开口说的第一句话，甚至窘态和可笑的样子都记得清清楚楚，终生难忘。

成功打造第一印象，占据他人心中有利地形

了解了第一印象的重要性，现在我们来谈谈应该怎样给人留下良好的第一印象。

通常，第一印象包括谈吐、相貌、服饰、举止、神态，对于感知者来说都是新的信息，它对感官的刺激也比较强烈，有一种新鲜感。这好比在一张白纸上，第一笔抹上的色彩总是十分清晰、深刻一样。随着后来接触的增加，各种基本相同的信息的刺激，也往往盖不住初次印象的鲜明性。所以，第一印象的客观重要性还是显而易见的，并在以后交往中起了"心理定式"作用。

如果你与人初次见面就不言不语、反应缓慢，给人的第一印象基本就是呆板、虚伪、不热情，对方就可能不愿意继续了解你，即使你尚有许多优点，也不会被人接受；而如果你给人留下的第一印象是风趣、直率、热情，即使你身上尚有一些缺点，对方也会用自己最初捕捉的印象帮你掩饰短处。

一般来说，想给他人留下良好的第一印象，必须要牢记以下5点：

1. 显露自信和朝气蓬勃的精神面貌

自信是人们对自己的才干、能力、个人修养、文化水平、健康状况、相貌等的一种自我认同和自我肯定。一个人要是走路时步伐坚定，与人交谈时谈吐得体，说话时双目有神，目光正视对方，善于运用眼神交流，就会给人以自信、可靠、积极向上的感觉。

2. 讲信用，守时间

现代社会，人们对时间愈来愈重视，往往把不守时和不守信用联系在一起。若你第一次与人见面就迟到，可能会造成难以弥补的损失，最好避免。

3. 仪表、举止得体

脱俗的仪表、高雅的举止、和蔼可亲的态度等是个人品格修养的重要部分。在一个新环境里，别人对你还不完全了解，过分随便有可能引起误解，产生不良的第一印象。当然，仪表得体并不是非要用名牌服饰包装自己，更不是过分地修饰，因为这样反而会给人一种轻浮浅薄的印象。

4. 微笑待人，不卑不亢

第一次见面，热情地握手、微笑、点头问好，都是人们把友好的情意传递给对方的途径。在社会生活中，微笑已成为典型的人性特征，有助于人们之间的交往和友谊。但与别人第一次见面，笑要有度，不停地笑有失庄重；言行举止也要注意交际的场合，过度的亲昵举动，难免有轻浮油滑之嫌，尤其是对有一定社会地位的朋友，不应表露巴结讨好的意思。趋炎附势的行为不仅会引起当事人的蔑视，连在场的其他人也会瞧不起你。

5. 言行举止讲究文明礼貌

语言表达要简明扼要，不乱用词语；别人讲话时，要专心地倾听，态度谦虚，不随便打断；在听的过程中，要善于通过身体语言和话语给对方以必要的反馈；不追问自己不必知道或别人不想回答的事情，以免给人留下不好的印象。

刺猬法则：与人相处，距离产生美

【定律阐释】刺猬法则主要是指人际交往中的"心理距离效应"，人与人之间，需要保持适当的距离，只有这样，才能最大限度地感受彼此的美好。

我们都需要一定的"距离"

生物学家曾做过一个实验：冬季的一天，把十几只刺猬放到户外空地上。这些刺猬被冻得浑身发抖，为了取暖紧紧地靠在一起，而相互靠拢后，它们身上的长刺又把同伴刺疼，很快就分开了。但寒冷又迫使大家再次围拢，疼痛又迫使大家再次分离。如此反复多次，它们终于找到了一个较佳的位置——保持一个忍受最轻微疼痛又能最大程度取暖御寒的距离。其实，人与人之间亦是如此，良好交际需要保持适当的距离。

下面，我们先来做一个小小的选择题：

你要坐公交车出去玩，上车后你发现只有最后一排还有5个座位，走在你前面的两个人，一个选了正中间的座位，一个选了最右侧靠窗子的座位。剩下3个座位中，一个在前两个人之间，两个在中间人与最左侧的窗户之间。这时，你会坐在哪里呢？

想必，你多半会选择最左侧窗户的座位，而不是紧挨着两个人中的任何一位坐下。不要好奇，这是因为人与人之间，也像前面讲的刺猬那样，彼此需要一定的距离。

这种距离，有时是环绕在人体四周的一个抽象范围，用眼睛没法看清它的界限，但它确确实实存在，而且不容他人侵犯。

例如，无论在拥挤的车厢里，还是电梯内，你都会在意他人与自己的距离。当别人过于接近你时，你可以通过调整自己的位置来逃避这种接近的不快感；但是空间里挤满了人无法改变时，你只好以对其他乘客漠不关心的态度来忍受心中的不快，所以看上去神态木然。

关于这方面，一位心理学家曾做过这样一个实验：

在一个刚刚开门的阅览室，当里面只有一位读者时，心理学家进去拿了把椅子，坐在那位读者的旁边。实验进行了整整80个人次。结果证明，在一个只有两位读者的空旷的阅览室里，没有一个被试者能够忍受一个陌生人紧挨自己坐下。当他坐在那些读者身边后，被试者不知道这是在做实验，很多人选择默默地远离到别处坐下，甚至还有人干脆明确表示："你想干什么？"

这个实验向我们证明了，任何一个人，都需要在自己的周围有一个自己可以把握的自我空间，如果这个自我空间被人触犯，就会感到不舒服、不安全，甚至恼怒起来。

所以，我们在现实生活中，在人际交往中，一定要把握适当的交往距离，就像前面互相取暖的刺猬那样，既互相关心，又有各自独立的空间。

交际中的距离学问

既然距离在人际交往中如此重要，那么，究竟保持多远的距离才合适呢？一般而言，交往双方的人际关系以及所处情境决定着相互间自我空间的范围。

美国人类学家爱德华·霍尔博士划分了4种区域或距离，各种距离都与双方的关系相称。

1. 亲密距离

所谓"亲密距离"，即我们常说的"亲密无间"，是人际交往中的最小间隔，其近范围在6英寸（约15厘米）之内，彼此间可能肌肤相触、耳鬓厮磨，以至相互能感受到对方的体温、气味和气息；其远范围是6～18英寸（15～44厘米），身体上的接触可能表现为挽臂执手，或促膝谈心，仍体现出亲密友好的人际关系。

这种亲密距离属于私下情境，只限于在情感联系上高度密切的人之间使用。在社交场合，大庭广众之下，两个人（尤其是异性）如此贴近，就不太雅观。在同性别的人之间，往往只限于贴心朋友，彼此十分熟识而随和，可以不拘小节，无话不谈；在异性之间，只限于夫妻和恋人之间。因此，在人际交往中，一个不属于这个亲密距离圈子内的人随意闯入这一空间，不管他的用心如何，都是不礼貌的，会引起对方的反感，也会自讨没趣。

2. 个人距离

这是人际间隔上稍有分寸感的距离，较少有直接的身体接触。个人距离的近范围为1.5～2.5英尺（46～76厘米），正好能相互亲切握手，友好交谈。这是与熟人交往的空间，陌生人进入这个范围会构成对别人的侵犯。个人距离的远范围是 2.5 ~ 4 英尺（76 ~ 122 厘米），任何朋友和熟人都可以自由地进入这个空间。不过，在通常情况下，较为融洽的熟人之间交往时保持的距离更靠近远范围的近距离（2.5 英尺）一端，而陌生人之间谈话则更靠近远范围的远距离（4 英尺）一端。

人际交往中，亲密距离与个人距离通常都是在非正式社交情境中使用，在正式社交场合则使用社交距离。

3. 社交距离

这个距离已超出了亲密或熟人的人际关系，而是体现出一种社交性或礼节上的较正式关系。其近范围为 4 ~ 7 英尺（1.2 ~ 2.1 米），一般在工作环境和社交聚会上，人们都保持这种程度的距离；社交距离的远范围为 7 ~ 12 英尺（2.1 ~ 3.7 米），表现为一种更加正式的交往关系。

例如，公司的经理们常用一个大而宽阔的办公桌，并将来访者的座位放在离桌子一段距离的地方，这就是为了与来访者谈话时能保持一定的距离。还有，企业或国家领导人之间的谈判、工作招聘时的面谈、教授和大学生的论文答辩等，往往都要隔一张桌子或保持一定距离，这样就增加了一种庄重的气氛。

4. 公众距离

通常，这个距离指公开演说时演说者与听众所保持的距离。其近范围为 12 ~ 25 英尺（约 3.7 ~ 7.6 米），远范围在 25 英尺之外。这是一个几乎能容纳一切人的"门户开放"的空间，人们完全可以对处于空间内的其他人"视而不见"、不予交往，因为相互之间未必发生一定联系。因此，这个空间的活动，大多是当众演讲之类，当演讲者试图与一个特定的听众谈话时，他必须走下讲台，使两个人的距离缩短为个人距离或社交距离，才能够实现有效沟通。

当然了，人际交往的空间距离不是固定不变的，它具有一定的伸缩性，这依赖于具体情境、交谈双方的关系、社会地位、文化背景、性格特征、心境等。

了解了交往中人们所需的自我空间及适当的交往距离，我们就能够有意识地选择与人交往的最佳距离；而且，通过空间距离的信息，还可以很好地了解一个人的实际社会地位、性格以及人们之间的相互关系，更好地进行人际交往。

投射效应：人心各不同，不要以己度人

【定律阐释】投射效应，指当人们不知道别人的情况（如个性、好恶、欲望、观念、情绪等）时，就往往主观地认为别人有同自己相同的特性。也就是说，人们总是喜欢假设别人与自己有某些相同的倾向，喜欢认为自己具有的某些特点别人也具有。

为何会有"以小人之心，度君子之腹"的心结

宋代著名学者苏东坡和佛印和尚是好朋友，一天，苏东坡去拜访佛印，与佛印相对而坐，苏东坡对佛印开玩笑说："我看你是一堆狗屎。"而佛印则微笑着说："我看你是一尊金佛。"苏东坡觉得自己占了便宜，很是得意。回家以后，苏东坡得意地向妹妹提起这件事，苏小妹说："哥哥你错了。佛家说'佛心自现'，你看别人是什么，就表示你看自己是什么。"

也许你会一笑而过，但苏小妹的话确实是有道理的。

你可能要问苏小妹的话为何有道理。从心理学角度，她正好指出了人喜欢把自己的想法投射到他人身上的投射效应。俗语说的"以小人之心，度君子之腹"心结，讲的就是小人总喜欢用自己卑劣的心意去猜测品行高尚的人。

与之类似，曾有这样一个有趣的笑话：

一天晚上，在漆黑偏僻的公路上，一个年轻人的汽车抛了锚——汽车轮胎爆炸了。

年轻人下来翻遍了工具箱，也没有找到千斤顶。怎么办？这条路很长时间都不会有车子经过。他远远望见一座亮灯的房子，决定去那户人家借千斤顶。可是他又有许多担心，在路上，他不停地想：

"要是没有人来开门怎么办？"

"要是没有千斤顶怎么办？"

"要是那家伙有千斤顶，却不肯借给我，该怎么办？"

……

顺着这种思路想下去，他越想越生气。当走到那间房子前，敲开门，主人一

出来，他冲着人家劈头就是一句："你那千斤顶有什么稀罕的！"

主人一下子被弄得丈二和尚摸不着头脑，以为来的是个精神病人，就"砰"的一声把门关上了。

笑声中我们不难发现，这个年轻人，错就错在把自己的想法投射到了主人的身上。

在人际交往中，认识和评价别人的时候，我们常常免不了要受自身特点的影响，我们总会不由自主地以自己的想法去推测别人的想法，觉得既然我们这么想，别人肯定也这么想。例如，贪婪的人，总是认为别人也都嗜钱如命；自己经常说谎，就认为别人也总是在骗自己；自己自我感觉良好，就认为别人也都认为自己很出色……

1974年，心理学家希芬鲍尔曾做了这样一个实验：

他邀请一些大学生作为被试者，将他们分为两组。给其中一组学生放映喜剧电影，让他们心情愉快；而给另外一组学生放映恐怖电影，让他们产生害怕的情绪。然后，他又给这两组学生看相同的一组照片，让他们判断照片上人的面部表情。

结果，看了喜剧电影心情愉快的那组大学生判断照片上的人也是开心的表情，而看了恐怖电影心情紧张的那组大学生则判断照片上的人是紧张害怕的表情。

这个实验说明，被试的大部分学生将照片上人物的面部表情视为自己的情绪体验，即将自己的情绪投射到他人身上。

其实，投射效应的表现形式除了将自己的情况投射到别人身上外，还有另一种表现—感情投射。即对自己喜欢的人或事物越看越喜欢，越看优点越多；对自己不喜欢的人或事物越看越讨厌，越看缺点越多。这种情况多发生在恋爱期间，如在热恋时人们喜欢在周围人面前吹嘘自己的另一半如何完美无缺；一旦失恋，对对方的憎恨之情溢于言表，并言过其实。

所以，知道了投射效应在人际交往的过程中会造成我们对其他人的知觉失真，我们这就要在与人交往的过程中保持理性，避免受这种效应的不良影响。

辩证走出"投射效应"的误区

哲学上曾讲过，对任何事物我们都应辩证地去看。没错，投射效应也不例外。

一方面，这种效应会使我们拿自己的感受去揣度别人，缺少了人际沟通中认知的客观性，从而造成主观臆断并陷入偏见的深渊，这是需要我们克服的。

《庄子·天地》中记载了这样一个故事：

尧到华山视察，华封人祝他"长寿、富贵、多男子"，尧都辞谢了。华封人说："寿、富、多男子，人之所欲也。汝独能不欲，何邪？"尧说："多男子则多惧，富则多事，寿则多辱。是三者，非所以养德也，故辞。"

透过这个故事，我们发现，人的心理特征各不相同，即使是"富、寿"等基本的目标，也不能随意"投射"给任何人。

由于产生投射效应是主观意识在作祟，所以我们可以通过时刻保持理性，克服潜意识和惯性思维，让事物的发展规律还原它本来的面目，从而消除这种效应带来的不良影响。

首先，我们要客观地认清别人与自己的差异，不断完善自己，不能总是以己之心度人之腹。其次，我们要承认和尊重差异，多角度、全方位地去认识别人。最后，为了避免投射效应，我们需要学会换位思考，也就是设身处地地站在对方的立场上去看别人。与人交往时，如果我们能站在对方的立场上，为对方着想，理解对方的需要和情感，就能与他人进行很好的交流和沟通，也更容易达成谅解和共识。

另一方面，我们也不可否认，因为人性有相通之处，有时不同的人的确会产生相同的感受。那么，我们就可以利用一个人对别人的看法来推测这个人的真正意图或心理特征。正如钱钟书说"自传其实是他传，他传往往却是自转"，要了解某人，看他的自传，不如看他为别人做的传。因为作者恨不得化身千千万万来讲述不方便言及或者即便说了别人也不能相信的发生在作者身上的真实故事。

例如，你在帮公司招聘人员的时候，想了解求职者真实的应聘目的，就可以设计这样的问题：

你应聘本公司的主要原因是什么？
A. 工作轻松　B. 有住房　C. 公司理念符合个人个性　D. 有发展前途　E. 收入高
你认为跟你一起到本公司应聘的其他人的主要原因是什么？
A. 工作轻松　B. 有住房　C. 公司理念符合个人个性　D. 有发展前途　E. 收入高

显然，第一个题目并没有多大意义，大部分求职者都会选择 C 或 D；第二个题目，则可以考察求职者的心理投射，求职者一般会根据自己内心的真实想法来推测别人，其答案往往也就是求职者内心的想法。

那么，在干部谈话或招聘等过程中，我们就可以利用投射效应了解交际对象的态度和动机，为我们带来积极的意义。

所以，对待交际中的投射效应，我们要学会辩证地看待其影响，用理智避开它不利的一面，用智慧运用好它有利的一面。

自我暴露定律：适当暴露，让你们的关系更加亲密

【定律阐释】自我暴露定律，是指在人际交往中，适当地展示自己的真实情感和想法，更容易取得对方的信任、理解和支持，也是给人好感的前提。

适当的"自我暴露"有助加深亲密度

你有秘密吗？你是否发现自己与身边最亲密的人往往共同分享着彼此的许多秘密，而对于那些交情一般的人，你们之间几乎任何秘密都没有？你还可以回想一下，与最好的朋友的友谊，是不是从那一次你们两人互诉真心开始建立的？想必，你对上述几个问题的答案基本都是"是"。无需奇怪，这就是人际交往中的自我暴露定律。

研究交际心理学的人士曾指出，让人家看到自己的缺点或弱点，人家才会觉得你真实可信，不存虚假，从而产生亲近感；反之，完全把自己"藏起来"，就会使人感觉造作、虚伪、有压力。

小敏是宿舍中最擅长交际的一个，并且人也长得漂亮。但同宿舍甚至同班的其他女孩都找到了自己的男朋友，唯独漂亮、擅长交际的小敏仍是独自一人。

为什么呢？她身边的同学都表示，她太神秘，别人很难了解她。和她有过接触的男同学也说，刚开始和她交往时，感觉她是个活泼开朗的女孩，但时间一长，就发现她其实很封闭。

原来，小敏一直对自己的私生活讳莫如深，也从不和别人谈论自己，每当别人问起时，她就把话题岔开，怪不得同学们都觉得她神秘呢！

生活中有一些人是相当封闭的，当对方向他们说出心事时，他们却总是对自己的事情闭口不谈。但这种人不一定都是内向的人，有的人话虽然不少，但是从不触及自己的私生活，也不谈自己内心的感受。

人之相识，贵在相知；人之相知，贵在知心。要想与别人成为知心朋友，就必须表露自己的真实感情和真实想法，向别人讲心里话，坦率地表白自己、陈述自己、推销自己，这就是自我暴露。

当自己处于明处，对方处于暗处，你一定不会感到舒服。自己表露情感，对方却讳莫如深，不和你交心，你一定不会对他产生亲切感和信赖感。当一个人向你表白内心深处的感受，你可以感到对方信任你，想和你进行情感的沟通，这就会一下子拉近你们的距离。

在生活中，有的人知心朋友比较多，虽然他（她）看起来不是很擅长社交。如果你仔细观察，会发现这样的人一般都有一个特点，就是为人真诚，渴望情感沟通。他们说的话也许不多，但都是真诚的。他们有困难的时候，总会有人来帮助，而且很慷慨。

而有的人，虽然很擅长社交，甚至在交际场合中如鱼得水，但是他们却少有知心朋友。因为他们习惯于说场面话，做表面功夫，交朋友又多又快，感情却都不是很深；因为他们虽然说很多话，却很少暴露自己的真实感情。

要知道，人和人在情感上总会有相通之处。如果你愿意向对方适度袒露，就会发现相互的共同之处，从而和对方建立某种感情的联系。向可以信任的人吐露秘密，有时会一下子赢得对方的心，赢得一生的友谊。

如果希望结交知心朋友，你不妨先对他们敞开自己的心扉！

过犹不及，暴露自己要有度

人常说："凡事要有度，凡事不能过度。"一点儿也没错，在交际中，自我暴露是赢得他人好感的有效方式，但这种暴露同样要做到"适度"。

小鱼是某大学的研究生，刚入学不久，她就把同班同学"雷"到了。一天早上上课，课间，坐在前排的她转过身和一位同学借笔记，还回来时笔记里竟然夹了一张男生的照片，于是小鱼打开了话匣子，跟后面的同学聊了起来，说那是她在火车上认识的新男友，正热恋。她从她和男友在哪儿租了房子、昨天买了什么菜、谁做的晚饭，说到她如何如何幸福，甚至说到二人世界里亲密的小细节……

这样的事情有很多，而且她经常不分时间场合随便就跟别人讲自己的一些私事。到后来，同学们一见到她就躲开了，大家都受不了她了。

由上面的这个例子我们可以看出，在人际交往的过程中，自我暴露要有一个度，过度的自我暴露反而会惹人厌。

在人际交往中，自我暴露应注意以下几个问题：

自我暴露应遵循对等原则，即当一个人的自我暴露与对方相当时，才能使对方产生好感。比对方暴露得多，则给对方以很大的威胁和压力，对方会采取避而远之的防卫态度；比对方暴露得少，又显得缺乏交流的诚意，交不到知心朋友。

自我暴露应循序渐进。自我暴露必须缓慢到相当温和的程度，缓慢到足以使双方都不感到惊讶的速度。如果过早地涉及太多的个人亲密关系，反而会引起对方的忧虑和不信任感，认为你不稳重、不敢托付，从而拉大了双方的心理距离。

真正的亲密关系是建立得很慢的，它的建立要靠信任和与别人相处的不断体验。因而，你的"自我暴露"必须以逐步深入为基本原则，这样，你才会讨人喜欢，才能交到知心朋友。

刻板效应：别让记忆中的刻板挡住你的人脉

【定律阐释】刻板效应，指人们在长期的认识过程中所形成的关于某类人的概括而笼统的固定印象，是我们在认识他人时经常出现的一种相当普遍的现象。

偏见的认知源于记忆中的刻板

偏见源于何处呢？

一些社会心理学家认为，偏见的认知来源于刻板印象。

刻板印象指的是人们对某一类人或事物产生的比较固定、概括而笼统的看法，是我们在认识他人时经常出现的一种相当普遍的现象。

刻板印象的形成，主要是由于我们在人际交往的过程中，没有时间和精力去和某个群体中的每一成员都进行深入的交往，而只能与其中的一部分成员交往。因此，我们只能"由部分推知全部"，由我们所接触到的部分，去推知这个群体的全部。

人们一旦对某个事物形成某种印象，就很难改变。

美国一些心理学家分别于1932年、1951年和1967年对普林斯顿大学生进行了3次有关民族性格的刻板印象调查。他们让学生选择5个他们认为某个民族最典型的性格特征。3次研究的结果大致相同，如下表所示：

民族	性格特性
美国人	勤奋、聪明、实利主义、有雄心、进取
英国人	爱好运动、聪明、沿袭常规、传统、保守
德国人	有科学头脑、勤奋、不易激动、聪明、有条理
犹太人	精明、吝啬、勤奋、贪婪、聪明
意大利人	爱艺术、冲动、感情丰富、急性子、爱好音乐
日本人	聪明、勤奋、进取、精明、狡猾

雷兹兰（1950年）、西森斯（1978年）、休德费尔（1971年）等人的研究也充分证实了这种刻板效应对人知觉的严重曲解。

生活中，人们都会不自觉地把人按年龄、性别、外貌、衣着、言谈、职业等外部特征归为各种类型，并认为每一类型的人有共同特点。在交往观察中，凡对象属一类，便用这一类人的共同特点去理解他们。比如，人们一般认为工人豪爽，军人雷厉风行，商人大多较为精明，知识分子是戴着眼镜、面色苍白的"白面书生"形象，农民是粗手大脚、质朴安分的形象等。诸如此类看法都是类化的看法，都是人脑中形成的刻板、固定的印象。

如何移去记忆中的刻板

刻板效应的产生，一是来自直接交往印象，二是通过别人介绍或传播媒介的宣传。刻板效应既有积极作用，也有消极作用。居住在同一个地区、从事同一种职业、属于同一个种族的人总会有一些共同的特征。刻板印象建立在对某类成员个性品质抽象概括认识的基础上，反映了这类成员的共性，有一定的合理性和可信度，所以它可以简化人们的认知过程，有助于对人迅速做出判断，帮助人们迅速有效地适应环境。但是，刻板印象毕竟只是一种概括而笼统的看法，并不能代替活生生的个体，因而"以偏概全"的错误总是在所难免。如果不明白这一点，在与人交往时，唯刻板印象是瞻，像"削足适履"的郑人，宁可相信作为"尺寸"的刻板印象，也不相信自己的切身经验，就会出现错误，导致人际交往的失败，自然也就无助于我们获得成功。因此，刻板效应容易使人认识僵化、保守，人们一旦形成不正确的刻板效应，用这种定型观念去衡量一切，就会造成认知上的偏差，如同戴上"有色眼镜"，去看人一样。

在不同人的头脑中刻板效应的作用、特点是不相同的。文化水平高、思维方式好、有正确世界观的人，其刻板效应是不"刻板"的，是可以改变的。

刻板效应具有浅尝性，往往对个体或者某一群体的分类过于简单和机械，有的只依靠停留在表面上的认识就加以定性；刻板效应同时具有部落共性，在同一社会、同一群体中，由于同一文化、价值观念、信息来源影响，刻板印象有惊人的一致性；刻板效应还具有强烈的主观性，往往凭着偶然的经验加以评判或分类，大多是以偏概全，甚至是颠倒是非。假如最初我们认定日本人勤劳、有抱负而且聪明，美国人讲求实际、爱玩而又入乡随俗，犹太人有野心、勤奋而又精明，女人比男人更会养育子女、照料他人而且温柔顺从，戴眼镜的人都聪明，教授都有点古怪而且平日里都是一副漫不经心的样子等，当我们初次与以上人群相遇时，就会不自觉地用已有的概念去套用，而结果往往也会陷入啼笑皆非的尴尬局面。

作为教师或者学生家长或者社会其他人员，在评价学生的人格时首先要有大系统思维观，切忌单线条或者直线思维，要考虑事情原因和结果的多样性、复杂性，而不是"一个事物、一种现象、一个结果"，要建立多原因、多结果论。其次要用发展的眼光来看问题，世界是时时刻刻在发展变化中的，如果用刻舟求剑的办法处理问题，只能是落后的、要闹笑话的、最终会导致严重错误的。再次要多方位、多角度观察学生，"横看成岭侧成峰，远近高低各不同"。只有观察多了，才有可能比较全面地认识一个人。

克服刻板效应的关键：

一是要善于用"眼见之实"去核对"偏听之辞"，有意识地重视和寻求与刻板印象不一致的信息。

二是深入到群体中去，与群体中的成员广泛接触，并重点加强与群体中典型化、代表性的成员的沟通，不断地检索验证原来刻板印象中与现实相悖的信息，最终克服刻板印象的负面影响而获得准确的认识。

因此，我们要纠正刻板效应的消极作用，努力学习新知识，不断扩大视野，拓展思路，更新观念，养成良好的思维方式。

互惠定律：你来我往，人情互惠

【定律阐释】互惠定律，指在人际交往中要懂得知恩图报，尽量以相同的方式报答他人为我们所做的一切，指双方的互惠共赢。

投桃报李，学会感恩

爱默生说过："人生最美丽的补偿之一，就是人们真诚地帮助别人之后，同时也帮助了自己。帮助别人也就是帮助你自己。"你送出什么就收回什么，你播种什么就收获什么。你帮助的愈多，你得到的也就愈多；而你愈吝啬，也就愈可能一无所得。"爱别人就是爱自己"，这句很经典的话，其实已说出了人际关系的"核心秘密"——你付出别人所需要的，他们也会给予你所需要的。

古语有云："投我以桃，报之以李。"对于别人的恩惠，我们不能无动于衷，而要以另一种好处来报答他人。

在第一次世界大战中，为了刺探对方敌情，各国专门培训了一批特种兵，其任务是深入敌后去抓俘虏回来审讯。

当时的战争是堑壕战，大队人马要想穿过两军对垒前沿的无人区是十分困难的，如果一个士兵悄悄爬过去，溜进敌人的战壕，相对来说就比较容易了。

有一个德军特种兵以前曾多次成功地完成这样的任务，这次他又接到任务出发了。他很熟练地穿过两军之间的地带，悄无声息地出现在敌军战壕中。

一个落单的士兵正在吃东西，毫无戒备，一下子就被德国兵缴了械。他手中还举着刚才正在吃的面包，这时，他本能地把一块面包递给对面突袭的敌人。

面前的德国兵忽然被这个举动打动了，他做出了不可思议的行为——他没有俘虏这个敌军士兵，而是将其放了，自己空着手回去，虽然他知道回去后上司会大发雷霆。

这个德国兵为什么这么容易就被一块面包打动呢？其实，人的心理是很微妙的，在得到别人的好处或好意后，就想要回报对方。虽然德国兵从对手那里得到的只是一块面包，或者他根本没有想要那块面包，但是他感受到了对方对他的一种善意。即使这善意中包含着一种恳求，但这毕竟是一种善意，是很自然地表达出来的，在一瞬间打动了他。他在心里觉得，无论如何不能把一个对自己好的人当俘虏抓回去，更别说要了这个人的命。

其实这个德国兵不知不觉地受到了心理学上互惠定律的左右。得到对方的恩惠就一定要报答的心理，是人类社会中根深蒂固的一个行为准则。

一位心理学教授做过一个小小的实验，证明了这个定律：

他在一群素不相识的人中随机抽样，给挑选出来的人寄去了圣诞卡片。但没有想到，大部分收到卡片的人都给他回寄了一张，而实际上他们都不认识他。

给他回赠卡片的人，根本就没有想过打听一下这个陌生的教授到底是谁，他们收到卡片，自动就回赠了一张。也许他们想，可能自己忘了这个教授是谁了，或者这个教授有什么原因才给自己寄卡片。不管怎样，自己不能欠人家的情，给人家回寄一张总是没有错的。

这个实验虽小，却证明了互惠定律的作用。当然，你也可以使用这个原理来提升自己的影响力。如果从别人那里得到了好处，我们应该回报对方；如果一个人帮了我们，我们也会帮他，或者给他送礼品，或请他吃饭；如果别人记住了我们的生日，并送我们礼品，我们对他也会这么做。

人与人的相处其实是很简单的，你想要别人把你当作朋友，那你必须先把别人当作朋友。

播种爱心，赢得朋友

中国历来讲究礼尚往来，这似乎也是人类行为不成文的规则。与人交往讲究互惠互利，双方需要保持利益平衡，如果利益平衡被打破，就会导致关系破裂。互相帮助，有来有往，用真心换取真心，这样才能使我们赢得更多的人心，也能使友谊更加稳固。

人与人之间的互动，就像坐跷跷板一样，要高低交替。一个永远不肯吃亏、不肯让步的人，即使真正得到好处，也是暂时的，他迟早要被别人讨厌和疏远。得到别人的好处或好意，及时回报，这能够表明自己是一个知恩图报的人，有利于相互交往的发展。

在不是很熟悉的朋友之间，你求别人办事，如果没有及时回报，下一次又求人家，就显得不太自然，因为人家会怀疑你是否有回报的意识，是否感激他对你的付出。如果对方突然有一件事反过来求你，你即使觉得不太好办的话，也难以拒绝。俗话说："受人一饭，听人使唤。"为了保持一定的自由，最好不要欠人情。当然，在关系很密切的朋友之间，就不一定要马上回报，那样反而可能显得生疏。但也不等于不回报，有机会的时候还是应该回报的。

在人生的旅途中，我们一直在播种，也许我们不经意的一次善意，就会获得意想不到的感激。当然，我们付出的时候并不是为了得到回报，可生活就是这样，有播种就会有收获，对我们来说也许只是绵薄之力，对需要帮助的人来说则可能会是新的人生起点。

在尼泊尔白雪覆盖的山路上，刺骨的寒气伴随着暴风雪，让人很难睁开双眼。有个男子走了很久，好不容易碰到一个旅行家，两个人自然而然地成了旅途上的同伴。半路上他们看到一个老人倒在雪地里，如果置之不理，老人一定会被冻死。"我们带他一起走吧，先生！请你帮帮忙。"男子提议。旅行家听了很生气地说："这么大的风雪，咱们照顾自己都难，还顾得了谁呀！"说完便独自离去了。

这个男子只好背起老人继续往前走。不知过了多久，他全身被汗水浸湿，这股热气竟然温暖了老人冻僵的身体，老人慢慢恢复了知觉。两人将彼此的体温当成暖炉相互取暖，忘却了寒冷的天气。

"得救了，老爷爷，我们终于到了！"看到远处的村庄，男子高兴地对背上的老人说。当他们来到村口时，发现一群人聚在一起议论纷纷。男子挤进人群中一看，原来是有个男人僵硬地倒卧在雪地上。当他仔细观看尸首时，吓了一大跳——冻死在距离村子咫尺之遥的雪地上的男人，竟然就是当初为了自己活命而先行离开的那个旅行家。

行路的男子并不知道帮助老人会为自己赢得生机，他只是出于悲悯之心才背着老人行进的。救人一命，胜造七级浮屠，男子的善心不但救了老人的性命，更让自己成功走出困境，而旅行家则为他的自私付出了代价。

面对需要帮助的人，千万不要吝惜自己的爱心，善待他人，把你的爱心奉献出来。在你不经意地付出以后，也许会有意想不到的惊喜。播种你的爱心，让它在你的周围生根发芽，当你迎来硕果累累的金秋时，你就是拥有最多财富的富翁。

换位思考定律：将心比心，换位思考

【定律阐释】换位思考定律，指在人际交往中要懂得站在对方的立场上，为对方考虑。不能一切都从自我出发，只站在自己的立场上想问题。

己所不欲，勿施于人

曾经有位因不会与人交往而处处遭人白眼的年轻人，非常苦恼地去找智者，希望智者能告诉他与人交往的秘诀。结果，那智者只送了他4句话："把自己当成别人，把别人当成自己，把别人当成别人，把自己当成自己。"年轻人当时不明白，以为智者不想告诉他秘诀，所以随便说了几句来敷衍他。而智者却说："你回去吧，这就是秘诀。你会明白的。"后来，这位年轻人反复琢磨，经过实践后，终于明白了智者的话。与人交往的秘诀其实就是换位思考。

中国自古就有"己所不欲，勿施于人"的古训，而西方的《圣经》里也有这样的教诲："你们愿意别人怎样待你，你们就怎样对待别人。"人与人的交往，都是将心比心的。只有懂得为别人考虑的人，才能获得别人的真情。生活中，每个人所处的环境、地位、角色不同，所以每个人对同一个事物的想法也会有所不同，不要只从自己的立场出发来想事情，要懂得从别人的立场上看问题，这样你的观点才会更客观，你的胸怀才会更宽广，你的朋友才会更多，你的事业也会更成功。

这世上有很多争吵，都是因为我们不会从别人的立场上看问题而导致的。如果我们每个人都能站在别人的立场上为别人考虑，那么这个世界将变成爱的海洋，和谐美满的天堂。妻子总觉得丈夫不体贴，丈夫总觉得妻子不温柔；老师总觉得学生不听话，学生总觉得老师不讲道理；家长总觉得孩子不可救药，孩子则认为家长专治独裁；老板总认为员工爱偷懒，员工总觉得老板是吸血鬼……大家都只从自己的立场出发想问题，那将无法进行沟通和获得理解。

从前，有一个男人厌倦了天天忙碌的工作，每天回家看到妻子总是美慕她的悠闲舒适。于是有一天，他向上帝祈祷，希望上帝把他变成女人，让他和妻子互换角色。结果，第二天祈祷灵验了：他变成妻子的模样，妻子变成了他的模样。他高兴极了，想这以后我就能享受美好的悠闲生活了。可还没等他想完，妻子就抗议道："你怎么还不去做早餐，我上班要迟到了。"于是，他赶紧起床去做早餐。做完早餐，又去叫孩子们起床，给孩子们穿衣服，喂早餐，装好午餐，送孩子们上学。回到家后，又开始打扫卫生，洗衣服，到超市买菜，准备晚餐……只一天，他就受不了了，太累了，比他上班还累。第二天一醒来，他就祷告，请求上帝再把他变回去。而上帝却对他说："把你变回去，可以。但是，要再等10个月，因为你昨天晚上怀孕了。"

这个有意思的故事，说的还是换位思考的问题。不要以为别人的工作就比你轻松，别人就比你活得容易。

每个人都有每个人的责任，每个人都有每个人的忧喜。只有设身处地为他人考虑，你才能真正地了解他的想法，理解他的行为。

　　换位思考是一种态度，更是一种品德。懂得换位思考的人，才值得别人尊敬。如果你不想别人剥夺你的生命，那就别当着别人的面抽烟；如果你不想别人啐你的脸，那你就不要随地吐痰；如果你不想别人用污秽的字眼说你，那你也不要随便辱骂别人；如果你不想自己被人瞧不起，那你也不要戴着"有色眼镜"看人。

　　总之，己所不欲，勿施于人，懂得站在别人的立场上考虑问题，希望别人怎么对你，你就怎么对别人。

设身处地为他人考虑

　　其实，设身处地为他人考虑，也是为自己考虑。在这个世界上，没有哪个人是不依赖他人而孤立存在的。社会就是人与人合作互助的结构，不懂得为他人考虑的人，也没有人会为你考虑。只想着自己，自私自利的人，以为没有吃亏，却也难有收获，而且还会失去很多，比如尊重、理解、爱戴、朋友，甚至更多。

　　曾经看过一个非常悲惨的故事，讲的正是不懂得设身处地为他人考虑而导致的悲剧。

　　一个参军的年轻人，由于在战场上误踩了地雷，致使他失去了一只胳膊和一条腿。他痛苦万分，但想到爱他的父母，他的心底又燃起了活下去的希望。可他现在这个样子，父母会如何看待他呢？他决定还是打个电话给父母，再做打算。于是，他拨通了父母家里的电话："爸爸，妈妈，我要回家了。但我想请你们帮我一个忙，我想带一位朋友回去。"父母听后，很高兴："当然可以，我们也很高兴能见到他。"年轻人接着说："但是这位朋友不是一般的人，他在这次战争中失去了一只胳膊和一条腿。他无处可去，我希望他能来我们家和我们一起生活。"年轻人这话一出口，电话中就传来父母的声音："我们很遗憾听到这件事，但是这样一个残疾人将会给我们带来沉重的负担，我们不能让这种事干扰我们的生活。我想你还是快点回家来，把这个人给忘掉，他自己会找到活路的。"听到这些，年轻人挂上了电话。几天后，他的父母接到了警察局的电话，说他的儿子从高楼上坠地而死，调查结果认定是自杀。当悲痛欲绝的父母，赶到陈尸间，看到儿子的尸体时，他们惊呆了：他们的儿子只剩一只胳膊和一条腿。

　　这就是只想到自己的结果。生活中，这样的悲剧还有很多。灾难发生在别人身上是故事，发生在自己身上才是事故。而这世界是公平的，风水轮流转，那发生在别人身上的不幸，也可能发生在自己身上。你怎么对待别人的，别人就会怎么对待你。所以，要处处为别人考虑。

在别人有难时，不要幸灾乐祸，而是想着帮助别人。无论何时都要为别人考虑，这样你的人生会不断地发现惊喜。

圣诞节那天，妈妈带着女儿在街上玩。妈妈一个劲地说："宝贝，你看多美啊！"可女儿却回答："我什么美也看不到！"妈妈很生气："你看那漂亮的五彩灯、圣诞树，还有琳琅满目的各式礼品，你怎么会看不到呢？"女儿很委屈："可我真的什么也没有看到。"这时，女儿的鞋带开了，妈妈蹲下来为她系鞋带。就在这时，妈妈发现她蹲下来的时候，除了前方一个女人的格子裙以外，什么也看不到。原来，那些东西都放得太高了。

所以，当别人给的答案不是你想要的时候，要想想为什么会这样。真正设身处地为他人着想，是每个人都应该明白的道理和应该学习的人生法则。

古德曼定律：没有沉默，就没有沟通

【定律阐释】古德曼定律，也称作"沉默定律"，由美国加州大学心理学教授古德曼提出。意思是，沉默可以调节说话和听讲的节奏。沉默在谈话中的作用，就相当于0在数学中的作用。尽管是"0"却很关键。没有沉默，一切交流都无法进行。

沉默是金

沉默是一种力量，是一种态度，是一种智慧。沉默不是一语不发的怯懦，而是鼓励他人畅谈的谦虚；沉默不是脑中空空的愚蠢，而是为自己积蓄力量的隐忍；沉默不是理屈词穷的失败，而是不屑一顾的威严；沉默不是任人摆布的屈从，而是待时而动的冷静。古语云：沉默是金。正说明了沉默的价值，沉默的可贵。如果两个人在交谈，没有一方的沉默，那肯定是进行不下去的。这个世界需要呼唤的声音，更需要沉默的安静。

总爱夸夸其谈的人，不一定有真本事。平时沉默不语的人，不一定没有出息。

春秋五霸之一的楚庄王，在继位的前三年，从未发过一道法令。他手下的大臣都看不下去了，但又不敢明着问他。因为他有令："敢谏者杀无赦！"但大夫伍举聪明，变个方法问道："一只大鸟落在山上三年，不飞不叫，沉默无声，这是为什么？"楚庄王也是个聪明人，一听就明白了伍举的意思，答道："这只鸟三年不展翅，是为了让翅膀长大；三年不发声，是为了观察、思考和准备。虽然三年不飞，但一飞必定冲天；虽然三年不叫，但一叫势必惊人！"果然，在第四年，楚庄王共发布九条法令，废除了十项措施，处死了五个贪官，选拔了六个优秀官员。待机而动，一举成功。

沉默不是无所事事，而是想一招制敌。这是力量的积累，是时机的等待。

每年高考都会冒出不少"黑马"，那些平时看起来不怎么出众的学生，却能"金榜题名"；而那些平时出尽风头，看起来大有希望的学生，却往往"名落孙山"。那些平时看起来默默无闻的学生，其实就是在一点一滴地积累力量，他们"不鸣则已，一鸣惊人"！越王勾践卧薪尝胆，任劳任怨，最终却一举歼灭了强大的吴国。这里的沉默，就是在等待时机。所以，真正有大志向的人，往往是看起来比较沉默的人。不语则已，语必惊人。

适时的沉默，会让你获得很多。

大发明家爱迪生，一生发明了 3000 多件物品。有一次，他想卖掉自己的一项发明，来建一个实验室。但由于他不太熟悉市场行情，不知道自己的发明值多少钱，该向购买者开多高的价位。于是，他便与妻子商量。妻子也不懂行情，但她觉得肯定值不少钱，起码要也应该要高些。便对爱迪生说："你就要两万美元吧。"爱迪生听了，心想："两万美元，怎么可能呢？"第二天，一个商人上门来找爱迪生，并表示出对那项发明的浓厚兴趣，希望爱迪生能卖给他。商人让爱迪生出个价，爱迪生为难了，说多少好呢，他自己也不知道，所以他就沉默不语。商人一再地问他，他却坚持一言不发。最后，商人终于按捺不住了，就说："我先出个价吧。您看 10 万美元，怎么样？"爱迪生一听，喜出望外，立马同意了这笔交易。

所以说，沉默是金。沉默是在积蓄力量，是在等待时机，更是一种威严和智慧，一种冷静和沉着。

俗话说，"祸从口出"，"言多必失"。该沉默的时候，就要懂得沉默。买东西的时候，讨价还价，你千万不要先开口出价，要像爱迪生一样，等着别人出价。在谈判的时候，也是一样。不要先露出把柄，贸然行动，而是先观察、思考、准备，向楚庄王一样，不鸣则已，一鸣惊人！但沉默不是一直无言，而是适时沉默，该出口的时候，还是要出口的。不然，你就真的要"在沉默中灭亡"了！

善于倾听

沟通是需要说出来和听进去的，双方缺一不可。说出来是一种交流，听进去是一种领会。这个世界需要说出来的勇气，更需要听进去的耐心。

懂得倾听，是一种能力，更是一种品德。倾听是一种沉默，更是一种付出。认真地听别人讲话，是一种尊重，更是一种修养。很多人知道高谈阔论的魅力，却忽视了倾听的力量。科学家曾经对一批推销员进行过追踪调查，调查的对象分为业绩最好和业绩最差两类。经过调查，科学家发现，他们的业绩之所以有这么大的差别，不是因为说得好坏，而是因为听得多少。那些业绩最好的推销员，每次推销的时候平均只说12分钟话，而那些最差的平均却要说上30分钟。说得多，就听得少，听得少，就不容易对顾客有透彻的了解，而且说得多，还容易使顾客厌烦。而听得多则相反，不仅会对顾客有个清晰的了解，知道顾客最需要什么，而且还会使顾客觉得贴心。所以说，懂得倾听，是一种智慧。

一个好的谈话节目主持人，是一个好的倾听者；一个好的领导，也是一个好的倾听者；一个好的朋友，更是一个好的倾听者。倾听，让对方满足，让自己受益。懂得倾听，才能使说话更有效。在社交过程中，懂得倾听是一种很吸引人的品质。如果你是一个善于倾听的人，你的身边总会围绕着很多愿意与你交往的人。善于倾听，才能更好地沟通。如果双方各抒己见，都不把对方的观点听到心里去，那么最终只能是以争吵而收场。真正愉快的沟通，是互相倾听；真正的朋友，就是能够与你沟通的人，这个沟通指的就是能够互相倾听。只有能够互相倾听，才能互相理解，彼此知心。作为领导，更要具备善于倾听的能力。听到不同的声音，才能不断地改进。官员要听到百姓的疾苦，老板要听到员工的意见，老师要听到学生的要求，家长要听到孩子的心声。在很多时候，听比说更重要。

很久以前，有个不知名的小国想刁难一下它的邻国，因为它的邻国太大太强，让这个小国感到威胁。有一天，这个小国的使者带着三个一模一样的金人，来向大国进贡。大国的国王，看着这几个金人，心里非常高兴。但是，没想到那个小国的使者，竟向国王出了个难题："请问陛下，您说这三个金人哪个最有价值？"国王一下答不上来了，但国王不能说自己不知道，这样会失了尊严。于是，他想了很多办法，请金匠来看做工，称重量，验材质，但无论如何查，得出的结果都是：这三个金人价值都一样。正在国王急得火烧眉毛的时候，一位已告老还乡的老臣来到王宫的大殿上说他知道如何区分。国王十分高兴，把小国的使者也请到了大殿上。这时，只见老臣从袖子里拿出三根稻草，一根一根地分别插入三个金人的耳朵里。结果发现：第一个金人的稻草从另一边耳朵里掉了出来，第二个金人的稻草从嘴巴里掉了出来，而第三个金人的稻草掉进了肚子，再也没有出来。于是，老臣对使者和国王说："第三个金人最有价值。"使者这时也不得不承认，老臣的答案是正确的。

为什么第三个金人最有价值呢？因为它懂得倾听，善于倾听。人长了一张嘴两只耳朵，就是要让我们多听少说。善于倾听，是社交中一种非常有用的技能，是领导者必须具备的能力，是每个人都应该拥有的美德。

· 第四章 ·

职场：心态是工作中的软实力

蘑菇定律：新人，想成蝶先破茧

【定律阐释】蘑菇定律，指初学者一般像蘑菇一样被置于阴暗的角落（不受重视的部门，或做打杂跑腿的工作），头上浇着"大粪"（无端的批评、指责、代人受过），只能自生自灭（得不到必要的指导和提携）。这是许多组织对初出茅庐者的一种管理心态。

职场起步，切勿过早锋芒毕露

众所周知，蘑菇长在阴暗的角落，得不到阳光，也没有肥料，自生自灭，只有长到足够高的时候才开始被人关注。

这种经历，对于成长中的职场年轻人来说，就像蛹，是化蝶前必须经历的一步。只有承受这些磨难，才能成为展翅的蝴蝶。初涉职场的新人，不仅要承受住"蘑菇"阶段的历练，还要注意不能过早地锋芒毕露。

有一位图书情报专业毕业的硕士研究生被分到上海的一家研究所，从事标准化文献的分类编目工作。

他认为自己是学这个专业的，比其他人懂得多，而且刚上班时领导也以"请提意见"的态度对他。于是工作伊始，他便提出了不少意见，上至单位领导的工作作风与方法，下至单位的工作程序、机制与发展规划，都一一列举了现存的问题与弊端，提出了周详的改进意见。对此领导表面点头称是，其他人也不反驳，可结果呢，不但现状没有一点儿改变，他反倒成了一个处处惹人嫌的主儿，还被单位掌握实权的某个领导视为狂妄、骄傲，一年多竟没有安排他做什么具体活儿。

后来，一位同情他的老太太悄悄对他说："小王啊，你还是换个单位吧，在这儿你把所有的人都得罪了，别想有出息。"

于是，这位研究生闭上了嘴。一段时间后，他发觉所有的人都在有意无意地为难他，连正常的工作都没有人支持他，他只好"炒领导的鱿鱼"，离开了。

临走时，领导拍着他的肩头："太可惜了！我真不想让你走，我还准备培养你当我的接班人哩！"

那位研究生一边玩味着"太可惜"三个字，一边苦笑着离去。

在现实社会中，与这位研究生一样的年轻人并不少见。他们处世往往不留余地，锋芒毕露，有十分的才能与聪慧，就要表露出十二分。殊不知，职场有职场的游戏规则，你如果想在职场有所作为，就要先适应这里的游戏规则，实力壮大、羽翼丰满之后，再通过你的能力来制定新的游戏规则，否则，你一定会被碰得头破血流，留下"壮志未酬身先死"的怨叹。

小说《一地鸡毛》中描写到，主人公小林夫妇都是大学生，很有事业心，努力、奋发，有远大的理想。二人志向高得连单位的处长、局长，社会上的大小机关都不放在眼里，刚刚工作就锋芒毕露。于是，两人初到单位，各方面关系都没处理好，而且因为一开始就留下了"伤疤"，后来的日子也经常是磕磕碰碰。说到底，夫妇俩都败给了自己的职场第一步。

中国有一个成语叫"大智若愚"，行走职场，必要的时候，你一定要学会做一个"愚人"来保全自己，这往往能让你以不变应万变。

做"蘑菇"该做的事，以智慧突破"蘑菇"境遇

曾有人说过这样一番话："一个人既然已经经历'蘑菇'的痛苦，哭也好，骂也好，对克服困难毫无帮助，只能是挺住，你没有资格去悲观。因为，此时假如你自己不帮助自己，还有谁能帮助你呢？"

这句话说明了一个很重要的道理：正因身处"蘑菇"境遇，你得比别人更加积极。谁都知道，想做一个好"蘑菇"很难，但那又能怎样呢？如果只是一味地强调自己是"灵芝"，起不了多大作用，结果往往是"灵芝"未当成，连"蘑菇"也没资格做了。

所以，你想要突破"蘑菇"的境遇，使自己从"蘑菇堆"里脱颖而出，在最开始就要做好"蘑菇"该做的事，用智慧去突破"蘑菇"境遇。

你要学会从工作中获得乐趣，而不仅仅是按照命令被动地工作。确立自己的

人生观，根据你自己的做事原则，恰如其分地把精力投入工作中。要想让企业成为一个对你来说有乐趣的地方，只有靠你自己努力去创造、去体验。

身为新人，工作中你要注意礼貌问题。也许你觉得这样是在走形式，但正因为它已经形式化了，所以你更需要做到，从而建立良好的人际关系。记得有这样一句话：礼貌这东西就像旅途使用的充气垫子，虽然里面什么也没有，却令人感觉舒适。记住：有礼貌不一定是智慧的标志，可是不礼貌会被人认为愚蠢。

常言道：少说话，多做事，这对新人更是适用。每一个刚开始工作的年轻人都要从最简单的工作做起。如果你在开始的工作中就满腹牢骚、怨气冲天，那么你就会对工作草率行事，从而有可能导致错误的发生；或者本可以做得更好，却没有做到，这会使你在以后的职务分配中很难得到你本可以争取到的工作。

还有，毕业后一旦走向社会，会发现梦想与现实总是存在很大的差距。当你到了一个并不满意的公司，或者在某个不理想的岗位，做着也许很没劲甚至很无聊的工作时，肯定会产生前途茫然的感觉，如果收入又不理想，你肯定会郁闷万分，此时实际上就是蘑菇定律在考验你的适应能力。达尔文的话是最好的忠告：要想改变环境，必须先适应环境，别等环境来适应你。

时刻记住，人可以通过工作来学习，可以通过工作来获取经验、知识和信心。你对工作投入的热情越多，决心越大，工作效率就越高。当你抱有这样的热情时，上班就不再是一件苦差事，工作就会变成一种乐趣，就会有许多人聘请你做你喜欢做的事。

正如罗斯·金所言："只有通过工作，你才能保证精神的健康，在工作中进行思考，工作才是件愉快的事情。两者密不可分。"处于"蘑菇"阶段的年轻人，快沉下心来，以你的智慧与能力在职场破茧成蝶吧！

自信心定律：出色工作，先点亮心中的自信明灯

【定律阐释】自信心定律，指一个相信自己有能力完成各种任务、能应付各种事件、能达到预定目标的人，必然是一个充满自信的人，也是非常容易成功的人。

丢掉第 6 份工作引发的职场思考

"难道我真的一无是处，是个没用的人？"刚刚失去第 6 份工作的李磊（化

名）想起 3 年来在工作中的点点滴滴，对自己彻底失去了信心。

他说，前几天刚被老板辞退，这已经是他毕业 3 年来的第 6 份工作了。他自己觉得，不自信是丢掉工作的主要原因。原来，1 周前李磊到一家牙科诊所应聘，老板问他是什么学历，因为害怕老板嫌弃自己的学历低，李磊便谎称是本科学历，而实际上他是大专学历。本以为老板只是问问学历，没想到上班之后，老板天天要他拿出学历证书。再也瞒不过去的李磊只得向老板吐露了实情，结果第 2 天老板就以"为人不诚实"将他辞退了。

"一家私人诊所可能也不会太在乎学历，我毕业 3 年了，有实践经验，这对老板来说可能比学历更为重要。"李磊很后悔当初不自信，没有对老板说实话。

李磊的经历给我们带来了深刻的思考：职场上，自信心对于一个人很重要。要想老板看重你，首先要自己看重自己。

客观上来说，一个人有没有自信，来源于对自己能力的认识。充满自信就意味着对自己"信任"、欣赏和尊重，意味着对工作胸有成竹、很有把握。

未来学家弗里德曼在《世界是平的》一书中预言："21 世纪的核心竞争力是态度。"这就是在告诉我们，积极的心态是个人决胜未来最为根本的心理资本，是纵横职场最核心的竞争力。

所谓的积极心态，自信心当然是非常重要的一部分。一个失去自信的人，就是在否定自我的价值，这时思维很容易走向极端，并把一个在别人看来不值一提的问题放大，甚至坚定地相信这就是阻碍自己进步的唯一障碍，自然就很难有出类拔萃的成就了。

事实上，工作中若能时刻保持一种积极向上的自信心态，即使遇到自己一时无法解决的困难，也会保持一种主动学习的精神，而这种内在的、自发的主动进取，往往会让我们把事情做得更好。

美国成功学院对 1000 名世界知名成功人士的研究结果表明，积极的心态决定了成功的 85%！对比一下身边的人和事，我们不难发现，很多自信的人工作起来都非常积极、有把握，并且取得了出色的工作业绩；而那些总认为"我不行""做不了""我就这水平了"的人，尽管有过多年的工作经历，但工作始终没有什么起色。

所以，在职业生涯中，必须充满自信。自信心是源自内心深处、让你不断超越自己的强大力量，它会让你产生毫无畏惧、战无不胜的感觉，这将使你工作起来更加积极。

自信飞扬，做职场冠军

在工作中，我们常会遇到这样的情况：挫折袭来，有的人始终不能产生足够的自信心，从而一蹶不振；有的人却能在焦虑和绝望后迅速产生强大的自信心，从而拼劲十足地实现目标。

其实，产生这种差异并不完全是由先天因素决定的，往往是因为前者平时不注重自信心的树立；后者却懂得经过长期的自我训练，增强自信心。

无论从事什么职业，自信都能给人以勇气，使你敢于战胜工作中的一切困难。工作上，谁都愿意自己出类拔萃，这就要求我们必须挑战人生，要挑战就必须以充满自信为前提，如果我们连自信心都没有，能做好什么事呢？

大家都知道毛遂自荐的故事，正因为毛遂有极强的自信心，所以才敢向平原君推荐自己，并最终出色地完成了任务。

美国思想家爱默生说："自信是煤，成功就是熊熊燃烧的烈火。"对于成功人士来说，自信心是必不可少的。据说，今日资本集团总裁徐新当初之所以选择投资网易，正是因为网易创始人丁磊的自信。

丁磊毕业于电子科技大学，毕业后被分配到宁波市电信局。这是一份稳定的工作，但丁磊无法接受那里的工作模式和评价标准，自信的他从电信局辞职："这是我第一次开除自己。有没有勇气迈出这一步，将是人生成败的一个分水岭。"

因为自信，丁磊在两年内3次跳槽，最终在1997年决定自立门户。后来，丁磊和徐新在广州一家狭小的办公室见面。徐新主动问他一些问题："网易在行业内的情况怎么样？"

"我们会是第一。"丁磊毫不犹豫地这么回答。客观上讲，1999年初，网易刚向门户网站迈进，与新浪、搜狐相比，还只是一个刚刚崭露头角的小网站。

徐新当然知道当时的网易不是门户网的第一，但觉得丁磊很有上进心，而不是吹牛——是有实质的自信。"我觉得企业家有这种精神是很重要的，你有这么一个理想跟雄心去做行业排头兵。我投的就是你的这个自信。"

通过丁磊的经历，我们可以肯定地说：充分的自信是创立事业、成就价值的重要素质。

既然自信心如此重要，那么，我们要怎样做才能树立自信心呢？

首先，在平时的工作中要不断地学习，不断地提升自己。阿基米德说过："给我一个支点和一根足够长的杠杆，我就能撬动整个地球。"有如此的自信，那是因为他深入掌握科学的原理。关羽之所以敢独自一人去东吴赴会，是因为他深知自己的本领……正所谓"有了金刚钻，才敢揽瓷器活"。

其次，要有一定的耐心和毅力。有些事情不是一朝一夕就能做好的，需要我们持之以恒地努力。要用长远的目光看待目前遇到的困境，相信我们有能力去解决它，相信自己，最后的成功必定是我们的。

最后，不要总想着自己的缺点，要时刻告诉自己"我是最棒的""我是优秀的"。每个人都有缺点，完美无缺的人是不存在的，对自身的缺点不要念念不忘。要知道，别人往往并不那么在意你的缺点。要相信自己，相信自己是最棒的、最优秀的。

青蛙法则：居安思危，让你的职场永远精彩

【定律阐释】青蛙法则，把一只青蛙放进冷水锅里，如果慢慢地加温，青蛙会随水温逐渐升高而被煮死。相反，如果把一只青蛙直接放进热水锅里，它便会立刻感觉到危险，并迅速跳出锅外。这个法则旨在提示人们要懂得居安思危。

生于忧患，死于安乐

19世纪末，美国康奈尔大学进行了一个有趣的实验：他们将一只青蛙扔进一个沸腾的大锅里，青蛙一接触到沸水，便立即触电般地跳到锅外，死里逃生。实验者又把这只青蛙丢进一个装满凉水的大锅，任其自由游动，然后用小火慢慢加热。随着温度慢慢升高，青蛙并没有跳出锅去，而是被活活煮死。

前面"蛙未死于沸水而灭顶于温水"的结局，很是耐人寻味。若是锅中之蛙能时刻保持警觉，在水温刚热之时迅速跃出，也为时不晚，就不至于落得被煮死的结局。这就让我们想起了孟子曾说过的一句话："生于忧患，死于安乐。"

一个人如果丧失了忧患意识，那么，就会像被水煮的青蛙一样，在麻木中"死亡"。所以，在从初涉职场到工作干练的渐变过程中，我们要保持清醒的头脑和敏锐的感知，对新变化做出快速的反应。不要贪图享受，安于现状，否则当你意识到环境已经使自己不得不有所行动的时候，你也许会发现，自己早已错过了行动的最佳时机，等待你的只是悲哀、遗憾和无法估计的损失。

漫漫职场路，我们都希望自己能一帆风顺，不希望遇到忧患与危机。但客观上讲，忧患与危机并不是什么可怕的魔鬼，当它们出现在我们面前时，往往能激发潜伏在我们生命深处的种种能力，并促使我们以非凡的意志做成平时不能做的大事。所以，与其在平庸中浑浑噩噩地生活，不如勇敢地承受外界的压力，过一种更有创造力的生活。

拿破仑在谈到他手下的一员大将马塞纳时曾说："平时，他的真面目是不会显现出来的，可当他在战场上看到遍地的伤兵和尸体时，那种潜伏在他体内的'狮性'就会在瞬间爆发，他打起仗来就会勇敢得像狮子一样。"

再如拿破仑本人，如果年轻时没有经历过窘迫而绝望的生活，也就不可能造就他多谋刚毅的性格，他也就不会成为至今为人们所景仰的英雄人物。贫穷低微的出身、艰难困顿的生活、失望悲惨的境遇，不仅造就了拿破仑，还造就了历史上的许多伟人。例如，林肯若出生在一个富人家的庄园里，顺理成章地接受了大学教育，他也许永远不会成为美国总统，也永远不会成为历史上的伟人。正是有了那种与困境作斗争的经历，使他们的潜能得以完全爆发，从而发现自己的真正力量。而那些生活在安逸舒适中的人，他们往往不需要付出太多努力，也不需要个人奋斗就能达到目的，所以，潜伏在他们身上的能量就会被"遗忘""湮没"。

当今世界上，有许多人都把自己的成功归功于某种障碍或缺陷带来的困境。如果没有障碍或缺陷的刺激，也许他们只能挖掘出自己 20% 的才能，正因为有了这种强烈的刺激，他们另外 80% 的才能才得以发挥。

所以，身处今天快节奏、不断变幻的职场，我们要懂得居安思危。要知道，危机并不代表灭亡，而恰恰可能是一种契机。我们经由这些危机，往往会发现自己真正的价值所在，激发出深藏于心的巨大力量，从而使人生更加精彩。

在自危意识中前进

我们都知道，未来是不可预测的，人也不可能天天走好运。正因为这样，我们更要有危机意识，在心理上及实际行为上有所准备，以应付突如其来的变化。有了这种意识，或许不能让问题消弭，却可把损害降低，为自己打开生路。

常言道，一个国家如果没有危机意识，迟早会出问题；一个企业如果没有危机意识，迟早会垮掉；一个人如果没有危机意识，也肯定无法取得新的进步。

那么，我们具体该如何在竞争激烈的职场中提升自己的危机意识呢？下面，来看看闻名于世的波音公司的一个有趣做法。

波音公司以飞机制造闻名于世。为了提升员工的忧患意识，一次，公司别出心裁地摄制了一部模拟倒闭的电视片让员工观看：

在一个天空灰暗的日子，公司高高挂着"厂房出售"的招牌，扩音器传来"今天是波音公司时代的终结，波音公司关闭了最后一个车间"的通知，全体员工一个个垂头丧气地离开工厂……

这个电视片使员工受到了巨大震撼，强烈的危机感使员工们意识到：只有全身心投入生产和革新中，公司才能生存，否则，今天的模拟倒闭将成为明天无法避免的事实。

看完模拟电视片，员工们都以主人翁的姿态，努力工作，不断创新，使波音公司始终保持着强大的发展后劲。

事实上，波音公司的这种做法不仅对企业有深刻启示，对于行走职场的个人来说，同样具有一定的借鉴作用。

在工作中，我们也应该像波音公司的员工那样，时刻提醒自己：只有全身心投入生产和革新中，公司才能生存，我们才有机会发展，否则，终将难逃被淘汰的事实。

当今社会的快节奏和激烈的竞争，令很多人在35岁时遇到这样一个困惑：为什么多年来我一事无成？接下来的岁月我应该做些什么？在机会面前，许多人不敢贸然决定。因为他们从心理上理解了人生的有限，而自己也开始重新衡量事业和家庭生活的价值，于是产生了职业生涯危机。这就是著名的"35岁危机论"。

罗伯特先生35岁，自言感觉过去对工作、对自己的认识似乎有错误，而自己长期养成的行为习惯好像变成了事业的绊脚石。想改变自己，又不忍心否定过去；想改变生活方式，又担心选择的并不是最适合自己的。两年前，他终于下定决心放弃了某公司副经理的职位，参加MBA考试并重回校园深造。

现在，完成学业的罗伯特先生在找工作时却犯了难。罗伯特先生业已投出上百份简历，但有回音者寥寥无几。罗伯特先生说，自己并不要求高起点的薪金，而只要求一个管理类的工作职位。然而他发现，"社会上已经人满为患"。

罗伯特先生曾读过一篇题目为《35岁，你还会换工作吗》的文章，文中专家说："社会对35岁以上的求职者提出了较高的要求，必须通过不断学习和更新知识，提高自身竞争力。"对此罗伯特先生很纳闷：我正是为了完善自己才去学习，为什么反而让社会把自己挤了出去呢？

其实，像罗伯特先生这种工作以后又重返课堂充电，充电后再找工作重新迎接社会的挑战，已不仅仅是 35 岁的人才会面临的境况。有人甚至感叹："不充电是等死，怎么充了电变成找死啦？"

最关键的一点是：我们要明白，人生的经历是积累的，不要以为学习充电后就无须面临社会"物竞天择，适者生存"的自然选择。以前的经历是你的宝贵财富，但这并不能让你在职场上永操胜券。千万不要有一劳永逸的期待，要时刻保持危机意识，告诉自己"一定要快跑，不够优秀在什么时候都会被淘汰"。

鸟笼效应：埋头苦干要远离引人联想的"鸟笼"

【定律阐释】鸟笼效应，是心理学家詹姆斯提出的一个有意思的规律：如果一个人买了一个空的鸟笼放在自己家的客厅里，过了一段时间，他一般会丢掉这个鸟笼或者买一只鸟回来养。

远离让人欲罢不能的"鸟笼"，不让老板怀疑你

心理学家詹姆斯有天与好友卡尔森打赌，说："我敢保证，不久后你会养一只小鸟！"卡尔森一听，觉得很荒唐，就笑着说："你在开玩笑吧？我从来就没有过这种想法。"

几天后，卡尔森过生日，朋友们都来为他庆祝。詹姆斯也来了，还带了一只精致的鸟笼作为生日礼物。

卡尔森接过鸟笼，想起几天前詹姆斯说的话，就会意地笑笑说："好你个詹姆斯，你还真想让我养鸟啊？可惜，最后你肯定会失望的。不过，还是要谢谢你的鸟笼，我很喜欢它。"说完便将鸟笼挂在了自己的书桌旁。

从此以后，来拜访卡尔森的客人，都会问他同一个问题："教授，您养的鸟死了吗？"而且每位客人与他谈话的时候，都会提一些与鸟相关的话题，比如告诉他养鸟的知识，委婉地规劝他养鸟需要责任心和爱心，还有养鸟时的一些注意事项等。每当此时，卡尔森就一遍一遍地向客人解释——他从未养过鸟，不过客人们都不相信，反而认为他心理出现了问题。

卡尔森百口莫辩，有苦难言。想扔了这鸟笼，又不舍得，它那么漂亮而且还是别人送的礼物；不扔这鸟笼，又惹出那么多恼人的猜测，莫须有的事端。想来

想去，万般无奈之下，他只好沿着詹姆斯的预测走，买了一只鸟儿放在笼子里，这总比整天解释和被人误解好多了。

这就是著名的"鸟笼效应"，詹姆斯用他的心理学知识涮了好友一把。

其实，"鸟笼效应"在我们的生活、工作中会常常遇到。人们总是不自觉地在自己的心里先挂上一只"鸟笼"，再不由自主地往笼子里放"小鸟儿"。

人们大部分情况下很难亲眼看到事情的真相，所以很多事情，都会靠着常规思路进行推理。你认为努力工作的人就应该天天加班，而更多的人却觉得工作量正常还每天加班那就是为了占用公司的资源。如果你给同事、老板留下这样的印象，那你可就惨了。

刘季是从一家小公司转过来的。在小公司的时候，公司的老板每天都加班到很晚，所以作为老板得力助手的刘季自然也就养成了每天加班的习惯。到了新公司后，刚刚熟悉业务，为了能更好地胜任自己的工作，他依然坚持着每天加班到很晚的习惯。可是这家公司的风气与以前的小公司不同，这里的员工和老板没有加班的习惯。所以，同事们发现刘季每天加班到很晚后，都感到很奇怪。每天的工作量也不大，上班时间完全可以完成，为什么他还要每天加班到很晚呢？同事们开始议论纷纷。"他是不是为了给自己家省点电，或者省点网费？""可能是为了晚上用公司的电话打私人电话。""也有可能是利用公司的资源干私活。"……很快，老板也知道了这件事。他的第一直觉也是：这个人到底每天晚上加班到很晚是在搞什么"阴谋"？是不是为了占用公司的资源？通常情况下，在工作量正常的时候，依然每天加班到很晚，很容易让人联想到这些，老板也不例外。刘季发觉了同事的议论后，还不以为然，但当他知道老板也在怀疑他时，他就再也不敢加班了。

不要给老板怀疑你的机会，不要给同事议论你的可能。要学会遵循所在公司的"规则"，这样你的职场生活才会一帆风顺。

加班和加薪升迁没关系

职场潜规则：加班和加薪没关系。决定加薪的因素是你的能力。能力是最好的语言，业绩是最好的证明。只有具有扎实的本领，你才有发言权。否则无论你说再多，也是无用的。

职场，是用本领说话的地方。下面，我们来看一则关于本领的寓言：

有一次，在一场比赛上，鼯鼠夸耀说自己会很多本领。比赛开始了，最先比的是飞行。一声哨响，老鹰、燕子、鸽子一下就飞得没影了，鼯鼠扑腾着飞了几丈远就落了下来，着地时还没站稳，摔了个嘴啃泥。赛跑比赛，兔子得了第一后，躺在树下睡了一觉醒来，鼯鼠才跌跌撞撞地跑到终点。游泳比赛，鼯鼠游到一半就游不动了，大声喊起救命来，多亏了好心的乌龟把它驮回岸上。比赛爬树时，鼯鼠还没爬到树顶就抱着树枝不敢再爬，顽皮的猴子爬到树顶后摘了果子往它头上扔，明知道它不敢用手去接，还故意说请它吃水果。和穿山甲比赛打洞，穿山甲一会儿就钻进土里不见了，鼯鼠吃力地刨啊刨，半天才钻进半个身子。观众见它撅着屁股怎么也进不去，都哄笑起来。

在工作中，如果没有真才实学，即便终日卖力地加班，也会像鼯鼠一样遭到大家的嘲笑。我们说得再好听，吹嘘得再花哨，没有能力，没有业绩，无论在领导面前，还是在同事面前，甚至在下属面前，仍然很难挺起腰杆儿。

14岁就到煤矿做工的斯蒂芬孙，在煤矿中从事的工作就是擦拭矿上抽水的蒸汽机。后来，他当上了煤矿的保管员，这使他有机会接触到更多的机器。

他感到，当时落后的运输工具已经不能适应正在迅速发展的煤矿业，于是他就想发明一种"强有力的运输工具"。

于是，他下决心努力学习文化。他都17岁了，却是个文盲，"既然基础等于零，那就从零开始吧！"他与启蒙的儿童一起在夜校的一年级就读。

为了更好地进行蒸汽机的研究，他步行了1500多里来到了蒸汽机发明者瓦特的家乡做了长达一年的工。他在工作之余，就对蒸汽机构造的原理进行钻研，并运用自己所学的知识，开始进行"强有力的运输工具"的发明。

他经过一番呕心沥血的钻研，在1814年造出了第一台蒸汽机车。但是试车却失败了，他受到了诽谤和责难。他并没有因此而灰心，继续研究并对其加以改进。他于1825年9月27日在英国斯多克敦至达林敦的铁路上，对世界上第一台客货运蒸汽机车"旅行号"进行了成功的试车。人们热烈地庆贺火车的诞生。他于1829年10月驾驶着新制的"火箭号"参加了在利物浦附近举行的一次火车功率大赛，并获取了胜利。

斯蒂芬孙成功了，多年的努力与坚持不懈，自己的能力和本领在不断的实践中提升、完善。他的经历让我们更加清楚地看到——用本领说话才是最有力的。

无独有偶，下面故事中的马克亦是如此。

马克起初只是德国一家汽车公司下属的一个制造厂的杂工，他是在做好每一件小事中获得了成长，并在他32岁时成为该公司最年轻的总领班。

马克是在20岁时进入工厂的。工作一开始，他就对工厂的生产情形做了一次全盘的了解。他知道一部汽车由零件到装配出厂，大约要经过13个部门的合作，而每一个部门的工作性质都不相同。他主动要求从最基层的杂工做起。杂工不属于正式工人，也没有固定的工作场所，哪里有零活就要到哪里去。因为这项工作，马克才有机会和工厂的各部门接触，因此对各部门的工作性质有了初步的了解。在当了一年半的杂工之后，马克申请调到汽车椅垫部工作。不久，他就把制椅垫的手艺学会了。后来他又申请调到点焊部、车身部、喷漆部、车床部等部门去工作。在不到5年的时间里，他几乎把这个厂的各部门工作都做过了。最后，他又决定申请到装配线上去工作。马克的父亲对儿子的举动十分不解，他问马克："你工作已经5年了，总是做些焊接、刷漆、制造零件的小事，恐怕会耽误前途吧？"

马克笑着说，"我并不急于当某一部门的小工头。我以能胜任领导整个工厂为工作目标，所以必须花点时间了解整个工作流程。我正在用现有的时间做最有价值的利用，我要学的，不仅仅是一个汽车椅垫如何做，而是整辆汽车是如何制造的。"当马克确认自己已经具备管理者的素质时，他决定在装配线上崭露头角。马克在其他部门干过，懂得各种零件的制造情况，也能分辨零件的优劣，这为他的装配工作提供了不少便利。没有多久，他就成了装配线上最出色的人物。很快，他就晋升为领班，并逐步成为统管15位领班的总领班。如果一切顺利，他将在几年之内升到经理的职位。

故事中，马克说得很对，要"用现有的时间做最有价值的利用"，加班与否都不重要，那只是形式，真正能托起你业绩的，不是你工作多少个小时，而是你的能力有多强，是否强到以高效率完成应该完成的工作。这是实力，也是本领。

做任何事情，不下一番功夫，就不会有所收获。每个人都希望自己在职场上占据优势地位，都希望自己能够加薪升迁。然而，仅仅有这种上进的思想是远远不够的，因为理想与现实之间的距离需要努力去弥补。只有掌握了扎实的本领，才能在工作中游刃有余。

鲁尼恩定律：戒骄戒躁，做笑到最后的大赢家

【定律阐释】鲁尼恩定律由奥地利经济学家 R.H. 鲁尼恩提出。讲的是，赛跑时不一定快的赢，打架时不一定强的赢。戒骄戒躁，笑到最后的才是真正的赢家。

气怕盛心怕满，工作中要戒骄戒躁

有一天，孔子带着自己的学生去参观鲁桓公的宗庙。在宗庙里，他看到了一个形体倾斜可用来装水的器皿。就向守庙的人询问："请告诉我，这是什么器皿？"守庙的人告诉他："这是欹器，是放在座位右边，用来警诫自己，如'座右铭'一般用来伴坐的器皿。"孔子一听，接着说："我听说这种器皿，在没有装水或装水少时就会歪倒；水装得适中，不多不少的时候就会是端正的；而水装得过多或装满了，它也会翻倒。"说完，扭头让学生们往里面倒水试试。学生们听后舀水来试，果然如孔子所说的。水装得适中时，它就是端正的；水装得过多或装满了，它就会翻倒；而等水流尽了，里面空了，它就倾斜了。这时候，孔子长长地叹了口气说道："唉！世界上哪里会有太满而不倾覆翻倒的事物啊！"

我们的心也像这欹器，自我评价太低就会抬不起头做人，自我评价适中就会积极面对人生，自我评价过高就会四处碰壁。水满则溢，月满则亏。做人要有长远眼光，不能被一点小小的成就绊住了前进的脚步，而导致最后的失败。

张军和李静是大学同班同学，两个人一起应聘到一家公司。论实力，李静根本不是张军的对手。本来理工科就是男强女弱，张军在计算机方面又有超强的天赋，而李静恰巧又长了个"不开窍"的脑瓜，所以他们俩之间的差距就更大了。可是进公司半年后，李静却意外地比张军先升了职。

其实，这也不奇怪，正如"龟兔赛跑"一样，实力强的不一定最后就会赢。张军自恃能力很高，在这样的公司根本不需要再学习和进修，他的聪明才智完全可以应付一切工作。不仅如此，他对待工作也是马马虎虎，觉得交给自己的工作有辱自己的智商。而李静则知道自己实力不行，所以工作后依然不断地继续学习深造，对于上级交下来的每一项任务都认真对待，还乐于向身边的人请教。所

以，出现李静先升职的现象是必然的。如果张军再不反省，还是那样的工作态度，那么最后可能会遭遇辞退的命运。哪个公司都不需要这种眼高手低、骄傲自大的员工。

气怕盛，心怕满。这是因为气盛就会凌人，心满就会不求上进。真正成功的人都极力做到虚怀若谷，谦恭自守。一个人成功的时候，还能保持清醒的头脑，不趾高气扬，那么他往往会取得更大的成功。

当迪普把议长之职让出来，以拥护林肯政府的时候，在一般人看来，由于他对党的贡献，不知该受到多么热烈的欢呼、称赞才好。他说："傍晚我当选为纽约州州长，一小时之后又被推选为上议院议员。不到第二天早晨，好像美国大总统的位置，便等不及让我的年纪足够后就落到我头上了。"他用这种调侃，善意地批评了别人对他的夸大赞扬。虽然迪普那时很年轻，但是头脑却很清醒，并不因为别人对他的那种夸张的称赞而自高自大。即使在那时，他还是能保持他那种真正的伟大的特性——不因为别人的奉承而趾高气扬。

你能够承受得住突然的飞黄腾达么？要衡量一个人是否真正能有所成就，就要看他能否有这种承受能力。福特说："那些自以为做了很多事的人，便不会再有什么奋斗的决心。有许多人之所以失败，不是因为他的能力不够，而是因为他觉得自己已经非常成功了。"他们努力过，奋斗过，战胜过不知多少的艰难困苦、凭着自己的意志和努力，使许多看起来不可能的事情都成了现实。然而他们取得了一点小小的成功，便经受不住考验了。他们懒惰起来，放松了对自己的要求，慢慢地下滑，最后跌倒了。在历史上，被荣誉和奖赏冲昏了头脑，而从此懈怠懒散下去，终至一无所成的人，真不知有多少……

如果你的计划很远大，很难一下子达到。那么，在别人称赞你的时候，你就把现在的成功与你那远大的计划比较一下，相比将来的宏伟蓝图，你现在的成功还只是万里长征的第一步，根本不值得去夸耀。这样一想，你就不会对眼前的一点小成就沾沾自喜了。所以，在可能实现的前提下，你的计划要大得连群众都来不及称赞。你的计划是如此之大，以致在刚刚开始的时候，一般人对于你的称赞，都表明他们还没有窥见你的宏伟计划。

洛克菲勒在谈到他早年从事煤油业时，曾这样说道："在我的事业渐渐有些起色的时候，我每晚把头放在枕上睡觉时，总是这样对自己说：'现在你有了一点点成就，你一定不要因此自高自大，否则，你就会站不住，就会跌倒的。因为你有了一点开始，便俨然以为是一个大商人了。你要当心，要坚持着前进，否则你便会神志不清了。'我觉得我对自己进行这样亲切的谈话，对于我的一生都有很大的影响。我恐怕我受不住我成功的冲击，便训练我自己不要为一些蠢思想所蛊惑，觉得自己有多么了不起。"

我们开始成功的时候，能够在成功面前保持平常心态，能够不因此而自大起来，这实在是我们的幸运。对于每次的成功，我们只能视其为一种新努力的开始。我们要在将来的光荣上生活，而不要在过去的冠冕上生活，否则终有一天会付出代价的。

执行到位，笑在最后

现代职场中，有很多企业的员工凡事得过且过，做事不到位，在他们的工作中经常会出现这样的现象：

——5%的人不是在工作，而是在制造矛盾，无事必生非 = 破坏性地做；

——10%的人正在等待着什么 = 不想做；

——20%的人正在为增加库存而工作 = "蛮做""盲做""胡做"；

——10%的人没有为公司做出贡献 = 在做，但是负效劳动；

——40%的人正在按照低效的标准或方法工作 = 想做，而不会正确有效地做；

——只有15%的人属于正常范围，但绩效仍然不高 = 做不好，做事不到位。

……

大多数人正在按照低效的标准或方法工作，缺乏灵动的思维和智慧，永远忙乱，却永远到最后才完成任务。

越来越多的员工只管上班，不问贡献；只管接受指令，却不顾结果。他们沉不住气，得过且过，应付了事，将把事情做得"差不多"作为自己的最高准则；他们能拖就拖，无法在规定的时间内完成任务；他们马马虎虎、粗心大意、敷衍塞责……这些统统都是做事不到位的具体表现。

沉不住气，做事不到位，就会造成成本的增加，成本的增加意味着利润的降低。做事不到位的危害不仅仅在于此，在市场竞争空前激烈的今天，执行一旦不到位，就会让对手赢得先机，使自己处于被动的地位。

2002年，华为接受俄罗斯一家运营商的邀请，派遣几名技术员到莫斯科，要他们在短短的两个月内，在莫斯科开通华为第一个3G海外试验局。

但是受邀请的不只华为一家，第一个被邀请的是一家比华为实力更强的公司，也就是说，华为的员工是受邀前去调试的第二批技术人员。于是，他们就和第一批技术人员形成了一种"一对一"的竞争关系。

由于对手实力很强，一开始莫斯科运营商对华为的技术人员并不是很重视，不仅没有为他们提供核心网机房，甚至不同意他们使用运营商内部的传输网。缺乏这些必要的基础设施，华为的技术员开展工作时受到了很大的阻碍。因此，华为的员工压力很大，他们一直在思考怎样才能做得更好，以赢得运营商的信任。但眼看到了业务演示的环节，华为的技术员以为已经没有希望了。

不料，恰好这时候，对方的技术人员在业务演示中出现了一些小漏洞，引起了运营商的不满。为了弥补这些小漏洞，运营商决定将华为的设备作为后备。

于是，华为的几位员工紧紧抓住这个机会，夜以继日地投入工作中，最终向运营商完美地演示了他们的 3G 业务。

看完演示之后，运营商竖起了大拇指，立刻决定将华为的 3G 设备从备用升级为主用。

可见，执行到位关系到成败。执行到位，能够技压群雄；执行不到位，则可能前功尽弃、功亏一篑。

有一天，刘墉和女儿一起浇花。女儿很快就浇完了，准备出去玩，刘墉叫住了她，问："你看看爸爸浇的花和你浇的花有什么不一样？"

女儿看了看，觉得没有什么不一样。

于是，刘墉将女儿浇的花和自己浇的花都连根拔了起来。女儿一看，脸就红了，原来爸爸浇的水都浸透到根上，而自己浇的水只是将表面的土淋湿了。

刘墉语重心长地教育女儿，做事不能做表面功夫，一定要做彻底，做到"根"上。

其实，执行就和浇花一样，如果沉不住气，只是简单地做事，不用心、不细致，不看结果，敷衍了事，那就等于在浪费时间，做了跟没做一样。

在工作中，要有一个长远的规划，不能为达成一个小目标，或一时得到了上级的认可，就骄傲自满，停滞不前，这样你很快就会被别人甩在后面，被职场淘汰。现在的职场，是个时刻充满着竞争的地方。你不进步，就是在退步；你停滞不前，别人就会赶超过你。所以，不要满足于一时的成绩，要有一个大的方向，大的目标，不断前进。但也不要为一时的失败而气馁，要知道笑到最后才最美。

赢得成功，应当自觉戒除糊弄工作的错误态度，沉住气，为自己的工作结果树立标准，严格地落实到最后一个环节，不要认为事情快完成了就掉以轻心、马虎了事，而要确保每一环节都能严格落实到位。只有静下心来，以细致、认真的态度，戒骄戒躁，踏实做好每一项任务，我们才能保证执行的效果，才能为企业交上满意的答卷。

所以，无论你天资如何，无论你有多大的缺陷，决定你输赢的都不是这些，而是你是否能永远清醒地认识自己，是否能做到戒骄戒躁。在跑步时，跑得快的不一定赢；在打架时，实力弱的不一定输。没到最后一刻，都无法定输赢。只有笑到最后的人，才是真正的赢家。所以，不懈地努力吧！

链状效应：潜伏在办公室，想叹气时就微笑

【定律阐释】链状效应，是指一种影响的作用力，人们在一起时会因为相互影响而发生改变，在特定的环境下，人们会做特定的行为。它强调人们相互的影响作用和环境对人的影响作用。

离职场抱怨远一点

有些人心胸不够宽大，对一些事情总是放不开，喜欢怨天尤人。如果你总和这样的人在一起的话，那么久而久之，你也会变成一个爱抱怨的人。这就是链状效应。所以，如果你不想变成一个"唠叨鬼"、一个"抱怨精"的话，那么就离那些爱抱怨的人远一点。

在职场上，更是如此。如果有爱抱怨的同事，你千万要躲他远一些。因为你不能为他解决任何问题，听他抱怨除了自找麻烦外，只能让自己的心情也变得很糟。而你本人，也千万不要对你的同事抱怨，特别是工作上的事情。如果你抱怨多了，除了自失尊严外，还会让同事对你避之唯恐不及。谁也不希望别人的消极情绪影响自己的好心情，所以想抱怨的时候，就微笑；有同事向你抱怨的时候，就一笑而过。

潜伏职场，就应该懂得职场内部的一些规则。不要把自己糟糕的形象暴露在同事面前，这样只会让他们觉得你很无能。不要抱怨工作辛苦，不要抱怨自己多干了活，更不要抱怨老板苛刻。办公室就是用来办公的地方，不是用来让你诉苦的场所。心中的委屈，留着给密友说，或者干脆把它变成一种前进的动力，督促自己更加努力工作。化干戈为玉帛，化戾气为祥和。你也要化抱怨为动力，微笑

面对自己的工作。

娄小明是公司刚从一家大企业挖来的人才。到公司后，很受部门领导的器重。他学识渊博、才思敏捷，让同事们也很佩服。有一次，总公司有一个出国深造的机会，让有资格去的人每人写份申请并附带一份深造计划交到总部。娄小明的部门只有他和张小军符合资格，于是他俩就提交了申请和计划。可是每个部门只有一个出国深造的名额，两个人的实力都很强，资格也都够，领导就开会讨论让谁去比较合适。最后，讨论的结果是让张小军去。这让娄小明很不甘心，自己一点也不比张小军差，如果有差别的话，就是张小军是老总的亲戚，而自己不是。于是，他一有机会就向同事抱怨这件事，抱怨公司的领导如何的不公正，自己的遭遇如何的令人气愤等等。他每次抱怨完都觉得心情很舒畅，而且认为同事们会和自己站在同一条战线上，替自己打抱不平。结果却不像他想的那样。张小军比他来公司的时间长，为人也很平易近人，与其他同事的关系都搞得不错。娄小明越是抱怨，同事们就越觉得张小军比娄小明的气量大，比他能担当。娄小明的抱怨直接地损害了自己的形象，却间接地提升了张小军的人气。而且知道张小军是老总的亲戚后，同事们更是对张小军敬畏三分，不敢轻易得罪。于是，同事们对待娄小明的态度越来越冷淡，再没人觉得他是什么人才。娄小明自己也发现了这一变化，细想后才发现，这都是自己爱抱怨惹的祸，把自己原来的光环和神秘全都打破了，还给同事留下一个心胸狭窄的印象，而自己不能出国的事实一点也没有改变。

怨天尤人，一点益处也没有。对你的工作不会有任何帮助，还会让别人看低你。所以，潜伏办公室，就要把自己消极的情绪锁起来，永远呈现出积极阳光、精明能干的一面，这才会赢得别人的尊重，领导的器重，工作的顺利。

耐心听你的抱怨，只是公司的假象

无论是老板还是同事，与你合作是希望你来解决问题，而不是听你抱怨。做好工作是你的本职，抱怨只能让人讨厌。如果你不能认识到这一点，你就离"死期"不远了。

"烦死了，烦死了！"一大早就听王宁不停地抱怨，一位同事皱皱眉头，不高兴地嘀咕着："本来心情好好的，被你一吵也烦了。"王宁现在是公司的行政助理，事务繁杂，是有些烦，可谁叫她是公司的管家呢，事无巨细，不找她找谁？

其实，王宁性格开朗外向，工作起来认真负责。虽说牢骚满腹，该做的事情，一点也不曾怠慢。设备维护，办公用品购买，交通话费，买机票，订客房……王宁整天忙得晕头转向，恨不得长出8只手来。再加上为人热情，中午懒得下楼吃饭的人还请她帮忙叫外卖。

刚交完电话费，财务部的小李来领胶水，王宁不高兴地说："昨天不是刚来过吗？怎么就你事情多，今儿这个、明儿那个的？"抽屉开得噼里啪啦，翻出一个胶棒，往桌子上一扔，"以后东西一起领！"小李有些尴尬，又不好说什么，忙赔笑脸说："你看你，每次找人家报销都叫亲爱的，一有点事求你，脸马上就长了。"

大家正笑着呢，销售部的王娜风风火火地冲进来，原来复印机卡纸了。王宁脸上立刻晴转多云，不耐烦地挥挥手："知道了。烦死了！和你说一百遍了，先填保修单。"单子一甩，"填一下，我去看看。"王宁边往外走边嘟囔："综合部的人都死光了，什么事情都找我！"对桌的小张气坏了："这叫什么话啊？我招你惹你了？"

态度虽然不好，可整个公司的正常运转真是离不开王宁。虽然有时候被她抢白得下不来台，也没有人说什么。怎么说呢？她不是应该做的都尽心尽力做好了吗？可是，那些"讨厌""烦死了""不是说过了吗"……实在是让人不舒服。特别是同办公室的人，王宁一叫，他们头都大了。"拜托，你不知道什么叫情绪污染吗？"这是大家的一致反应。

年末的时候公司民意选举先进工作者，大家虽然都觉得这种活动老套可笑，暗地里却都希望自己能榜上有名。奖金倒是小事，谁不希望自己的工作得到肯定呢？领导们认为先进非王宁莫属，可一看投票，50多份选票，王宁只得12张。

有人私下说："王宁是不错，就是嘴巴太厉害了。"

王宁很委屈："我累死累活的，却没有人体谅……"

抱怨的人不见得不善良，但常常不受欢迎。抱怨就像用烟头烫破一个气球一样，让别人和自己泄气。谁都恐惧牢骚满腹的人，怕自己也受到传染。抱怨除了让你丧失勇气和朋友，对解决问题也毫无帮助。其实，抱怨别人不如反思自己。

小王刚出来打工时，和公司其他的业务员一样，拿很低很低的底薪和很不稳定的提成，每天的工作都非常辛苦。当他拿着第一个月的工资回到家，向父亲抱怨说："公司老板太抠门了，给我们这么低的薪水。"慈祥的父亲并没有问具体薪水，而是问："这个月你为公司创造了多少财富？你拿到的与你给公司创造的是不是相称呢？"

从此，他再也没有抱怨过，既不抱怨别人，也不抱怨自己。更多的时候只是感觉自己这个月做的成绩太少，对不起公司给的工资，进而更加勤奋地工作。两年后，他被提升为公司主管业务的副总经理，工资待遇提高了很多，他时常考虑的仍然是"今年我为公司创造了多少"。

有一天，他手下的几个业务员向他抱怨："这个月在外面风吹日晒，吃不好，睡不好，辛辛苦苦，大老板才给我们1500元！你能不能跟大老板建议给增加一些。"他问业务员："我知道你们吃了不少苦，应该得到回报，可你们想过没有，你们这个月每人给公司只赚回了2000元，公司给了你们1500元，公司得到的并不比你们多。"

业务员都不再说话。以后的几个月，他手下的业务员成了全公司业绩最优秀的业务员，他也被老总提拔为常务副总经理，这时他才27岁。去人才市场招聘时，凡是抱怨以前的老板没有水平、给的待遇太低的人他一律不要。他说，持这种心态的人，不懂得反思自己，只会抱怨别人。

没有任何一家公司希望招进爱抱怨的员工，也没有任何一个人愿意同爱抱怨的人打交道。抱怨只能使人讨厌。即使别人看上去无动于衷，其实内心深处早已将抱怨的人列为不受欢迎的对象。作为职场人士，要想避免成为爱抱怨的人，就必须清醒地认识到下面这些现实：

（1）抱怨解决不了任何问题。分内的事情你可以逃过不做么？既然不管心情如何，工作迟早还是要做，那何苦叫别人心生芥蒂呢？太不聪明了。有发牢骚的工夫，还不如动脑筋想想：事情为什么会这样？我所面对的可恶现实与我所预期的愉快工作有多大的差距？怎样才能如愿以偿？

（2）发牢骚的人没人缘。没有人喜欢和一个絮絮叨叨、满腹牢骚的人在一起相处。再说，太多的牢骚只能证明你缺乏能力，无法解决问题，才会将一切不顺利归于种种客观因素。若是你的上司见你整天哼哼唧唧，他恐怕会认为你做事太被动，不足以托付重任。

（3）冷语伤人。同事只是你的工作伙伴，而不是你的兄弟姐妹，就算你句句有理，谁愿意洗耳恭听你的指责？每个人都有貌似坚强实则脆弱的自尊心，凭什么对你的冷言冷语一再宽容？很多人会介意你的态度："你以为你是谁？"何况很多人不会把你的好放在心上，一件事造成的摩擦就可能使你一无是处。小心翼翼都来不及，何况是恶语相加？

（4）重要的是行动。把所有不满意的事情罗列一下，看看是制度不够完善，还是管理存在漏洞。公司在运转过程中，不可能百分之百地没有问题。那么，快找出来，解决它。如果是职权范围之外的，最好与其他部门协调，或是上报公司领导。请相信，只要你有诚意，没有解决不了的问题。当然，如果你尽力了，还是无法力挽狂澜，那么也尽快停止抱怨吧，不妨换个工作。

反馈效应：你的沉默，会让老板很不安

【定律阐释】反馈，原来是物理学中的一个概念，指把放大器的输出电路中的一部分能量送回输入电路中，以增强或减弱输入讯号的效应。心理学借用这一概念，以说明学习者对自己学习结果的了解，工作者对自己工作结果的了解，而这种对结果的了解又起到了强化作用，促进了学习者更加努力学习，工作者更加努力工作的心理现象，即"反馈效应"。

有反馈才有动力

心理学家 C.C. 罗西与 L.K. 亨利曾经做过一个心理实验。他们随机在一所学校里抽出一个班，把这个班的学生分为三组，每天学习后就对他们进行测验。第一组学生每天都告诉他们测验的成绩，第二组学生每周告诉他们一次测验的成绩，第三组学生则从来不告诉他们测验的成绩。8 周后，改变做法。第一组的待遇与第三组的待遇对换，第二组待遇不变。这样过了 8 周以后，结果发现第二组的成绩保持常态，依然是稳步地前进，而第一组与第三组的情况发生了极大的转变：第一组的学习成绩逐步下降，第三组的成绩突然上升。这个结果说明及时告知学生的学习成果有助于促进学生取得更好的成绩。反馈比不反馈要好得多，而即时反馈又比远时反馈效果更好。

心理学家赫洛克也做过一个类似的实验。他把被试者分成 4 个组，分别为激励组、受训组、被忽视组和控制组。第一组每次完成任务后，都会给予鼓励和表扬。第二组每次完成任务后，都要接受严厉的批评和训斥。第三组每次完成任务后，不给予任何评价，只让其静静地听其他两组受表扬和挨批评。第四组不仅每次完成任务后不给予任何评价，而且还把它与其他三组隔离开。实验结果发现，第一组和第二组的成绩明显优于第三组、第四组，而第四组的成绩是其中最差的，第二组的成绩有所波动。这个结果表明，及时对工作的结果进行评价，能强

化工作动机，增强工作动力，对工作起到促进作用。有反馈就会有动力，激励的反馈又比批评的反馈效果好得多。

后来，心理学家布朗又做了一个更深入的实验。他以小学高年级学生作为自己的实验对象，把他们分成两组来做算术练习。这两组学生的演算能力均等，所做的练习题目也完全一样。第一组学生做完后，由老师来对他们的答案进行评定改正。而第二组学生做完后，他们的答案则由他们自己来加以改正，并把改正之后每天的正确数和错误数分列成表，以了解自己的进步情况。一个学期之后，两个小组同时接受测验。结果发现，后者的成绩比前者优异很多。这个实验表明，反馈主体与反馈方式的不同，效果也会有所不同。主动自我反馈比被动接受反馈效果好得多。

这一系列心理实验表明：反馈比不反馈好得多，积极的反馈比消极的反馈好得多，主动反馈比被动接受反馈效果好得多。所以，平时我们要对别人的行为、活动给予及时的反馈，这样不仅有助于他人更好地完成工作，也有助于自己获取更多的信息。同时，我们也要对自己的工作、学习进行及时的自我反馈，这样才能更好地进步，取得更好的成绩。

有反馈才有动力，有反馈才能发现问题，有反馈才能进步，有反馈才能加深了解。对于领导布置的任务，要及时地给予反馈，更要主动地进行反馈，这样领导才会及时地知道你的工作进度和工作能力，对你产生信任和给予支持。所以，平时要养成主动向领导汇报工作的习惯。

要学会与领导互动

在职场上，尊重领导、听领导的话，是非常必要的。但是一味地只知道听领导的话，而不懂得及时地给予领导反馈，就不会成为领导眼中的好员工。一个真正的好员工，要懂得听领导的话，更要懂得与领导形成互动。积极主动的员工，不仅能更好地完成自己的任务，还会增进领导对你的信任和好感。

领导"日理万机"，需要考虑的事情太多，百密难免会有一疏。如果员工能做到经常主动向上司汇报工作进度，这样既能提醒领导，又能获得及时的信息，促进自己更好更快地完成工作，也帮助领导省了不少心。会替领导想的员工才是领导眼中的好员工。定期主动向领导汇报工作进度，让领导看到你的努力和能力，使领导对你放心。有时候，工作方案制定得不太科学或有些问题，如果你定期主动向领导汇报工作进度，那么领导就会及时发现问题，以调整工作方案和你的工作内容，这样就避免了做无用功。总之，对于领导布置的任务，不能只是听从和等待领导来问，而要主动地向领导汇报，向领导说出你需要的帮助和遇到的困难，向领导反映工作中出现的问题和提出更好的方案。

如果你总是沉默，老板会很不安。交给你的任务，老板需要知道你的进度，这样才好给你安排其他的工作，或者进行下一步的规划，给别人分配任务。公司里员工的分工都很明确，你的工作任务一般与其他人的工作都是环环相扣的，只有明确地知道你的进度，才不会影响公司的整体运作。不要总是等着老板来问你："××，某某工作做得怎么样了？明天下午能不能完成？"这样老板心里会很不高兴，并认为你工作不积极、不是个能担当大任的员工。而如果反过来，你不等他来问，主动向他汇报你的工作进度和自己对工作的想法、看法以及意见，那他会很欣慰，认为自己招到了一个很能干很聪明的职员。主动性往往代表着积极性和努力程度，所以在工作中一定要表现得主动一些。主动一些不会吃亏，而过于被动才会使自己陷入更被动的局面。你有困难一直不说，自己扛着，到最后仍然完不成任务，自己累得够呛还给公司造成了损失，这个时候领导会把责任都归咎到你的沉默上，你再委屈也无处诉苦。所以，有什么事就及时与领导沟通，这样你的工作会进行得更顺利，与领导的关系也会更亲密，有问题也找不到你身上。何乐而不为呢？

丁小莫在毕业后找到了自己的第一份工作，决定要好好表现一下，决不让领导失望。他的工作经验尚浅，对于很多任务还无法胜任。可他自己从来没表现出有困难的样子，无论领导交给他什么样的工作，他都咬着牙关把它给完成了。可没想到，领导交给他的任务量越来越大，工作难度越来越高。他有点撑不住了，越来越不能让领导称心，领导对此很不满意，经常批评指责他。他心想：我一直任劳任怨，为什么还要习难我？可他又想自己是新来的，忍了吧。于是，又硬着头皮去做如山的工作。终于，丁小莫生病了，高烧39度，但他还是硬挺着到了公司，因为那天有个重要的会是由他负责的。可头实在是太疼了，他一点也坚持不住了，就趴在桌子上睡着了。结果，他这一睡使公司失信于一个大客户，给公司造成了不可挽回的巨大损失。领导气坏了，直接找到他一顿臭骂，丁小莫再也受不住了，就把自己的委屈统统吼给了领导。领导听了不但不同情他，反而更加气愤地说："你为什么不早跟我说？我一直等着你来找我，谈你的工作情况，没想到你一直什么也不说，让我以为你有更大的潜力可挖，可以完成更高难度的工作。现在，你生病了，完全可以打个电话请假，我好安排其他人来接替你的工作，这样就不会发生今天的事情了！"

可见，硬撑不是英雄，如果你耽误了工作，谁也不会为你求情。所以，以后工作中有任何问题都要记得及时向领导汇报，有互动才能更好地完成工作。

拆屋效应：不要拒绝自以为不可能完成的任务

【定律阐释】拆屋效应，是指先提出一个很大的要求，然后再不断降低要求以被他人接受的现象。应用到职场上，就是不要拒绝领导所提出的"重任"，因为这有可能是你飞黄腾达的机会。

困难面前，勇于挑战

拆屋效应的由来，与鲁迅先生的一篇文章有关。1927年，鲁迅先生作了篇名为《无声的中国》的文章，其中有段话写道："中国人的性情，总是喜欢调和、折中的，譬如你说，这屋子太暗，说在这里开一个天窗，大家一定是不允许的，但如果你主张拆掉屋顶，他们就会来调和，愿意开天窗了。"因此，这种为了使较小或较少的要求得以满足而先提出较大或较多要求的现象，在心理学上就被称之为"拆屋效应"。

其实不光中国人这样，这是人类的共性。人们在面临不希望发生的事时，会不自觉地启动两种心理机制，一种是设法采取一些措施避免事情的发生；另一种是调整内在的心理矛盾，准备接纳这一不可改变的事实。如果在心理调整进入平衡状态时，出现了一个新的选择，而这个选择又正好与内在平衡状态相近时，就很容易被内化接纳。

在难题面前，人们往往会退而求其次。对于不能完成的任务，很少人会愿意去接受，而且很多困难，容易在人的心理上被放大。人们在听到比较困难的问题或被人提出难以接受的要求时，一般都会先拒绝。但是如果别人降低问题的难度或要求时，人们就会犹豫。如果再次降低，人们一般就会答应了。一方面是不好意思再拒绝，另一方面是感觉这问题与要求自己也能解决或满足。

在工作中，人们也常常会有这种心理。当老板布置个难度比较大的任务时，一般大家都会打退堂鼓。"难度那么大，很难完成的，根本就是费力不讨好的苦差。"大多数员工都会这么想。而如果老板把工作的难度降低一些，就会有人接受了。但是，虽然现在的老板大多都听过这个效应，明白这个道理。相比之下，他们还是会更加欣赏那些敢于接受难题，敢于挑战自我的员工。

何楠刚进公司不久，对工作时刻保持着极大的热情，而且还任劳任怨。她的工作态度得到了公司上下的肯定。这一年，欧洲总部的领导要来公司视察，于是公司高层决定重新装修办公室。何楠正好负责协助策划这个装修方案。由于以前在小公司里负责过装修事宜，所以她提出了一个又省钱又可行的方案，领导很满意。但是要真正实施起来，却不像纸上写的那么简单。要为公司省钱，就不得不节省各个员工的办公空间，这肯定会得罪不少人，而且要在不影响公司各项工作的前提下来完成装修任务，这简直是不可能的。即使完成了，也是出力不讨好。所以，同事们都用各种理由搪塞过去了。只有何楠，当经理问她愿不愿意接受这个任务时，她一口就答应了。别的同事都笑她傻，说她真是年少无知、天真烂漫。装修项目开始实施了，与各部门协调时的确碰到了很多麻烦，也听到了很多抱怨，但是最终何楠还是成功地完成了任务。本来经理布置这个任务的时候，也没抱太大的希望，没想到何楠竟如此漂亮地完成了，于是他立马对何楠刮目相看。没多久，就升了何楠的职。其他同事们再也不敢小瞧何楠了。总经理也开始关注这个有胆有识的新人，决定好好栽培以备后用。

只因为接受和完成了一个别人看起来不可能完成的任务，就使何楠的职场生活发生了如此大的变化。所以说，有些时候要敢于挑战困难。

当领导分配下来特别难以完成的任务时，他可能已经利用了"拆屋效应"，他的要求看起来很高，可心理期望值并不高，这样的任务其实才是责任风险很小的任务。你这时敢于接受这个任务，已经让领导对你产生好感，认为你是有胆量的人。而如果你只知道一味退缩，那么领导和同事都会觉得你是个怯懦不敢担当的人。如果你接受了这个难以完成的任务，即使到最后真的没有完成，领导也不会太苛责你，因为他在下达任务时已经有了心理准备。如果你有幸完成了，那么你肯定会获得领导的信任和器重。

在职场上，要想比别人职位高，要想比别人升得快，就得敢于挑战别人不敢碰的"烫手山芋"。狭路相逢勇者胜，这是亘古不变的真理。所以，当领导分配下来看似无法完成的任务时，你要敢于接受，但说话时也应注意分寸，不要说得过于肯定。要这样说："这个工作对我来说有点难度，不过我会尽全力的。"这样即使你不能完成，领导也不好说什么。当任务执行过程中，一旦发现以自己目前的能力实在是无法完成，就要及时与领导沟通，让领导知道你的情况，以便调整工作要求或更改执行方案。这样既不影响工作进度，也不会给公司造成损失，而且也能锻炼自己的工作能力。

勇于担当的人最受欢迎

职场潜规则：公司将你招进来不是为了摆设，不是为了凑数，而是为了解决问题，尤其在关键时候更需要你勇于担当。无数事实证明，勇于担当的人更容易在职场获得成功。

面对工作中的任务，无论大小、难易，在公司需要的时候如果你能够挺身而出，那么每一个任务都可能成为你脱颖而出的机会。

不要在心里说：反正不是我的事，再说了还有别人，我为什么要出头，做吃力不讨好的事。不要以为自己现在还处于公司最底层就人微言轻，就不敢去做，犹豫徘徊。任务面前每个人都是英雄。如果你能够发扬舍我其谁、勇于担当的主人翁精神，那么你很快就能够脱颖而出，为自己赢得发展的机遇。在这里，古人毛遂为我们树立了一个很好的榜样。

战国时期，一次秦国攻打赵国，把赵国的都城邯郸围困起来。在这危急关头，赵王决定派自己的弟弟平原君赵胜，代替自己到楚国去，请求楚国出兵抗秦，并和楚国签订联合抗秦的盟约。

到了楚国，平原君献上礼物，和楚王商谈出兵抗秦的事。可是谈了一天，楚王还是犹豫不决，没有答应。这时，站在台下的毛遂手按剑柄，快步登上会谈的大殿，对平原君说："两国联合抗秦的事，道理是十分清楚的。为什么从日出谈到日落，还没有个结果呢？"

楚王听了毛遂的话很不高兴，就斥责他退下去。毛遂不但不害怕，反而威严地走近楚王，大声地说："你们楚国是个大国，理应称霸天下，可是在秦军面前，你们竟胆小如鼠。想从前，秦军的兵马曾攻占你们的都城，并且烧掉了你们的祖坟。这奇耻大辱，连我们赵国人都感到羞耻，难道大王您忘了吗？再说，楚国和赵国联合抗秦，也不只是为了赵国。我们赵国灭亡了，楚国还能长久吗？"

毛遂这一番话义正词严，楚王点头称是，于是就签订了联合抗秦的盟约，并出兵解救赵国。平原君回到赵国后，把毛遂尊为宾客，并且很重用他。

同样，在公司发展的关键时刻，你也一定要像毛遂那样敢于挺身而出，该出手时就出手，为老板分担风险，帮助老板渡过难关。公司经营难免会遇到一些始料不及的问题，这时如果你能够主动担起责任，为公司解决难题，你将赢得其他同事的尊敬，更能得到老板的信任和器重。

罗萍是一家连锁餐饮集团公司的普通营业员，因为平时工作表现好，曾多次被评为最佳店员。有一次，这家连锁店里突然发生了一起意外事件，一位食客在进餐时突然倒地，四肢抽搐，口吐白沫，众人一时纷纷怀疑是食品中毒，甚至有人拿出电话通知报社和电视台。在这关键时刻，罗萍镇定自若，一面指挥其他店员打急救电话，一面竭力安抚顾客，保证不是食物中毒。她告诉大家，食物绝对没有毒，并冒险当场吃下很多饭菜。为了防止谣言扩散，她还请求大家等待急救车的到来，由医生评判。

不久，急救车过来了，经验丰富的医生告诉大家，"中毒"的顾客实际上是典型的"羊角风"发作，不过凑巧赶在进餐时罢了，大家尽可放心。一场危机就这样过去了。

由于罗萍勇敢而机智地避免了一场危机的上演，受到公司领导的高度赞扬，不久，她就被升为店长。

一个年轻人要想成功，在关键时刻必须要像罗萍那样能够挺身而出，这样才能抓住发展的机遇。勇于担当可以让一个职务低微、毫无背景的员工成为老板眼中的"重磅人物"。

职场中每一个任务都是一次机遇。如果你能够认清自己的使命，勇于负责，在公司和老板需要的时候挺身而出，承担起重任，那么随着工作中一个个任务的完成，你也必定能够一步步地接近成功。

· 第五章 ·

管理：知"心"者治人，不知"心"者治于人

破窗效应：千里之堤，溃于蚁穴

【定律阐释】如果有人打破了建筑物的窗户玻璃，而这扇窗户又得不到及时的维修，别人就可能受到暗示性的纵容去打烂更多的玻璃。久而久之，这些破窗户就给人造成一种无序的感觉。那么，在这种麻木不仁的氛围中，犯罪就会滋生、蔓延。

从"小奸小恶"谈企业管理

环境具有强烈的暗示性和诱导性，不要轻易去打破任何一扇窗户，一旦一个缺口被打开，即使看上去微不足道，如果不及时制止，其恶劣影响就会滋生、蔓延，这就是所谓的破窗效应。

事实上，这一效应在企业管理中具有重要的借鉴意义。对待企业中随时可能发生的一些"小奸小恶"的态度，特别是对于触犯企业核心价值观念的一些"小奸小恶"的处理态度，是非常重要的。

美国有一家以极少炒员工著称的公司。

一天，资深熟手车工杰瑞为了赶在中午休息之前完成2/3的零件，在切割台上工作了一会儿之后，就把切割刀前的防护挡板卸下来放在一旁，没有防护挡板收取加工零件会更方便更快捷一点。大约过了一个多小时，杰瑞的举动被无意间走进车间巡视的主管逮了个正着。主管大发雷霆，除了监督杰瑞立即将防护板装上之外，还站在那里控制不住地大声训斥了半天，并声称要作废杰瑞一整天的工作量。到此，杰瑞以为结束了，没想到，第二天一上班，便有人通知杰瑞去见老板。在杰瑞受过好多次鼓励和表彰的总裁室里，杰瑞接到了要将他辞退的处罚通

知。总裁说："身为老员工，你应该比任何人都明白安全对于公司意味着什么。你今天少完成几个零件，少实现利润，公司可以换个人换个时间把它们补回来，可你一旦发生事故失去健康乃至生命，那是公司永远都补偿不起的……"

离开公司那天，杰瑞流泪了，工作的几年间，杰瑞有过风光，也有过不尽如人意的地方，但公司从没有人对他说不行。可这一次不同，杰瑞知道，他这次碰到的是公司灵魂的东西。

此外，"破窗理论"还有一种比较直观的体现。在日本，有一种被称作"红牌作战"的质量管理活动：第一，清理。清楚地区分要与不要的东西，找出需要改善的事物。第二，整顿。将不要的东西贴上"红牌"。"红牌作战"的目的是，借助这一活动，让工作场所整齐清洁，塑造舒适的工作环境，久而久之，大家都遵守规则，认真工作。许多人认为，这样做太简单，芝麻小事，没什么意义。但是，一个企业产品质量是否有保障的一个重要标志，就是生产现场是否整洁。

作为一位出色的管理者，我们应当认识到破窗理论在企业中的重要作用。

对员工中发生的"小奸小恶"行为，要给予充分的重视，加重处罚力度，严肃公司法纪，这样才能防止有人效仿这种行为，积重难返。特别是对违犯公司核心理念的行为要严肃查处，绝不姑息养奸。

要鼓励、奖励"补窗"行为。不以"破窗"为理由而同流合污，反以"补窗"为善举而亡羊补牢，这体现了员工高尚的道德情操和自觉的成本意识。公司要提倡这种善举，通过表扬、奖励措施使之发扬光大。

自己要以身作则，不做"破窗"的第一人。自觉遵守公司规章制度，按程序办事，不做"旁路"程序的事。因为工作程序的制定一般都反映了对员工的约束机制，考虑了成本效益因素。违反程序，其结果往往是造成无序，破坏约束机制，增加成本，有害于公司，也有害于自己。

养成工作遵守程序的习惯，并使其成为个人的道德水平的体现。同时，不以"别人不按程序，我为什么不能"为理由放纵自己，而是坚定立场，反对违反公司规定，浪费公司资源、社会资源的行为。

危机时代，要学会"预防性管理"

美国学者菲特普曾对财富500强的高层人士进行过一次调查，高达80%的被访者认为，现代企业不可避免地要面临危机，就如人不可避免地要面临死亡，14%的人则承认自己曾面临严重危机的考验。

一般说来，企业危机是指在企业内部矛盾、企业与社会环境的矛盾激化后，企业已不能按照原来的轨道继续运行下去的紧急状态，表现为失控、失范和无序。

如今，日益激烈的竞争，充满变数的非直线性发展的外部力量的变化，彻底打破了经验主义者理想的思维方式，如果仅仅依靠并沿袭往日成功的经验来经营企业，将会在不知不觉中铸成危机。局部的、组织的甚或个人的行为，均可能演化为企业的威胁。危机一旦降临，企业可能面临的主要后果有：利润降低；市场份额减少，失去市场甚至导致破产；商业信誉被破坏，形象、声誉严重受损等。

在实际工作中，有一种叫"预防性管理"的思想，认为要想避免管理中不想要的结果出现，就要在事情发生前，采取一些具体的行动。所以，当危机即将来到时，在还未出现"破窗"现象时，我们就要首先做好预防准备。以下两点可以作为我们的参考：

第一，树立危机意识。从主观上来看，没有人希望危机出现，俗话说"天有不测风云，人有旦夕祸福"。无论是天灾还是人祸，危机都有可能发生。尽管天灾无法避免，但如有应急措施，可将损失降到最低限度或限制在最小范围；而人祸是可以避免的，关键取决于企业管理者是否重视对人祸的预防，是否有较强的危机意识。所谓树立危机意识，就是在危机发生前，对危机的普遍性有足够的认识，面对危机临危不惧，积极主动地迎战危机，充分发挥人的主动性和创造性。

第二，做好危机的预控。危机预控是在对危机进行识别、分析和评价之后，在危机产生之前，运用科学有效的理论及方法，来防止危机损失的产生、增加收益的经济活动。企业可采取回避、分散、抑制、转嫁等有效措施的有机结合，通过互相配合、互相补充，达到预防和控制危机的目的，在自我发展的同时稳定整个社会的经济秩序。

中国有句古话，"人无远虑，必有近忧"，作为企业更当如此。既然有些"破窗"不可避免，企业就应时时绷紧"破窗"这根弦。只有未雨绸缪防范"破窗"，才能修补"破窗"于旦夕之间。平时多一些"破窗"意识，多制定几套对付各种可能出现的"破窗"之策略，"破窗"来临时就会镇定从容得多，相对于没有"破窗"意识和未制定"破窗"策略的企业而言，本身就已经为自己赢得了时间差。

华盛顿合作定律：团队合作不是简单的人力相加

【定律阐释】一个人敷衍了事，两个人相互推诿，三个人则永无成事之日。意思是，人与人的合作不是人力的简单相加，而是要复杂和微妙得多。

创建高绩效团队，让 1+1>2

法国心理学黎格曼（Ringelman,1913）进行过一项实验，专门探讨团体行为对个人活动效率的影响。他要求工人尽力拉绳子，并测量拉力。参加者有时独自拉，有时以 3 个或 8 人为一组拉。结果是：个体平均拉力为 63 公斤；3 人团体总拉力为 160 公斤，人均为 53 公斤；8 人团体总拉力为 248 公斤，人均只有 31 公斤，只是单人拉时力量的一半。黎格曼把这种个体在团体中较不卖力的现象称为"社会懈怠"。

关于黎格曼的实验结果，很多人都非常好奇，为什么人多反而影响工作效果呢？这就是"华盛顿合作定律"在现实中的一种表现。

在人与人的合作中，假定每个人的能力都为 1，那么 10 个人的合作结果有时会比 10 大得多，有时甚至比 1 还要小。因为人不是静止的动物，更像是方向各异的能量，相互推动时自然事半功倍，相互抵触时则一事无成。

那么，我们如何才能创建高绩效团队，让 1+1>2 呢？

一家公司招聘职员，最后要从 3 位应聘人员中选出两个。他们给出的题目是这样的：

假如你们 3 个人一起去沙漠探险，在返回的半途中，车子抛锚了。这时，你们只能选择 4 样东西随身带着。你会选什么？这些东西分别是：镜子、刀、帐篷、水、火柴、绳子、指南针。而其中帐篷只能住两个人，水也只有一瓶矿泉水。

甲男选的是：刀、帐篷、水、火柴。

面试经理问他，为什么你第一个就要选刀？

甲男说："害人之心不可有，防人之心不可无。这帐篷只够两个人睡，水只有一瓶，万一有人为了争夺生存机会想害我呢？所以，我把刀拿到手，也就等于把所有主动权控制在了手中。"

乙女和丙男选的 4 样物品为：水、帐篷、火柴、绳子。

乙女解释说："水是必需品，虽然只够两个人喝，但可以省着点，相信也能够 3 个人一起坚持到最后；帐篷虽然只能容纳两个人睡，但是可以 3 个人轮换着来休息；火柴也是路上必不可少的；而绳子可以用来把 3 个人绑在一起，这样在风沙很大、目不见物的时候，就不会失散了。"丙男给出的解释与乙女相同。

最后，甲男被淘汰出局。

可以看出，甲被淘汰出局，是因为他没有良好的合作意识。当今社会，靠独自蛮干获得事业进步的工作大多已不复存在了；相反，现在想要有番成就，就必须寻求同事间的互相配合。团队的收益往往意味着个人事业的发展。只有去寻求同事间的协作，发挥彼此的长处，才有利于工作的完成，更有利于个人在职场上的驰骋。

同时，就任何一家企业而言，如果出了差错或面对艰巨的任务时，员工互相扯皮、敷衍了事，往往是因为责任分配不明确。为什么 3 个和尚没有水喝呢？原因就是没有明确的分工，如果一人各挑一天水，天天把水挑满，或者你打柴，他扫地，另一个去挑水，其结果可能会好很多。

对企业中人力资源的管理也一样，只要分工明确，互相扯皮、推卸责任的员工也就很少，就是有，也能使大家轻易地看出谁在敷衍了事，谁在互相推诿。只有让每个人都知道自己该做什么，才能遏制"华盛顿合作定律"现象的发生。

此外，我们还要明白，聚集智慧相等的人，不一定能使工作顺利进行，往往只有分工合作，才会取得辉煌的成果。在人员调配中，必须考虑员工之间的相互配合，如此才能发挥个人的聪明才智，这也是人事管理的金科玉律。一般所说的量才适用，就是把一个人安排在最合适的位置，使他能完全发挥自己的才能。然而，更进一层地分析，每个人都有长处和短处，在分工合作时，若要取长补短，就必须全面考虑双方的优点及缺点，然后再鼓励他们，齐心协力地把事情做好。

在经济日益全球化的今天，我们不可能把自己封闭起来，任何人都需要与他人进行合作才会有更好的发展。那么如何在合作中走出华盛顿合作定律的制约，取长补短，追求整体的高效率，则是大家共同的课题。

彼得原理：晋级升迁，不是爬不完的梯子

> **【定律阐释】**管理学家劳伦斯·彼得指出：每一个员工由于在原有职位上工作成绩表现好（胜任），就将被提升到更高一级职位；其后，如果继续胜任则将进一步被提升，直至到达他所不能胜任的职位。即"每一个职位最终都将被一个不能胜任其工作的员工所占据"。

员工在合适的位置才能发挥优势

现实的管理中，我们总能发现这样的现象：一旦员工在低一级职位上干得很好，组织就会将其提升到较高一级的职位上来，一直到将员工提升到一个他所不能胜任的职位上之后，组织才会停止对他的晋升。结果本来可以在低一级职位施展才华的人，却不得不处在一个自己所不能胜任，但是级别较高的职位上，并且要在这个职位上一直耗到退休。这种状况就是彼得原理的典型体现，这对于员工和组织双方来说，都没有好处。

晋升，作为一种鼓励、奖励的手段非常普遍。然而，一些无意或"无能"的人，由于在工作中做出了成绩，被提到了高位；所面对的却可能是他们不能胜任的工作，就像爬上了一个架错墙的梯子顶端，其中滋味只有当事人知道。

下面是彼得博士的研究资料中的一个典型的案例。

杰克在汽车维修公司是一名热忱又聪明的学徒，不久他被聘为正式的机械师。

在这个职位上他表现杰出，不但能诊断汽车的疑难杂病，还能不厌其烦地加以修复，于是他又被提升为该维修厂的领班。

然而，在担任领班之后，他原先对机械的热爱和追求完美的性格反而成为他的缺点。因为不管维修厂的业务多么忙碌，他还是会承揽任何他觉得有趣的工作。

他总是说："我们总得把事情做好嘛！"而他一旦工作起来，干不到完全满意绝不轻易罢手。他事事干预，极少坐在他的办公室。他常常亲自动手修理拆卸下来的引擎，而让原本从事那件工作的人呆站在一旁，并且他不会给其他工人指派新的任务。结果维修厂里总是堆着做不完的工作，总是一团糟，交货时间也经常延误。杰克完全不了解，一般顾客并不在乎车子是否修得尽善尽美，他们只希望

能如期取回车子。杰克也不了解，大部分工人对薪资比对引擎的兴趣还要浓厚。

因此，杰克对他的顾客和部属都不能应付得宜。从前他是一位能干的机械师，现在却成为不胜任的领班了。

像杰克这样被提拔，许多领导者都认为是天经地义的，是对员工工作表现的一种肯定。因为大多数公司一直把工资、奖金、头衔、提拔跟员工的表现和职业阶层挂钩，所处的阶层越高，工资就越高，额外津贴就越丰厚，头衔也越大。虽然这种出发点是好的，但结果却把每个员工都引领到十分尴尬的境地。

对于一个员工来说，他的表现是否优秀，往往是相对于他的职位而言。过高的晋升，只会让他从优秀走向不优秀，甚至是艰难。

明智的领导者，一定要懂得把下属安排到一个合适的位置，安排到一个能让他们发挥出优秀水平的位置，而不是通过一味地提拔奖励，让他们最终迷失甚至颓废在无尽的晋升阶梯中。

改革机制，避开彼得原理的陷阱

彼得原理告诉我们，在任何层级组织里，每一个人都将晋升到他不能胜任的阶层。换句话说，一个人，无论你有多大的聪明才智，也无论你如何努力进取，总会有一个你干不了的位置在等着你，并且你一定会达到那个位置。

例如，一个优秀的主治医生被提升为行政主任后无所作为，一位优秀的研究员被提升为研究院院长后无所事事，一位熟练的高级技工被提升为经理人员后束手无策……

这些彼得原理陷阱，主要是由企业的不恰当的激励机制和人员的晋升机制所产生的。那么，我们应该如何去避开这些陷阱呢？这就要求企业必须改革人员的晋升机制和激励机制。

1. 建立相互独立的行政岗位和技术职务岗位升迁机制

对于企业的行政人员和专业技术人员，可以按照所属岗位性质的不同，建立相应的相互独立的行政岗位和技术岗位的职务晋升机制，且相应的技术职务岗位对应相应的行政职务岗位，享有相应的薪酬和福利等等。但是，行政职务岗位不能与相应的技术职务岗位互换。

实行双轨制，让企业的行政管理人员和技术人员分别走不同的职务晋升路线。这样，既可以满足对业绩突出人员的精神激励的要求，让不同类的员工各得其所，又能够提高企业的管理水平和科研实力。

2.加强对各类岗位的工作岗位研究

建立相互独立的行政和技术职务岗位晋升机制只能防止行政人员和技术人员由于错位晋升而陷入彼得原理陷阱，要防止同类岗位内部出现彼得原理陷阱，还必须对不同级别的各个岗位进行工作岗位研究，明确各个岗位的责任，细化各个岗位对具体的诸如管理能力、业务水平、学历等不同能力的要求，并按不同能力所占的权重予以排队。简而言之，就是"按岗设人"。

3.建立岗位培训机制

在这个现代化的社会，技术、管理发展日新月异，新的技术、管理知识每天都在不断更新，即使昨天你是个合格的技术人员、合格的管理者，如果不加强学习的话，今天，你就有可能落伍。

如今，企业的岗位培训已经变得越发重要。国内外的知名企业，都非常重视企业的岗位培训，且大都建有自己的专门岗位培训机构，外如著名的摩托罗拉大学、惠普商学院，内如海尔大学等等。

4.实行宽带薪酬体系

所谓宽带薪酬，就是在拉大同等级的员工的薪酬的同时，缩小不同等级员工之间的薪酬差异，实行薪酬扁平化，以及按劳取酬、按效益取酬制度，改变以前企业的那种按职称、按工作岗位拿工资的现状。如果某一个基层工作人员干得好，他可以拿到甚至是在职称或者是职务上高他几个等级的员工的薪酬；相反，如果某一个高层员工干得不好的话，他甚至有可能拿到全企业的最低工资。

设立薪酬体系的好处是显而易见的，它可以激励各个层次的员工全身心地投入到自己的本员工作中去，实现"在其位，谋其政"，要不然的话，可能自己月底的收入就会很可怜。

通过这一方式，可以在各个层次的工作岗位中留住有事业心的合格的人才。

【定律链接】神奇的彼得治疗法

如果你仔细审视世界，会发现很多东西都是成对出现的，如好与坏、左与右、对与错等等。事实上，虽然彼得原理无处不在，但庆幸的是，彼得也给我们献出了他的彼得治疗法：

1.彼得宽慰法

就层级组织学的观点而言，宽慰法是应用中立的法则，借以抑制到达不胜任阶层所导致的不良后果。彼得宽慰法的做法是以意念代替行动，即要从内心认同

1 盎司的意念值 1 磅的行动。

现在，让我们看看彼德宽慰法如何应用于更广的范围：不胜任的员工以高谈工作的神圣来取代努力争取晋升；不胜任的教育人员放弃正常教学，而一味赞扬教育的价值；不胜任的画家会促进所谓的艺术鉴赏；不胜任的太空人会撰写科幻小说；而性无能的男人则把精力花在创作情诗上。

所有这些彼德宽慰法的实行者也许没有多大贡献，但至少他们也没有造成任何伤害。同时，他们也不会干扰各行各业胜任者的正常活动。总之，彼德宽慰法可以防止职业性的瘫痪。

2. 彼得舒缓法

尽管人类还没全部到达整体生存不胜任的程度，但如前所述，确实有许多人已到达不能胜任的阶层，并迅速和这个与时俱进的世界拉开了距离。

一些舒缓的方法使他们能活得更快乐、更舒服一些。例如，员工可以用其他的工作取代本身职务上应做的工作，并将它做得十分圆满。这种替代技巧，使得员工置身于他所谓的"快乐大家庭"里。

3. 彼得预防法

根据层级组织学的观点，所谓预防是在晋升极限并发症出现前或层级组织退化尚未开始前，应先采取预防的措施。

我们不妨考虑应用"创造性的不胜任"来解决人类生存不胜任的大问题。在生命旅途中，我们用不着放弃晋升，但是我们可以审慎创造一些不相干的不胜任，从而防止我们获得某种不适宜的晋升。

4. 彼得药方

彼得药方的真正疗效就是人们积蓄许多的时间、创造力以及工作热忱，将其运用于有建设性的工作上。

例如，我们可以在大都市发展安全、舒适、高效率的快捷系统，我们可以开发不会污染空气的电能（例如发电厂可利用无烟燃烧器来燃烧垃圾并产生电能）。这样，我们便能促进人体健康、美化环境，并使美丽的风景区有更好的景观。我们也可以提高汽车的质量和安全性，并使高速公路、一般公路、街道等的景观更美，于是，人们在旅行时便能像以前一样安全、快乐。

为数量而追求数量无法使人类获得最大的满足，人们只有通过改善生活质量才能得到真正的满足。

帕金森定律：兵熊熊一个，将熊熊一窝

【定律阐释】一个不称职的领导者，可能有三条出路：一是申请退职，把位子让给能干的人；二是让一位能干的人来协助自己工作；三是聘用两个水平比自己更低的人当助手。领导者往往都会选第三条路。

组织机构也会患上帕金森症

众所周知，医学界有一种病叫帕金森，病人的主要症状表现为四肢颤动、肌肉僵直和身体运动的迟缓。其实，一个组织机构，如果领导不善，也会患上帕金森症，从而导致机构臃肿、人浮于事。

一个不称职的领导者，可能有3条出路：

一是申请退职，把位子让给能干的人；

二是让一位能干的人来协助自己工作；

三是聘用两个水平比自己更低的人当助手。

第一条路是万万走不得的，因为那样会丧失许多权力；第二条路也不能走，因为那个能干的人会成为自己的对手；看来只有第三条路可以走了。

于是，两个平庸的助手分担了他的工作，减轻了他的负担。由于助手的平庸，不会对他的权力构成威胁，所以这名领导者从此也就可以高枕无忧了。

两个助手既然无能，他们只能上行下效，再为自己找两个更加无能的助手。

如此类推，就形成了一个机构臃肿、人浮于事、相互扯皮、效率低下的领导体系。

这就是英国历史学家帕金森在其《官场病》（又名《帕金森定律》）中所提出的帕金森定律。

在《帕金森定律》一书中，帕金森还总结了组织机构的可怕顽症：

1. 工作越少，下属越多

有一则寓言，如需要一个人判断航空照片，长官往往命令一个二等兵去担任这份工作。两天后，他开始抱怨了，说照片是那么多，他需要两名助手协助；而且为了对助手有指挥权，他自己应该升为一等兵。他的长官非常体谅人，答应了他的要求。之后不久，他的下属依样学样也需要助手。于是，在3年内，他拥有了一个85人的小组，而且自己也步步高升，成为中校。然而，他自己从来就没有判断过一张航空照片，因为他忙于搞行政事务去了。

2. 姗姗来迟，匆匆离去

鸡尾酒会是现代任何会议所不能缺少的一个玩意儿。帕金森定律告诉你如何识辨酒会上的重要人物。这些人总是在他们认为对自己最有利的时间才姗姗入场。他们不愿意在人不多的时候入场，也不愿意在其他要人离开后入场。此外，在一个酒会上，要人们会不约而同地走到某一个部位集合，主要的目的是让大家看到自己也出席了。这个目的达到后，这些要人就会争先恐后地溜之大吉。

3. 三流上司，四流下属

在任何一个地方，我们都会发现这样的一种机构：高层人员感到无聊乏味，中层人员忙于钩心斗角，低层人员则觉得灰心丧气和没有动力。他们都懒得主动办事，所以毫无绩效可言。在仔细考虑这种可悲的情景后，他们在潜意识里抱着"永远保持第三流"的座右铭。

例如，"我们太过努力是错误的，我们不能与高层比；我们在基层做有意义的工作，配合国家的需要，我们应该问心无愧"。或者"我们不自吹是第一流的。有些人真是无聊，喜欢争强好胜，喜欢自夸他们的工作表现，好像他们是领导一样"。

这些看法说明了什么呢？他们在潜意识里只求低水准，甚至更低的水准也未尝不可。从第二流主管发给第三流职员的指示，只要求最低的目标。他们不要求较高的水准，因为一个有效的组织不是这种主管的能力所能控制的。如此一来，他们构建了一个三流上司、四流下属的组织。

解决帕金森定律症结：公平、公正、公开

不难看出，是权力的危机感产生了可怕的机构人员膨胀的帕金森现象。正如恩格斯所言："自从阶级社会产生以来，人的恶劣的情欲、贪欲和权欲就成为历史发展的杠杆。"

人作为社会性和动物性的复合体，因利而为，是很正常的行为。假设他的既有利益受到威胁，那么本能会告诉他，一定不能丧失这个既得利益。一个既得权力的拥有者，假如存在着权力危机，便不会轻易让出自己的权力，也不会轻易地给自己树立一个对手。因此，他会选择两个不如自己的人作为助手，这种行为，无可厚非。

帕金森在书中举过这样一个例子：

假设有一个私营企业主，公司的产权全部属于企业主所有。随着企业规模的不断扩大，企业主在管理上感到力不从心了，他需要有人来协助他。于是企业主在各种媒体上刊登了征聘广告，应征的人络绎不绝。假设其中有一个非常优秀的人才，这个私营企业主会不会聘任他呢？

这个老板可能会想：公司的土地是我的，所有产权都是我的，这就意味着这个人来我这里是"无产阶级"，他纯粹是为我打工，干得好我可以继续留他，给他很高的待遇，干得不好我可以辞退他，无论他如何出色和卖力地工作，他都不可能坐我的位置，老板永远是我。

一番盘算以后，这个高智商、高素质、高能力的人才就被留下来，老板对之大胆使用，可以说是完全不受帕金森定律的影响。这是一个拥有绝对权力的人的做法。接着，这个企业继续发展，业务范围扩大了，新的问题层出不穷，当初的优秀人才现在也有些力不从心，也需要助手协助他。于是他也在各种媒体上刊登征聘广告，同样会有各种人才络绎不绝地涌来。

假设最后要在两个人中选择：一个是某名牌大学的公共管理专业刚刚毕业的研究生，写了很多的文章，理论功底极为深厚，实践经验却非常匮乏；另一个人则颇有实干家的手腕和魄力，拥有先进的管理观念和操作经验。老板拿不定主意，叫他选择，这时候他就盘算开了，最后，他多半会选择那个刚出校门的研究生——因为这让他感到安全。

由此可见，要想解决"帕金森定律"的症结，就必须要建造一个公平、公正、公开的用人机制，不受人为因素的干扰，不要将用人权放在一个被招聘者的直接上司手里。同时，实现这一用人机制，需要遵循三条原则：一是公平竞争，任人唯贤；二是职适其能，人尽其才；三是合理流动，动态管理。

【定律链接】帕金森定律发生作用的条件

众所周知，所谓定律，都是对事物发展的客观规律的阐释，而规律总是在一定条件下起作用的。

那么，"帕金森定律"发生作用的条件有哪些呢？

第一，必须要有一个团体，这个团体必须有其内部运作的活动方式，其中管理占据一定的位置。这样的团体很多，大的包括各种行政部门，小的可能只有一个老板和一个雇员。

第二，寻找助手的领导者本身不具有权力的垄断性，对他而言，权力可能会因为做错某事或者其他的原因而轻易丧失。

第三，这位"领导者"对他的工作来说是不称职的，如果称职就不必寻找助手。

这三个条件缺一不可，缺少任何一项，就意味着"帕金森定律"会失灵。

可见，只有在一个权力非垄断的二流领导管理的团体中，"帕金森定律"才起作用。

在一个没有管理职能的团体——比如兴趣小组之类，就不存在"帕金森定律"描述的可怕顽症；一个拥有绝对权力的人，他不害怕别人攫取权力，也不会去找比他还平庸的人做助手；一个能够胜任自己工作的人，也没有必要找一个助手。

酒与污水定律：莫让"害群之马"影响团队发展

【定律阐释】如果把一匙酒倒进一桶污水中，你得到的是一桶污水；如果把一匙污水倒进一桶酒中，你得到的还是一桶污水。

不容忽视的"害群之马"

一次管理培训课堂上，当着所有学员的面，讲师把一匙酒倒进一桶污水中。然后问大家："这桶水如何？"大家异口同声地答道："这是污水。"接着，讲师又把一匙污水倒进一桶酒中，问大家："这桶水如何？"大家毫不犹豫地回答说："这仍然是一桶污水。"

这就是著名的酒与污水定律。它告诉我们，一个正直能干的人进入一个混乱的部门可能会被吞没，而一个无德无才者能很快将一个高效的部门变成一盘散沙。组织系统往往是脆弱的，是建立在相互理解、妥协和容忍的基础上的，它很容易被侵害、被毒化。破坏者能力非凡的另一个重要原因在于，破坏总比建设容易。

在金融危机期间，一家香港公司为了节省资源，选定了一个时间安排所有工人到内地工厂上班。公司规定，每天早上8：30全体员工统一在罗湖关口集合，然后大家一起乘车去内地工厂。

起初，大家都很准时，按照规定时间集合、乘车、上班。但有一天，公司加入了一位新员工，他的时间观念很弱，几乎每天都不能按时到罗湖关口的集合地点，领导一问他，不是说过关人多，就是说下雨堵车，每次都有诸多借口。领导考虑他是新员工，每次都只是随口警告两句，并没有实质性的惩罚。大家都共睹了那个习惯迟到的员工并没有受到公司的什么惩罚，于是，有些平日从没有迟到过的工人也慢慢加入了迟到的行列。

结果，公司的业绩不断下滑，最终被淹没在金融风暴里。

与之类似，几乎在任何组织里，都存在几个难以管理的人物，他们存在的目的似乎就是为了把事情搞糟。他们到处搬弄是非，传播流言，破坏组织内部的和谐。最糟糕的是，他们像果箱里的烂苹果，如果你不及时处理，它会迅速传染，把果箱里其他苹果也弄烂，"烂苹果"的可怕之处在于它那惊人的破坏力。

客观而言，企业就是个人的集合体，企业的整体效率取决于其内部每个人的行为，这就要求这个集合体内的每个人都能发挥最大效能，以保持团队的整体步调一致，动作协调。只有这样，才能顺利扬起企业的奋进之帆。

唐代李益有首《百马饮一泉》的诗，讲了一个小故事：有一百匹马都在泉边喝水，其中一匹马偏要跑到上游或泉水源头喝水，而且它不是在岸边喝，而是下到了水里搅和。于是，在下游的其他马只能喝浑浊的水。这样的马，也就是我们常说"害群之马"，与前面所讲的组织中的"污水"是一个道理。

正如一个能工巧匠花费时日精心制作的陶瓷器，一头驴子一秒钟就能把它毁坏掉。长此以往，即使拥有再多的能工巧匠，也不会有多少像样的工作成果。延伸到一个组织里，一旦存在这样一头具有破坏性的驴子，即使拥有再多的专家良才，也不会出多少非凡业绩。

所以，对于一个领导者来说，想要让团队得以生存，并不断良性发展下去，千万不可小觑或忽视那些蕴藏着无尽危害性的"害群之马"。

及时解雇，对付害群之马的不二之选

虽然我们都知道害群之马对一个组织的危害性极大，破坏组织内部的和谐，阻止企业的发展。然而，在现实中，组织往往又不可避免地出现一些害群之马。

既然如此，那我们该如何应对这些总是出现的害群之马呢？

大卫·阿姆斯壮是阿姆斯壮国际公司的副总裁，他讲述了发生在自己身边的一个小故事：

偶尔，我们会听到一个绝妙的形容或比喻让人心头一震。当我听到"恶性痼

呆肿瘤"这个词的时候，我就有这种感觉。下面我来解释一下这一个词是怎么来的，代表什么意义。

当时我正在"讨厌鬼营"倾听某汽车公司一位女士谈论，为什么善待员工不仅是公司的义务，也是重要的生意经。

"我们必须关掉一间工厂，在关掉前60天我们通知了员工这项决定。"她说，"结果我们发现，最后1个月的生产率反而提高了。这说明如果公司善待员工，员工就会回馈。"

康乃狄克某杂货商的小史都先生自听众席上提出一个问题："在公司经历快速成长的时候，怎样才能做到既善待员工又兼顾公司的经营作风呢？"

"你做不到。"这位女士回答，"你不可能一下子找来50个员工，把公司的作风教给他们，然后期望他们个个都会安分守己。没有人能做到这一点。50人当中，总会有四五个害群之马，而且这几个害群之马会带坏其他人。"

这时，苹果电脑的查克马上站起来表示："我们称这种人为'恶性痴呆肿瘤'。在苹果电脑，我们用'恶性痴呆肿瘤'来形容害群之马。因为他们就像癌细胞一样会扩散。最好的解决办法就是把这些肿瘤割除，以免他们的不良行径贻害他人。"

要知道，对于组织中"恶性痴呆肿瘤"式的害群之马，必须及时切除，否则"肿瘤"一旦扩散，整个组织都会受到严重影响，甚至垮掉。

或许你认为，对任何公司和老板来说，开除或解雇员工，总是一件令人不快的事，因为这或多或少地反映了公司存在着某些缺陷或不足之处。但是，如果解雇的是一个存在一天就会对公司为害无穷的"捣乱分子"，就应该当机立断，否则一旦他阴谋得逞，公司将后患无穷，也只有这样，你才能彻底排除纵容下属、姑息养奸的可能。

黄帝时，大隗是一个很有治国才能的人，黄帝听说后就带领着方明、昌寓、张若等6人前去拜访。不料，7个人在途中迷了路，见旁边有一位牧马童子，就问他知不知道具茨山在哪里，牧童说："知道。"又问他知不知道有一个叫大隗的人，牧童又说："知道。"还把大隗的情况都告诉了他们。黄帝见这牧童年纪虽小却出语不凡，又问："你懂得治理天下的道理吗？"牧童说："治理天下跟我牧马的道理一样，唯去其害马者而已！"

黄帝出访归来，晚上梦见一人手执千钧之弩，驱赶上万只羊放牧。黄帝突然醒悟到那个牧童应该就是一位难得的人才，于是就回去找牧童，培养后授其官位，使之辅佐治国。

司马迁曾说："黄帝举风后、力牧、常先、大鸿以治民。"其中的力牧，就是那位懂得去除害群之马的牧童。

可见，古往今来，任何一位称职的、杰出的领导，都懂得如何对付手下的害群之马，即及时解雇。

雷尼尔效应：用"心"留人，胜过用"薪"留人

【定律阐释】现代企业中，倾向于以亲和的文化氛围吸引和留住人才，即管理应以人为本，知道员工的真正需求，才能留住人才。

温情，留住员工的强大力量

位于美国西雅图的华盛顿大学计划在校园的华盛顿湖畔修建一座体育馆，但引起了教授们的强烈反对。因为体育馆在那里一旦建成，恰好挡住了从教员工餐厅窗户可以欣赏到的美丽湖光。与当时美国的平均工资水平相比，华盛顿大学教授们的工资要低20%左右。而他们在没有流动障碍的前提下自愿接受这么低的工资，完全是出于留恋那里的湖光山色：西雅图位于太平洋沿岸，华盛顿湖等大小水域星罗棋布，晴天时可看到美洲最高的雪山之一——雷尼尔山峰。他们为了美好的景色而牺牲获得更高收入的机会，这被华盛顿大学经济系的教授们戏称为"雷尼尔效应"。

通过前面的例子我们发现，华盛顿大学教授的工资，80%是以货币形式支付，20%是由良好的自然环境补偿的。如果因为修建体育馆而破坏了这种景观，就意味着工资降低了20%，教授们很容易流向其他大学。可见，知道员工的真正需求，才能留住人才，这就是著名的雷尼尔效应。

当今，企业的竞争主要是人才的竞争。企业是否能够吸引和留住人才，成为一个企业成败的关键。美丽的西雅图风光可以留住华盛顿大学的教授们，同样的道理，企业也可以用温情来吸引和留住人才。

《亚洲华尔街日报》《远东经济评论》曾联手对亚洲10个国家和地区的355家公司进行了调研，涉及26种产品、9.2万名员工，最终评选出前20名最出色

的雇主。根据这项调查，员工心目中的"好公司"与公司资产规模、股价高低并没有直接的联系，虽说入选的20家上榜公司各有各的绝招，但它们都具备一个共同特征——带着浓浓的人情味。

小何大学毕业后到一家大型企业工作。工作前3年，公司效益非常好，每个月小何总会有一笔不菲的工资和奖金。在外人眼里，这一切已经很不错了，他也很知足。然而，由于他和一起共事的同事大都是大学刚毕业的年轻人，随着时间的推移，按部就班的工作节奏使他们变得懒散，总觉得工作缺少激情。所以，他们都想跳槽换个环境。

不料，就在他们决定跳槽的时候，公司由于在一个重大项目上的决策失误，损失惨重，多年来公司创造的辉煌一夜之间化为乌有，面临破产的困境。平时公司的经理带领他们创业，对这些年轻人也格外照顾。在公司处于困境的时候选择跳槽，他们很是过意不去，但是长期在公司待下去不会有太大的发展前途。权衡再三，他们还是决定离开，另谋高就。就这样，几个年轻人写好了辞职报告，准备去找经理谈话。

盛夏时节酷暑难耐，为了节约用电，公司老总把自己办公室空调的温度从23℃提高到24℃。为此，经理特意在门口贴了一张小纸条："关键时刻，让我们从点滴做起。尽管公司处于困境，但困难只是暂时的，如同乌云遮不住太阳。为了节省1度的电量，你们进入我的办公室时，可以随便减去一件衣服。"

在这个以严格的等级制度管人的公司，没有人可以在进入经理办公室之前随随便便脱去西装。尽管经理贴出了小纸条，可是没有人在进入他的办公室之前减衣服。时间长了，经理发现了这一点，立即从自己做起，自己先减去一件衣服，穿着随便些，让来汇报工作的员工放松心情，自然一些。那天他们走到经理办公室，看到小纸条，没敢脱衣服，但心微微地震动一下。走进办公室，他们发现经理穿着很随便，而且他们观察到经理室的空调温度比往常高了1℃。经理让他们脱去外套，有什么想法慢慢汇报。先前想好的理由顷刻间化为乌有，最后他们都红着脸退了出去。

此后，他们的心长久地被那1℃温暖着，尽管那1℃对一个员工上千的企业算不了什么，但是他们从那微不足道的1℃中看出了一种温暖、一种精神。几个月过去了，始终没有人提辞职的事情。后来那家公司走出了困境，企业的发展蒸蒸日上。有人说企业的成功与1℃有关。

很难相信，一个企业的兴衰与小小的1℃息息相关，但那是最温情的1℃。正是这微小的1℃孕育了一种强大的力量，唤醒了埋在人性深处的一种温情，将个体的命运与集体的命运紧紧地连在一起，形成一种温情的团队精神，战胜了看似很大的困难。

为人处世，一个人需要这样的1℃；营生立业，一个企业更需要这样的1℃。这种温情，正是企业得以留住员工的"西雅图风光"。

人性管理，收获人心

"雷尼尔效应"对企业吸引和留住人才具有重要的借鉴意义：只有展示出你的人情味，才能做到人心所向，才能真正地留住员工的心。换而言之，人情味乃是吸引和留住人才的重要原因。

当你能很人性化地对待员工时，他们获得的激励感受是物质奖励远远不能达到的。同时，你也会发现，越是在一个看似严峻复杂的时刻，一句最朴实的实话越可能带来出乎意料的好效果。

美国四大连锁店之一的华尔连锁店在总结其成功的秘诀时，把它概括成一句话，那就是："我们关怀我们的员工。"

在深圳一家企业里，精明能干的老板总会询问员工有无工作上的困难，为员工送上温暖、关怀的话语，休息时间叫来下午茶，和大家一起讨论《第五项修炼》《追求卓越》中的经典章节。逢周末，老板还会请大家参加一些健身、娱乐活动，尽量放松工作中紧张的情绪。

人是企业中最珍贵的资源，也是最不稳定的资源。当他们心情不好、对领导不满意、对同事不顺眼、对薪酬不满、对政策怀疑、对制度反感、生活上存在问题和困难时，就会意志消沉或心不在焉，直接影响到企业目标的实现。当你真心、真情地关怀员工，把爱心注入与员工的沟通中，你就会发现，员工会把劳动作为享受自己幸福生活的手段之一，把企业作为实现幸福生活的场所。

人情化管理其实也是公司激励员工的方式之一。说到激励，首先是要鼓励员工参与企业的管理。美国有个州的农业保险公司以善于留住人才而著称。他们用一个简单的方法来实现员工认同的"个性化奖励"。经理人员要求每个员工完成一份自己的"喜好列单"——列举他们喜欢做的事和喜欢的东西，比如最爱吃的冰淇淋、颜色、花、电影明星、饭店、度假区、业余爱好、娱乐等。当经理人员想要奖励有优秀表现的员工时，查阅一下他的"喜好列单"，就可以马上"度身定做”这个员工的奖励。

人不仅仅是“经济人”，还是“社会人”，人通过组织获得的力量必然大于人本身的力量，员工对组织的参与越深，就越能认同组织理念和文化，就越能体现员工在组织中的存在价值，从而达到个人目标服从组织目标的目的。

总之，企业的发展靠的是人才。对企业管理者而言，不要吝啬向员工展示你的真诚、关爱和私人交情。

【定律链接】以诚动人，赢得人才

克·雷诺是美国硅谷一家小型软件公司的老板，很有远见卓识。他在激烈的竞争中认识到，提高企业的后劲在于人才，企业无法估量的资本是人才，知识可以称为企业的无形财富。身处当今瞬息万变的信息时代，应用最新的科学才能创造更多的财富，因此对人才和知识的渴求显得尤为迫切。“对于中小企业来说，重要的职位必须争取最棒的人才。”雷诺深有体会地说，“重要职位所提供的既是难得的机会，也是够刺激的挑战。如果企业随便找人，就等于帮了竞争对手一个大忙。”

有一次，雷诺看中了一个人，想聘请他担任业务主管。不料一次又一次的人情攻势都无法奏效，甚至托了许多重要人物出面也起不到作用。对方不耐烦地说：“先生，全世界大概只有您妈妈还没有给我打电话了。”没想到第二天，雷诺真的让自己远在以色列的犹太母亲打了电话过来。老太太动情地说：“放心好了，我的雷诺可是一个好人，您一定会愿意同他共事的。”对方这一次果然没有招架住，“投诚”来到了雷诺的公司。

不久以后，雷诺又物色到一个可以担任他公司财务主任这个关键职位的人选。然而那个人在一家大公司任要职，待遇优厚，根本不把雷诺的小公司放在眼里。雷诺并没有泄气，在打听到对方的鞋子尺码后，买了一双“耐克”牌运动鞋摆在那个人的家门口，旁边所留的纸条上写着“just do it”（“放手去干”）这句著名的“耐克”广告语，对方终于被打动，跳槽过来了。

真诚是人格魅力的基础，没有真诚，就不会赢得友谊和真情。真诚的价值在于可以置换，当你为别人付出一份真诚时，你会收获别人的回报。聪明的领导者善于把真诚作为最大的武器，为自己赢得人才。

赫勒法则：有监督才有动力

【定律阐释】该法则由英国管理学家赫勒提出：当人们知道自己的工作成绩有人检查的时候会加倍努力。在管理中，有效的监督是上级肯定下级的一种表现，也是上级对下级工作的一种尊重。

动力来源于监督

人们常说，没有压力就没有动力。在现实生活中，也的确是如此。没有人管着你，你就什么也不想做，这都是人类的惰性在作怪。人生来都是喜欢享受的，没有生存的压力，没有别人的监督，就不会有人去拼命工作。其实，人类的发展史就是一部"惰化史"，人类为了活得更轻松自在，更省心省力，发明创造了一系列代替自己劳动的物品，也正是这些伟大的发明使人类社会一步步发展到了今天。人类社会的每一个重大发明，几乎都是在人类的惰性驱使下完成的。所以，我们不得不感谢我们的惰性。但是，这种惰性如果不加以有效地监督，就会泛滥成灾，到时社会就会瘫痪。

每一个当过学生的人几乎都有这样的感受，如果老师第二天不检查作业的话，你这一天就会不想写作业。我们也知道学习不是为了老师，但是如果老师不监督我们，我们就会想玩。这是孩子的天性，也是人类的通性。当然，这其中也不乏一些自控力特别好，或者天生就很勤劳的人。但是在企业中，为别人打工，钱拿的一样多，能少干些就是赚了。很多人都抱有以上的想法，认为给别人打工没必要那么尽力。也正是有这种想法的存在，才会使监工这种职业很早就出现在人类的历史上。有人监督，工作不得不卖力；有人监督，心中就有顾忌，自然工作就会认真对待。没有人检查自己的工作，你不自觉地就会懈怠；如果有人要检查自己的工作，你也会自然地紧张起来。人就是这样奇怪，没人管还不行。

世界两大快餐巨头麦当劳和肯德基都很懂得这个道理。麦当劳有名的"走动式管理"，既让管理人员下到基层体验了第一线的工作，又使员工的工作受到了监督，可谓是一石二鸟之举。管理人员到各店里现场指导员工解决问题，不仅能使管理者更加深入地了解这些员工，对员工的工作起到监督的作用，而且当管理者向员工请教、咨询问题时，还会使员工们有一种被重视和尊敬的感觉，这样更加能促使员工积极热情地工作。而肯德基的监督方法更绝。虽然肯德基的国际公司设在美国，但它雇佣、培训了一批专门的监督人员，让他们佯装成顾客，不定时地对全球各个分店进行检查评分。这让肯德基的各个分店的经理和雇员，无时无刻不感觉到一种压力，对工作一点也不敢怠慢。通过这种方式，不仅使肯德基对它的各个分店的情况随时有所了解，而且也大大地促使肯德基的员工们提高了工作效率。

很多时候，公司的管理者总是抱怨公司决策落实起来难，其实这往往是由于公司没有一个有效的监督体系。如果领导把任务布置下去，并能及时对这些任务进行检查，而且对任务的完成程度进行评估，实行相应的奖惩制度，那么决策落实难的问题基本上就不会出现了。可是就怕有些领导把决策一宣布，就不管了，没有检查，没有奖惩，员工们也没有压力和动力，那么决策就只能是一句空话、一纸空文。所以，当公司的决策难以落实时，不要责怪员工的执行力差，而是要从自身找原因，想一想是不是自己的监督工作没有做到位。

有效监督是一种尊重

人们往往认为给对方足够的自由和空间，是对他的尊重；其实有效的监督，也是对人的一种尊重，是对他人劳动付出的一种尊重。干好与干坏都一样，谁还会有干劲呢？有监督，有评比，有奖惩，人们才会有进步的动力。人们的付出都想得到别人的认可，有效的监督就是对他人工作的一种肯定，把你当作一个有能力完成本职工作的人，才会对你有所要求，才会对你进行监督，这就是一种尊重。

海尔集团之所以能够取得今日的成就，与其高效的监督管理机制是密不可分的。在海尔集团工作的任何员工都要接受3种监督：一是自我约束和监督；二是互相监督，即小组或团队内成员互相约束和监督；三是专门监督，即集团内专门负责监督的业绩考核部门的监督。而集团内的领导干部除了受以上3重监督外，还得经受5项指标考核。这5项指标分别是：自清管理，创新意识及发现、解决问题的能力，市场的美誉度，个人的财务控制能力，所负责企业的经营状况。这5项指标被赋予不同的权重，最后得出评价分数。每个月海尔集团都会对干部进行考核评比，对表现出色的干部进行奖励，对工作出现差错的干部进行批评，即使工作没有失误但也没有起色的干部也被归入受批评的行列之中。而那些在车间里工作的员工，更是每天都要接受考评。在海尔的生产车间里通常都会有一个"S"形的大脚印，这正是为表现不好的员工准备的。每天下班时，车间里的班组长就会对一天的工作进行总结，而表现不好的员工就要当着大家的面站在那个"S"形的大脚印上反省。正是这种严格的监督机制，使海尔上下干部员工对工作都有了很高的主动性和积极性，工作效率也大大提高，人人都不想成为落后的人，都争当先进。同时，海尔还建立了一套有效的激励机制，与监督机制相辅相成。其实，有效的监督也是一种激励，而相应的奖惩，更能促进员工更好地工作。正是这种有效的监督，使海尔不断地走向成功，走向世界。

全美第一大 DIY（自己动手做）店 Home Depot 公司的管理者，也非常懂得有效监督的好处。该公司也采用走动式管理的方法，领导者不定期到各店进行巡察，不仅对员工的工作进行监督和检查，而且还借机对相应的主管进行教育，以提高其管理能力。同时，该公司的创始人之一肯·蓝高，不仅提倡上级对下级的监督，而且还提倡下级对上级的监督。在一次巡察中，他就借机向员工和一部分主管宣传了这种思想，他希望这些员工和主管们可以学习向上管理，在完成上级交代的任务后，记得问你们的上级一个问题："我已经按您交代的做了，现在请告诉我，此举对我为顾客提供最佳服务有何帮助？"这样，才能使上级将工作重心放到员工的真正使命上。而员工的真正使命就是：把店里的商品卖给进门的顾客，为顾客提供满意的服务。这种上对下、下对上的有效监督，形成了员工、主管、领导三方的良性互动，从而提高了整个团队的工作效率和效益。

有效的监督，不是对员工能力的不信任，而是对员工劳动付出的一种尊重；有效的监督，不是公司对员工的苛刻和压迫，而是对员工工作的一种肯定和激励；有效的监督，不是让领导时刻盯着自己的员工，又累又苦地活着，而是要企业自身建立起一套完善的监督体制和奖惩制度。总之，有效的监督是企业发展必不可少的管理手段。

·第六章·

竞争：心战比力战更有效

零和游戏定律："大家好才是真的好"

【定律阐释】一项游戏中，游戏者有输有赢，一方所赢正是另一方所输，游戏的总成绩永远为零。这样其实并不是完美的结局，明智的竞争应该避免这种现象，尽量做到让大家都好。

化敌为友，与对手双赢

在大多数情况下，博弈总会有一个赢，一个输，如果我们把获胜计算为 1 分，而输棋为 –1 分，那么，这两人得分之和就是：1+（–1）=0，即所谓的"零和游戏定律"。

这个定律渗透了一个典型的现象——囚徒困境。讲的是，A 与 B 两人共同作案被捕，面临的判决选择有：如果 A 单独交代，会得到 1 年的监禁，他的同伙则要被监禁 10 年，反之亦然。如果 A 和 B 都坦白交代，那都要被判处 5 年的监禁；如果 A 和 B 都拒不交代，则由于证据不足，两人都将被释放。

可以看出，当两个囚徒都出于自私动机而坦白交代时，并不是最佳结果，只有当他们进行"合作"或按利他主义行事时，结果才会最好。这也深刻地告诉我们，竞争过程中，我们要懂得化敌为友，争取双赢。

在当今这个战略制胜的时代，双赢的理念和意识，在竞争中发挥着非常积极的作用。

很多时候，竞争中你若能化敌为友，这样得到的朋友，比你先前的朋友更能帮助你。因为你先前的朋友所占有的资源，你可能已经占有；所掌握的技能，你可能也已经掌握。化敌为友产生的新朋友，所占有的资源，所掌握的技能，可能正是你一直想拥有而未能拥有的，反之，对手从你那里也有所需，这样就促成了与对手双赢的结局。

1997年8月6日，IT界传出一个惊人的消息，微软总裁比尔·盖茨宣布，他将向微软的竞争对手——陷入困境的苹果电脑公司注入1.5亿美元的资金！

此语一出，IT界为之哗然。比尔·盖茨大发善心了吗？

作为当时世界的首富，比尔·盖茨在世界各地捐资。但这一回，他却不是捐资，更不是行善，他向苹果注入资金是出于商业目的。

苹果电脑公司诞生于一个旧车库里，它的创始人之一是乔布斯。苹果的成功，在于乔布斯是世界上第一个将电脑定位为个人可以拥有的工具，即"个人电脑"，它就像汽车一样，普通人也可以操作。这是一个划时代的产品定位概念，因为在那之前，电脑是普通人无缘摆弄的庞然大物，不仅需要艰深的专业知识，还得花大价钱才能买到手。

乔布斯很快推出了供个人使用的电脑，引起了电脑迷的广泛关注。更为重要的是，苹果公司还开发出了麦金塔软件，这也是一个划时代的、软件业的革命性突破，开创了在屏幕上以图案和符号呈现操作系统的先河，大大方便了电脑操作，使非专业人员也可以利用电脑为自己工作。

苹果公司靠着这些核心竞争力，诞生不久就一鸣惊人，市场占有率曾经一度超过IT老大IBM。

然而，在进入20世纪90年代，网络经济突飞猛进之际，苹果公司却慢了一拍，未能抓住网络化这一先机，市场占有率急剧萎缩，财务状况日益恶化，1995～1996年连续亏损，亏损额高达数亿美元，苹果公司使出了浑身解数，但种种努力都没有产生太大的效果。

就在苹果公司上上下下愁眉苦脸之际，微软突然伸出援助之手。难道天下真的有救世主吗？当然没有。

比尔·盖茨自有他的如意算盘。他知道，苹果作为一家辉煌一时的电脑霸主，尽管元气大伤，但它潜在的实力却非常巨大。

在这个时候，很多电脑公司包括微软的一些竞争对手如IBM、网景等，都想利用苹果乏力之机，提出与苹果合作，来达到和微软竞争的目的。显然，如果微软不与苹果合作，对手的力量就会更强大。

更为重要的是，美国《反垄断法》有规定，如果某个企业的市场占有率超过规定标准，市场又无对应的制衡商品，那么这个企业就应当接受垄断调查。如果苹果公司垮了，微软公司推出的操作系统软件市场占有率就会达到92%，必然会面临垄断调查，那么仅仅是诉讼费就将超过从苹果公司让出的市场中赚取的利润。而和苹果合作，则可以把苹果拉到自己这一边，苹果和微软的操作软件相加，就基本上占领了整个计算机市场，微软和苹果的软件标准就成了事实上的行业标准，其他竞争对手就只好跟着走了。当然，微软实力比苹果强大，不会在合作中受制于苹果。

谁都看得出来，拉苹果一把，有百利而无一害，比尔·盖茨扮演一回救世主绝对不吃亏。

可见，与其付出代价而消灭对手，不如化敌为友，与其双赢更为划算。

NBA 比赛中的赢家学问

NBA（美国男篮职业联赛）比赛被认为是当今世界上发展最完备、职业化程度最高的篮球联赛，公平、公正、公开是它一贯的处事原则，它的很多项规章制度都自觉或不自觉地打破了"零和游戏定律"。

比如 NBA 的选秀制度。为了使 NBA 各队的实力水平不至于太悬殊，从而增加比赛的精彩和激烈程度，NBA 都要在每年度的总决赛之后，在 6 月下旬举行一年一度的"选秀大会"。参加选秀的一般是全美各大学的学生，均为 NCAA 全美大学生篮球联赛中的佼佼者。当然，最近几年里，高中生和国际球员有增多的趋势。NBA 根据他们的综合实力给他们打分排名，然后，各球队依照该年度在常规赛中的优胜率排名，按由弱到强的顺序依次挑选。为了公平起见，NBA 从前两年开始，在选秀前，先分发 1000 个乒乓球，上面注明挑选的顺序号，常规赛成绩最差的球队可挑 250 个号，他们挑中首选权的概率是 25%。以下依次类推。

这种制度是制衡各队强弱的杠杆，弱队每年总能得到一些能量补充，而强队得到好球员的几率则相对较小，这样就使得 NBA 各队之间的实力差距不至于太悬殊，这既保证了比赛的水平和质量，也保证了 NBA 的活力。这项制度实质上是 NBA 的经营手段，它的最终目的是使联盟能获得最大的利益。它不仅仅要求联盟获利，而且是力争使所有的球队（无论强弱）都获利，只是获利的多少有所区别而已。这是一种"多赢"的局面，而这种"多赢"正是"双赢"的延伸和发展，是"双赢"的最大化体现。相反，如果只是湖人、公牛、马刺这样的超级强队获利，而快艇、骑士、猛龙等弱队一直赔钱的话，NBA 恐怕早已经萎缩，也不会从当初的 11 支球队，发展到如今的 30 支球队了。

NBA 球队之间的球员交换，也表明了参与球队希望"双赢"或者"多赢"的愿望。像勇士队与小牛队完成的 9 人大交易，其出发点就是为了共同提高两队的实力。在这场交易中，两队的明星球员贾米森和范埃克塞尔作了互换。在小牛队中，虽然范埃克塞尔实力一流，充满激情，但由于纳什的稳定发挥，使得他的作用大多是锦上添花，很少能雪中送炭；而由于内线实力的欠缺，使他们在和湖人、马刺那样内线实力强大的球队的对抗中处于劣势。因此，得到贾米森这样的明星球员，既能提高得分能力，又能增加内线高度，对球队大有裨益。

同样，贾米森虽是勇士队的头号球星，但和他司职同样位置的墨菲上个赛季进步神速，况且比他更高更壮，似乎已能替代他的角色。倒是勇士队的后卫阿瑞纳斯虽然获得了上个赛季的"进步最快奖"，但由于年轻尚欠稳定，常常无法帮助球队在关键的比赛中力战到底，他们曾看上了马刺队的克拉克斯顿，还将"袖珍后卫"博伊金斯招至麾下，但这些人和范埃克塞尔相比，显然不在一个档次。因此，勇士队才会放走头号球星，迎来小牛队的替补后卫。这种思维和行为方式，正是期待"双赢"的表现。

当然，在 NBA 中也存在不和谐。森林狼队的"乔·史密斯事件"，就公然违反了公平、公开、公正的原则，暗箱操作，侵犯了群体的利益。NBA 官方发现之后，对森林狼队进行了严厉的处罚——处以巨额罚款，剥夺其 3 年的首轮选秀权，球队老板以及副总裁被禁赛数月，球队和史密斯签订的合同无效，史密斯还被迫为活塞队效力 1 年。缺乏真诚合作的精神和勇气，不遵守游戏规则……森林狼队为此吃尽了苦头。

马蝇效应：激励自己，跑得更快

【定律阐释】没有马蝇叮咬，马慢慢腾腾，走走停停；有马蝇叮咬，马不敢怠慢，跑得飞快。同样，对于一个人来说，只有被叮着咬着，才不敢松懈，才会努力拼搏，不断进步。

背负压力，你会跑得更快

1860 年大选结束后几个星期，有位叫作巴恩的大银行家看见参议员萨蒙·蔡思从林肯的办公室走出来，就对林肯说："你不要将此人选入你的内阁。"林肯问："你为什么这样说？"巴恩答："因为他认为他比你伟大得多。""哦，"林肯说，"你还知道有谁认为自己比我要伟大的？""不知道了。"巴恩说，"不过，你为什么这样问？"林肯回答："因为我要把他们全都收入我的内阁。"林肯为什么要这样做呢？

很多人都对林肯的决定感到困惑。如巴恩所说，蔡思确实是个狂态十足、极其自大的人，他妒忌心很重，而且一直希望谋求总统职位。至于林肯为何仍旧重用蔡思，用他自己的话来解释为："现在正好有一只名叫'总统欲'的马蝇叮着蔡思先生，那么，只要它能使蔡思那个部门不停地跑，我还不想打落它。"

现实生活中，不仅是蔡思先生，我们任何一个人，找只马蝇给自己点压力，都会使自己向目标的方向前进得更快。曾有这样一个有趣的故事：

勒斯里为了领略山间的野趣，一个人来到一片陌生的山林，左转右转迷失了方向。正当他一筹莫展的时候，迎面走来了一个挑山货的美丽少女。

少女嫣然一笑，问道："先生是从景点那边走迷失的吧？请跟我来吧，我带你抄小路往山下赶，那里有旅游公司的汽车等着你。"

勒斯里跟着少女穿越丛林，正当他陶醉于美妙的景致时，少女说："先生，往前一点就是我们这儿的鬼谷，是这片山林中最危险的路段，一不小心就会摔进万丈深渊。我们这儿的规矩是路过此地，一定要挑点或者扛点什么东西。"

勒斯里惊问："这么危险的地方，再负重前行，那不是更危险吗？"

少女笑了，解释道："只有你意识到危险了，才会更加集中精力，那样反而会更安全。这儿发生过好几起坠谷事件，都是迷路的游客在毫无压力的情况下一不小心摔下去的。我们每天都挑着东西来来去去，却从来没人出事。"

勒斯里不禁冒出一身冷汗。没有办法，他只好扛着两根沉沉的木条，小心翼翼地走过这段"鬼谷"路。

两根沉木条在危险面前竟成了人们的"护身符"。其实，许多时候，如果我们学会在肩上压上两根"沉木条"，给自己一些压力，确实会让我们走得更好。下面看看这个非常贴近我们自己的例子：

小王是学管理的，因为爱好设计，进了某私企的企划部。刚工作不久，接手了一个公司的圣诞节网站广告设计项目，期限是4天。

由于这次广告需要设计一个非常有创意的网页，而小王和其他同事都不懂网页设计软件，老总便在出差前给他推荐了一位做网页不错的外援。谁料，小王拿着老总给的手机号码联系对方，人家也到外地出差了，根本抽不出时间。

当时，小王面前只有两条路：一是放弃，直接找老总告诉做不了；二是迎难而上，完成项目。选择前者，会失去很好的表现机会，晋升的梦想也可能泡汤；选择后者，自己需要再想别的办法做出一个有创意的网页，既要符合活动广告的要求，又要体现公司的内涵和优势，但若成功了会大大提升自己在老总心中的地位。一直梦想做出成绩的小王，最终选择了后者。

决定后，他想：如果再找别人，要让对方了解公司的企业文化、优势及活动意义等，至少也要1天左右，而整个项目只有4天，还不如自己上，毕竟自己对公司和这次活动主旨都比较了解，何况大学期间也学过FOXPRO、VB等计算机课程。

于是，他买了两本网页制作的书，把自己关在办公室，连续3天废寝忘食地学习。第四天，老总出差回来，小王交上了一个自己精心设计的网页。当老总问他，是那个外援的杰作吗，他便把事情原原本本地说了一下，老总立刻对他竖起了大拇指，还夸他是一个很有发展前途的年轻人。

可见，我们不应总是惧怕压力，适当的压力反而会让我们更好地发挥潜力。如果每天都给自己一点压力，你就会感觉到自己的重要性，发挥出更多的潜力。正如一位哲人说过，你要求得越少，那么你得到的也越少。

利用敌手"叮"上自己，让你变得更加强大

马由慢跑到快跑是由于马蝇的叮咬，那么，我们个人的发展由弱到强需要什么来"叮咬"呢？事实证明，在有竞争对手"叮咬"的时候，人往往能保持旺盛的势头，最终让自己壮大起来，加速前进。

在北方某大城市里，诸多电器经销商经过明争暗斗的激烈市场较量，在彼此付出了很大的代价后，有赵、王两大商家脱颖而出，他们彼此又成为最强硬的竞争对手。

这一年，赵为了增强市场竞争力，采取了极度扩张的经营策略，大量地收购、兼并各类小企业，并在各市县发展连锁店，但由于实际操作中有所失误，造成信贷资金比例过大，经营包袱过重，其市场销售业绩反倒直线下降。

这时，许多业内外人士纷纷提醒王说，这是主动出击，一举彻底击败对手赵，进而独占该市电器市场的最好商机。王却微微一笑，始终不采纳众人提出的建议。

在赵最危难的时机，王却出人意料地主动伸出援手，拆借资金帮助赵涉险过

关。最终，赵的经营状况日趋好转，并一直给王的经营施加着压力，迫使王时刻面对着这一强有力的竞争对手。

有很多人曾嘲笑王的心慈手软，说他是养虎为患。可王却丝毫没有后悔之意，只是殚精竭虑，四处招纳人才，并以多种方式调动手下的人拼搏进取，一刻也不敢懈怠。

就这样，王和赵在激烈的市场竞争中，既是朋友又是对手，彼此绞尽脑汁地较量，双方各有损失，但各自的收获也都很大。多年后，王和赵都成了当地赫赫有名的商业巨子。

面对事业如日中天的王，当记者提及他当年的"非常之举"时，王一脸的平淡：击倒一个对手有时候很简单，但没有对手的竞争又是乏味的。企业能够发展壮大，应该感谢对手时时施加的压力，正是这些压力化为想方设法战胜困难的动力，进而让我们在残酷的市场竞争中，始终保持着一种危机感。

没错，人生需要一定的"激发"，就好比著名的钱塘大潮，至柔至弱的水，一经激发，便能产生"白马千群浪涌，银山万迭天高"的蔚蔚壮观的景象。

事实上，人皆有惰性，如果没有外力的刺激或震荡，许多人都会四平八稳、舒舒服服、得过且过、无声无息地走完平庸的人生之旅，可是偏偏人生多蹇，世事难料，给人带来种种困窘，也带来种种激励。朋友反目，爱人变心，事业上不顺心，都可能成为一种精神动力源，激发人们调动潜能，干出一番事业，改变自己的人生轨迹。

例如，苏秦一事无成时，屡受父母、妻、嫂的白眼，于是发愤图强，悬梁刺股，夜以继日，废寝忘食，终成一代名士，挂六国相印，显赫一时，威震天下。蒲松龄虽满腹经纶，却屡试不中，穷困潦倒，愤而激励自己著书立说，以毕生心血学识凝成《聊斋志异》，自己也跻身文学巨匠行列，成为千古名人。

所以，想成功，我们就要学会主动接受外在的激励，化压力为动力，以使我们的心智力量得到最大限度的发挥，使我们的人生变得更加瑰丽雄奇。

波特法则：有独特的定位，才会有独特的成功

【定律阐释】美国哈佛商学院教授迈克尔·波特提出：竞争中最有效的防御，是从根本上阻止战斗发生。所以，有独特的定位，才会有独特的成功。

不求第一，但求独特

被誉为"竞争战略之父"的哈佛商学院教授迈克尔·波特曾说："不要把竞争仅仅看作是争夺行业的第一名，完美的竞争战略是创造出企业的独特性——让它在这一行业内无法被复制。"

由其提出的波特法则指出，防止完全竞争最为有效的途径之一，就是要从根本上阻止战斗的发生。要做到这一点，对自己的产品就必须有独特的定位，自己的竞争策略就要有独到之处。这方面，比尔·盖茨为我们做了一个非常成功的例子。

几年前的某一天，比尔·盖茨从其西雅图总部附近的一家餐馆走出来，一个无家可归者拦住他要钱。给点钱自然是小事一桩，但接下来的事却令见多识广的比尔·盖茨也目瞪口呆——流浪汉主动提供了自己的网址，那是西雅图一个庇护所在互联网上建立的地址，以帮助无家可归者。

"简直难以置信，"事后盖茨感慨道，"Internet 是很大，但没想到无家可归者也能找到那里。"

今天，比尔·盖茨的微软给互联网带来了统一的标准，也带来了前所未有的垄断。其视窗（Windows）操作系统几乎已成为进入互联网的必由之路，全世界各地的个人电脑中，92% 在运用 Windows 软件系统。更值得一提的是，过去两年来，微软共投资及收购了 37 家公司，表面看起来好像是一种随心所欲的资本扩张行为，但只要把这 37 家公司排在一起分门别类，立刻就会令人大惊失色！因为这 37 家公司所代表的竟然是网络经济的 3 大命脉：互联网络信息基础平台，互联网络商业服务，互联网络信息终端。微软不仅统治了现在的个人电脑时代，而且已经开始着手统治未来的网络时代！难怪美国司法部要引用反垄断法控告微软。

但比尔·盖茨从容地说："微软只占整个软件业的 4%，怎么能算垄断呢？"

盖茨的话也自有他的道理，因为软件的形态与工业时代的规模和产品建立的垄断已有明显区别。实际上，微软已不仅仅是单纯的垄断，只有"霸权"才能更确切地描述微软的真实。因为操作系统是整个电脑业的基础，微软以核心产品的垄断获得了对整个软件行业的霸权，使得垄断操作"稀释"和掩饰在更大范围的霸权之中，与单纯的数量份额和比例等有关垄断的硬性指标已无明显关系。

这种软件业的霸权是一种独特的霸权，是知识的霸权，创新的霸权，更是盖茨在竞争中的独特的定位。

所以，要想在激烈的竞争中立于不败之地，你可以不求第一，但你一定要求独特。

一只脚不能同时踏入两条河流

哲学上有一个公认的观点是"一只脚不能同时踏入两条河流"，其实，竞争中所采取的决策亦是如此，如果有真正的决策，就不能同时选择两条道路。在战略上面，决策就像岔路，你选择了一条路，那就意味着你不可能同时选择另外一条路。

下面，我们就以美国奋进汽车租赁公司为例来谈谈这个问题：

奋进是美国赫赫有名的汽车租赁公司，然而，你若去有一定规模的机场租车区，一定能够看到赫斯汽车租赁公司和爱维斯汽车租赁公司的柜台，也可以看到很多小汽车租赁公司的柜台，却看不到奋进公司的柜台。更令人费解的是，奋进公司的租金要比对手低30%左右，但总是比其他更有名气的竞争对手获得更多利润。

原来，与爱维斯汽车租赁公司和赫斯汽车租赁公司将自己的客户定位于飞行旅游者不同，奋进汽车租赁公司将服务对象定位于那些还没有买到自己汽车的人。对于这些客户来说，如果需要自己支付租金，价格就是一个重要的考虑因素，而且他们肯定还要考虑保险公司是否会理赔。奋进汽车租赁公司就有意识地裁减各种客户不愿意付费的项目和可能增加的成本，包括做广告的费用。

就这样，奋进汽车租赁公司始终如一地坚持这一策略，尽管客户付费较少，但他们节省的开支大大超过了收费低廉而造成的损失，而且在业内总能成为赢家。

可见，在竞争中选择一个独特的策略，并始终坚持这一个方向，才能成为行业真正的、持久的赢家。

与之类似，戴尔电脑公司在1989年的经营模式改革中也体会到了这一点。当时，戴尔感到自己的直销模式发展得不够快，就试图通过代理商来销售。可是，当他们发现这种转变给公司业绩带来损害的时候，就马上取消了这种做法。问题在于，如果你同时选择两条道路，别人也会这么做。所以，你要选择一条自己最擅长的、具有独特定位的方式坚持下去。这样，你的差异化道路就会具有持续的力量，使对手无法打败你。否则，你只会表现平平。

学会了这些，你在具体制作竞争策略的时候，就应该懂得不能让自己的"一只脚同时踏入两条河"的简单道理了。

权变理论：随具体情境而变，依具体情况而定

【定律阐释】任何系统的内在要素和外部环境条件都各不相同，不存在适用于任何情景的原则和方法，关键是采取依势而行的应变策略。

计划没有变化快

在竞争中，我们总喜欢说不要打无准备之仗，事前一定要做好计划和安排。计划代表了目标，代表了充实，代表了憧憬，代表了一种对自己的承诺，因为"计划"会让我们知道下一步该做什么。

然而，"一切尽在掌握之中"固然是好，但我们也无法排除"计划外"的可能，正所谓计划没有变化快。

东汉末年，曹操征伐张绣。有一天，曹军突然退兵而去。张绣非常高兴，立刻带兵追击曹操。这时，他的谋士贾诩建议道："不要去追，追的话肯定要吃败仗。"张绣觉得贾诩的意见很好笑，根本不予采纳，便领兵去与曹军交战，结果大败而归。

谁料，贾诩见张绣败仗回来，反而劝张绣说赶快再去追击。张绣心有余悸又满脸疑惑地问："先前没有采用您的意见，以至于到这种地步。如今已经失败，怎么又要追呢？""战斗形势起了变化，赶紧追击必能得胜。"贾诩答道。由于一开始败仗的教训，张绣这次听从了贾翊的意见，连忙聚集败兵前去追击。果然如贾诩所言，这次张绣大胜而归。

回来后，张绣好奇地问贾诩："我先用精兵追赶撤退的曹军，而您说肯定要失败；我败退后用败兵去袭击刚打了胜仗的曹军，而您说必定取胜。事实完全像您所预言的，为什么会精兵失败，败兵得胜呢？"

贾诩立刻答道："很简单，您虽然善于用兵，但不是曹操的对手。曹军刚撤退时，曹操必亲自压阵，我们追兵即使精锐，但仍不是曹军的对手，故被打败。曹操先前在进攻您的时候没有发生任何差错，却突然退兵了，肯定是国内发生了什么事，打败您的追兵后，必然是轻装快速前进，仅留下一些将领在后面掩护，但他们根本不是您的对手，所以您用败兵也能打胜他们。"

张绣听了，十分佩服贾诩的智慧。

在这次战役中，局势变幻无常，而这些无常，却决定了最终的胜与败。现实的竞争世界中，亦是如此，没有谁能在今天就断定明天一定会怎么样，事情的发展都具有一定的未知因素。

贾诩那番充满智慧的话，实际就是论述了一种"因机而立胜"的权变战略思想。这种理论告诉我们，组织是社会大系统中的一个开放型的子系统，是受环境影响的，我们必须根据组织的处境和作用，采取相应的措施，才能保持对环境的最佳适应。

那么，在激烈的竞争中，不要执着于某种外在的形式，不要完全拘泥于事先的精心计划，在事情发展过程中的计划外因素往往更加具有影响力。

以变应变，才能赢得精彩

毫不夸张地说，我们已经进入了竞争时代，一切都充满了变数。就拿大家熟悉的股市来说，几秒钟内的上下颠覆，可能把你送上云端，也可能把你推入地狱。对此，一定要树立权变的思想，善变才能赢。

《猫和老鼠》的经典动画片大家应该记忆犹新，为什么每次小杰瑞总能逃过汤姆的厉爪，还让汤姆吃尽了苦头？汤姆即使绞尽脑汁、费尽力气，为何最终仍然一无所获？这一切都是因为，小杰瑞对汤姆的一举一动，甚至一个呼吸、一个喷嚏、一个微笑的变化，都有不同的应对手段。

在商业竞争中，善变的思想同样必要。

中国布鞋曾一度在秘鲁打开销售大门，当地一家公司每月可销售中国布鞋6万多双。

不料，秘鲁当局颁布了一项法令：禁止纺织品和鞋子进口。这一突如其来的变化，使中国布鞋在秘鲁的销售大门被关闭了。

陷入困境的中国商人并没有坐以待毙，经过分析，他们发现秘鲁并没有禁止进口制鞋设备及布鞋面。于是，他们转变策略，决定出口制鞋设备和布鞋面，在秘鲁当地加工布鞋。布鞋面既不算成品布鞋，也不属于纺织品，不受禁令制约。

后来，中国布鞋又重新在秘鲁占有了一定的市场份额。

正如《孙子兵法》所言："夫兵形象水，水之形避高而趋下，兵之形避实而击虚。水因地而制流，兵因敌而制胜。故兵无常势，水无常形，能因敌变化而取胜者谓之神。"意思是用兵打仗，好像地下的流水那样没有固定刻板的规律，没有一成不变的打法，能采取敌变我变而取胜的，就叫用兵如神了。

某省一家出售冷冻鸡肉的食品公司，由于竞争激烈，冷冻鸡肉销售一直不太景气。后来，该公司经过市场调研，发现顾客喜欢吃新鲜鸡肉，于是实施相应策略，改为凌晨3∶00开始杀鸡，待去毛分割完毕恰好接近黎明。新鲜的鸡肉送到市场，生意一下子红火起来，公司利润持续上升，顾客也非常满意。

由此观之，善变之道在于灵敏地作出应变决策，抢占先机。没有这种能力，一个公司就会陷于故步自封的境地，一个人就会陷入墨守成规的套子。

竞争世界如同一只变色龙，变化的发生有时是没有什么明显的先兆的，我们往往也无法预知，"翻手为云，覆手为雨"，常常让我们措手不及。因此，每走一步棋，我们既要紧跟时机，又要学会思考，以变应变，才能赢得精彩。

达维多定律：及时淘汰，不断创新

【定律阐释】竞争就是要创造或抢占先机，"先入为主"是一条绝对的真理，要保持第一，就必须时刻否定并超越自己。

做第一个吃螃蟹的人

不难看出，达维多定律为我们揭示了如何在竞争中取得成功的真谛。这也正是诸多成功实例所验证的——要做第一个吃螃蟹的人。

日本企业界知名人士曾提出过这样一个口号："做别人不做的事情。"瑞典有位精明的商人开办了一家"填空档公司"，专门生产、销售在市场上断档脱销的商品，做独门生意。德国有一个"怪缺商店"，经营的商品在市场上很难买到，例如大个手指头的手套，缺一只袖子的上衣，驼背者需要的睡衣等等。因为是填空档，一段时间内就不会有竞争对手。

其实，即使在人们熟知的行业里，仍然会有许多的创新点，关键是你要能够察觉得到。

有段时间，国外很多啤酒商发现，要想打开比利时首都布鲁塞尔的市场非常困难。于是就有人向畅销比利时国内的某名牌酒厂家取经。这家叫"哈罗"的啤酒厂位于布鲁塞尔东郊，无论是厂房建筑还是车间生产设备都没有很特别的地方。但该厂的销售总监林达是轰动欧洲的策划人员，由他策划的啤酒文化节曾经在欧洲多个国家盛行。当有人问林达是怎么做"哈罗"啤酒的销售时，他显得非常得意且自信。林达说，自己和哈罗啤酒的成长经历一样，从默默无闻开始到轰动半个世界。

林达刚到这个厂时是个还不满 25 岁的小伙子，那时候他有些发愁自己找不到对象，因为他相貌平平且贫穷。但他还是看上厂里一个很优秀的女孩，当他在情人节给她偷偷地送花时，那个女孩伤害了他，她说："我不会看上一个普通得像你这样的男人。"于是林达决定做些不普通的事情，但什么是不普通的事情呢？林达还没有仔细想过。

那时的哈罗啤酒厂正一年一年地减产，因为销售不景气而没有钱在电视或者报纸上做广告，这样便开始恶性循环。做销售员的林达多次建议厂长到电视台做一次演讲或者广告，都被厂长拒绝。林达决定冒险做自己"想要做的事情"，于是他贷款承包了厂里的销售工作，正当他为怎样去做一个最省钱的广告而发愁时，他徘徊到了布鲁塞尔市中心的于连广场。这天正是感恩节，虽然已是深夜了，广场上还有很多狂欢的人们，广场中心撒尿的男孩铜像就是因挽救城市而闻名于世的小英雄于连。当然铜像撒出的"尿"是自来水。广场上一群调皮的孩子用自己喝空的矿泉水瓶子去接铜像里"尿"出的自来水来泼洒对方，他们的调皮启发了林达的灵感。

第二天，路过广场的人们发现于连的尿变成了色泽金黄、泡沫泛起的"哈罗"啤酒。铜像旁边的大广告牌子上写着"哈罗啤酒免费品尝"的字样。一传十，十传百，全市老百姓都从家里拿自己的瓶子、杯子排成长队去接啤酒喝。电视台、报纸、广播电台争相报道，林达不掏一分钱就把哈罗啤酒的广告成功地做上了电视和报纸。该年度"哈罗"啤酒的销售量跃升为去年的 1.8 倍。

林达成了闻名布鲁塞尔的销售专家，这就是他的经验：做别人没有做过的事情。

不得不承认，如果只懂得沿着别人的路走，即使能取得一点进步，也不易超越他人；只有做别人没有做过的事情，创造一条属于自己的路，才有可能把他人甩在你身后。

万事源于想，创新从转变思维开始

一个犹太商人用价值 50 万美元的股票和债券做抵押向纽约一家银行申请 1 美元的贷款。乍一看，似乎让人不可思议。但看完之后才发现，原来那位犹太商人申请 1 美元贷款的真正目的是为了让银行替他保存巨额的股票与债券。按照常规，像有价证券等贵重物品应存放在银行金库的保险柜中，但是犹太商人却悖于常理通过抵押贷款的办法轻松地解决了问题，为此他省去了昂贵的保险柜租金而每年只需要付出 6 美分的贷款利息。

这位犹太商人的聪明才智实在令人折服。其实，我们身上也蕴藏着创新的禀赋，但我们总是漠视自己的潜能。你的思维已经习惯了循规蹈矩，只要你愿意改变一下自己的思维方式，多进行一些发散思维和逆向思维，激活自己的创新因子，你周围的一切，都有可能成为你创新思维的对象。

众所周知，闹钟在传统上的作用只是"催醒"。然而，英国一家钟表公司在此基础上，又增添了一种与此矛盾的"催眠"功能。这种"催眠闹钟"既能发出悦耳动听的圣诗合唱和鸟语声，催人醒来；又能发出柔和舒适的海浪轻轻拍岩声和江河缓缓流水声，催人入眠。使用者可以"各取所需"，这种新颖独特的闹钟深得失眠者的宠爱。

再有，某大城市的市场上曾出现过一种具有特殊功能的拖鞋。这种居室内穿的拖鞋底上装有圆圈状的纱线，能牢牢抓住地板或地砖上的灰尘、头发等污染物。人们穿上这种特殊拖鞋，边走路，边擦地，走到哪里，就清洁到哪里，既走出了"实惠"，又轻松自如。而且，这种拖鞋的洗涤也很方便，穿脏了放入洗衣机内便可清洗干净。这种"擦地拖鞋"卖疯了，其成功之处在于它体现了一种创新思维，也正是这种思维，为创新者带来了巨大的收益。

在竞争过程中，很多人被对手"吃掉"，其重要原因往往是遇事先考虑大家都怎么干、大家都怎么说，不敢突破人云亦云的求同思维方式。讨论一件事情时，总喜欢"一致同意""全体通过"，这种观念的后面常常隐藏着"从众定式"的盲目性，不利于个人独立思考，不利于独辟蹊径，常常会约束人的创新意识，如果一味地考虑多数，个人就不愿开动脑筋，事业也就不可能获得成功。

一位成功的企业家说："一项新事业，在 10 个人当中，有一两个人赞成就可以开始了；有 5 个人赞成时，就已经迟了一步；如果有七八个人赞成，那就太晚了。"

【定律链接】切勿得不偿失

在这个变革的时代，怕的就是你不变。然而，这里的变不是乱变，不是无原则的变，而是有方向地变；不是倒退的变，也不是"30 年河东、30 年河西"的转圈变，而是向前发展的变。否则，你的创新之路走错时，结果只会得不偿失。

1978 年，可口可乐公司起用布莱恩·戴森为其美国分公司经理，戴森试图突破传统，尝试一种新的软饮料——节食可口可乐。

1981 年春，为了迎战自己的强劲对手百事可乐，在新任少壮派领导人戈伊祖艾塔的支持下，戴森开始组织实施节食可口可乐的研究。这项计划被称为"哈佛计划"。次年 8 月份，节食可口可乐在全国推出，并以较大的销售额迅速占领了市场，百事可乐受到极大的冲击。

然而就在这个时候，公司出现了重大失误。

1985 年 4 月，戈伊祖艾塔向媒体宣布，公司决定对可乐配方进行修改，生产一种新可口可乐，以挽回因甜度不够而失去的市场。

新可口可乐上市，在饮料市场上引起轩然大波。来自老顾客的抗议电报和信件像雪片一样飞往可口可乐总部。亚特兰大总部的接线员们每天要记录 1500 个电话，几乎都是要求恢复老可口可乐配方的。修改还是恢复"7X"配方的论战成为报纸的头条新闻和电视新闻报道的新话题。包装商们声称，如果这种不利的宣传继续下去，可口可乐无论以何种名称出现，都会面临失去市场份额的危险，有可能在一夜之间就被百事可乐夺去市场，再想收复失地将会非常困难。

可口可乐咬着牙支持了 3 个月后，不得不再次宣布公司将恢复原配方，命名为经典可口可乐，新可口可乐也将继续销售。在重新问世之后 6 个月，经典可口可乐又成为全国第一位的软饮料，以将近 3∶1 的优势超过了新可口可乐。

任何产品不可能一成不变，都会在不断改进中适应市场。问题在于该不该公开宣布这种改进，这其中有很大的技巧。顾客的心理都有一种信任惯性，尽管各种试验都表明新可乐的口味并不错，但消费者只想维持正宗真品的信誉，抗拒接受新可乐。

尽管可口可乐公司迅速挽回了因修改配方的失误所造成的损失，但在新产品的开发中又出现了失误。

可口可乐在不到一年的时间内连续推出 4 种新产品：3 种含咖啡因型可乐和节食可口可乐，再加上经典可口可乐、新可口可乐等，共有 8 种不同口味的新产品，同时出现在市场上。

消费者们几乎被弄晕了头，就连可口可乐的一些老顾客对它也不耐烦。

有这样一段对话，颇耐人寻味：

"给我一杯可口可乐。"

"您要经典可口可乐、新可口可乐、樱桃可口可乐，还是要健怡可口可乐？"

"请给我来杯健怡可口可乐。"

"您要普通健怡可口可乐还是要不含咖啡因的健怡可口可乐？"

"算了！给我一杯七喜。"

虽然我们不能老是守着传统思想，但革新的步伐也要三思而后行，切勿得不偿失。创新是为了迎合新观念、新社会，而不是强行改变人们固有的生活方式。

儒佛尔定律：有效预测，才能英明决策

【定律阐释】进行有效的预测是做出英明决策的前提，没有之前的预测，就不会有决策时的轻松和自由。该定律由法国未来学家儒佛尔提出，强调预测活动的重要性。

预测有效才能决策英明

在做任何事之前，你都要面对选择和判断。人生就是在不断地选择和判断中度过的，如果你选择了正确的道路，那么你的人生可能会一帆风顺、飞黄腾达；如果你判断失误而入了歧途，那么你这一生可能就只能与噩梦相伴。选择和判断，对于你的人生就是这么重要。

如何才能做好选择和判断呢？特别是在这个"信息爆炸"的时代，各种各样的道路、方向、方式、经历、指导放在你的面前，经常让人不知所措，只有选择好了，判断好了，才会好的结果。所以，在众多信息中抽出适合自己的信息，这个环节就显得非常重要。如何才能众里寻他一下命中呢？这就需要极强的预测能力。在这个极具机遇性的商业社会里，预测能力尤为重要。往往一个不起眼的信息，就能给你带来极大的灵感，抓住了这个商机，你就可能一夜暴富。所以，有效的预测对于一个竞争者来说，是最重要的能力。

市场变化多端，信息浩渺如洋，如何从这信息的汪洋大海中捞出属于自己的商机？只有靠预测！一个成功的企业家能从繁复的信息中预测出未来市场的走向，并马上将其转化为决策的行动。信息也有价值，只要你利用得好，转眼间就能将其变成大把的钞票。竞争者在做决策前，都要对市场的形势做一下评估和预测，运筹帷幄才能旗开得胜。如果对市场的一切都不熟悉，不提前做出一个精确的预测就妄下决定，那么你肯定会在商战中死得很惨。商场如战场，竞争的残酷性让决策者一步也不能走错。

精明的预测是成功决策的前提，所以一个企业要发展，要提高经济效益，决策者就必须对国内外经济态势和市场要求有所了解，对与生产流通有关的各个环节非常熟悉，掌握各方面的最新最可靠的信息，找出最有利于企业发展的信息加以利用，这样才能使企业时刻走在时代的前沿，跟得上时代的发展。

1973 年，爆发了全球性石油危机。美国通用、福特，日本丰田等汽车公司，由于决策者提前预测到汽车市场的变化趋势，就见机设计生产了大批油耗量低的小型汽车，以备市场骤变之需。果然，1978 年全球性石油危机再次爆发时，这几个汽车公司的营业额都未受影响甚至还有所增加。而美国的 K 公司，却因为没有预测到市场的变化，在第一次全球性石油危机时，没有做出任何反应和举措，继续生产耗油量高的大型车。结果导致石油危机再次爆发时，无以应对，公司销量锐减，积货如山，每日损失高达 200 万美元，最后濒临破产。这就是有预测能力和无预测能力的差别。

在这个竞争如此激烈的市场中，决策者必须要有敏锐的眼光，做到审时度势，这样才能在企业之林中立于不败之地。

与之类似，诸葛亮火烧赤壁靠的是什么，靠的就是预测；一个智囊、军师、元帅靠的不是勇而是智，这智就是预测，就是判断。

当然，预测也离不开知识和经验，预测是在知识、经验的基础上作出来的。而决策又是在预测的基础上作出来的。所以，竞争者不能没有知识、没有经验，更不能没有预测能力。

对自己的未来，对形势的发展，对市场的变化，都要有先见之明，这样才能成为一个容易获得胜算的竞争者。没有有效的预测，就不会有英明的决策，这个道理放在哪里都适用。

善于预测，成就霸业

只有善于预测的人，才能做出成功的决策，决策的成功便预示着事业的辉煌。无论是在历史中还是在现实中，都有很多这样的例子。

春秋时期的范蠡，可以说是历史上一位很强的预测家。他对战机，对自己的命运，对商机，对儿子的命运都有很精确的预测。当吴王阖闾为越军所伤致死后，阖闾之子夫差谨记父仇，三年日夜练兵以报越仇，勾践欲提前下手先攻吴。范蠡认为不可，奈何勾践不听，结果越军大败，几近为吴所灭。后来，勾践卧薪尝胆以俟时机灭吴自强，每次有点机会的苗头时，他都会先问范蠡，直到范蠡说可以才动手伐吴。结果，果真胜了。后来，勾践灭了吴。范蠡深知勾践的为人，已料到自己今后的命运，遂留书一封于文种，自己离开了越国。信上写着的正是现在非常知名的"飞鸟尽，良弓藏；狡兔死，走狗烹"。范蠡走了，成了流芳百世的陶朱公；而文种未走，则成了勾践剑下的冤死鬼。

这就是有无预测能力的差别。范蠡的预测力，还体现在"居无几何，致产数十万"上，体现在"久受尊名，不详"上，体现在"吾固知必杀其弟也"上。他因为对人、对事的洞察，所以能够精确地预测到事态的发展方向，因而总能做出正确的决定。这也是为什么他到哪里都能很出名，做什么都很成功的原因。

作为当今的竞争者，更要有洞察古今、预测未来的能力，要不然你只能等待着失败向你招手。现今香港的首富李嘉诚就是个很有预测能力的人。可以说，他能发家和他当年对市场做出正确的判断是分不开的。

20世纪50年代，初次创业的李嘉诚创办了名为"长江塑胶厂"的塑料玩具生产工厂。结果当时玩具市场已经饱和，工厂面临倒闭。就在李嘉诚一筹莫展的时候，他偶然在一份报纸上看到了一条消息，说当地一家小塑料厂将要制作塑料花销向欧洲。看到这个消息，李嘉诚骤然眼前一亮，马上想到了二战以来，欧美生活水平虽有所提高，但经济上却还没有种植草皮和鲜花的实力，因此塑料花必定会成为很好的替代品，被他们大量使用于装饰各种场合。这是个很大的需求市场，也是个很好的商机，于是李嘉诚马上决定企业转产生产塑料花，而正是这些塑料花，成就了今天的李嘉诚。

试想，如果当时李嘉诚没有看到这条信息，或者看到后也没有意识到信息背后隐藏的巨大商机，那还会有今天的李嘉诚吗？这确实很难说。只能说是这条信息造就了他，而他自己的预测能力成就了他。

李强和张勇同时受雇于一家超市，一样从底层干起。可不久后，两人的身份地位就大不一样了。李强由于受老总器重，职位是一升再升，直到部门经理；而张勇却像"被遗忘的角落"，仍然处于底层。为什么会有这么巨大的差别呢？原来正是因为李强每次做事时都有很强的预测能力，老板交代一件事，他能想到老板接下来会交代的一切可能的事情，因此把每件事都做得非常完美，让老板对他另眼相看，十分喜欢。而张勇，就没有什么预测能力，老板交代什么就做什么，只做老板交代的，根本不懂得灵活变通、思考老板交代的事情的深层含义，因此他只能处在底层。

所以说，我们不要羡慕别人的成功，要看到别人的优点，学习别人的优点。预测能力，是成功者必备的能力，无论是对生活还是对事业。只有拥有很强的预测能力，才能干出一番事业，成就你的霸业。

【定律链接】如何提高你的预测力

明天是未知的深渊，但对于明天我们不是手足无措，我们可以预知未来。因为这世界存在着规律和趋势，未来是在现在基础上的发展，所以它不可能脱离现在而存在，在今天的身上能看到明天的影子。对于未来我们不是一无所知，我们可以通过预测略知一二。但这种预测能力不是每个人都有的，只有通过不断地学习、总结、观察、实践，才能练就一双穿越时空的慧眼。

知识是一切行动的基石，你有了知识才能真正地了解和参与这个世界；没有知识，就谈不上审时度势，预测未来。

所以，如果你想提高自己的预测能力，首先要具备那个行业所要求的基础知识。有了专业的知识，你才能真正了解这个行业的内情，才能知道行业大体的走势。当然，光有基础知识是不行的，你还得时常关注各种信息，比如时政、金融、科技、民生、娱乐等各方面相关的信息你都要知道，不然你就会跟不上时代的发展，错过一些好的商机。

其次，你就要时刻关注各方面与行业相关的信息。有了知识和信息，还是不够的，你还得知道怎么利用它们。这就需要你多看一些行业成功人士的传记、语录和历史人物的传记等，从他们的人生中总结经验教训，择其优而学，被证明是错误的事情，就没必要再去经历一次，只做对的就好。

最后，还有一个非常重要的方面，就是要具备长远的思想，从一个事情看到它背后可能发生的第二、三、四件事情。只顾眼前，是没有出路的，要想在商业丛林中站稳脚跟，必须要具备走一步看五步、十步的能力。所以，如果你现在还只是做一天和尚撞一天钟的工作态度，那么要想提高预测能力就必须先得把这态度改了，做一件事情要想到这之后的一系列结果，久而久之你就会拥有不错的预测力了。

说白了，想要提高自己的预测力，平时做事的时候就要多想、多思考。商界成功人士大多有这样的共识：一个成功的企业家、一个成功的领导者，每天至多只用20%的时间处理日常事务，而另外80%的时间则用来思考企业的未来。

竞争者要生存，要具有市场竞争力，应付瞬息万变的市场竞争，就必须能够进行科学的预测，并在此基础上做出正确的判断和假设，采取有利的战略行动计划，否则企业就会在竞争中贻误商机，难逃失败的命运。

科学的预测，可以带来巨大的财富，也可以带来顺利的人生，所以，提高自己的预测能力是非常有必要的。从今天起，补充知识、关注信息、总结经验、思考未来吧！

费斯法则：步步为营，方可百战百胜

【定律阐释】费斯法则由美国管理学家费斯提出，其核心是：在没有得到新的以前不要放弃已有的。换而言之，攥紧到手的，再想以后的；在没有拿到第二个以前，千万别先扔掉第一个。这是一种人生态度，也是一种战略措施。

不放弃，抓紧到手的利益

在生活中，有很多人为了那虚无的下一站幸福，而抛弃了已经拥有的快乐；或为了更上一层楼，而赌上现有的身家性命，结果最终落得个身败名裂。所以，老人常说，拿到手里的才是自己的，守好了再去找别的。不要为了那不可预测的未来，赌上你现在所拥有的，不值得，也不明智。

作为一位竞争者，千万不要急功近利、好高骛远，以为前方是天上掉下的馅饼，拼了命也要抢了来，却不知那往往是天大的陷阱；没有看到自己已经拥有的东西和自己的优势，一味地以为别人拥有的更好，却不知会输得更惨。这就像一个女人，不知道自己的魅力在哪里，为了和别人争抢同一个男人，而一味地改变自己，到最后既失去了那个男人也失去了自己和喜欢自己的人。无论是做人还是做事，都要求稳，不要轻易地做决定，要三思而后行；更不要为了还未到手的东西放弃自己已经拥有的。

现在似乎有一种流行病，就是浮躁。许多人总想一夜成名、一夜暴富。比如投资赚钱，不是先从小生意做起，慢慢积累资金和经验，再把生意做大，而是如赌徒一般，借钱做大投资、大生意，结果往往惨败。网络经济一度充满了泡沫，有人并没有认真研究市场，也没有认真考虑它的巨大风险性，只觉得这是一个发财成名的"大馅饼"，一口吞下去，最后没撑多久，草草倒闭，白白"烧"掉了许多钞票。

俗话说得好：滚石不生苔，坚持不懈的乌龟能快过灵巧敏捷的野兔。如果能每天学习 1 小时，并坚持 12 年，所学到的东西，一定远比坐在教室里接受 4 年高等教育所学到的多。正如布尔沃所说的："恒心与忍耐力是征服者的灵魂，它是人类反抗命运、个人反抗世界、灵魂反抗物质的最有力支持，它也是福音书的精髓。从社会的角度看，考虑到它对种族问题和社会制度的影响，其重要性无论怎样强调也不为过。"

凡事不能持之以恒，正是很多人失败的根源。所以，培养不放弃的习惯对于一个竞争者尤为重要。下面的一些步骤应该对培养你的恒心有一定的帮助。

第一，合理的计划是你坚持下去的动力。如果没计划，东一榔头西一锤子，是做不好工作的。设计合理的计划表，不仅可以理顺工作的轻重缓急，提高效率，而且可以在无形之中督促自己努力工作，按时或超额完成计划。

制订可行的工作计划和执行计划时要注意，也许你愿意用硬性的东西约束自己，或希望有充分的灵活性，甚至等自己有了灵感的时候才动工。可是万一你正好没有灵感，整个礼拜都没兴致工作的话，怎么办呢？这样下去，你就可能失去坚持下去的耐心，对自己的创造能力产生怀疑。

至少开始的时候，你可以为自己安排一段单独的时间，试验自己的专长。按照进度，循序渐进，将使你做更多的工作——如果你想出类拔萃的话；如果你给自己安排的进度并不过分，可是你还是抗拒它的话，譬如，找借口拖延工作进度，那么你就得研究一下自己的动机了。

计划的制订，将迫使你自问这个严酷的问题：我真的想做这件事吗？即使进行得不太顺利，我还是按部就班地做吗？如果答案是"是"，那么你是真的想得到成功，合理的计划表可以帮助你坚持下去。

第二，拥有越挫越勇的劲头。有的失败会转眼被我们忘记，有些挫折却会给我们留下深深的伤痛。但是，无论如何，我们都不应该因为挫折而停止前进的步伐，每个人都必须为目标奋斗。如果你不继续为一个目标奋斗，你不仅会失去信心，还会逐渐忘记自己有个目标；如果你不再继续坚持的话，就会开始怀疑自己是否能成功地实现计划所定的目标。

有时你也许会因为目前完不成一个小的目标，而改做其他的尝试，这种随便的做法是一种变相的放弃。千万不要拿困难做借口，改做另一个计划。

第三，既然有计划，就要实现它。当你坚持完成计划的要求，实现成功的目标后，你会更加坚定地做完以后的工作，这对培养你的不轻言放弃的习惯会有很大的帮助。不把事情做完的话，你会觉得自己像个没有志气的懒虫；以后如果你不敢肯定是不是能把工作完成的话，就很难再开始做一件新的事情。这是非常重要的一点。因为从事的工作可以只花几个小时，也可能花许多年工夫，不管花多少时间，你都得面临这个问题：完成这件工作呢，还是放弃它？你最好从开始就搞清楚，自己是不是真的想完成它，如果不是，你何必花这些心力呢？

如果你是某一领域的专业人员，你的成功目标就是成为这一领域的翘楚，那么就不能单是把计划完成，你必须把作品展示出来，接受别人的批评。不要把你的小说只给一家出版社看，如果这一家不接受的话，就全盘放弃；你必须再接再厉，给很多家出版社看，一定要给自己的作品充分的展示机会。

如果你为了完成这个计划已经付出了很多，那就坚持下去，也许最艰难的时候，就是离成功最近的时候。

作为竞争者，一定要先巩固到手的利益，再开拓新的市场。不能像狗熊掰棒子一样，掰一个扔一个，到最后什么也没得到；也不要在对手的攻击下就乱了分寸，慌了手脚，做出一些贸然的举措和决策。无论何时，无论何种情形之下，抓紧到手的利益才是上策。

切莫怜新弃旧

怜新弃旧，出自《东周列国志》，讲的是为了新欢抛弃旧爱。放到商场上，就是指为了新的利益而放弃已经拥有的利益，或者为了开拓新的市场而放弃原有的客户。这些都是不明智的行为，都不是一个精明的决策者应该有的想法。如果想把企业越做越大，就要一步一步来，在原有的基础上发展，而不是为了捉天上的蝴蝶就放弃到手的鲜鱼。

俗话说："饭要一口一口吃，路要一步一步走，钱要一点一点赚。"一口吃不出个胖子来，一步也登不了天，不要想一夜暴富，而要稳扎稳打，在竞争起步阶段是这样，在竞争发展阶段也是这样。要一个项目一个项目地做，一个单子一个单子地签，不要好高骛远，只想着要去摘那天上的星星，而忘了拿在手里的馍馍。先把手头的工作做好，再做下一步；先把到手的买卖做好，再去接下一个。先巩固已经占有的市场，再去开发新的。没有绝对的把握，千万不要丢掉手里的，去追求那未知的。

高锋是个聪明且踏实的人，大学毕业后到一家大公司做销售。没几年的时间，他就当上了销售部的经理。朋友问他为什么升职升得这么快，有没有什么秘诀之类的。他微微一笑，秘诀就是："步步为营，稳扎稳打。尊重每一个客户，绝不放过任何一个有可能的客户。但最重要的是，不要为了追逐新客户而忽视已经谈妥的客户。"接着他就讲了一件他所经历的事情。几年前，当他还是个毛头小伙子的时候，每天的工作就是不断地约客户、见面、发名片、宣传产品。有一次，同时有好几家公司给了他回复。他非常高兴，就一一去拜访。一家小公司很快就与他达成了协议，有九成的把握要签下订单；另一家大公司也有一些意向，但把握没有那家小公司大。在一天中午，两家公司代表同时约他见面。他一下为难了，去哪个为好呢？他知道那个小公司会签的概率比较大，但大公司的单子更大些。思考良久，他决定先与小公司的代表见面，先拿下一个再说，不要为了那个没把握的单子丢了到手的生意。结果证明他是正确的，当天中午那家小公司的代表就与他签了合同，而那家大公司的代表不过是找他看一下方案，离签单还远得很呢。因为这个小公司的单子，他的事业打开了场面，慢慢地，单子签得越来越多，事业也越做越大。现在，他依然秉着当初的想法，一步一步地说服客户，先拿下把握大的再去找第二家。

可见，明智的竞争者要懂得坚守，就是不要随便放弃已有的利益。市场在不断地变化之中，竞争对手的行为也不是都能预测，消费者的行为也充满了不确定性和非逻辑性。要想在竞争中立于不败之地，就要做到在拿到新的东西之前，千万别放掉你手中的东西，尤其是手中的东西对你来说很重要时更应该如此。要知道有很多聪明人正在等着机会打败你，等着捡你手中的宝呢。

要珍惜自己拥有的，不要轻易地为了看似更美好的东西就放弃了手里的东西。最愚蠢的人莫过于还没有拿到新东西，就放弃已到手的宝贝。

史密斯原则：竞争中前进，合作中获利

【定律阐释】史密斯原则，是美国通用汽车公司前董事长约翰·史密斯提出的一条著名的策略型原则，即在商场上，没有永远的敌人，只有永远的利益，如果你不能打败你的竞争对手，那么就与他们合作。

学会与敌人合作

竞争，不单单意味着"你死我活"的争斗，也存在着"你为我用，我为你

用"的合作。螳臂不能挡车，鸟卵不能击石，如果不能战胜对手，与其自寻死路，不如加入他们，学会与你的对手合作，达到一种双赢的效果。

从前，有一个农夫靠种地为生。一日，他见自己的农田旁边长有三丛灌木，越看越不顺眼。他认为这些灌木毫无用处，而且还耽误他种地。于是，他决定把这些灌木砍掉当柴烧。可他并不知道，每丛灌木中都住着一群蜜蜂。如果他把灌木砍了，蜜蜂们就无家可归了。因此，在农夫砍第一丛灌木时，里面的蜜蜂出来苦苦哀求："亲爱的农夫，您把灌木砍了也得不到多少柴火，请您行行好，就看在我们为您传播花粉的份上，不要砍这丛灌木了！"农夫看看这些令他讨厌的灌木，摇摇头说："即使没有你们，也会有别的蜜蜂为我传播花粉的。"说着，抢起手中的斧头把第一丛灌木砍掉了。

第二天，农夫又来到农田边要砍第二丛灌木。突然，一大群蜜蜂飞了出来，对农夫嗡嗡叫道："可恶的农夫，你胆敢破坏我们的家园，我们就蜇死你！"说着，就朝农夫脸上蜇去。农夫的脸上立即出现了几个大包，又疼又痒。农夫一下怒不可遏，一把火烧了第二丛灌木。

第三天，当农夫正要砍第三丛灌木的时候，住在里面的那群蜜蜂的蜂王飞了出来，对农夫说："睿智的农夫啊，您难道真的要砍掉这些灌木吗？难道您没有意识到它会给您带来多少好处吗？我们蜂窝每年产出的蜂蜜和蜂王浆够您一年的吃喝；而这丛灌木质地细腻，养大了也准能卖个好价钱。"听了蜂王的话，农夫举着斧头的手慢慢放了下来。他觉得蜂王言之有理，决定和蜜蜂合作，做蜂蜜的生意。

就这样，第三群蜜蜂保住了自己的家园，靠的不是恳求和对抗，而是与对手合作。天下熙熙皆为利来，天下攘攘皆为利往，没有永远的敌人，只有永远的利益。农夫砍灌木是为了自己的利益，蜜蜂用更大的利益打动了农夫，用合作的方式留住了自己的家园。

当你的力量比对手弱时，恳求是不能引起同情的，反而会让对手更加瞧不起你，更想早些把你除掉；硬碰硬地对抗，敌我悬殊太大，只能是自取灭亡；这时只有智取，与对手合作，用利益打动他，达到双赢的目的。当然，要想让强大的对手与不起眼的你合作，你就必须让对手看到与你合作的利益会大大超过不合作，这样才能让对手下定决心与你合作，而不是与你为敌；而对于力量相对弱小的你来说，与强大的对手合作只有利而没有弊。不要以为是对手，就一定要摆出势不两立的派头，其实在利益的追逐中，今天的敌人也许就是明天的伙伴。

还有这样一个故事：

在一个产柿子的地方，每年的秋天等柿子熟后，当地的农民都不会把每棵的柿子都摘完，而是留着树顶上的柿子不摘。外地人到那儿看到后都不明白，就问这些农民为什么不把那些柿子都摘去卖了。当地的农民给了一个让他们很诧异的答案："这些柿子是留给乌鸦的。"乌鸦？为什么会留给乌鸦呢？他们想不明白。那些农民就说："树上有柿子，乌鸦才会来，乌鸦来吃柿子，也会吃树上的虫子，这样柿子树就不会生病，就能保证明年柿子大丰收。"

这些农民也是在与敌人合作，乌鸦喜欢吃柿子，有时趁农民不备就会偷吃，既然如此，农民就主动地给乌鸦留柿子，让它们帮忙捉虫，这就是双赢。

在商场上，也是如此，要学会与自己的对手合作，在竞争中求进步，在合作中获利益。

竞争合作求双赢

竞争与合作从来都不是对立的，它们是相互依存的，与竞争对手合作，与合作伙伴良性竞争，在竞争、合作中互相学习、共同进步。一切以更好的发展为目的，无所谓敌人朋友，只要存在共同的利益，都可以一起合作达到共赢。

你可能不敢相信，为了能养出更好的羊，牧场主甚至可以和狼合作。

有一个牧场主养了许多羊。因为他的牧场所在的地方有狼，所以他的羊群总是受到狼的袭击。今天死两只，明天死两只，渐渐地羊群的数量越来越少。牧场主为此非常生气，对狼更是恨之入骨。有一天，又有几只羊被狼咬死了。牧场主再也忍受不了了，就花钱请了几位厉害的猎人把附近的狼全都消灭了。他想，这下可以高枕无忧了。结果，却让他大吃一惊。没有狼后，羊变得很懒散，吃吃睡睡生活很舒适，可它们的肉质变差了，当羊出栏时，销路大大不如以前。牧场主想不通这是为什么，现在他的羊越来越多了，却因为羊肉卖不上价，赚的钱还不如以前有狼的时候多。带着疑问，他去咨询了专家。原来，都是他自己闯的祸。他把狼给消灭了，羊没有了天敌追赶也懒得跑动，这样羊肉的质量就会下降，自然影响价格；而且没有了狼，羊的繁殖越来越快，对当地的草场也不好，如果草场破坏过大，牧场主还得花大价钱修复草场，这更不划算。专家的建议是，请狼回来，与狼共处。牧场主没有办法，只好从别的地方买了几只狼回来，将信将疑地等待结果。不出专家所料，狼回来后，羊的肉质上去了，草场也得到了应有的保护。牧场主终于明白了，狼不只是他的敌人，还可以是他的朋友，他的合作伙伴。

无独有偶，还有一个类似的故事。讲的是牧场主与猎户做朋友的故事。

一个养了许多羊的牧场主，和一个养了一群凶猛猎狗的猎户成了邻居。结果，那些猎狗经常跳过两家之间的栅栏，袭击牧场里的小羊羔。每次遇到这种事情，牧场主都只好去请猎户把猎狗关好，但猎户从来不以为意，只是口头上答应，从未有过行动。猎狗咬死、咬伤小羊的事依然经常发生。终于，牧场主忍无可忍，到镇上去找法官评理。法官听了他的控诉后，说了这么一段话："我可以处罚那个猎户，也可以发布法令让他把猎狗锁起来，但这样一来你就失去了一个朋友，多了一个敌人。你是愿意和敌人做邻居，还是愿意和朋友做邻居？"牧场主想也没想就说："当然是愿意和朋友做邻居了。"听了他的话，法官接着说："那好，我给你出个主意，按我说的去做，不但可以保证你的羊群不再受骚扰，还会为你赢得一个友好的邻居。"仔细听了法官的主意，牧场主回到家中就照着做了。他从自己的羊群中挑了三只最可爱的小羊羔，送给猎户的三个儿子。猎户的儿子们看到洁白温顺的小羊羔如获至宝，每天放学都要在院子里和小羊羔玩耍嬉戏。为了防止猎狗伤害儿子们的小羊，猎户专门做了一个大铁笼，把狗结结实实地锁了起来。为了答谢牧场主的好意，猎户开始经常送些野味给他，而牧场主也不时用羊肉和奶酪回赠猎户；而且因为这些猎狗的存在，从没有人敢来偷牧场主的羊，也没有其他动物敢来他的牧场捣乱。从此，牧场主的羊再也没有受到骚扰，他与猎户还成了朋友。

足见，化敌为友，不是对立而是合作，用友好的方式达到最终的目的是再好不过了。下过跳棋的人都知道，6个人各霸一方，互相是竞争对手，又必须是合作伙伴。因为如果你想到达你的目的地，就必须得利用别人搭的桥，只有大家互相搭桥合作，才能最快地到达目的地。

如果我们只讲求合作，放弃竞争，一味地为别人搭桥铺路，那别人就会先到达目的地，而自己只有等待失败收场；相反，如果我们只注意竞争，而忽视合作，一心只想拆别人的路，反而会延误自己的正事，自己依然无法获胜。所以，要在竞争中合作，在合作中竞争，求得双赢。

·第七章·

教育：教子有"心"，自然有"方"

期望定律：寄予什么样的期望，培养什么样的孩子

【定律阐释】期望定律，指当我们对某些人或事物寄予积极的期望时，这些所期望的人或事物就会朝着我们所期望的好方向发展；当我们对某些人或事物寄予消极的期望时，这些所期望的人或事物就会朝着我们所期望的坏方向发展。

从皮格马利翁说开去

身为父母，当孩子考试成绩不好时，你是否气愤地责骂过他"笨蛋""傻瓜"？当孩子不听话淘气时，你是否生气地训斥过他"没出息""没素质"？当孩子没有达到你为他制定的目标时，你是否很失望地唠叨"你什么时候能给我们争口气呢"？如果这些你都做过，那你可要检讨了。其实，每个孩子都可能是天才，关键在于你对他寄予何等的期望。

谈到期望这个话题，我们不得不先从王子皮格马利翁说开去。

古希腊有一位年轻的王子，叫皮格马利翁，他很喜欢雕塑。有一次，他用一块洁白无瑕的象牙雕刻了一个美丽的少女。王子对雕塑爱不释手，每天都以怜爱的目光深切地注视着象牙美女，甚至茶不思饭不想，坐在"她"面前，呼唤着"她"，梦想着她能够成为真正的少女。最后，王子的诚心感动了天神，天神使这位象牙少女拥有了真正的生命，和王子生活在一起。

这里讲的仅仅是个神话，却说明了一个现象：我们的热切期望，会使被我们期望的人达到我们的要求。美国著名心理学家罗森塔尔和雅各布森称这一现象为"皮格马利翁效应"，并在教育实践中进行了验证。

1968 年的某一天，美国著名心理学家罗森塔尔和雅各布森来到一所小学，说是要进行一个试验。他们从 1 ~ 6 年级中各选 3 个班，在这 18 个班的学生中进行了一次煞有介事的"未来发展趋势测验"。测验结束之后，他们给每个班级的教师发了一份学生名单，并且告诉教师，根据测验的结果，名单上列出的学生是班上最优异、最有发展可能的学生。出乎很多教师的意料，名单中的孩子有些确实很优秀，但有些孩子平时表现平平，甚至水平较差。对此，罗森塔尔解释说："请注意，我讲的是他们的发展，而非现在的情况。"鉴于罗森塔尔是这方面的专家，教师们从内心接受了这份名单。尔后，罗森塔尔又反复叮嘱教师不要把名单外传，只准教师自己知道，声称不这样的话就会影响实验结果的可靠性。8 个月后，罗森塔尔和雅各布森又来到这所学校，并对 18 个班的学生进行了复试，奇迹出现了：他们提供的名单上的学生的成绩都有了显著进步，而且情感、性格更为开朗，求知欲望强，敢于发表意见，与教师关系融洽，而且更乐于与别人打交道。

这就是罗森塔尔和雅各布森进行的一次期望心理实验，其实他们提供的名单是随意挑选的，罗森塔尔根本不了解那些学生，而且也没有考虑学生的知识水平和智力水平，他撒了一个"权威性的谎言"。

不过，这个谎言成真了，为什么呢？这是因为罗森塔尔是著名的心理学家，在人们的心目中有很高的权威，人们对他的话深信不疑。因此，教师们认为名单上的学生很有发展的潜能，因而寄予了他们更大的期望。虽然教师们始终保守着这张名单的秘密，但在上课时，他们还是忍不住给予这些学生充分的关注，通过眼神、笑容、音调等各种途径向他们传达"你很优秀"的信息。这些学生也感受到了这种期望，他们潜移默化地受到影响，变得更加自信、自爱、自尊、自强，变得更加幸福和快乐，奋发向上的激流在他们的血管中奔涌，结果真的取得了很好的成绩，成了优秀的学生。

可见，期望是人类的一种普遍的心理现象，在教育过程中，"期望定律"常常可以发挥强大而神奇的威力。

向孩子传递积极的期望

通过罗森塔尔的实验，我们明白了，期望在孩子的成长过程中，起着巨大的作用。中国有句俗话："说你行，你就行；说你不行，你就不行。"要想使孩子发展得更好，就应该给他传递积极的期望。

相信，很多家长都希望自己的孩子能像爱迪生那样聪明。可是，要知道，爱迪生之所以能成才，在很大程度上也是靠家长鼓励的。

爱迪生小时候仅仅上了3个月小学就被开除了，因为学校认为他"智力低下"。但爱迪生的母亲对自己的孩子很有信心，她对爱迪生说："你比别人聪明，这一点我是坚信不疑的，所以你要坚持好好读书。"

爱迪生得到了母亲的鼓励，在母亲的教导下，学到了比一般孩子在学校里多得多的知识，经过不懈努力，终于成为伟大的发明家。

因此，可以毫不夸张地说，我们今天所享受的电灯、电影、录音机等都受惠于爱迪生的发明，归根结底归功于爱迪生母亲的期望效应。

正如积极的期望可以很好地激励孩子一样，消极的期望也可以重重地打击孩子。有人曾对少年犯罪儿童做了专门的研究，结果发现，许多孩子成为少年犯的原因之一，就在于不良期望的影响。许多孩子因为在小时候偶尔犯过错误而被贴上了"不良少年"的标签，这种消极的期望引导着孩子们，使他们越来越相信自己就是"不良少年"，最终走向犯罪的深渊。由此可见，在教师和家长对孩子的教育中，消极的心理期望对孩子的成长影响多么大。

有些家长因孩子的学习状况不尽如人意，费了一番工夫不见效果，就对孩子的学习产生了失望情绪，随之而来的是训斥、埋怨甚至讽刺、打骂。家长由于不能满足期望而对孩子施以心灵或身体的虐待是很不理智的，非但改变不了孩子的现状，弄不好，还会产生更消极的影响。所以，正确的做法应该是，不论孩子的学习出现什么样的挫折，家长永远要对孩子说："只要你认为自己确实尽力了，我们就接受任何结果。"同时，家长还要对孩子说："我们相信，你能行，你还有潜力，还能取得更好的成绩！"

人民教育家陶行知曾提醒教师："在你的教鞭下有瓦特，在你的冷眼里有牛顿，在你的讥笑中有爱迪生。"所以，在家庭教育过程中，身为父母，我们不妨让孩子经常从父母的教育态度中感受到父母的心理预期，得到父母的尊重，他们就会保持一种积极向上的力量；反之，如果我们过低地估计了孩子的能力，放弃对他们的期望，断定孩子这也不行，那也不好，将来不会有出息，那可真要耽误孩子终生了。换言之，只有你期望孩子成为一个什么样的人，孩子才可能成为一个什么样的人。

【定律链接】如何寄予孩子适度的期望

下面，向大家介绍一下如何寄予孩子适度的期望。

首先，对孩子的期望宜在他努力可及的范围内。譬如，孩子的智商为110，你可以给他智商120～130的作业，让他接受挑战，建立他对自己的信心；倘若只给他智商 90 的作业，他可能会对学习失去兴趣。

其次，不要因为孩子失败或做错事，而随便给他加上不雅或有损他自尊心的"标签"，这样可能会对他造成一辈子的伤害。

再次，赞扬和奖励虽可鼓励孩子，但应让孩子的行为慢慢提高层次，达到自律的自发行为，即使没有大人的奖励，依然能为自己的目标而努力。

最后，高难度的事情，要视孩子的能力，最好分成几个阶段。同时，每完成一个阶段，可以给他一些鼓励。

此外，不要让过高的期望给孩子造成太大的心理压力，从而陷入焦虑与挫折，甚至泯灭他原有的潜能。

厚脸皮定律：孩子也有自己的"面子"

【定律阐释】厚脸皮定律，指人由于后天长期得不到别人的尊重，久而久之，其羞耻感会逐渐降低，变得对别人的不尊重行为习以为常。

对待孩子，批评与惩罚要科学

关于教育孩子的问题，很多家长都感到头痛，不知如何把握批评与惩罚的"度"，不知采用什么样的方法才能达到教育的真正目的。那么，我们先来看看美国前总统里根的经历。

12 岁那年，年少的里根在家附近踢足球，可是，一不小心打碎了邻居家的一块玻璃。邻居对里根说，我这块玻璃是花 12.5 美元买的，你把它打破了要赔偿。那是在 1923 年，12.5 美元可以买 125 只鸡。

里根没办法，只好回家找爸爸。爸爸平和地对里根说，玻璃是你打碎的，那你就得赔，没有钱，我借给你，一年后还。里根照办了。

在接下来的一年里，里根通过擦皮鞋、送报纸打工挣钱，终于挣了 12.5 美元，还给了父亲。

后来，里根成了美国总统，在回忆录里讲述了这个故事，他说，这次惩罚让他懂得了什么是责任，懂得了每个人都应该为自己的过失负责。

里根的父亲没有谩骂，也没有喋喋不休地指责，反而实现了自己教育孩子的目的。

当孩子犯错的时候，我们不要不依不饶地训斥孩子，应该让孩子自己谈一谈错在哪里。平静地听孩子说，给孩子表达自己想法的机会。要知道，孩子叙述的过程，其实也是一个很好的反省过程。

当然了，这并不等于家长只能做听众，必要时也可以对孩子进行惩罚，正所谓"没有惩罚就没有完整的教育，没有惩罚的教育就是脆弱的教育、不负责任的教育"。但是，惩罚要讲究科学，要让孩子知道自己犯了错误，并因此而感到愧疚。像里根的父亲那样，让孩子学会自己承担责任，让孩子通过努力改正错误，弥补过失。

实际教育过程中，很多父母都有类似的体会：当我们被频频告诫要尊重孩子，给孩子民主和自由的时候，我们正陷入一种困境，即当孩子做出一些恼人的事情或者有无理要求时，例如，央求父母买这买那、不能按时完成作业、过度迷恋上网及游戏等，我们该怎么办呢？为什么劝阻是那么无力？为什么我们的语重心长在孩子面前是那样的苍白？

其实，教育就是帮助孩子改正缺点。如果父母不能对孩子的不当行为进行约束，不忍心对孩子说一声"不"，这样的教育就是放弃责任的教育。

例如，有的孩子常常打断大人的谈话，提高嗓门、拽着别人的衣服插话，以吸引别人的注意。如果你在家里常迁就他的这种行为，他自然不会想到，在外面应该有另一套行为规则。因此，我们在教育孩子的时候，应该保证家庭和社会的行为规则一致，拒绝孩子私下的犯规行为实际上是在帮助他掌握统一的"游戏规则"，提高他的社会适应能力。

还有，要像里根的父亲那样，培养孩子的责任意识。

自己的事情自己负责，我们希望孩子能这么做。有些孩子上学忘记带课本，在学校受到老师的批评，回家就对父母哭闹，责怪父母把他的东西乱放，他找不到了，或早上起来晚了，忘记带了……为什么不及时给他送到学校？其实，父母应该拒绝孩子这种推卸责任的要求，让他试着承受对自己不负责带来的不悦感。

需要注意的是，在所有这些教育的过程中，父母应像里根的父亲一样平和、理智。科学地批评和惩罚，不但不会伤害孩子的自尊心，反而会提升父母在孩子心中的威信，同时也使孩子懂得更多生活和做人的道理，对他们的成长大有裨益。

【定律链接】向孩子说"不"的原则

身为家长，我们在对孩子说"不"的时候，可遵守以下原则：

（1）当孩子在进行我们不喜欢的行为时，除了给孩子语言上的告诫以外，还要引导孩子去做一些有意义的事情。

（2）约束来自于规矩。我们要把孩子培养成对自己行为负责的人，就要给孩子订立一些适合孩子年龄特点及性格特点的规矩。父母可以与孩子一起制定各种规矩，如吃饭、看电视、写作业、买东西等方面的规矩。

（3）冷静地对待孩子的某些言行，例如，当孩子无理取闹时，你要用平静的口气表达你的心情以及对孩子的要求，使孩子从你的态度中了解到，无理纠缠是没有用的。

（4）当孩子提出一些无理要求或者出现一些不合适的行为时，如果你认为不可以，就要明确地拒绝孩子。同时，告诉孩子你拒绝他的理由。

（5）对孩子说了"不"，就要坚持到底。你可以给他一些警告，也可以对他的哭闹置之不理，还可以让他在某个地方冷静一会儿，千万不要动摇你的立场。

超限效应：再美妙的赞扬，久了也会腻

【定律阐释】刺激过多、过强或作用时间过久，就会使人极不耐烦或产生逆反的现象。如果孩子一直生活在赞扬声中，时间长了，再美妙的赞扬声也会腻。

别让过度表扬"甜"倒孩子

当前，不少家长在"望子成龙、盼女为凤"的观念支配下，总是希望通过不竭的鼓励，让孩子天天向上。于是，各种表扬、奖励充斥着孩子的生活。殊不知，这种教育方式也会导致"超限效应"。一番苦心，换来的往往是孩子的无动于衷，甚至造成反感。

某班有个"学生"平时听惯了批评，他对批评根本不当一回事。但是，新学期换了个班主任，这个班主任一开始就对这个"学生"的某些"闪光点"进行了表扬。起初这个学生很受感动，但是过了一段时间，这个学生发现，老师对自己的表扬越来越多，而且还有许多是有意拔高的。他认为这是老师在哄骗自己，名义上是表扬，实际上就是让其注意这些方面，不让其再捣蛋，这分明是老师看不起自己，不信任自己。于是，后来他一听到表扬就反胃，就大为恼火。

俗话说："好菜连吃三天惹人厌，好戏连演三天惹人烦。"世界万事万物都要有一个合理的尺度，超出这个尺度，事物就会朝相反的方向发展。正如古希腊哲

学家德谟克利特所言：“当过度的时候，最适宜的东西也会变成最不适宜的东西。”

教育孩子也是同样的道理，家长都知道对孩子批评多了不好，容易让孩子丧失自信心，于是就拿起了表扬的“武器”。要知道，孩子一直生活在赞扬声中，时间长了，再美妙的赞扬也会腻味。到时，表扬不但不会激起孩子上进的欲望，一方面会让他找不到度量自己的标尺，看不到前进道路上的泥泞；另一方面，还会让他产生反感，觉得自己活在谎言当中，于是出现各种叛逆行为。

身为父母，我们总是会担心孩子自卑、经不起挫折、一旦摔倒就爬不起来，总是希望他能在任何时候都自信、优秀，于是就想通过“反复表扬”“持续鼓励”的方式来帮孩子树立自信心，使他一直保持积极的状态、良好的情绪，向好的方向努力。

这种急切的期待和心理是完全可以理解的，但是，我们认为“只要不断表扬、鼓励孩子就能达到效果”的想法是错误的。从心理学的角度讲，同样的刺激在持续一段时间后，对刺激对象的作用会逐渐减弱，这种现象一旦出现，不仅不会出现父母期望的效果，有时反而会引起孩子更大的逆反心理。

当然，这种“超限效应”有时还表现在我们对孩子的要求过高，给孩子的压力过大等情况中。例如，2000年发生的徐力杀母事件，就是一个“超限效应”产生的悲剧。

徐力的母亲省吃俭用，把家里的所有事情都包揽下来，只是为了孩子好好读书，将来能有出息。她要求孩子每次考试都要排在班级前10名，包括事发当天，她还不忘时时刻刻提醒徐力。然而，徐力自己却认为根本无法达到母亲的要求，甚至感到绝望。

最后，徐力终于对整日唠叨不断的母亲产生了强大的逆反心理。也正是这种心理，导致他拿起榔头砸死了养育自己多年的母亲。

客观上讲，徐力的母亲确实是一位非常尽责的好母亲，但是，这一悲剧的发生，难道完全是徐力的错吗？

所以，我们在教育孩子的过程中，一定要牢记“越限效应”带给我们的启示：物极必反，欲速则不达，爱孩子、表扬孩子、给孩子压力，并不是越多越好，而是要讲究个“度”。

合理表扬，也是一门艺术

许多家长都好奇，表扬既看不见，又摸不到，怎么去把握它呢？

表扬孩子要把握好时机。例如，孩子遇到困难和失败时，最容易泄气，情绪低落，同时也最害怕遭到嘲讽。若偏偏在这个时候对孩子又挖苦又冷嘲热讽，甚至骂出"笨蛋""傻瓜"之类有伤孩子自尊的话，会使孩子对自己越来越没有信心，上进心一滑再滑。但此时我们若能多给孩子一些鼓励和表扬，并热心地帮助他一起寻求解决困难的办法，收到的效果就完全不同了。要知道，表扬只有在最需要的时候才能发挥最大的作用，才能为孩子打开一扇"别有洞天"的窗户。

中国绘画讲究"疏可走马，密不透风"。"疏可走马"指的就是"留白"，有了空白，才能产生美感。表扬也同此理。心理学原理告诉我们：适当的"留白"，更易激起孩子想象的浪花、好奇的涟漪。家长和教师在平时与孩子的交谈中，要"点到为止"，适时地留点空白，让他们自己去思考、去体味，这样，孩子就会敞开心扉，和你交心，与你为友。否则，过于唠叨，孩子会很反感。俗话说："酒里水多了，味道就淡了。"过多的重复表扬，到后来不但不再产生正面的教育效果，反而会引起孩子的厌烦甚至抵触情绪，"播下的是龙种，收获的却是跳蚤"。

再有，很多家长都不知如何把握表扬的度。第一，要符合实际，不要言过其实地表扬，要注意分寸，不无限夸大。第二，不吝啬表扬，但也不轻易表扬，如果是孩子本应完成的事情，不要因为孩子希望被关注就随意表扬。事实上，过多廉价的表扬不仅不能对孩子产生积极的作用，反而会让他养成浅尝辄止和随意应付的习惯。不付出努力、唾手可得的赞赏又怎么会珍惜呢？

与此同理，我们表扬孩子也要讲究方式与方法。例如，当孩子数学成绩有所提高的时候，我们可以说"你的思维能力提高很大"；当孩子语文成绩有所提高的时候，我们可以说"你的语言理解能力和表达水平越来越好了"；当孩子在与人相处或做事方面有所进步时，我们可以说"你真的长大了"等。

在孩子漫漫的成长之路上，他们不仅需要我们的批评教育，更需要我们合理的表扬与鼓励。身为家长，我们一定要把握好这门艺术，让它在孩子身上发挥出最佳的效果。

【定律链接】听斯托夫人讲述"必须相信自己的孩子"

对于孩子，父母总是持一种怀疑的态度，好像孩子天生就有一种撒谎的本能，为掩盖自己的错误，总是欺骗家长。这种态度真的是太恶劣了。想一想，你事先已经把孩子假设成一个不诚实的人了，他还能变成一个做事光明磊落的人吗？不仅如此，更严重的是，这样还会让孩子对父母失望，产生叛逆情绪，这样一来，要想对孩子实施好的教育就非常困难了。

有一天，我的好友伊丽贝莎告诉我，她在 11 岁的儿子房间里发现了一支烟斗，所以很担心儿子染上恶习。她向我叙述了那天的情况：

"这是什么？"伊丽贝莎拿着那支烟斗走到儿子面前问道，口气非常严厉，似乎并不需要听儿子解释就准备开始进行更深的盘问和训斥。

"这是一支烟斗。"

"从哪儿来的？"

"捡的。"

"在哪儿捡的？"伊丽贝莎用怀疑的眼神看着儿子。

"就在门外的路上，今天早上我一出门就发现了它。"儿子似乎有些胆怯了。

这时，伊丽贝莎用极不信任的口吻说："你别跟我耍小聪明，老实告诉我，这究竟是怎么回事？是不是跟那些坏孩子学会抽烟了？"

"没有，我才不抽烟呢。"

"真的吗？你以为我会相信？"伊丽贝莎说道。

这时，儿子终于忍不住生气了，大声嚷道："信不信由你，反正我已经说了没有！"

说完，儿子就走进了自己的房间，把门"砰"的一声狠狠地关上了。对于这样的反应，伊丽贝莎感到非常恼火，她认为自己完全是为了儿子好，可儿子却不领情。

在我看来，出现这样的结果，是由于伊丽贝莎的说话方式和语气让儿子觉得很不舒服。事实上，这些话并没有表现出她对儿子的关心，只表现出了她的愤怒和对儿子的不信任，儿子觉得刺伤了他的自尊心。

我对伊丽贝莎谈了我的看法，并建议她站在儿子的角度来考虑这件事。于是，她反思了自己的态度，意识到是自己先入为主的观念和怀疑的态度使儿子的自尊心受到了伤害。于是，她决定找儿子好好谈一谈。第二天，儿子放学一回来，伊丽贝莎就对儿子说："我们谈一谈，好吗？"

"谈什么？"儿子似乎很冷淡。

伊丽贝莎很有准备，仍然保持着镇定："我想，昨天妈妈因为怀疑你学会了抽烟而向你发火，你一定认为我根本不关心你，专门挑你的毛病，对吗？"

这句话正好说到了孩子的伤心处，儿子顿时委屈地哭了起来，抽泣着说："是的，你那样的态度，让我觉得我只是你的一个负担，我觉得你并不关心我，只有我的朋友才真正关心我。"

"你这么说也有你的道理，当时，我的态度确实不好，我充满了恐惧和愤怒，我仿佛看到了你和一群坏孩子搅在了一起，甚至还学会了抽烟，所以一时失去了理智。在这样的情况下，你当然感觉不出任何的爱。"

这时，儿子的情绪逐渐缓和了下来。

伊丽贝莎继续说："昨天，妈妈不该没弄清情况就向你发那么大的火，我真的很抱歉。"

"没什么，妈妈，那只烟斗确实是我在外面捡的，我觉得你应该相信我。"

"好吧，儿子，我相信你，我只是担心你会做出什么伤害自己的事来，这担心有时候会让我反应过度，你给我一个机会好吗？让我们重新开始交谈，一起来解决这些问题。"

谈话的结果让伊丽贝莎非常高兴，因为建立在信任与爱的基础上的气氛完全改变了她和儿子之间的关系。她让儿子明白了，母亲的询问是出于对他的关心，而不是故意要侵犯他的权利；而她也认识到，应该信任自己的孩子。我想，母子之间有了这种相互信任的态度，对孩子的教育才能有一个良好的开端。

父母在与孩子相处的过程中，出于对孩子的深切希望，常常会让他们对孩子的态度过于激烈、过于偏颇，这种态度会让孩子产生一种冷冰冰的感觉。在父母发火的那一瞬间，孩子会觉得父母充满了敌意，甚至感觉不到一点温情。孩子的这种感觉会将他们推向抵触的边缘，使他们觉得父母对自己不信任、不关心。这样，父母与孩子之间的矛盾在不自觉中就被激化了。

我认为，父母应该以一颗宽容的心来对待孩子，这样才能使孩子感觉到父母的信任，只有当孩子认为父母是信任他的时候，才会完全向父母敞开心扉。只有这样，父母与孩子才有可能进行良好的交流与沟通。一旦父母与孩子之间相互信任，能进行很好地沟通，即使孩子真的有了什么不良习惯，经过父母的提醒和指导，孩子也可以很容易地改正。

总之，要想把孩子培养成一个优秀的人，必须首先给孩子足够的信任，这是教育的前提条件。成年人之间也只有在相互信任的情况下，才能建立友谊和良好的合作关系，更何况是孩子呢？在这里，我要建议广大的父母们，我们一定要相信孩子的能力，相信孩子的才华，相信孩子的品德，只有给孩子信任，才能帮助他们走好漫漫人生的第一步。

热炉法则：惩罚是孩子进步的阶梯

【定律阐释】烧热的火炉，当你靠它太近就会感到很烫甚至被灼伤；当你离它太远，就感受不到它的温暖；保持适当的距离，你才会得到温暖和保护。对孩子的惩罚亦是如此。

玉不琢不成器，让孩子在接受惩罚中进步

我们在教育孩子的过程中，明明知道"玉不琢不成器"，但一看到孩子委屈地哭，叛逆地闹，往往就"心慈手软"了。殊不知，这样对孩子的发展非常不利。我们不妨看看下面这个故事：

从前，一位石匠看好一块石头。他问石头："我把你雕琢成一尊佛像，你愿意吗？"石头开心地答道："那太好了，多谢师父！"

于是，石匠开始大刀阔斧地打凿。但没过多久，石头感觉太痛苦了，任凭师父如何劝说，石头不断重复着同样的话："师父，别砸了，别砸了，痛死我啦，我不想当佛像了！"

石匠看石头实在痛苦，不忍心再下手了，终于放弃了它。

不料，在一旁的铺路石看在眼里，胆怯地问石匠："师父，能把我打造成佛像吗？"

石匠看了一下说："这个过程是很痛苦的，你能忍受吗？"铺路石坚定地点了点头。

几个月漫长而艰辛的打磨终于结束了，原来的铺路石成了一尊精美庄严的佛像。

数千年后，佛像仍然被来客顶礼膜拜，而原本可以有这样待遇的那块石头，却只做了一块铺路石，受到千年的践踏，甚至是他人的唾弃。它后悔了千年："当初要是能忍一时之痛，接受师父的打磨，现在我也就成了万人景仰的佛像！"

与之类似，在孩子的成长过程中，如果犯了错误，就需要我们做家长的来对其进行"打磨"，也就是所谓的"惩罚"。行为心理学家认为，惩罚是人类行为的一个基本准则，人的错误行为因为惩罚后果的存在导致将来出现的可能性减少。

大家都知道，国有国法，家有家规，违反这些规则时，就要受到相应的惩罚。其实，这也是热炉法则所告诉我们的，即当人用手去碰烧热的火炉时，就会受到"烫伤"的惩罚。

这一法则就是通过"热炉"形象地阐述惩处原则：

1. 警告性原则

热炉火红，不用手去摸也知道炉子的温度很高，是会灼伤人的。这启示我们，规则是火红的热炉，我们要正视它的存在，要加强学习和教育，否则即使你不懂，触犯了也会受到惩处。

2. 及时性原则

当你碰到火红的热炉时，立即就会被灼伤。这启示我们，惩处必须在错误行为发生后立即进行，绝不能拖泥带水，绝不能有时间差，以便达到及时改正错误行为的目的。

3. 一致性原则

只要你一碰到火红的热炉，就会被火灼伤。这启示我们，"说"和"做"是一致的，规则"说"到，就要"做"到，也就是说，只要触犯规则，就一定要按规则进行惩处。

4. 公平性原则

不管男女老少，谁碰到火红的热炉，都会被灼伤。这启示我们，对于规则，不论是领导还是群众，只要触犯，都要受到惩处，在规则面前人人平等。

客观上来讲，适度地、巧妙而艺术地运用惩罚，对孩子来说是一种唤醒，一种鞭策，一种激励，也是一种压力之后的进步。

惩罚孩子一定要有原则

惩罚是给孩子纠正错误，让其不断成长的不可或缺的重要手段。那么，是不是随意进行惩罚都会有效呢？当然不是。其实，惩处必须有"度"，只有把握好这个度，才能起到恰到好处的作用。

下面，我们一起来看看如何运用热炉法则，让家庭教育中的惩处不再产生负效应。

（1）经常对孩子进行规则意识的教育，劝诫孩子要遵守规则，否则会受到惩处——警告性原则。

比如，超市里的物品琳琅满目，孩子进去以后往往是看到好吃的想买，看到好玩的也想买。你和孩子定的规则是：没有特殊情况，每次进超市他最多只能选择买一样东西，否则便任何东西都不可以买。要将规则对孩子讲清楚，而且每次去超市前都要提醒他。

刚开始孩子可能会不太适应，常缠着你要把想买的东西都买下，但只要你坚决拒绝，一律按规则办事，受过一次惩罚（一样东西都没买）后，孩子便很自觉地执行"只买一样"的规则了。

（2）一旦孩子犯了错误，我们应对其错误行为进行及时纠正，不能拖延，以便达到及时改正错误行为的目的——及时性原则。

例如，一次孩子在超市中看中了猫咪凉鞋和"爱心"冰激凌，而他两样都想要，又明知只能买一样，可他哪样都舍不得放弃，当然，他会硬缠着你把两样都买下。或许，当你看到孩子脚上的破凉鞋时，你会觉得是应该买双新的；外面下着雨，冰激凌可以不买。但是这时，你要依据你们定下的规则，当场回绝孩子的要求——两样都不买，把两样东西放回货架。"立竿见影"的惩处可以使孩子认识到违反规则的严重性，自那以后，他便不会再违反规则了。

（3）只要违反规则，一定会受到惩处——一致性原则。

你和孩子可以共同商定：自己的东西自己收拾，玩具玩完后必须自己收起来，否则便没收该玩具 2 周。假如一次孩子玩完积木后，积木撒了一地，再三提醒也不收拾，你便可以收起积木，束之高阁。只要孩子 2 周没玩到他心爱的积木，以后便会逐渐改掉玩完玩具不收拾的坏毛病。

（4）家庭成员在规则面前人人平等，无论是爸爸、妈妈，还是孩子，只要违反规则都要受到惩处——公平性原则。

父母是孩子的表率，要孩子执行的规则自己首先要模范地执行，这才能体现人人平等的原则，家庭教育才能有效。假如，某一次你违反了规则而被孩子指出来的话，你应该接受指正或接受处罚，以便让孩子认为这是一个公平的规则。

只有当我们能正确把握好这 4 点时，才能更好地教育孩子，引导孩子正确地生活、成长。

【定律链接】惩罚孩子后，来段片尾曲

一般来说，孩子受到严厉处罚后，多半会精神压抑、情绪紧张，有的还伴有不同程度的对立情绪。那么，父母就应根据孩子的各种心理状态，区别情况，对"症"下药，做好"善后工作"。

通常，说理是不可少的片尾曲。我们在惩罚孩子后要通过说理、剖析的方式使他明白为什么会受罚，知道犯错误的原因，讲清楚如果继续犯错将有什么后果。因为惩罚只是一种劣性条件刺激，其效能是短时的，不能持久，所以受罚的孩子改正了错误并不等于他已明白事理，也不能保证他下次不会再犯。

如果孩子表现出惊恐，我们可以试着肯定他的某些优点，分析产生过失的主客观原因，鼓励他改正缺点；或者做一些能使孩子高兴起来的事情，借以转移其注意力。如果孩子产生对立情绪，我们可以一方面严肃指出其错误，分析其危害；另一方面尽可能亲近他，使他感受到父母的温暖。如果孩子感到委屈，那我们就要细心问明缘由，实事求是地指出错误所在和错误程度。

蔡加尼克效应：调动孩子渴求度，让孩子念念不忘

【定律阐释】蔡加尼克效应，指人在执行某个任务时的紧张状态会一直持续到任务完成，如果工作中断，紧张状态会让人的心理活动指向未完成的任务，从而对有关内容记忆更牢。

弄清记忆规律，避开教育心理误区

生活中，我们常常遇到这样的情景：

球赛枯燥乏味，球迷还是看到终场；电影无聊透顶，观众还是等到闭幕才悉数离场；手中的书如同鸡肋，我们仍然期待下一刻会有惊喜……

很多电视剧的忠实"粉丝"对节目中插播的广告甚为反感，但是，又不得不硬着头皮看完。因为广告插进来时剧情正发展到紧要处，实在不舍得换台，生怕错过了关键部分，于是只能忍着，一条、两条……直到看完第 N 条后长叹一口气："还没完呀？"

不得不承认，这广告的插播时间选得着实精妙。其实说穿了，就是广告商摸透了观众的心理，让你欲罢不能。

很多事情就是这样，不完成似乎就心有不甘。想想，记忆中最深刻的感情，是不是没有结局的那一桩？印象中最漂亮的衣服，是不是没有买下的那一件？最近心头飘着的，是不是那些等你完成的任务？

在工作中我们常常遇到这样的情况：

我们经常会在备忘录上记下重要的会议，但是到最后还是忘记了。因为我们以为记下来了就万事大吉，紧张的神经松弛下来，最后连备忘录都忘了看。在打电话之前，我们能清楚地记得想要拨打的电话号码，打完之后却总也想不起来刚

才拨过的号码。

其实，这都是一种被称为"蔡加尼克效应"的心理现象在起作用。

1927年，心理学家蔡加尼克做了一系列有关记忆的实验。

他给参加实验的每个人布置了15～22个难易程度不同的任务，比如写一首自己喜欢的诗词，将一些不同颜色和形状的珠子按一定模式用线串起来，完成拼板，演算数学题等等。完成这些任务所需的时间是大致相等的，其中一半的任务能顺利地完成，而另一半任务在进行的中途会被打断，要求被试停下来去做其他的事情。在实验结束的时候，要求他们每个人回忆所做过的事情。结果十分有趣，在被回忆起来的任务中，有68%是被中止而未完成的任务，而已完成的任务只占32%。这种对未完成工作的记忆优于对已完成工作的记忆的现象，被称为"蔡加尼克效应"。

之所以会出现这样的现象，是由于我们在做一件事情的时候，会在心里产生一个张力系统，这个系统往往使我们处于紧张的心理状态之中。当工作没有完成就被中断的时候，这种紧张状态仍然会维持一段时间，使得这个未完成的任务一直压在心头；而一旦这个任务完成了，那么这种紧张的状态就会得以松弛，原来做了的事情就容易被忘记。

蔡加尼克效应说明，当心理任务被迫中断时，人们就会对未完成的任务念念不忘，从而产生较高的渴求度，这就是人们常说的：越是得不到的东西，越觉得宝贵；而轻易就能得到的，就会弃之如敝屣。

对于一个人，尤其是孩子，不能让他的愿望过早地得到满足，得到了可能就不会再珍惜了。所以，在教育孩子的过程中，不能一股脑儿地将知识灌输给孩子，而应该分阶段地给孩子讲解，让他们有意犹未尽的感觉。其实这也符合人们的记忆规律，人的大脑总是记住一些需要加工的内容，将之放在工作记忆中，就像是电脑的内存一样，而对于已经完成或将要完成的内容大脑则会有意地去遗忘。

巧妙运用蔡加尼克效应，让孩子对知识如饥似渴

"玉不琢，不成器；人不学，不知道。"孩子是一张白纸，需要家长用知识的画笔去描绘。但是，在教授知识的过程中，必须讲究方式方法，否则会让孩子对知识产生厌烦心理，失去学习兴趣。在教导孩子的过程中，有些家长喜欢连续不断地讲授知识，虽然这种精神让人敬佩，这种心情也可以理解，但其效果却常令人不敢恭维：讲到哪里，孩子就忘到哪里。

为什么会产生这种吃力不讨好的现象呢？主要是因为家长忽视了孩子的心理发展水平。此外，还有另外一个微妙的因素，那就是许多家长不知道"蔡加尼克效应"的作用。家长如果谙熟这种效应的特性，就不会滔滔不绝地讲个不停，让孩子产生厌烦情绪了。因此，我们可以把这种微妙的心理机制应用到教育孩子上来，让孩子开心地学习。

按照蔡加尼克效应，家长在教育孩子的过程中，无论是教授知识还是讲述做人的道理，在讲到关键处不妨稍做停顿或者让孩子谈一下看法，这样孩子就会对知识或道理产生浓厚的兴趣，从而对这个关键点产生深刻的记忆。事实上，突出关键点的方法很多，可以重复强化，可以详细阐述等，而最有效的方法就是戛然而止不再讲解，这使孩子的求知欲受到阻碍，反而会让孩子产生迫不及待的求知心理。他的求知欲已经被激发，这时候的教育效果就会比较理想了。

为什么这种半途而止的讲解要比滔滔不绝地讲解更利于教育孩子呢？原因在于后者所引起的张力系统业已松弛，而前者所引起的张力系统则仍在继续。可见，蔡加尼克效应在教育孩子时有重要意义，家长应积极加以开发与应用。同样，教师在讲课时若能够运用蔡加尼克效应，也会提高讲课效率。

所以，蔡加尼克效应提醒家长应该注重挫折教育，必要的时候给孩子一点打击，对孩子的成长有百利而无一害。

【定律链接】教育孩子做事不半途而废，我们需要注意什么

我们应怎样教育孩子做事不半途而废呢？以下几点家长们应注意：

（1）注意孩子意志力的培养。对于意志力差的孩子，应注意激励培养他，使其具有要把一件事做完的想法。

（2）做好表率。我们首先要做事完完整整，不半途而废，并注意让孩子模仿，同时经常提醒孩子注意父母做事是怎样坚持到底的。

（3）在关键时刻给予孩子指导和提示。这不是代替而是帮助孩子想办法，以防孩子碰到解决不了的问题时灰心丧气。可采用鼓励与批评相结合的方法，并监督孩子独立地做完某件事。这样长期坚持下去，孩子的能力提高了，习惯养成了，做事也不再半途而废了。

心理疲劳定理：孩子有时也会"心累"

【定律阐释】心理疲劳，指人长期从事一些单调、机械的工作活动，伴随着机体生理方面的变化，中枢局部神经细胞由于持续紧张而出现抑制，致使人对工作对生活的热情和兴趣明显降低，直至产生厌倦情绪。

小心，孩子的心会疲劳

香薇是某重点中学的学生，上高一、高二时，她的成绩还不错。自从进入高三后，她总是抱怨学习负担过重、压力过大，心太"累"，各种测验、模拟考试不断，她开始对考试产生紧张、恐惧、抵触心理，似乎"忍无可忍"，她的学习热情一落千丈，不愿做作业，一提作业就发怵，一看书就犯困，不愿翻书本。她开始想方设法逃避考试，后来干脆连课也不去上了，早晨赖在床上不起，摸都不愿摸一下书本。面对父母的责备，她一会儿声言肯定能考上一个不错的大学，一会儿又说不想考了。

当父母问她为什么不想学习、讨厌考试时，她从不在自己身上找原因，总是找一些客观的理由：坐在最后一排，听不见老师讲课；老师留的作业是一天24小时也做不完的；周围同学太吵了；基础不好等。父母心里很不舒服，却又不知道如何是好。

其实，香薇的情况属于典型的对考试、学习的抵触而产生的心理疲劳。

科学家曾试图了解人脑能够持续工作多长时间才会感到疲惫，研究的结果令人吃惊：人的大脑持续工作8～12个小时之后，工作还像开始时一样迅速和有效率。

既然如此，那么我们为什么会疲惫呢？心理学家认为，我们所感到的疲劳，很大程度上是由精神和情感因素引起的，比如烦闷、懊恼、不受欣赏、无用的感觉，太过匆忙、焦急、忧虑等情绪。

那些情绪上处于良好状态，没有什么压力感的人，很少感到疲劳。当有人问沃伦·巴菲特他的成功之道时，他回答："我和你没有什么差别。如果你一定要找一个差别，那可能就是我每天有机会做我最爱的工作。如果你要我给你忠告，这就是我能给你的最好忠告了。"比尔·盖茨也曾说过："每天清晨当我醒来的时候，都会为技术进步给人类生活带来的发展和改进而激动不已！"他们的话向我们揭示了一点：一个人做喜欢的事，不容易疲劳。

但是对于一般的人来说，长时间做某一件喜欢的事情，也会感到一些厌倦。比如有的孩子喜欢学语文，就把所有时间都用在上面，这种做法显然会导致厌倦疲惫。如果把几个科目换来换去，脑子就不容易厌倦而麻木，头脑始终能保持比较活跃的状态。

是否受到鼓励也是影响心理疲劳的重要原因。很多孩子得不到父母的鼓励、老师的赞赏，这样长久下去，孩子便会在情绪上浪费大量能量，从而感到非常疲劳。

越是品学兼优的孩子，越容易心理压抑

一页书看了 N 遍还要看，一个背熟的单词生怕自己忘了再写 100 遍……这种典型的强迫症状出现在许多三好学生身上。这些品学兼优的学生中有不少是心理障碍的患者，他们往往过度压抑自己、缺乏自信、心情苦闷、紧张焦虑等。

有一项调查结果乍看上去好像有点奇怪：在老师眼中存在小毛病的学生，心理健康状况基本都是良好；而一些品学兼优的好学生，心理健康状况却不容乐观。为什么品学兼优的学生更容易出现心理问题呢？好学生的心理健康状况与老师的印象有较大差别，成为一个比较普遍的现象。人们习惯上认为的好学生是各方面表现都很优异的学生，但这只是表象，现代教育观念已经对这种看法提出质疑。

有一个全校公认的三好学生，在班级任学习委员，成绩总是前 3 名，工作任劳任怨，所有任课老师对她评价都很高，但她的内心世界与外在表现有着巨大的"裂缝"。她对自己的老师倾诉，自己是班干部，在工作中有许多不能容忍的事情也得装着愉快地接受，心里积攒的烦恼太多，又无处发泄，所以只能压在心里，强迫自己做得更好。

研究发现，品学兼优的学生，头上顶着耀眼的光环，在学习和生活中承受着更大的压力，但他们往往缺少宣泄的机会和环境，心里有了"疙瘩"，不敢对长辈和同伴倾诉，时间一长，心理上就容易出问题。

每个人在情绪遇到障碍的时候都要寻求合适的方式进行宣泄以缓解压力，保持心态平衡。在教与学的过程中，老师往往只关注好学生的学习状态，而忽略他们的心理健康状态。因此，老师在教育中应该为好学生提供宣泄的时机，帮助他们维护心理健康。

近年来，教育工作者和中学教师对"差生"和"问题学生"的心理特点进行了比较深入的研究，一线教师进行了有针对性的教育，收到了良好效果。但是，人们对好学生的心理健康状况关注却太少。我们想一想，中学生处于青春期发育的重要阶段，好学生也会因为不适应而产生心理障碍，因此，家庭、学校和社会在关注好学生学习成绩的同时，更应该关心他们的心理健康。

【定律链接】让心理恢复"元气"，最重要的是"减压"

帮孩子摆脱"心理疲劳"状态最重要的方法是"减压"。具体来讲，可以通过 6 种途径来进行：

途径一：降低对孩子的期望值。

父母不要对孩子抱有太高的期望值，而是要用不断取得的小成绩激励孩子，使孩子在愉快的情境中消除身心疲劳。

途径二：教导孩子暂时回避不开心的事。

孩子遇到不开心的事可以开导他暂时放到一边，选择喜欢的事情来做，比如听音乐、看电影、玩游戏等。

途径三：引导孩子将不良情绪升华为一种力量。

引导孩子把压抑和焦虑等不良情绪升华为一种力量，指导孩子告诉自己"我一定能战胜困难，一定不会输掉"，然后从心理困境中振作起来。

途径四：为孩子的每个进步喝彩。

不妨设个"记功簿"，将孩子的每一次小小的进步记上去。您给他记的"功绩"越多，他越会感到愉悦和自信，长期下去，"心理疲劳"的现象便消失了。

途径五：教育孩子换位思考。

对无法逃避的现实让孩子从不同角度去考虑，或者换个位置思考问题，这样可能会有不同的收获。

途径六：引导孩子释放压力。

当孩子感受到巨大的压力时，可以让他试着喊、跳、跑，或者选择适合自己的方式宣泄内心的烦闷，以获取心理平衡。

·第八章·

两性：爱能否天长地久，心知道答案

吸引力法则：指引丘比特之箭的神奇力量

【定律阐释】吸引力法则，指同样频率的东西会共振，同样性质的东西会互相吸引，走到一起，就是我们的思想、情感、语言、行动结合在一起后的能量形式将会吸引与其本质相同的人事物。其在情感方面的体现就是，我们喜欢的人，往往也是那些喜欢我们、跟我们合得来的人。

人海茫茫，偏偏喜欢相似的"你"

电影《秘密》在全球的广泛关注下，造就了同名书籍《秘密》的诞生及热销。《秘密》一书出版没多久，便横扫美国、澳大利亚、加拿大、英国等多个国家的各大图书市场，如今，它在中国图书市场也是赫赫有名。《秘密》为何会如此吸引人呢？究竟是什么秘密在里面？答案就是，它揭示了神奇的"吸引力法则"！

如果有人问你："为何选择现在的她／他作为你的另一半？""你喜欢的人通常要具有哪些特征？是漂亮，是帅气，是聪明，还是有钱？"想必你很难说出具体的答案，但却能肯定地回答"大家在一起很合得来"。

这是为什么呢？心理学研究表明：我们通常喜欢的人，是那些也喜欢我们、跟我们合得来的人。也就是说，你的另一半不一定很漂亮，或很帅气，或很聪明，或者很有钱，但他一定是很喜欢你，你也很喜欢他，你们彼此合得来，也就是我们前面说的吸引力法则。

也许你会问，"我们为什么偏偏喜欢那些喜欢我们、跟我们合得来的人呢？"这是因为，喜欢你的人能使你体验到愉快的情绪。一想起他／她，就会想起和他／

她交往时所拥有的快乐，一看到他／她，你自然就有了好心情。你们双方比较有默契，或者叫很有"灵犀"。而且，因为他喜欢你，对你自然持肯定、赏识的态度，从而使你受尊重的需要得到满足。正所谓："什么是好人？——对我好的就是好人。"

看过电视剧《一帘幽梦》和《又见一帘幽梦》的朋友，想必都对紫菱与楚濂、费云帆之间的爱情纠葛印象极其深刻。那我们就以这个例子，看看爱情中的吸引力法则。

先说紫菱与楚濂。在紫菱不知道楚濂喜欢自己的时候，始终不敢暴露自己对楚濂的好感；当楚濂向她表白心意的时候，她的爱意自然如水倾泻。两人互相喜欢，互相吸引，以至于即便有绿萍横于其间时，仍旧彼此牵挂。不过，可惜的是，他们受到太多外界因素的影响，最终未能走进婚姻的殿堂，永结同心。

尽管与楚濂分开令紫菱痛苦不堪，但这也给了紫菱一个新的爱情发展机会——费云帆。很多人好奇，紫菱那么爱楚濂，为何还会接受费云帆呢？其实，这还是要到吸引力法则上来找答案。在紫菱最痛苦的时候，费云帆用他无微不至的体贴、精心的呵护、超级的罗曼蒂克，深深地感染着紫菱，使紫菱不知不觉也陷入了对费云帆的喜欢之中。既然与楚濂不可能复合，嫁给如此喜欢自己的费云帆也许是最好的选择。紫菱的选择不仅符合常理，也很符合人的心理。在感情上，双方的喜欢一旦建立，久而久之，很容易巩固并发展。这也是为何绿萍与楚濂离婚后，紫菱仍选择留在费云帆的身边，因为，他们已经从喜欢升华到了彼此相爱。

心理学还认为，当人们发现一个人非常喜欢自己时，不管对方客观情况是怎样，是否具有让自己喜欢的特点，往往会无条件地喜欢上对方。人们大概是想象，既然对方喜欢自己，那他／她一定是在某些方面和自己相似，认可自己的为人和某些特点，那么，自己又有什么理由不同样喜欢对方呢？

要知道，实际生活中，几乎没有人是完全自信的，因此，大多数人都特别需要别人对自己的肯定。这样一来，那些喜欢我们的人，通过对我们的肯定、追求等，便为我们喜欢他们打下了良好的基础，最后步入双方互相喜欢的状态也算是水到渠成。

"关注"并"吸引"，将爱情进行到底

关于吸引力法则，它另一个层面上的含义就是：你关注什么，就会吸引什么，什么就会靠近你。所以，想获得真诚、永久的爱情，想将自己的爱情进行到

底，一定要时刻对你的爱情抱有希望。

通常，实现这种积极的关注和希望，可以通过 6 个方面进行：

第一，明确你想要的爱情是什么。在你设想甜蜜的情侣关系或美满的夫妻关系之前，你应当知道这对你意味着什么。不要错误地定义你理想的对象是多么特别的人，而忽略了自己所渴望的生活的真实本质。进一步明确你想要的，是感受、情感还是体验？然后，画出那张"脸"。

第二，用你希望的被爱方式来爱自己，为自己说些自己喜欢的话，做些自己向往的美好的事情。要知道，当你善待自己的时候，别人往往会用同样的方式善待你。

第三，用你希望被爱的方式去爱别人。要想为你渴望的爱情关系打下一个坚实的基础，就要用你喜欢被爱的方式去爱别人。因为人与人之间是相互的，吸引也是相互的，你渴望得到爱，就要学会付出你的爱。这是获得美满爱情的另一个有效办法。

第四，如果你对当前的爱情不满意，审视一下自己，是不是经常空谈自己的伴侣？有可能你无意识地就将自己的伴侣限定了，总是想着他从前是什么样子，而没有为他可能改变的形象留有思维空间。如果是这样，快回到现实中来吧！

第五，敞开你心扉，放开你的思想。随时触摸你内在的想法，包括你的情感、内在的感受和直觉，并尊重它的指引，正如歌中所唱"跟着感觉走，让它带着我，心情就像风一样自由……"

第六，放弃没有意义的事物。为了迎接你美好的期望，如一段浪漫的爱情，天长地久的婚姻等等，你一定要抛开使你情绪低落的事物，把所有让你感觉不好的事物统统抛弃。这样，你才能"腾出空间"，让生活为你带来一些更好的事物。

事实上，人海茫茫，两个人真正走到一起，并能一直携手走到人生的尽头，除了保持彼此在生活、感情上的积极期望外，还要注意保持自身的吸引力，或者提升自身的吸引力。

任何时候，微笑都是保持吸引力的良方。无论在婚前，还是在婚后，你的微笑往往胜过千言万语，总会让对方心情愉悦。

还有，在对方需要的时候，你要学会倾听。无论他是烦闷，还是极其高兴，听听他的心里话，这样利于你们能有更深层次的共识。

此外，最好不要在对方面前提你的旧情人，因为那样很容易会伤到你现在的另一半。

互补定律：各有所长，互相吸引

【定律阐释】互补定律，指在需要、性格、兴趣、气质、能力、特长和思想观念等方面，如果存在差异，而双方的需要和满足途径又正好成为互补关系，就可以相互吸引。

充满"差异"的爱情吸引

走在大街上，我们常看到这样的景象：亭亭玉立的美女，总是挽着一个长相普通的男人；潇洒有型的帅哥，往往搂着一个其貌不扬的女人。为什么会有这样奇怪而又普遍的组合？是美的那方喜欢被丑的那方衬托的感觉，还是丑的那方喜欢做陪衬的感觉，或者是他们因为自己的另一半是个美人或帅哥而感到自豪，会更加珍惜？其实，这就是心理上互补定律的表现。

除了上面的现象，生活中还有很多基于互补关系缔结的婚姻。比如，一个支配型的男人娶了一个依赖型的女人做妻子，一个泼辣型女人嫁给一个沉默型男人等等。

其实，在爱情上，双方因差异而互补，因互补而结合，并不足为奇。因为，男女本身就是互补的。男人阳刚，可以给女人安全感；女人阴柔，能激起男人的保护欲。曾有一项针对 25 对结婚多年的夫妻进行的追踪调查研究表明：夫妻间需求的相互补充是婚姻关系得以维持长久的基础。

也许你会问，这不是和前面讲的相似定律相矛盾了吗？事实上，它们并不矛盾，因为差异并不一定都能形成互补，互补性的前提是，交往双方都得到满足，否则，双方相反的特性不但不能够产生互补，甚至还可能产生厌恶和排斥。例如，高雅和庸俗、庄重和轻浮、真诚和虚伪等等，这些就只能造成"道不同不相为谋"的局面。

马婷是个温文尔雅的女人，丈夫是个幽默开朗的男人。两人经人介绍认识后，相处了一年多，觉得彼此正好可以弥补对方性格上的空白，他们开心地步入了婚姻殿堂。

婚后，在激情燃烧之后，一些以前恋爱的时候不以为然的小问题出现了，并且成为他们之间的分歧。丈夫喜欢热闹，爱运动；马婷喜欢安静，爱写作。他们之间似乎少了一份共同的爱好，而且越来越觉得在一起时不知道该说些什么、做些什么。

这不由得让马婷经常难过，感到婚姻的失败，丈夫也觉察了她的不满。于是，他们决定坐下来好好沟通一下。最终，他们达成一致，要好好地过下去，因为彼此都深爱着对方。

他们开始尊重彼此的爱好。尽管刚开始因彼此的爱好和涉足领域不同，感觉没有什么话题，两人在一起除了吃饭，就是看电视，感觉很冷清。但渐渐地，他们开始一起散步，边走边聊各自感兴趣的东西和事情。

久而久之，马婷发现，自己以前十分讨厌体育运动，但现在丈夫常给她讲一些体育明星的趣事，也会让她捧腹不已；而丈夫，不时听马婷讲述自己新的创意和构思，也常常被那些情节吸引。

就这样，他们觉得彼此的生活越来越丰富了，彼此既能满足和享受自己的那份爱好，又能感知了解对方的另一片天地。

现实生活中，像马婷与丈夫这样，既独立又互补的婚姻较为常见，正如人们常说的："该相似的地方相似，该互补的地方互补。"

通常，互补可分为两种情况。一种是：交往中的一方能满足另一方的某种需要，或者弥补某种短处，那么前者就会对后者产生吸引力。比如，依赖性特别强的人愿意和独立的人在一起生活等。另一种是：因为别人的某一特点满足了你的理想，而增加了你对他的喜欢程度。比如，一个看重学历的人，自己又没有拿高学历的机会，往往希望对方能拿到高学历等。

因为我们每个人都与生俱来地具有一些缺点，所以为了弥补自己的不足，我们在寻求生活伴侣的时候，往往注意寻找能弥补自己缺点的人，从而实现所谓的"强强联合"。

理性"互补"，让"不合"变"和谐"

如今，不少人把分手和离婚的理由归结为"性格不合"。其实，就像马婷夫妻一样，所谓的"性格不合"的分道扬镳完全可以巧妙地转化为配合默契的"互补式爱情（婚姻）"。

当所谓的"不合"出现后，双方彼此经过沟通和努力，发现了对方身上更多吸引自己的地方，并自愿地改变和提升自身某些习惯及行为，最终双方就可以因"互补"而感到爱情或婚姻的幸福，达到和谐。

在现实世界里，爱情和婚姻出现双方某些方面的不合，肯定是在所难免的。因为每个人的性格特征、爱好兴趣等都不尽相同，都有各自的独立性。那么，我们如何将彼此间不和谐的因素变成互补的关系呢？

第一，也是最重要的一点，我们要对自己的性格和对方的性格都有正确的认识，并能够尊重彼此的性格。性格是人对事物所表现的经常的、比较稳定的理智和情绪倾向，并无优劣之分。不同于品德，不同的性格各有不同的长处和短处。例如，外向的人开朗，但做事很容易急躁；内向的人沉稳，但做事往往没有魄力。

第二，在相处的日子里，彼此要懂得扬长避短，异质互补。夫妻也好，情侣也好，双方之间的经历、兴趣和脾气不同，即所谓的"异质"，这些是可以互补的。但是，人的性格就很难改变了，正所谓"江山易改，本性难移"，所以双方应该注意逐渐改善自己的不足之处，而不是千方百计地去改造对方。要学着互相尊重，互相帮助，这样，双方才会和谐、美满，实现"优势互补"。

第三，平时双方一定要多沟通，多交流。当你们之间出现争吵或分歧时，不要一味火爆地去想对方的不足，用各种言语去喋喋不休地指责对方，要看看自己是否也想到了对方的需求。像马婷夫妇那样，把各自的内心摆出来，使彼此之间更加了解，更加和谐。

很多人认为，谈恋爱时，彼此的优点是对方非常欣赏的，彼此的缺点是对方可以包容的；结婚久了，彼此的优点是对方不屑一顾的，彼此的缺点是对方无法包容的。其实，说到底，都是我们自己看待对方的角度变了，心态变了，于是，"互补"变成了"差异""分歧"，爱情变成了痛苦地忍受。所以，我们要理智地控制自己的思想，多想想当初对方令你倾慕的优点，多回味这么多年对方为你付出的点点滴滴，唤醒自己那颗被爱充溢许久而麻木的心，这样才能开心地"执子之手，与子偕老"。

此外，中国还有句话，叫"距离产生美"。在审美过程中，只有当主体和对象之间保持一种恰如其分的心理距离时，对象对于主体才是美的。那么，我们又何必强行去改造对方，让对方与自己一致呢？给彼此留一点属于自己的空间和特色，让大家都变得美丽起来。

布里丹毛驴效应：真爱一个人，就不要优柔寡断

【定律阐释】布里丹毛驴效应，指决策过程中犹豫不定、迟疑不决的现象。很多时候，机会稍纵即逝，并不会留下足够的时间让我们去反复思考，反而要求我们当机立断，迅速决策。如果我们犹豫不决，就会两手空空，一无所获。

优柔寡断，爱将无法选择

法国哲学家布里丹养了一头小毛驴，每天向附近的农民买一堆草料来喂。一天，送草料的农民出于对布里丹的景仰，额外多送了一堆草料，放在旁边。结果，毛驴站在两堆数量、质量和与它的距离完全相等的干草之间，左看看，右瞅瞅，始终也无法决定究竟选择哪一堆好。就这样，这头可怜的毛驴犹犹豫豫、来来回回，最终在无所适从中活活地饿死了。后来，人们把这种效应称为布里丹毛驴效应。

其实，"优柔寡断"不只是布里丹养的那头小毛驴犯的错误，在人类当中也常常出现。我们总是认为优柔寡断是女人最大的通病，尤其是当她们身处爱情的迷城的时候。然而，现实生活中，在抉择伴侣的时候，不光是女人，男人也一样，总是东想西想，不知所措，害怕一时做错决定，选错了人，造成自己终生遗憾。

小王今年33岁，外表文质彬彬，事业小成，有房有车。在这个同龄人基本都已结婚的阶段，心急的父母催他一次又一次地相亲，他自己也很听话，一个半月内结识了5个女人。

本以为选择的范围越大，对自己越有利。谁料，在这5个女人当中，有两个女人令小王始终摇摆不定。一个叫小丽，27岁，身高168厘米，是个不折不扣的大美女，工作、家庭以及其他方面都不错，就是脾气性格有点火爆。一个叫晓梦，25岁，小鸟依人型，家庭背景很好，父母都是高干，外表清纯可爱，但非常娇气。

因为两人各有优势，也各有缺点，而且他对两个人都有几分爱意，实在不知道该如何选择。这种徘徊和犹豫拖拖拉拉地持续了一年，小王与两个女人也朦朦胧胧地交往了一年，但始终不敢肯定自己该与谁厮守一生。

结果，前不久，小丽告诉小王："我们只适合做普通朋友，因为你的优柔寡断根本不适合我。"无独有偶，没几天，晓梦也给了小王一个明确的交代："在感情上，我更喜欢勇敢的男人，我们还是做好朋友吧。"

小王的优柔寡断，使他对小丽、晓梦两个女人的爱意最终都未能升级到一生一世的厮守之情。

诺贝尔文学奖得主萧伯纳曾说过："此时此刻在地球上，约有 2 万个人适合当你的人生伴侣，就看你先遇到哪一个，如果在第二个理想伴侣出现之前，你已经跟前一个人发展出相知相惜、互相信赖的深层关系，那后者就会变成你的好朋友。但是若你跟前一个人没有培养出深层关系，感情就容易动摇、变心，直到你与这些理想伴侣候选人的其中一位拥有稳固的深情，才是幸福的开始，漂泊的结束。"

也就是说，爱上一个人或许不需要靠努力，只要彼此有"缘分"、有感觉，就可以产生了爱意；但是，想"持续地爱一个人"，就要靠长期的"努力"了。

我们许多人总是为"缘分"所迷惑、苦恼，而忘记了要拥有天长地久的爱情，首先要在茫茫人海中选择一个愿意与自己天长地久的伴侣。因此，不要去追问到底谁才是你的 Mr.Right，谁才是你的真命公主，而是要问在眼前可选的范围内，你要选择哪一个，该选择哪一个。在爱情上，若没有做出选择的勇气和能力，就算 Mr.Right 或真命公主出现在你身边，幸福依然会与你擦肩而过。总是活在优柔寡断之中，迟迟不肯做出选择，爱连开始的机会都没有，怎么可能天长地久呢？

事实上，人们往往不易察觉感情中的一个陷阱，就是"越挑眼越花"，新鲜的"缘分"虽然表面上看起来是那么动人可爱，但长此以往，留给自己的除了回忆还是回忆，除了遗憾还是遗憾。千万不要因为贪图频繁的"缘分"而迷失了自己，一次次地错放了幸福温暖的手。

那么，如果此刻你还没有确定与自己厮守一生的伴侣，就不要再优柔寡断了，敞开你的心扉，拿出你的勇气，做出你的选择吧！

弱水三千，只取一瓢饮

电视连续剧《倚天屠龙记》，想必大家都非常熟悉了，尤其是里面的张无忌，在数个爱着自己的女人间犹豫徘徊，似乎希望能选择所有的女人的情节，更是让人记忆深刻。

不过，当谢逊在山顶问张无忌最在意谁之后，张无忌思量许久得到了答案：

"弱水三千，只取一瓢饮。"那时，他才真正清楚地发现，自己心里最在乎、最不能失去的是赵敏。

如果不是谢逊的那一问，如果没有出现刑场的那一次无能为力，张无忌可能会糊里糊涂地徘徊一辈子，继续伤害那两个为爱痴狂的无辜女子。

在感情上，人难免会有些自私。正如周芷若某晚在少林寺质问张无忌到底最爱谁时，他说出了一个大多数男人都会幻想的答案：如果小昭、蛛儿、周芷若和赵敏，4个女人都在，那该多好啊！

然而，现实里，爱情往往就是一道单选题，你不能拥有所有曾让你动心的人，必须做一种割舍，做一种比较，留下最不能失去的那一个，其余的就只好割舍，当作生命中的一次偶遇，一次美好的邂逅。

这就是爱情中的布里丹毛驴效应。如果不止一个人出现在你的爱情世界，你妄图把他们统统选择，那么，这种贪婪注定你哪一个都不会得到，反而只会令自己伤神费力，筋疲力尽。

所以，在最后的关头，在义父谢逊的刻意提点下，张无忌总算明白"弱水三千，只取一瓢饮"的爱情真谛，没有再糊涂下去，选择了一个希望厮守一生的爱人。

如今，有些人认为，这个世界在变，爱情也在变。在我们身边，总是时不时地出现爱我们的人和我们爱的人，但这两种人却往往不重合。当我们可以自由地追逐爱情、选择情人时，爱情也就变得越来越不稳定。

一生只爱一个人不过是人们天真信仰的爱情神话。可是，扪心自问，如果我们始终徘徊于那"三千弱水"，总希望把所有的感情选择都纳为己有，鱼和熊掌要兼得，现实吗？无论是你爱的，还是爱你的，有哪个人会愿意与别人分享自己一生的幸福？

从某种程度上讲，婚姻作为一种社会形态，将我们的爱情以家庭的形式固定下来，是人们内心对激情、对真爱渴望的一种体现。即使我们不能保证自己一生只爱一个人，但当诸多选择出现时，我们一次只能爱一个人，选择一个人步入婚姻的殿堂。

同时，无论从道德角度，还是从良知角度，我们在爱着一个人的时候，就要对这份爱负责，为这份爱守节。

这就如同《红楼梦》第九十一回中，黛玉与宝玉那段非常经典的爱情对白。黛玉问："宝姐姐和你好你怎么样？宝姐姐不和你好你怎么样？宝姐姐前儿和你好，如今不和你好你怎么样？今儿和你好，后来不和你好你怎么样？你和她好她偏不和你好你怎么样？你不和她好她偏要和你好你怎么样？"宝玉呆了半晌，忽然大笑道："任凭弱水三千，我只取一瓢饮……"

视觉定律：女人远看才美，男人近看才识

【定律阐释】视觉定律，是指不同事物都有一个特定的审美距离。在两性交往中，女人要远看才能发现她的美，男人要近看才能了解他的思想。

女人要远看，男人要近看

女人是水做的，"可远观而不可亵玩焉"，远远地看着，像画一样；每天对着，就缺乏了新鲜感。这就是距离的力量，有距离才能产生美。俗话说："看景不如听景。"从来没有真正近距离的接触，只是远远地听别人描述那优美的景色，你的想象会比那描述更美上10倍；一旦你去了，真正近距离地欣赏了那听到的美景，你会发现根本不是你想的那样，与你以前看过的风景比起来也没有特别之处。其实，不是那些地方不美，是你想象的景色过于美，美到并非人间所有，理想与现实的落差，让你失望了。美女也是一样，从来没有近距离地接触过，只敢远远地看着，她在你心中会越来越美。当有一天，她成了你的朋友或女友，你天天那么近地看着她，你会发现她与别的女人也没有多大差别，长得也不是那么的漂亮。所以，老人们常说："长得好看的人越看越一般。"说的就是这个道理。

男人是要近看的，不与他深入接触，你永远也看不到他真正的思想光辉。不要轻信男人的那些花言巧语和夸夸其谈，要真正地与其进行内心交流，才能看出他是否真的有内涵。

十全十美的白马王子在现实生活是不存在的，但真正的好男人这个世界上并不少，少的只是发现。什么样的才算是好男人？千人千面万人万解。但无论是什么样的男人，都只有真正地接触后才能识其真面目。思想是一个男人最强的隐蔽力量，是做人的智慧与谋略。男人有思想，才能积极主动地创造成功的机会，寻找生活中的快乐，从而打造丰富多彩的人生。女人要看懂一个男人，就不得不深入到他的思想中，不然就无法见识他的全部魅力。

男人不是因为他生来是一个男性，就称得上一个男人了。一个男人有时候只有在一个女人的身边，才可能完整地展示出属于男人的阳刚。有些男人善于卖

弄，华而不实，如果你仅被他的外在表现迷惑，那就离危险不远了。男人可以不漂亮，但不能没有思想，没有品质，没有责任心。

女人要远看，是从美学角度来说的；男人要近看，是从现实角度来考虑的。人总是会把自己最美好的一面呈现在大家面前，但有些男人不懂得表现，他们总是把自己最美的思想藏得很深，这就需要独具慧眼的女性去挖掘宝藏了。女人是美的化身，但人无完人，每个女人身上多少都有些坏毛病，不要拿你理想中的女神来要求她们，这样你会发现每个女人都是美的。

欣赏男人往往需要时间去发掘，男人对家庭、对社会影响很大，所以造成的危害也大，只有深入了男人的思想，才能看到他的全部。善于卖弄的男人最初或许会令女人着迷，但是他们无法给予女人持久的爱情。

远近得当，才能生活融洽

有距离，才有美感。很多婚姻的触礁，原因就在于妻子和丈夫走得太近；恋爱中出现问题，很多也因为双方整天粘在一起。太近的距离，让双方的缺点暴露无遗，少了那种朦胧的美感。

男人爱女人，很多是因为女人的美貌，但过日子不是只靠脸就行的。只有美丽的内在，才能真正长久地抓住一个男人的心。

女人如书，容貌是书的封面，气质是书的内容。仅有漂亮的外貌却缺乏内涵气质的女人，这样的书尽管封面装帧很漂亮，但并不具有可"读"性；相反，既有美的外貌又有美的气质的女人才是既可观赏又耐品读的珍品书。所以，把你用来美容打扮的时间，分一半用来装饰内在，岂不是更好？这样无论远看近看，你都是美丽的女人。

当然，这是针对女人自身修养来说的。另外，男士们还要与妻子保持一定的距离，不要让双方离得太近，也不要对妻子的缺点过于苛刻，她本来就不是"天外飞仙"，你不能用你以前幻想的那个完美形象来要求自己的妻子，这样不公平。给双方一点空间，懂得欣赏妻子的优点，这样才会让生活更融洽。

对于男人来说，好男人是不能用统一标准来划分的。同样的特性放在这个男人身上是优点，放在那个男人身上可能就是缺点了。世事的不确定与变化，使人们的性格千奇百怪，世界也变得多姿多彩。也许一个男人会因为少了聪慧多变而成就了他的敦厚质朴，也许一个男人会因为心地善良而事业无成。

男人如书，从外观上讲，书有厚薄之分，有装帧堂皇与简约之别，男人也有魁梧与矮小、俊朗与猥琐之别；从内容上说，书分高雅和平庸、厚重与浅薄，男人更有内涵深厚与空有一副外表之分。男人如书，有的可以终生为伴，相濡以沫；有的只能默默祝祷，遥遥相望；有的则唯愿此生不与之谋面。读书是需要时间的，好书多读才能懂。

因此，男女双方要学会欣赏与被欣赏，要懂得保持最适当的距离来欣赏和被欣赏。俗话说，金无足赤，人无完人。完美只是相对的，唯有缺憾才是绝对的。欣赏他人的时候，要懂得找到最佳的距离；被欣赏时，也要尽量保持最佳距离，该远则远，该近则近。

《圣经》中上帝对男人和女人说："你们要共进早餐，但不要在同一碗中分享；你们要共享欢乐，但不要在同一杯中啜饮。像一把琴上的两根弦，你们是分开的也是分不开的；像一座神殿的两根柱子，你们是独立的也是不能独立的。"

这段话形象地说明了婚姻关系中的两个人的韧性关系，拉得开，但又扯不断。谁也不能过度地束缚对方，也不能彼此互不关心，有爱，但是都在适度的范围之内，这才是和谐的婚姻。可是很多人似乎并不能体会到婚姻的真谛，在他们眼里，对方身上有很多缺点，他们常常试图通过各种途径让对方改掉坏习惯，可是习惯是日积月累形成的，当然不会轻易改掉，于是夫妻之间的矛盾就产生了。

夫妻之间产生争执的主要原因，是他们把婚姻当成一把雕刻刀，时时刻刻都想按照自己的要求用这把刀去雕塑对方。为了达到这个理想，在婚姻生活中，当然就希望甚至迫使对方摒除以往的习惯和言行，以符合自己心中的理想形象。但是有谁愿意被雕塑成一个失去自我的人呢？于是，"个性不合""志向不同"就成了雕刻刀下的"成品"，离婚就成了唯一的出路。

要知道，婚姻不是一个人的付出，只有两个人同心协力，才能维护好一个温暖的家。可是并不是所有的人都能注意到对方的付出，甚至有的人会把对方的付出看作是理所当然的。如果对方稍微有什么地方做得不好，就加以指责，这样的做法无疑会伤害了对方的心，会让他觉得一切的努力都付之东流了。

爱一个人，就应该让他感觉到幸福，而不是要给他原本疲惫的心灵增加新的创伤。所以，在夫妻生活中，一定要相互扶持，相互欣赏，相互鼓励。虽然因为个性的不同，两个人没有办法完全融为一体，但是一定要让对方感受到你的存在，让他体会到你对他的欣赏和爱护。在他犯错的时候，给予善意的提醒，而非指责，有时候一个善意的眼神也会让对方觉得很温暖；在他犯傻的时候，给予适当的爱抚，告诉他"你真可爱"，一句看似不经意的话语，却可以激起爱的涟漪，让对方感受到你的体贴。

每个人都会有缺点，但是相爱的人，却能在对方的缺点中找寻闪光点，在对方的不足中寻找到内心的满足。欣赏的眼光，总是能让爱情变得更甜，让婚姻变得更美。

麦穗理论：不求最好的他（她），但求最适合的他（她）

【定律阐释】麦穗理论，是说我们寻找伴侣时如同走进了一个麦田，一路有麦穗向我们招手，很多人不知道摘取哪一支，因而就会有踌躇和彷徨、遗憾和悲伤。

走进麦田，面对选择却又难以选择

《诗经》有云："死生契阔，与子成说；执子之手，与子偕老。"千百年来，斗转星移，沧海桑田，多少海誓山盟老去，这句情话却依然焕发着让人怦然心动的生命力。我们总是渴望完美的爱情，所以习惯于在一道道通向幸福的门前选择一次又一次的犹豫与彷徨。因为不能回头，于是我们的心中充满了矛盾，很怕自己错过的就是最好的，又总觉得后面的路还很长，应该还会有更好的。就这样，原本属于我们的爱情最终化作了别人的婚姻。

在心理学中，这种现象就是"麦穗理论"的反映。这一理论，来源于这样一个故事：

伟大的思想家、哲学家柏拉图问老师苏格拉底：什么是爱情？苏格拉底就让他先到麦田里去摘一棵全麦田里最大最金黄的麦穗来，只能摘一次，并且只可向前走，不能回头。

柏拉图于是按照老师说的去做了，结果他两手空空走出了麦田。老师问他为什么没摘？他说："因为只能摘一次，又不能走回头路，其间即使见到最大最金黄的，因为不知前面是否有更好的，所以没有摘。走到前面时，又发觉总不及之前见到的好，原来最大最金黄的麦穗早已错过了，于是我什么也没摘。"

老师说："这就是爱情。"

之后又有一天，柏拉图问他的老师苏格拉底：什么是婚姻？苏格拉底就叫他先到树林里，砍下一棵全树林最大最茂盛的树，同样只能砍一次，同样只可以向前走，不能回头。

柏拉图于是照着老师说的话做。这次，他带了一棵普普通通，不是很茂盛，亦不算太差的树回来。老师问他："怎么带这棵普普通通的树回来？"他说："有了上一次的经验，当我走了大半路程还两手空空时，看到这棵树也不太差，便砍下来，免得最后又什么也带不出来。"

老师说："这就是婚姻！"

在数不清的麦穗中寻找最大的麦穗几乎是不可能的，所谓"最大的"往往也是在错过之后才能知道。在无数次的擦肩而过之后，我们的心可能已经疲惫，于是在简单地比较之后，匆忙地做出了选择，而这个选择其实未必真的是最好的。命运就是这么爱捉弄人。

其实，柏拉图的困惑也是我们的烦恼，完美的爱情和婚姻是很难得到的，对于大多数人来说，童话般的爱情只是奢望。当我们想使用一件东西的时候，翻遍了家里的每个抽屉都找不到；在我们不需要它的时候，它却不经意地出现在我们的面前。造物主有捉弄人的本性，爱情也是如此。当我们把对爱情的期望一条一条写在纸上，然后热切地盼望爱情出现的时候，爱情总是绕身而过，不是和这个人志趣不投，就是和那个人激不起爱情的火花。找到心目中最理想的恋人是可遇不可求的事情，因而很多人是勉强走到一起的。

其实，生活从来没有最优解，也没有最满意解，只有相对满意解。选择伴侣，对你我来说都是一件神圣而又谨慎的事情，婚姻也可以说是我们的第二次生命。俗话说得好："男怕入错行，女怕嫁错郎。"每个人都想找到自己的白马王子或者白雪公主，但是生活总是存在偏差，就如同你在麦地里摘了麦穗出来后，总会发现会有比手中大的麦穗一样，和我们共度一生的那个人，很可能不是我们最爱的那个，但是，也不是我们最讨厌的那个。

找一个自己喜欢并适合自己的人共度一生是一件非常幸福的事情，但这样的几率很小。如果用我们的一生去等待，我们也许会找到最适合自己的那个人，但是谁又能有勇气用一生去等待呢？既然不能，我们就要珍惜手里的麦穗，正像一句广告词说的那样：我选择，我喜欢！

穿越麦田，在心灵的交融中找到心的归宿

人生就正如穿越麦田，只走一次，不能回头，要找到属于自己最好的麦穗，必须要有莫大的勇气并付出相当的努力。要想拥有最完美的婚姻，就不能盲目草率地做决定，但是犹豫不决，又只会错过一次次机会。只有在恋爱征程中，积累阅历，磨炼感情，了解自己真正需要什么，这样才能找到真正适合自己的人生伴侣。

也许上天故意让我们在遇到生命中的天使之前，遇到几个有缘无分的人，在我们多次的彷徨之后，才能学会珍惜这份迟来的礼物。一次又一次地与缘分擦肩，一切的冲动、激情、浪漫都慢慢消失，而有一个人始终占据着你心里最重要的位置，你对他的关心及牵挂丝毫未减。那便是爱了。

爱一个人并不需要太多的理由，也许他不是最优秀的，也许她不是最漂亮的，但他／她一定是最适合你的，因为他／她最懂你的心。爱情是两颗心的交融，是情与情的交流，是爱与爱的沟通。爱情是在寻找一个心灵的归宿，无论是男人还是女人，在自己还是懵懂、情窦初开的时候，就在自己的心灵深处悄悄勾勒出自己的"另一半"，而它就像影子一样紧紧地依附在自己的灵魂上，要伴随着自己走完一生，根深蒂固。爱情固有的魅力和感召力是外在条件所无法去左右的，当一个人在你心里扎了根，便再也消失不了了。

我们在寻找伴侣的时候，不要把心目中的"麦穗"想象得太过完美，择偶目标要切合实际，绝不能一挑再挑，非要找到最好的不可。当然，也不要过分注重外在条件，如相貌、金钱、地位、学历等。爱情是纯洁的，纯洁得容不下一点杂质。我们常常为了寻找理想中的爱情，自以为是地设置了许多标准。找寻的过程是漫长的，或与相貌结伴，或与财富同行，他们以为用这些可以培养爱情。可当时间渐渐流逝的时候，他们发现爱情一点点地消失，曾经幻想的美景化作一片云，被时间的清风吹散。时间能够吹去爱情的杂质，却吹不走爱情的本质，心灵的伴侣才是一生的伴侣。

俗话说：金钱可以买来女人却买不来爱情，就在于爱情它不是商品，自然就不能用"潜规则"来进行交易。相貌、财富、心情……都会随着时间的流逝而改变自己原来的状态，唯有爱情，纯洁的本质是不会改变的。在西方的婚礼上，神父对每一对新人都会问同样的一个问题：不管生老病死，你都愿意一生照顾她……我想这就是爱情的意义。当你遭受挫折，当你一无所有，当你白发苍苍的时候，看着陪在你身边不离不弃的人，你就知道了什么是爱情。

爱情一旦错过，就不会重新来过。当丘比特之箭射中我们的时候，我们一定要紧紧抓住箭的另一端——我们的爱人。遇到合适的人，彼此可以融洽地生活，简单也好，复杂也罢，就别再犹豫，牢牢地抓住他／她，在相依相守中获得真正的爱情。

虚入效应：爱就要勇敢地"乘虚而入"

【定律阐释】虚入效应，即乘虚而入，指趁他人遇到感情危机时，对其关爱有加，以博得其好感，最终获得其全部感情的现象。

爱她（他），要在她（他）最需要你的时候出现

"乘虚而入"，原是军事上常用的战术。两军作战，趁敌人没有防备的时候进攻或进攻敌人防备较弱的地区，这样胜算就比较大。在感情上，当他人失恋或失意时，表达对他人的关心，往往会收到意想不到的效果。

芳，是一个美丽而清高的女子，喜欢她的男子不计其数，但她都不正眼看一眼。她想要的是事业的成功，社会的名望。她的美貌给她带来了很多机会，也让她遭受了许多非难。女上司不喜欢她，女同事们更是把她当作眼中钉。女上司无缘由的训斥，女同事无休止的捉弄，再加上繁重的工作，让芳彻底崩溃，病倒了。强是芳的同事，暗恋芳为时已久。得知芳病了后，强每天早晚在医院陪芳照顾芳，给芳讲笑话逗她乐，给她讲故事鼓励她，让芳重新恢复了对生活和工作的信心。芳病好后，和强一起出现在公司众人的面前，这让公司里的人惊讶不已。大家都想不通，如此普通的强怎么打动了芳的心？其实，道理很简单，强就是用了"乘虚而入"这一招，在芳最需要人关心的时候关心了她。

爱情需要感觉，一见钟情很美妙；爱情需要默契，心有灵犀很惬意。爱情需要手段，只要能带给你爱的人幸福而不是伤害，乘虚而入也没什么不好。爱情需要竞争，胜利的果实让人回味无穷，但竞争不是不择手段，胜利无需处心积虑，只要能恰当地把握时机，你就能摘到你想要的苹果。

在文学作品和影视作品中，有很多"乘虚而入"最后得逞的角色，但描述和表现这样的角色时总是带着讽刺和鄙视，人们在看这类人时，也觉得他们太过有心机，甚至很卑鄙。而在现实生活中，这个招数在追求心爱的人时，却屡试不爽。为什么人们鄙视它，又不断运用它呢？因为爱情是可望而不可求的，你能遇到你爱的人的机会更是微乎其微，如果不想方设法把他（她）抓住，那么很可能你这辈子都再也遇不到让你动心的人了。谁会冒这个险呢？谁都知道"乘虚而人"这招最管用，在他（她）最需要人关心的时候出现在他（她）面前，关心他（她）鼓励他（她），何愁他（她）不感动？而当我们创作或欣赏文学、影视作品时，那是我们评判他人的时候，道德正义都不允许我们喜欢这种人。

其实，乘虚而入没有什么不好，只要你清楚那个人是你爱的，你可以给他（她）幸福。有些人只是为了满足自己一时的私欲，乘人之危，加害于人，这真是太可恨。像《水浒传》中的高俅的义子高衙内就是这样一个可恨的人，他无意中看上了林冲的妻子，就想霸占他人之妻，几次三番想置林冲于死地，好达成霸占林冲妻子的目的。这样的人，才是真正应该受到鄙视的人。

懂得付出，爱终究会有回报

爱一个人就要懂得付出，这种付出不是指天天粘着你爱的人，而是时时关心、默默对他（她）好，而不给他（她）的生活造成困扰。当他（她）遇到困难，出现危难时，立即挺身而出，为他（她）解决一切麻烦。保护他（她），爱护他（她），而不求任何回报，这就是真爱。越是甘心付出、不求回报的人，往往越能得到上天的垂怜。

园是一个光芒四射的女孩，她活泼可爱，面容姣好，举止大方，能歌善舞，身边总是围着一群男生，争着为她献殷勤，而磊却总是默默地躲在一边，看着园。如果园不小心滑了一跤，在其他男生还没反应过来的时候，磊已经一个箭步冲到园的跟前扶住了她，然后又什么也不说地走了。园第二天要参加歌唱比赛，前一天她的桌柜里肯定会出现一盒金嗓子。园想报考 GRE，磊就把自己考试的心得悄悄放在园的桌柜里。在一次舞蹈比赛中，园正忘情地跳着，却不小心踩到了一颗本不应该出现在舞台上的玻璃珠，脚下一滑，重重地摔在台上。接下来的事，她就不知道了。是磊，飞快地奔到台上，抱起园就往附近的医院跑。到了医院，医生及时地把园送到急诊室进行治疗，而磊也因为过度疲劳而晕倒了。幸运的是，园只是扭伤了脚踝，没有脑震荡，没有后遗症。磊醒后，就一直陪在园的病床边。园睁开眼，第一个看到的就是磊，什么都明白了，泪顺着她的脸颊流下来。他们走在了一起。

其实，爱情无需太多计谋，只要你愿意为你爱的人全心付出，那么她最终会投进你的怀抱，即使两人没有走到一起你也没有遗憾。在这个快餐式的社会里，一切都喜欢快节奏，像磊这样只知道付出而不讲回报的人，越来越少了。人们都害怕受伤害，喜欢计较得失，男男女女都在打着自己的小算盘，"算计"着自己的伴侣。何必呢？这样双方都会受伤。

乘虚而入是个很好的爱情计谋，但是只有你关注这个人，你才懂得什么时候是"虚"。其实乘虚而入，也可说是"乘需而入"，只要你全心的付出，时刻关注，总会有让你"乘虚而入"的机会的。虽有良好计谋，依然鼓励全心付出去赢得真爱。

但是作为女孩，也要懂得保护自己，不要让坏人乘虚而入，一失足成千古恨。人在遇到感情危机时，别人的点滴关爱都有可能让你把他当作终生寄托。在电影《无人驾驶》中，无论是林心如扮演的王丹，还是陈建斌扮演的王遥，都把自己的未来交给了在他们感情最脆弱的时候向他们伸出关爱之手的人，结果他们都被骗了。显然，坏人更懂得运用"乘虚而入"的计谋。所以，在你最失意的时候，要记得找你最亲最近的人，而不要随便相信陌生人，要知道缘分会"乘虚而入"，而病毒更容易"乘虚而入"。

相信真爱，努力付出，抛弃计谋，坦诚相待，才会真的快乐。

·第九章·

生活：叩开心门，幸福其实并不难

酸葡萄甜柠檬定律：只要你愿意，总有理由幸福

【定律阐释】酸葡萄甜柠檬定律，指当自己的行为不符合社会价值标准或未达到所追求的目标时，人们便有一种自我安慰的心理机制，即认为得不到的都是不好的，得到的是好的。

透视狐狸的酸葡萄心理：快乐是自找的

《伊索寓言》中有这样一个家喻户晓的故事：一只饥饿的狐狸路过果林时，发现了架子上挂着一串串簇生的葡萄，垂涎三尺，可自己怎么也摘不到。就在很失望的时候，狐狸突然笑道："那些葡萄没有长熟，还是酸溜溜的。"于是高高兴兴地走了。事实上，葡萄还是没吃到，狐狸仍是饿着肚子，但一句自我安慰，却让他走出了沮丧，变得快乐起来。

寓言中的狐狸，通过自我安慰，没吃到想吃的葡萄也很开心，属于典型的酸葡萄心理。这种心理，属于人类心理防卫功能的一种。当人们自己的需求无法得到满足时，便会产生挫折感，为了解除内心的不悦与不安，人们就会编造一些"理由"自我安慰，从而使自己从不满等消极心理状态中解脱出来。

实际生活中，酸葡萄式的自我安慰比比皆是。例如，没有找到男女朋友的单身族，常常会说，"一个人最好，多自在啊"；没考上名牌大学的人，常常会说，"读名牌有什么好，竞争力那么强，早晚会累到变态"；有些人考试刚刚及格，而同桌却得了优秀，于是就说，"一看就是抄袭，投机取巧，没什么了不起的"……

与"酸葡萄"心理相对应的，还有一种"甜柠檬"心理，它指人们对得到的

东西，尽管不喜欢或不满意，也坚持认为是好的。就好像一个人拿着青青的没熟的柠檬，明知柠檬熟透了才甜，但因为手上只有没熟的，就偏说自己这个柠檬味道一定很好，会特别甜。何况有柠檬总比没有的好，同样是内心的一种自我安慰。

现实中，人们的"甜柠檬"心理同样比较普遍。例如，你买了一双鞋子，回来后觉得价钱太贵，颜色也不如意，但你和别人说起时，你可能会强调这是今年最流行的款式，质地是纯高档皮料，即使价格贵点也值得。还有，虽然你知道自己的男朋友有不少缺点，但在外人面前，你往往喜欢夸奖他的优点。

关于"酸葡萄甜柠檬定律"，心理学上有一个有趣的实验对此进行了间接的证明。

心理学家招募一定数量的学生来从事两项枯燥乏味的工作。一件是转动计分板上的 48 个木钉，每根钉子顺时针转 1/4 圈，再逆时针转回，反反复复进行半个小时。另一件是把一大把汤匙装进一个盘子，再一把把地拿出来，然后再放进去，来来回回半个小时。

学生们完成工作后，分别得到了 1 美元或 20 美元的奖励，同时，心理学家要求他们告诉下一个来做实验的人这个工作十分有趣。

结果发现，与一般的预期相反，得到 1 美元奖励的人反而认为工作比较有趣。

其实，这在一定程度上证明了，人们对已经发生的不满意或不好的事情，倾向于通过自我安慰，把事情造成的不愉快等消极影响减轻。

通过这个定律，我们可以发现，对于相同一件事，如果从不同的角度去看，结论就会不尽相同，心情也会不一样。例如，当你失恋时，与其沉浸在过去的痛苦烦恼中，不如想一想，下一次遇到的人会比错过的这个好很多；当你遇到挫折时，可以想想"失败乃成功之母"，从失败中吸取教训也是一种收获；当遇到丢东西等倒霉事时，不妨想想"塞翁失马，焉知非福"……要知道，现实中几乎所有事情都存在积极性和消极性，如果你只看到消极的一面，只会令自己陷入低落、郁闷之中；相反，如果换个角度，从积极的一面去看，一切也许就会豁然开朗。

幸福，要保持适度的阿 Q 精神

读过鲁迅先生著作的人，对于酸葡萄甜柠檬现象，很容易联想到鲁迅先生笔下的阿 Q。众所周知，阿 Q 有一种独特的精神胜利法，即所谓的"阿 Q 精神"。例如，阿 Q 挨了假洋鬼子的揍，无奈之余，就说"儿子打老子，不必计较"，来自我安慰一番，也就心平气和了。

虽然阿 Q 的自欺欺人心理，过去一直成为人们的笑谈，甚至遭到否定、批判。然而，不少心理学家认为，适度的精神胜利法在心理健康方面是非常有价值的。如果我们懂得合理运用阿 Q 精神，往往会让自己增加不少幸福感。

生活中，我们每个人都会遇到这样那样不愉快的事，而且很多事情是我们无法左右或改变的。也许你要问，既然如此，我们应该怎么办呢？难道就要为此一味地痛苦、哀伤吗？事实上，在这时候，我们不妨使用一下阿 Q 精神，安慰一下自己，对于心理调节可能非常有效。美国前总统罗斯福就是一个很好的例证：

有一次，美国前总统罗斯福家中被盗，他的朋友写信来安慰他。他在回信中说："谢谢你来信安慰我，我现在很平安。感谢上帝，因为贼偷去的是我的东西，而没有伤害我的生命；贼只偷去我部分东西，而不是全部；最值得庆幸的是：做贼的是他，而不是我。"

可见，像罗斯福那样，遭遇不幸时，我们若换一个角度去看，心情显然就不一样了。曾有人说过："我因为没有一双像样的鞋穿而苦恼不堪，直到我在街上看到一个人——他没有了双脚。"没错，当"没鞋"的时候，如果想到"没有脚"的人，我们的痛苦和烦恼就显得微不足道了。

不过，无论酸葡萄还是甜柠檬，在某种程度上讲都是一种消极的心理防御方式，就像是一副止痛药，虽能暂时缓解心里的痛苦，但往往会有一些副作用。例如，"酸葡萄"心理的人说别人不好，很容易影响人际关系，给他人一个"小人"的形象；而"甜柠檬"心理则容易让人安于现状，不思进取。

那么，如何才能把握好自我安慰的度，做到无副作用的自我安慰呢？

一方面，当遇到挫折或不幸而万分苦恼时，我们应当冷静地分析问题的起因，不要完全陷入"自我"的状态，试着从"旁观者"的角度，客观地寻求解决问题的方法，正所谓"旁观者清"。

另一方面，如果与他人发生冲突或分歧没法解决，觉得一时想不出什么解决方法。这时，千万不要放弃，不到最后一刻，不要提前为自己贴上"不行"的标签。我们可以采取"位置调换法"，即从对方的角度出发来考虑问题，经过协商、权衡，最终与对方达成谅解。

可见，聪明的幸福者，既要会运用阿 Q 精神，又要懂得适度运用。

因果定律：种下"幸福"，收获"幸福"

【定律阐释】因果定律，由苏格拉底提出。该定律认为，每一个结果都有一个特定的原因或者多个原因，今天的结果是昨天造成的，今天又为明天种下了因。

活在当下，让今天成为明天的幸福理由

著名哲学家培根曾说过："懂得事物因果的人是幸福的。"正如同"物有本末，事有终始""种瓜得瓜，种豆得豆"的道理一样，如果我们想收获幸福，先要种下幸福的种子。

如果你觉得生活沉闷，就应该检查一下自己付出了多少。从来没听人说："我天天早睡早起，经常做运动，不断充实自己，培养人际关系，并且尽心尽力地工作，然而生活中却没有一件好事。"生活是一个因果循环系统，如果生活中一点好事都没有，那就是你的错了。只要你了解你的现状是自己一手造成的，你就不再会觉得自己是受害者。

也许你会反驳说："生活中，有的人过着平淡的日子，同样感觉很幸福；而有的人成绩斐然，却觉得幸福离自己很遥远。明显不符合因果定律。"其实，之所以出现这样看上去似乎因果相悖的现象，是因为幸福感是一种非常主观的情感体验。

美国知名心理学家、宾夕法尼亚大学教授马丁·瑟里格曼表示，幸福＝快乐＋意图＋参与。他告诉我们，幸福并不是空等来的，不是被动地期盼来的，而是需要你具有快乐的能力，获取幸福的意图，并能积极地参与。如果你觉得自己现在还不够幸福，那就该清醒地审视自己了。要知道，一味地抱怨或叹息过去根本毫无意义，与其低落、萎靡，不如珍惜当下，积极生活，让"今天"成为"明天"的幸福理由。

小莉是某外企的主管，从大学毕业到晋升为主管仅仅用了两年的时间。无论是工作时间，还是下班回家，她的脸上总洋溢着甜甜的微笑，同事们对她羡慕得不得了。有人好奇，便问小莉："你怎么每天都是一副积极向上的样子？感觉你天天都非常幸福。"小莉笑着答道："因为我每天都告诉自己'我是积极的，我是快乐的'。"

我们不妨像小莉那样，通过自我暗示的方法，告诉自己"我是积极的，我是

快乐的"，从意识上就让自己的每一天都过得积极。

其实，无论生活是平淡，是忙碌，或是没有理想中的好，都要从中给自己找一个幸福的理由。例如，昨晚做了一个好梦，今天是个阳光灿烂的好天气，刚刚做了一个漂亮的新发型，工作上感觉到一些进步，朋友的一个问候……这些小小的幸福连缀在一起，就像一条幸福的珠链，将令你的日常生活滋润、充实而美好，同时，也会让你的思想走向积极的一面。

此外，人们都认为法国人的幸福感很强，这主要是由于法国是艺术之都，人们将艺术家气质注入生活，用艺术之美点染人生。众所周知，每个艺术家在创造作品时，感受着来自生命本身的创造乐趣，所以欣赏这些作品的人可以同创造者产生共振、共鸣。当你从忙碌的工作中偷得浮生半日闲，不妨将自己置身于艺术的海洋，可以从画作缤纷的色彩、音乐优美的旋律、雕塑充满美感的线条中感悟世界之美、艺术之美，从而体味生活中的幸福感。

善待他人就是善待自己

从因果定律出发，除了善待自己会得到幸福外，善待他人也会得到幸福。对他人友善，就是种下的幸福种子，待到种子开花结果，自己也就收获了幸福。

有一天，一个贫穷的小男孩为了攒够学费正挨家挨户地推销商品。劳累了一整天的他此时感到十分饥饿，但摸遍全身，却只有一毛钱。怎么办呢？他决定向下一户人家讨口饭吃。当一位美丽的女孩打开房门的时候，这个小男孩却有点不知所措了，他没有要饭，只乞求给他一口水喝。这位女孩看到他很饥饿的样子，就拿了一大杯牛奶给他。男孩慢慢地喝完牛奶，问道："我应该付多少钱？"女孩回答道："一分钱也不用付。妈妈教导我们，施以爱心，不图回报。"男孩说："那么，就请接受我由衷的感谢吧！"说完男孩离开了这户人家。此时，他不仅感到自己浑身是劲儿，而且还看到上帝正朝他点头微笑。

其实，男孩本来是打算退学的，但喝完小女孩送给他的那满满一杯牛奶后，他放弃了这个念头。

数年之后，那位美丽的女孩得了一种罕见的重病，当地的医生对此束手无策。最后，她被转到大城市医治，由专家会诊治疗。当年的那个小男孩如今已是大名鼎鼎的霍华德·凯利医生了，他也参与了医治方案的制订。当看到病历上所写的病人的来历时，一个奇怪的念头霎时闪过他的脑际，他马上起身直奔病房。

来到病房，凯利医生一眼就认出床上躺着的病人就是那位曾帮助过他的恩人。他回到自己的办公室，决心一定要竭尽所能来治好恩人的病，从那天起，他就特别地关照这个病人。经过艰辛努力，手术成功了。凯利医生要求把医药费通知单送到他那里，在通知单上，他签了字。

当医药费通知单送到这位特殊的病人手中时，她不敢看，因为她确信，治病的费用将会花去她的全部家当。最后，她还是鼓起勇气，翻开了医药费通知单，旁边的那行小字引起了她的注意，她不禁轻声读了出来："医药费——一满杯牛奶。霍华德·凯利医生。"

恐怕连小女孩自己都不敢相信，就是当年一杯满满的牛奶，在数年后挽救了自己的生命。现实生活中，很多人活一辈子都不会想到，自己在帮助别人时，其实就等于帮助了自己。一个人在帮助别人时，无形之中就已经投资了感情，别人对于你的帮助会永记在心，只要一有机会，他们会主动报答的。

关于这一点，著名科学家爱因斯坦的两次不同婚姻也是很好的例证。

爱因斯坦的前妻米列娃因不能容忍丈夫极少的关心与体贴，而只是一味地与原子、分子、空间、时间为伴，便时常与其发生摩擦，而两人的个性都很强，最终分手。第二任妻子艾丽莎是一个体贴入微，懂得尊敬与忍让的人，她深知爱因斯坦的脾气，从不干预丈夫的工作，让他安心地完成事业。爱因斯坦受到感动，也在百忙之中抽出时间来陪妻子度过美好时光，他甚至在记者招待会上曾说过："艾丽莎不懂相对论，但相对论却有她的一份心血。"

所以，任何一种真诚而博大的爱都会在现实中得到应有的回报，善待别人，就等于善待自己。

史华兹论断："幸"与"不幸"，全在于你

【定律阐释】史华兹论断，由美国管理心理学家 D.史华兹提出，所有的"不幸事件"都只有在我们认为它不幸的情况下，才会真正成为不幸事件。

从"塞翁失马"到"不幸中的万幸"

两只小鸟在天空中飞行，其中一只不小心折断了翅膀。无奈，它只好就地栖息疗伤，让另一只小鸟独自前行。另一小鸟觉得伙伴受了伤，太不幸了，可谁

料，本以为很幸运的自己，没飞多远就惨死在猎人的枪口下。

世事往往就是这样，幸福总喜欢披着一件不幸的外套走进我们的生活。

战国时期，一位老人养了许多马。

一天，他的马群中忽然有一匹马走失了。邻居们听说后，便跑来安慰老人，可老人却笑道："丢了一匹马损失不大，没准会带来什么福气呢。"大家觉得老人的话很好笑，马丢了，明明是件坏事，却说也许是好事。

几天后，老人丢失的马不仅自动返回家，还带回一匹匈奴的骏马。邻居听说了，对老人的预见非常佩服，前来向老人道贺说："还是您有远见，马不仅没有丢，还带回一匹好马，真是福气呀。"出人意料的是，老人听了反而忧虑地说："白白得了一匹好马，不一定是什么福气，也许会惹出什么麻烦来。"大家觉得老人是故作姿态，白捡一匹马心里明明应该高兴，却偏要说反话。

突然有一天，老人的儿子从那匹匈奴骏马的马背上跌下来，摔断了腿。邻居听说后，又纷纷来慰问。老人说："没什么，腿摔断了却保住了性命，或许是福气呢。"这次，大家都觉得他又在胡言乱语，摔断腿会带来什么福气？

不久，匈奴兵大举入侵，青年人都应征入伍，老人的儿子因为摔断了腿，不能去当兵。入伍的青年都战死了，唯有老人的儿子保全了性命。

这个故事，就是我们所熟知的"塞翁失马，焉知祸福"。它告诉我们，好事与坏事都不是绝对的，在一定的条件下，坏事可以引出好的结果，好事也可能会引出坏的结果。

很多时候，幸福也是一样，总是蕴藏在不幸的外表下面。其实，从心理学角度讲，所有的"不幸事件"，都只有在我们认为它不幸的情况下，才会真正成为不幸事件。与之类似，还有我们常说的"不幸中的万幸"的故事。

曾有一个中年男人以在路边卖热狗为生，勤快加热情令他的生意蒸蒸日上。没几年，他的儿子大学毕业后，找不到工作，便跟着他一起做生意。

有一天，儿子看到父亲还在发展生意，奇怪地问："爸爸，您难道没有意识到我们将面临严重的经济衰退吗？"

父亲不解地问："没有啊。为什么这么说呢？"

儿子答道："目前，国际环境很糟，国内环境更糟，我们应该为即将来临的坏日子做好准备。"

这个男人想，既然儿子上过大学，还经常读报和听广播，他的建议不应被忽视。

于是，从第二天起，他减少了肉和面包的订购。没多久，光顾的人越来越少，销售量迅速下降。不过，因为他们的订货量也大量减少，所以，虽然没多少利润，但还不至于亏本。

他感慨地对儿子说："你是对的，我们正处在衰退之中，幸亏你早点提醒我！真是不幸中的万幸啊！"

看了这个故事，很显然，"幸"与"不幸"都是依据人们自己心中的标准而言的。

所以，我们能不能获得幸福？现在是在不幸中挣扎，还是在幸福中陶醉？将来是步入幸福，还是陷入不幸？答案往往只有我们自己能回答。

能从不幸中看幸福，就会别有洞天

虽然世界是现实的，但看不见、摸不到的命运却一直藏匿在我们的思想里，我们若能懂得从不幸中看幸福，那么，你就会发现，原来结局别有洞天。

正如心理学家哈利·爱默生·佛斯迪克博士所指出的："生动地把自己想象成失败者，这就足以使你不能取胜；生动地把自己想象成胜利者，将带来无法估量的成功。伟大的人生以想象中的图画——你希望成就什么事业、做一个什么样的人——作为开端。"很多伟大人物的成功，就是凭借这样一种智慧的心态取得的。

帕格尼尼的不幸可以列出长长的一张表。4 岁时，一场麻疹和强直性昏厥症，差点使他进入坟墓，7 岁时患上了严重的肺炎；46 岁时牙床突然长满脓疮，他拔掉了几乎所有的牙齿，并且染上可怕的眼疾，几乎失明；50 岁后，关节炎、肠道炎、喉结核等多种疾病吞噬着他的肌体；后来声带也坏了，靠儿子按口形翻译他的思想。

他长期把自己囚禁起来，每天练琴 10 ～ 12 小时。13 岁起他就周游各地，过着流浪的生活。

他把苦难拥抱得那么热烈和悲壮。

但同时，他也得到了回报，他的才华得到了举世的承认；12 岁就举办首次音乐会，并一举成功，轰动世界。之后他的琴声遍及法、意、奥、德、英、捷等国。他的演奏使帕尔玛首席小提琴家罗拉惊异得从病榻上跳下来，木然而立，无颜收他为徒。

他用充满魔力的旋律征服了整个欧洲和世界，几乎欧洲所有文学艺术大师，如大仲马、巴尔扎克、司汤达等都听过他演奏并为之激动。音乐评论家勃拉兹称他为"操琴弓的魔术师"。歌德评价他"在琴弦上展现了火一样的灵魂"。李斯特大喊："天啊，在这四根琴弦中包含着多少苦难、痛苦和受到残害的生灵啊！"

贝多芬、弥尔顿、爱伦·坡、帕格尼尼，他们都在世界历史上占有举足轻重的地位，他们每个人都遭受过沉重的苦难，但同时又享受着这些苦难。

事实上，时间是永不停息的，世界是不断发展、变化的，所以没有什么"幸"与"不幸"是永恒不变的，我们只有学会从不幸中看到幸福，采取有效的措施扭转大家所谓的"不幸"的趋势，自信地找准一个方向，并耐心地、努力地坚持下去，幸福与成功便会水到渠成。

任何时代、任何事件，都是无所谓好坏的，眼前的一切，不过是时间轴上的一个点。学会放眼前方，用心去寻找、去捕捉那蕴于不幸中的幸福，我们最终会发现，在这个无限延伸、充满变数的轴线上，自己真的得到了幸福。

罗伯特定理：走出消极漩涡，不要被自己打败

【定律阐释】 罗伯特定理，由美国史学家卡维特·罗伯特提出：没有人因倒下或沮丧而失败，只有他们一直倒下或消极才会失败。

世上没有过不去的坎

这个世界上没有人能把你打倒，除了你自己；这个世界上没有什么困难能难得倒你，除非你自己放弃。人生道路漫漫，坎坷重重，遇到挫折摔一跤，是在所难免的，只是当我们面对挫折时，应当无所畏惧，愈挫愈勇。现在我还记得小时候妈妈说的一句话："跌倒了，自己爬起来！"

无论遇到什么境况，都不应该放弃自己，对自己失去信心。有这么一则故事：

一天傍晚，一位美丽的少妇坐在岸边的一棵大树旁，梳洗着自己的头发，一位老渔夫在湖边泛舟打鱼，这本来是多么美丽的一幅风景画。可是，当渔夫撑船准备划向湖心时，突然听到身后传来"扑通"一声，老渔夫回头一看，原来是那位美丽的妇人投河自尽了。老渔夫急忙调转船头，向少妇落水的地方划去，跳进水里，救起了少妇。渔夫不解地问少妇："你年纪轻轻的，为什么寻短见呢？"少妇哭诉道："我结婚才两年，丈夫就遗弃了我，接着孩子又病死了，您说我活着还有什么意思？""两年前你是怎么生活的？"渔夫问。少妇想了想，眼睛一下变亮了："那时我自由自在，无忧无虑，生活得无比幸福……""那时你有丈夫和孩子吗？""当然没有。""可是现在，你同样是没有丈夫和孩子呀！你只不过是又回

到了两年前的状态，现在你又自由自在，无忧无虑了。记住，孩子，那些结束对你来讲应该是一个新的起点。"少妇仔细想了想，猛然醒悟，她回到了岸上，望着远去的老渔夫，她心中又燃起了新的生活希望，从此再也没有寻过短见。

这位少妇的人生遭遇的确很不幸，但是真正让她走上绝路的不是这些不幸，而是她自己，是她放弃了自己。其实，人生会遭遇什么，我们无法控制，我们能控制的就是我们自己的心态，如何来看待这些遭遇。"宠辱不惊"是一种境界，"永不放弃"是一种态度。对待我们宝贵的生命，我们应该永不放弃；对待人生的遭遇，我们应该宠辱不惊。

张海迪、桑兰，这些让我们既自豪又羞愧的名字，她们用自己的故事告诉我们：人生，没有过不去的坎，无论怎样，都不能放弃自己。与之形成对比的是，有一些人一遇到困难就萎靡不振，有些人甚至被误以为的灾难给害死了。前几年，看报纸上的一则报道，说一个人得了感冒被误诊为癌症，结果没几天这个人就死了。这个人就是被自己给害死的，他以为自己得了癌症，肯定活不了，自己先放弃了自己，生命自然也就放弃了他。美国作家欧·亨利在他的小说《最后一片叶子》里也讲了个类似的故事，只是故事里那个放弃了自己生命的病人，被一位老画家及时救了回来。这位画家并不是妙手回春的神医，他只是用彩笔画了一片叶脉青翠的树叶挂在病人窗外的树枝上，只因为生命中的这片绿，病人竟奇迹般地活了下来，这就是希望的力量。

人生在世，不可能一切都是一帆风顺的。当你遭遇失败时，当一切似乎都是暗淡无光时，当你的问题看起来似乎不会有什么好的解决办法时，千万不要放弃希望，只要心存信念，勇敢地站起来，你就会看到奇迹发生。

生命的阳光别被悲观阻挡

有一个对生活极度厌倦的绝望少女，她打算以投湖的方式自杀。在湖边她遇到了一位正在写生的老画家，老画家专心致志地画着一幅画。少女厌恶极了，她鄙薄地看了老画家一眼，心想：幼稚，那鬼一样狰狞的山有什么好画的？那坟场一样荒废的湖有什么好画的？

老画家似乎注意到了少女的存在和情绪，他依然专心致志、神情怡然地画着。过了一会儿，他说："姑娘，来看看画吧。"她走过去，傲慢地睨视着老画家和他手里的画。少女被吸引了，竟然将自杀的事忘得一干二净，她没料到世界上还有那样美丽的画面——他将"坟场一样"的湖面画成了天上的宫殿，将"鬼一样狰狞"的山画成了美丽的、长着翅膀的女人，最后将这幅画命名为《生活》。这时，老画家突然挥笔在这幅美丽的画上点了一些黑点，似污泥，又像蚊蝇。少女惊喜地说：星辰和花瓣！老画家满意地笑了："是啊，美丽的生活是需要我们自己用心发现的呀！"

一个阳光的人，心情乐观开朗，他的人生态度是积极的，不管在工作中还是在生活上，都能很好地完成任务，因此这类人在这段时间里自我价值的实现也就相对比较多。自我价值实现得越多，自我肯定的成就感也就越多，这样就能拥有一个好的心情，形成一个良性循环。相反，一个心情阴暗的人整天愁眉苦脸地面对生活，不管做什么事情都不积极，甚至错误百出，那么他的自我价值的实现就会越来越少，自我否定的因素就会增加，使心情更加消极抑郁，成了一个恶性循环。

世界的色彩是随着我们情绪的变化而变化的，你拥有什么样的心情，世界就会向你呈现什么样的颜色。所以，别让悲观挡住了生命的阳光，当你的心情快乐起来的时候，你的世界将会是朗朗晴空。

幸福递减定律：知足才能常乐

【定律阐释】幸福递减定律，指人们从获得的物品中所得到的满足和幸福感，会随着所获得的物品的增多而减少。

莫让内心失去对幸福的敏感

一个饥肠辘辘的人遇到一位智者，智者给了他一个面包，他边吃边慨叹："这真是世界上最香甜的面包！"吃完，智者给了他第二个面包，他开心地继续吃着，脸上洋溢着幸福的满足感。吃完，智者又给了他第三个面包，他接过面包，一副饱胀的样子。吃完，智者又给了他第四个面包，不料，他痛苦地吃着面包，最初的快乐荡然无存。

也许你会不解，为何饥饿者得到的面包总数不断增加，而幸福感与快乐却随之减少？这就是著名的幸福递减定律。

与上面的例子相似，我们在生活中，还常遇到这样的情况：人在很穷的时候，总觉得有钱才是幸福；但真成了富翁的时候，再被问及什么是幸福，他往往会说平淡之类的是幸福，而不再是过去一直崇拜的金钱。

事实上，幸福之所以打了折扣，并不是幸福真的减少了，而是由于我们内心起了变化。正如幸福递减定律所阐释的，人处于较差的状态下，一点微不足道的提高都可能兴奋不已；而当所处的环境渐渐变得优越时，人的要求、观念、欲望等就会变得越高。所以，当你感觉不到幸福的时候，幸福依然在你的周围，只是你的内心失去了对它的敏感。关于这一点，曾有这样一个有趣的故事：

一个国王带领军队去打仗，结果全军覆没。他为了躲追兵而与人走散，在山沟里藏了两天两夜，期间粒米未食、滴水未进。后来，他遇到一位砍柴的老人，老人见他可怜，就送给他一个用玉米和干白菜做的菜团子。饥寒交迫的他狼吞虎咽地就把菜团子吃光了，并觉得这是全天下最好吃的东西。于是，他问老人如此美味的食物叫什么，老人说叫"饥饿"。

后来，国王回到了王宫，下令膳食房按他的描述做"饥饿"，可是怎么做也没有原来的味道。为此，他派人千方百计找来了那个会做"饥饿"的老人。谁料，当老人给他带来一篮子"饥饿"时，他却怎么也找不出当初的那种美味的口感了。

我们不难看出，国王回宫后，尽管菜团子还是当时的"饥饿"，但因为顿顿都是山珍海味，饱食终日令其再也没有饥肠辘辘的感觉，所以那种"饥饿"的美味自然也就不复存在了。

可见，幸福不过是人们的一种感觉。但这种感觉又是灵活多变的，同一个人对同一种事物，在不同的时间、不同的地点、不同的环境，会有完全不同的感觉。

再用最前面那个饥饿者与面包的例子来说。一开始他非常饥饿，第一个面包送到嘴里，便感到无比香甜，无比幸福；吃第二个面包时，由于吃完第一个面包已经不那么饥饿了，幸福的感觉便会明显消减；等吃第三个和第四个面包的时候，反而有了肚子发撑、吃不吃都无所谓的感觉，当然就谈不上什么幸福感了。

这种幸福的递减告诉我们：幸福随着追求而来，随着希望而来，随着需要而来，但随着这些条件的变化，它又像过客一样，不会永远停留在某时、某处。既然如此，那不断追求和企盼幸福的我们，又该怎么办呢？

我们应学会用心去体会生活，去感受点滴的幸福。要知道，生活本身就是一种礼物，如果你想抱怨食物不够美味，请想想那些食不果腹的人，跟他们比，难道你不幸福吗？如果你想抱怨工作不顺、乏味，请想想那些仍未找到工作而四处奔波的求职者，跟他们比，难道你不幸福吗？如果你想抱怨爱情不够浪漫，请想想那些还在为结束单身生活而向上帝祷告的人，跟他们比，难道你不幸福吗？如果你想抱怨自己的孩子不够聪明，请想想那些渴求骨肉却不能生育的人们，跟他们比，难道你不幸福吗？

所以，请时刻提醒自己，幸福就在我们身边，要懂得用心去感受，不要让我们的内心麻痹，失去对幸福的敏感。

知足与感恩，飞往幸福的一对翅膀

中国有句俗话叫"知足常乐"，生活在尘世，或许已经很少有人能真正达到知足者常乐的意境了。因为人都是有贪欲的，想要的东西越得不到就越想得到，经过努力得到才会觉得很高兴，但是得到的多了又会变成负担。

其实，世界上根本没有十全十美的人和事，但知足可以让我们活得更加轻松。

一对青年男女步入婚姻的殿堂，甜蜜的爱情高潮过去之后，他们开始面对日益艰难的生计。妻子整天为缺钱忧郁不乐，因为有了钱才能买房子，买家具家电，才能吃好的穿好的……可是，他们的钱太少了，少得只够维持最基本的日常开支。丈夫却是个很乐观的人，不断寻找机会开导妻子。

有一天，他们去医院看望一个朋友。朋友说，他的病是累出来的，常常为了挣钱不吃饭不睡觉。回到家里，丈夫就问妻子："假如给你钱，但让你跟他一样躺在医院里，你要不要？"妻子想了想，说："不要。"

过了几天，他们去郊外散步。他们经过的路边有一幢漂亮的别墅。从别墅里走出来一对白发苍苍的老者。丈夫又问妻子："假如现在就让你住上这样的别墅，但变得跟他们一样老，你愿意不愿意？"妻子不假思索地回答："我才不愿意呢！"

他们所在的城市破获了一起重大团伙抢劫案，这个团伙的主犯抢劫现钞超过100万，被法院判处死刑。

罪犯押赴刑场的那一天，丈夫对妻子说："假如给你100万，让你马上去死，你干不干？"

妻子生气了："你胡说什么呀？给我一座金山我也不干！"

丈夫笑了："这就对了。你看，我们原来是这么富有：我们拥有生命，拥有青春和健康，这些财富已经超过了100万，我们还有靠劳动创造财富的双手，你还愁什么呢？"妻子把丈夫的话细细地咀嚼品味了一番，也变得快乐起来了。

通过上面的例子，我们看出幸福其实很简单，只是一种身体和心理的快乐感受，摆脱欲望羁绊后的无忧无虑。懂得知足，人才会变得豁达。所以，知足是一件无价之宝，无论你是否曾经意识到，从现在开始，学会知足吧，用内心感受身边的幸福。

懂得了知足常乐的道理，我们就要怀着感恩的心面对生活。那样，人们就会更加乐意与你亲近，人生也会因此而更加美好。

黄美廉自小就患有脑性麻痹，病魔夺去了她肢体的平衡感与发声讲话的能力。然而，她没有向这些外在的痛苦屈服，而是昂然面对，迎向一切的不可能，终于获得了加州大学艺术博士学位。

有一天，她站在台上，不规律地挥舞着她的双手；仰着头，脖子伸得好长好长，与她尖尖的下巴扯成一条直线；她的嘴张着，眼睛眯成一条线，诡谲地看着台下的学生。基本上，她是一个不会说话的人，全场的学生都被她不能控制自如的肢体动作震慑住了。这是一场倾倒生命、与生命相遇的演讲会。

"黄博士，你从小就长成这个样子，你都没有怨恨吗？"台下的一位同学小声地问道。

"我没有怨恨，我很感激上帝给予我的一切。"美廉用粉笔在黑板上重重地写下这几个字。她写字时用力极猛，很有气势。写完这个问题，她停下笔来，歪着头，回头看着发问的同学，然后嫣然一笑，回过头来，在黑板上龙飞凤舞地写了起来：

妈妈给了我可爱的面容！

上帝给了我一双很长很美的腿！

老师对我也很好！

我会画画！我会写稿！

……

忽然，教室内一片鸦雀无声，没有人敢讲话。她回过头来定定地看着大家，再回过头去，在黑板上写下了她的结论："我感激别人给我的一切。"

不得不承认，黄美廉是不幸的，因为病魔残忍地剥夺了她的肢体的平衡感与发声讲话的能力。然而，她并没有陷入自怨自艾、忧愁或悲观等消极心态的漩涡，而是怀着一颗感恩的心，孜孜以求。所以，她和我们一样，能够拥有"可爱的面容""很长很美的腿"、博学慈爱的"老师"，能够画自己想画的画面、书写自己心中的话……

试想，如果我们都能像美廉那样，拥有一颗感恩的心，懂得知足，那么，我们怎么会不幸福呢？

贝勃定律：珍惜多少，才真正拥有多少

【定律阐释】一个人右手举着 300 克的砝码，在左手上先放 305 克的砝码，开始不会觉得有多大差别，直到左手砝码的重量加至 306 克时才会觉得有些重。如果右手举着 600 克，这时左手上的重量要达到 612 克才能感觉到比右手重。

很多事物不是不存在，而是我们没意识到

著名心理学家贝勃做过一个实验：一个人右手举着 300 克的砝码，这时在其左手上放 305 克的砝码，他并不会觉得有多少差别，直到左手砝码的重量加至 306 克时才会觉得有些重。如果右手举着 600 克，这时左手上的重量要达到 612 克才能感觉到比右手重。也就是说，原来的砝码越重，后来就必须加更大的量才能感觉到差别。这种现象被称为"贝勃定律"。

贝勃定律在生活中到处可见。比如，5 毛钱一份的晚报突然涨了 5 块钱，那么你会觉得不可思议，无法接受。但是，如果原本 500 万的房产也涨了 5 块，甚至 500 块，你却会觉得价钱根本没有变化。在人类的感情中，交往已久的恋人会抱怨对方没有刚认识时对自己好了；在公共车上，陌生人给你让座你会非常感激，而亲近的人给你让座你却感觉理所当然；一些餐馆在正式开业前总是先试营业几天，看顾客的反映情况再作调整………这是因为人们心理都有一个逐渐适应的过程。一旦适应某种定式，就会对此习以为常，要改变这种定式，必须施加比最初更大的刺激力。

一个女孩和母亲吵架，赌气离家，在外逛了一天。直到肚子很饿了，她才来到一个面摊，却发现忘记带钱了。好心的面摊老板免费煮了一碗面给她，女孩感激地说："我们不认识，你居然对我这么好！可是我妈妈，竟然对我那么绝情……"面摊老板说："我才煮一碗面给你吃，你就这么感激我，你妈妈帮你煮了十几年饭，你不是更应感激吗？"女孩一听，整个人愣住了："是呀，妈妈辛苦地养育我，我非但没有感激，反而为了小小的事，就和她大吵一架。"女孩鼓起勇气，踏上回家的路。快到家门时，她看到疲惫、焦急的母亲正在四处张望。

故事中的女孩因对母亲的关爱习以为常，从而对母亲的期望值不断提高，当

母亲稍有不合自己心意就恶言相对。对于面摊老板，女孩原本没有抱多大的期望，因此，他的一点点帮助，都令女孩感动不已。

聪明的人会利用贝勃定律为自己减轻做事的阻力。例如，商家在调整产品价格总是先小幅度上涨，当人们逐渐接受以后再大幅加价。一般有经验的谈判专家都是在谈判临近结束时才提出一些棘手的条件，而对方被一开始的优厚条件诱惑，也就不怎么在意后来才提出的那些缺点了。

贝勃定律告诉我们，要懂得珍惜自己的点滴所得，善待身边的人。

贪欲是一种累赘

很多时候，人们意识不到幸福或某些事物的价值，是因为自己的贪婪之心。"贪"的本义指爱财，"婪"的本义指爱食，"贪婪"即贪得无厌，是一种过度膨胀的利己欲。贪婪的欲望是无止境的，即所谓"欲壑难填""人心不足蛇吞象"。贪婪心理具有不可满足性，无论是对待金钱、权利、女色、美食、财产，还是对待其他一切事物，具有这种心理的人永远都是不满足的。

然而，贪欲会使人的精力和体力双重透支，当欲望产生时，再大的胃口都无法填满，贪多的结果只会导致无穷尽的烦恼和麻烦。学会接纳自己、欣赏自己，使我们从欲念的无底深渊中得到自由，是快乐的始发站。

据说上帝在创造蜈蚣时，并没有为它造脚，但是它仍可以爬得和蛇一样快。有一天，它看到羚羊、梅花鹿和其他有脚的动物都跑得比它还快，心里很不高兴，便嫉妒地说："哼！脚多，当然跑得快。"

于是，它向上帝祷告说："上帝啊！我希望拥有比其他动物更多的脚。"

上帝答应了蜈蚣的请求。他把好多好多的脚放在蜈蚣面前，任凭它自由取用。

蜈蚣迫不及待地拿起这些脚，一只一只地往身体贴，从头一直贴到尾，直到再也没有地方可贴了，它才依依不舍地停止。

它心满意足地看着满身是脚的自己，心中窃喜："现在我可以像箭一样地飞出去了！"

但是，等它开始跑步时，才发觉自己完全无法控制这些脚，这些脚噼里啪啦地各走各的，它非得全神贯注，才能使一大堆脚不致互相绊跌而顺利地往前走。

这样一来，它走得反而比以前更慢了。

过度的欲望让蜈蚣步伐缓慢、举步维艰，而人的心里一旦产生过分的欲望，终有一天，也会出现超载的现象，而这种负荷的结果是不堪设想的。

贪婪得来的东西，永远是人生的累赘。想要的越来越多，生活的压力越来越大，脸上的笑容越来越少，这或许便是贪婪的代价。

总之，在现实生活中，很多时候事实并没有发生改变，变的是我们自己的感觉，是我们不断提升的欲望。深谙贝勃定理的人，或许并不一定能够生活得幸福，但一定能够生活得更释然。

【定律链接】学会知足与放弃

从前，一个想发财的人得到了一张藏宝图，上面标明了在密林深处的一连串宝藏。他立即准备好了一切旅行用具，特别是他还找出了四五个大袋子用来装宝物。一切就绪后，他进入了那片密林。他斩断了挡路的荆棘，蹚过了小溪，冒险冲过了沼泽地，终于找到了第一个宝藏，满屋的金币熠熠夺目。他急忙掏出袋子，把所有的金币都装进了口袋。离开这一宝藏时，他看到了门上的一行字："知足常乐，适可而止。"

他笑了笑，心想，有谁会丢下这闪光的金币呢？于是，他没留下一枚金币，扛着大袋子来到了第二个宝藏，出现在他眼前的是成堆的金条。他见状，兴奋得不得了，依旧把所有的金条放进了袋子，当他拿起最后一条时，上面刻着："放弃下一个屋子中的宝物，你会得到更宝贵的东西。"

他看了这一行字后，更迫不及待地走进了第三个宝藏，里面有一块磐石般大小的钻石。他发红的眼睛中泛着亮光，贪婪的双手抬起了这块钻石，放入了袋子中。他发现，这块钻石下面有一扇小门，心想，下面一定有更多的东西。于是，他毫不迟疑地打开门，跳了下去，谁知，等着他的不是金银财宝，而是一片流沙。他在流沙中不停地挣扎着，可是越挣扎他陷得越深，最终与金币、金条和钻石一起长埋在了流沙下。

如果这个人能在看了警示后离开的话，能在跳下去之前多想一想的话，那么他就会平安地返回，成为一个真正的富翁。知足，从某种意义上来讲，给了自己一个生存的空间，给了自己一条走向成功的道路……

物质上永不知足是一种病态，其病因多是权力、地位、金钱之类，如果任由其发展下去，就是贪得无厌，其结局是自我爆炸、自我毁灭。

托尔斯泰曾讲过这样的故事：

有一个人想得到一块土地，地主就对他说，清早，你从这里往外跑，跑一段就插个旗杆，只要你在太阳落山前赶回来，插上旗杆的地都归你。那人就不要命地跑，太阳偏西了还不知足。太阳落山前，他是跑回来了，但已精疲力竭，摔个跟头就再没起来。于是有人挖了个坑，就地埋了他。牧师在给这个人做祈祷的时候说："一个人要多少土地呢？就这么大。"

正像《伊索寓言》里所说的："有些人因为贪婪，想得到更多的东西，却把现在所有的也失掉了。"

所以生活中我们应该明白：即使你拥有整个世界，但你一天也只能吃三餐。这是人生思悟后的一种清醒，谁真正懂得它的含义，谁就能活得轻松、过得自在，白天知足常乐，夜里睡得安宁，走路感觉踏实，蓦然回首时没有遗憾！

谁说喜欢一样东西就一定要得到它。有时候，有些人为了得到他喜欢的东西，殚精竭虑，费尽心机，更甚者可能会不择手段，甚至走向极端。也许他得到了他喜欢的东西，但是在追逐的过程中，他失去的东西也无法计算，他付出的代价是其得到的东西所无法弥补的。

有时候，为了强求一样东西而令自己的身心都疲惫不堪，是很不划算的。有些东西是只可远观的，一旦你得到了它，日子一久你可能会发现其实它并不如原本想象中的那么好。如果你发现你失去的和放弃的东西更珍贵的时候，你一定会懊恼不已。所以有这样的一句话："得不到的东西永远是最好的。"所以当你喜欢一样东西时，得到它并不是你最明智的选择。

不想占有就不会太坎坷，所以，无论是喜欢一样东西也好，喜欢一个位置也罢，与其让自己负累，不如轻松地面对，即使有一天放弃或者离开，你也没有损失，因为学会了平静。

人赤条条地来去于这个世界上，不可能永久地拥有什么，当你煞费心机获取来的东西又在自己赤条条地离开之前落到他人手中，那将会是怎样的一种心态呢！相反，假使我们能对现有的一切感到满足，那么，我们便会洒脱地自得其乐，幸福也在其中。所以有人提出："人生是这样的短暂，我们纵然身在陋巷，也应享受每一刻美好的时光。"

杜利奥定律：拥抱热情，拥有快乐

【定律阐释】杜利奥定律，由美国自然科学家、作家杜利奥提出，指没有什么比失去热忱更使人觉得垂垂老矣。也就是说，人的精神状态不佳，一切都将处于不佳状态。

快乐源自自己

克罗克，自出生以来便遭遇了西部淘金运动结束、美国经济大萧条、第二次世界大战等多种不顺与不幸。然而，他对生活和事业的热情丝毫未减。他在家乡做生意的时候，发现迪克·麦当劳和迈克·麦当劳开办的汽车餐厅生意十分红火。待确认这种行业很有发展前途后，他便到餐厅打工，学做汉堡包。后来，他借债270万美元买下了麦氏兄弟的餐厅，并最终将它打造成今天大家熟知的麦当劳。可见，热情和积极心态对一个人是多么的重要。

生活中，我们总试图通过各种途径寻找快乐。殊不知，无论何时，快乐都是由自己来做主的。

巴辛是一名银行职员，他的心情总是很好，从来没人见过他有烦恼的时候。当有人问他近况如何时，他总会回答："我快乐无比。"

有一天，银行遭遇了3个持枪歹徒的抢劫，歹徒朝他开了枪。

幸运的是，巴辛被及时送进了急诊室。经过18个小时的抢救和几个星期的精心治疗，巴辛出院了，只是仍有小部分弹片留在他体内。

6个月后，他的一位朋友见到他，问他近况如何，他说："我快乐无比。想不想看看我的伤疤？"朋友看了伤疤，然后问当时他想了些什么。巴辛答道："当我躺在地上时，我对自己说有两个选择：一是死，一是活。我选择了活。医护人员都很好，他们告诉我，我会好的。但在他们把我推进急诊室后，我从他们的眼神中读到了'他是个死人'。我知道我需要采取一些行动。"

"你采取了什么行动？"朋友问。

巴辛说："有个护士大声问我对什么东西过敏。我马上答：'有的。'这时，所有的医生、护士都停下来等我说下去。我深深吸了一口气，然后大声吼道：'子弹！'在一片大笑声中，我又说道：'请把我当活人来医，而不是死人。'"

巴辛的故事告诉我们：在任何时候，你都可以改变你对事物的认知和自己的心情，只要你愿意选择积极乐观的想法，你就可以成为快乐的主人。快乐是一种最有价值的珍宝，人们都想得到它，但是总有一些人难以达成自己的这个心愿。

在心理学中，这种现象就是杜利奥定律的一种体现。人的精神状态不佳，一切都将处于不佳状态，但如果总能保持热情和积极的心态，那么，人生将无比美好。

国学大师张中行先生曾经说过："快不快乐，完全是由自己的想法决定的。"其实，生活中不可避免地会发生一些让人伤心或者烦恼的事，但是作为生活主角的我们，应该学会适应自己的处境，不钻牛角尖，乐观地去生活。从心理学的角度来看，这是一种"心理自我调整"。一个善于调整自己心理的人，一定是一个健康的人，一个和谐的人。

所以，如果你现在仍然觉得自己是一个不快乐的人，那就有必要深入地体会一下张中行先生的名言了。也许你觉得做数学题是痛苦的，但是你不能否认，在解出难题的那一瞬间，你的内心中充满了成就感，这就是快乐的一种表现。也许你觉得洗碗是让人厌烦的，但是如果你在洗碗时放一点音乐，你也就会体会到身心舒畅的感觉……

快乐是需要自己来体会和创造的，相信这一点的人，才会永远快乐。

怀着热情走进"快乐的城堡"

漫漫人生旅途，我们不可能一直都一帆风顺，不尽如人意的事情总是难以避免的。然而，当我们无法改变客观事实时，不妨通过热情的心理作用，敞开自己的心扉，让快乐走进来。《快乐的城堡》的作者就是很好的例证。

这位女作家的丈夫是一位将军，曾奉命到沙漠里参加演习，她为了能陪着丈夫，于是也随丈夫来到了沙漠里的陆军基地。

白天丈夫参加演习，她就独自在营地的小铁皮房子里休息。当时天气热得受不了，而且没有任何人可以聊天，她每天唯一能做的事情就是盼望丈夫早点回来。渐渐地，她非常难过，便写信给父母，说她想要抛开一切回家去。不久，父亲给她回了信，内容很短，只有两行字："两个人从牢中的铁窗望出去，一个看到泥土，一个却看到了星星。"读完父亲短促有力的回信，她不禁心头一颤，决定要在沙漠中找到星星。

从那时起，她开始努力地和当地人交朋友，并渐渐地对当地人的生活产生了兴趣，而当地人也很大方地把自己最喜欢但又舍不得卖给观光客人的物品都送给她。后来，她开始研究那些引人入迷的仙人掌和各种沙漠植物，又不断学习有关沙漠动物的知识，有时还和当地人一起看沙漠的日落。结果，原来这个令她难以忍受的沙漠环境，如今却令她非常兴奋、倍感快乐。

正是因为她用热情改变了对沙漠生活的看法。从那以后，她把原来认为恶劣的环境视为自己一生中有幸经历的最有意义的冒险。兴奋不已的她，开始了自己的创作，直至《快乐的城堡》与世人见面。

其实，沙漠没有改变，当地人也没有改变，但是女主人公的心态由消极转向了积极，开始对生活产生了热情。因此，她在沙漠里看到的不再是满天黄沙，而是美丽的"星星"。

客观上讲，生活并不会因我们的个人意志而发生太大的变化，但对快乐的感觉却是由我们的心态决定的。如果你始终能怀着热情去生活，那么，即使身处茫茫无边的沙漠，你也会与漫天黄沙交朋友；相反，倘若你对生活缺乏热情，那么，即使是沙漠中的绿洲也难以让你欣喜。

正如叔本华所说："一个悲观的人，把所有的快乐都看成不快乐，好比美酒到充满胆汁的口中会变苦一样。"所以，人生是幸福还是困厄，生活是快乐还是愁苦，完全取决于你对事物的态度，对生活的看法。与其抱怨、忧愁和苦闷，不如满载热情，珍惜当下，积极地去迎接快乐，让它走进你的生活。

下篇

经济就是生计

——你不可不知的经济学定律

·第一章·

经济：经济学是门经世致用的学问

公地悲剧：都是"公共"惹的祸

【定律阐释】当资源或财产有许多拥有者时，他们每一个人都有权使用资源，但没有人有权阻止他人使用，这会导致资源的过度使用。如草场过度放牧、海洋过度捕捞等。

为什么"公共"会惹祸

红红的樱桃不仅样子可爱，而且味道鲜美、营养丰富，自然成了不少人的喜爱之物。婺州公园的樱桃一熟，就被大家"追捧"。有人称："今天早上和家人一起到公园玩，发现那里的一片樱桃熟了，很多人都在摘。有折树枝的，有爬上树的，还有人竟然搬来梯子，一起动手，可热闹了。看了半天都弄不懂了，这样子怎么就没人管呢？是不是谁都可以摘啊？"

和所有水果一样，樱桃有着一个自然的成熟周期。还没成熟的时候，它们味道很酸，但随着时间的推移，樱桃的含糖量提高了，吃起来也就可口了。专门种植樱桃的农户到了收获时节才采摘樱桃，所以，超市里的樱桃都是到了成熟期才上架的。然而，长在公园里的樱桃，总是在尚未成熟、味道还酸的时候就被人摘下吃了。如果人们能等久点再采摘，樱桃的味道会更好。可为什么人们等不得呢？

这是因为，公园的樱桃是一种公共物品。人们知道，对公共物品而言，你不从中获得收益，他人也会从中获得收益，最后损失的是大家的利益。所以人们只期望从公共物品中捞取收益，但是没有人关心公共物品本身的结果。正因为如此，才最终酿成"公地悲剧"。

"公地悲剧"最初由英国人哈定于 1968 年提出，因此"公地悲剧"也被称为哈定悲剧。哈定说："在共享公有物的社会中，每个人，也就是所有人都追求各自的最大利益，这就是悲剧的所在。每个人都被锁定在一个迫使他在有限范围内无节制地增加牲畜的制度中，毁灭是所有人都奔向的目的地。因为在信奉公有物自由的社会当中，每个人均追求自己的最大利益。公有物自由给所有人带来了毁灭。"他提出了一个"公地悲剧"的模型。

一群牧民在共同的一块公共草场放牧。其中，有一个牧民想多养一头牛，因为多养一头牛增加的收益大于其成本，是有利润的。虽然他明知草场上牛的数量已经太多了，再增加牛的数目，将使草场的质量下降。但对他自己来说，增加一头牛是有利的，因为草场退化的代价可以由大家负担。于是，他增加了一头牛。当然，其他的牧民都认识到了这一点，都增加了一头牛。人人都增加了一头牛，整个牧场多了 N 头牛，结果过度放牧导致草场退化。于是，牛群数目开始大量减少。所有聪明牧民的如意算盘都落空了，大家都受到了严重的损失。

可见，"公地悲剧"展现的是一幅私人利用免费午餐时的狼狈景象——无休止地掠夺，"悲剧"的意义，也就在于此。

走出"公地悲剧"的漩涡

现实生活中，公地悲剧多发生在人们对公共产品或无主产权物品的无序开发及破坏上，如近海过度捕鱼造成近海生态系统严重退化等。

英国解决这种悲剧的办法是"圈地运动"。一些贵族通过暴力手段非法获得土地，开始用围栏将公共用地圈起来，据为己有，这就是我们历史书中学到的臭名昭著的"圈地运动"。但是由于土地产权的确立，土地由公地变为私人领地的同时，拥有者对土地的管理更高效了，为了长远利益，土地所有者会尽力保持草场的质量。同时，土地兼并后以户为单位的生产单元演化为大规模流水线生产，劳动效率大为提高。英国正是从"圈地运动"开始，逐渐发展为日不落帝国。

土地属于公有产权，零成本使用，而且排斥他人使用的成本很高，这样就导致了"牧民"的过度放牧。我们当然不能再采用简单的"圈地运动"来解决"公地悲剧"，我们可以将"公地"作为公共财产保留，但准许进入，这种准许可以以多种方式来进行。比如有两家石油或天然气生产商的油井钻到了同一片地下油田，两家都有提高自己的开采速度、抢先夺取更大份额的激励。如果两家都这么做，过度开采会减少他们可以从这片油田收获的利益。在实践中，两家都意识到了这个问题，达成了分享产量的协议，使从一片油田的所有油井开采出来的总数量保持在适当的水平，这样才能达到双赢的目的。

有人可能会说，避免"公地悲剧"的发生，就必须不断减少"公地"。但是，让"公地"完全消失是不可能的。"公地"依然存在，这就要求政府制定严格的制度，将管理的责任落实到具体的人，这样，在"公地"里过度"放牧"的人才会收敛自己的行为，才会在政府干预下合理"放牧"。

在市场经济中，政府规定和市场机制两者有机结合，才能更好地解决经济发展中的"公地悲剧"。

【定律链接】从"公地悲剧"到"反公地悲剧"

1998年，迈克尔·赫勒在《哈佛法律评论》上发表《反公地悲剧：从马克思到市场转型中的产权》一文，正式提出"反公地悲剧"的理论模型。他认为，生态学家加勒特·哈定之前创造的"公地悲剧"虽然很好地说明了公共资源被过度利用的恶果，但他却忽视了资源未被充分利用（或称"使用不足"）的可能性，而这导致的资源浪费、效率低下、收益减少的情况更为严重。于是，便提出了"反公地悲剧"。

2003年，复旦大学中国社会主义市场经济研究中心报道了新加坡南洋理工大学应用经济学系主任陈抗博士题为"从公地悲剧到反公地悲剧"的学术讲座。陈博士在讲座中也清晰地解释了"公地悲剧"和"反公地悲剧"的概念。当资源或财产被许多人拥有时，这些拥有者每一个人都有权使用资源，但没有人有权阻止他人使用，于是便导致资源的过度使用。这就是"公地悲剧"。例如，现实中的草地的过度放牧、海洋资源的过度捕捞、空气的严重污染等。与之相反，当资源或财产被许多人拥有时，这些拥有者每一个人都有权阻止其他人使用资源，但没有人拥有有效的使用权，资源或财产的使用效率和收益就会大大降低，甚至出现资源浪费。这就是"反公地悲剧"。如某些发明所导致的专利问题，由于专利权利太多，使后面的研发难以为继。

总之，一味地困守于资源或财产的完全"公共"或完全"反公共"，都会导致相应的悲剧。我们只有懂得采取相应的措施，有效平衡资源或财产的"共有"和"私有"，才能从根本上避免悲剧的发生。

马太效应：富者越来越富，穷者越来越穷

【定律阐释】1969 年，美国科学史研究者罗伯特·莫顿提出了马太效应，是指好的愈好，坏的愈坏，多的愈多，少的愈少的一种现象。

学会让自己的收益增值

假如你手里有一张足够大的白纸，请你把它折叠 51 次。想象一下，它会有多高？1 米？2 米？其实，这个厚度超过了地球和太阳之间的距离！财富与之类似，不用心去投资，它不过是将 51 张白纸简单叠在一起而已；但我们用心智去规划投资，它就像被不断折叠 51 次的那张白纸，越积越高，高到超乎我们的想象。

其实，根据马太效应，我们的收益是具有倍增效应的。你的收益越高，就越有机会获得更高的收益。

一位著名的成功学讲师应邀去某培训中心演讲，双方商定讲师的酬金是 300 美元。在那个时候，这笔数目并不算少。

这是一场规模盛大的演讲会，参加的人员很多。这位讲师的演讲非常成功，受到了大家的热烈欢迎。同时，他也因此结交了更多的成功学人士，感觉受益匪浅。

演讲结束后，他谢绝了培训中心给他的报酬，高兴地说："在这几天中，我的受益绝不是这几百美元所能买到的，我得到的东西，早已远远超出了报酬的价值。"

培训中心的领导很受感动，把这个讲师拒收酬金的事告诉了培训中心的所有学员。他说："这个讲师能够深深体会到他在其他方面的收获远远大于他的酬金，这说明了他对成功学的研究达到了很高水平，像他这样的讲师，才称得上是真正意义上的成功学大师，因为他已经深刻领会了成功的要素和成功的意义，那么他宣传的成功学一定很具实用性，也是可行的。阅读他所著的成功学书籍，一定会得到真实的成功启迪。"

于是，培训中心的学员们纷纷购买了讲师所著的成功学书籍和录像带等产品。

后来，培训中心又把这个讲师拒收酬金的事，写成激励短文挂在培训中心的阅览室里，参加培训的各期学员也都纷纷购买他的书籍和产品，使他的书籍再版了几次，总数超过了百万册。这样，仅在售书方面，讲师的收入就不是一个小数目了。

通过这个故事，我们不难发现，领悟了马太效应，对于我们获得更高的收益非常重要。

现实生活中，人人都希望自己富裕起来。那么，我们不能只看眼前的既得利益，应该把目光放得更远一些，看到马太效应的增值效果，让眼前的收益不断增值。这就好比前面将一张纸折叠 51 次那样，通过不断累加，你的收益便会越来越多。

【定律链接】投资，让金钱流动起来

据《犹太人五千年智慧》记载：

在古代的巴比伦城里，有位名叫亚凯德的犹太人，因为金钱太多闻名遐迩，而使他成为一位知名之士的另一原因，就是他慷慨好施，对慈善捐款毫不吝啬；他对家人宽大为怀，自己用钱也很大度。可是，他每年的收入仍大大超过支出。

有一些童年时代的老朋友常来看他，他们说："亚凯德，你比我们幸运多啦。我们大伙勉强糊口的时候，你已成为巴比伦的第一富翁，你能穿着最精致的服装，享用最珍贵的食物。如果我们能让家人穿着可以见人的衣服，吃着可口的食品，我们就心满意足了。

"然而，幼年时代，我们大家都是平等的，我们都向同一老师求学，我们玩相同的游戏，那时无论在读书方面或在游戏方面，你都和我们一样，毫无才华出众之处。幼年时代过去以后，你依然和我们一样，大家都是同等的诚实公民，然而现在，你成了亿万富翁，我们却终日不得不为了家人的温饱而四处奔走。

"根据我们的观察，你并不比我们辛苦，你做工的忠实程度也未超过我们。那么，为什么多变的命运之神偏偏让你享尽一切荣华富贵，却不给我们丝毫的福气呢？"

亚凯德于是规劝他们说道："童年以后，你们之所以没有得到优裕的生活，是因为要么你们没有学到发财原则，要么没有实行发财原则。你们忘记了：财富好像一棵大树，它是从一粒小小的种子发育而成的。金钱就是种子，你越勤奋栽培，它就长得越快。"

钱是可以生钱的，你只有懂得了马太效应，大胆地使用你的金钱去投资，才能成为一个真正富有的人。

布拉德和克里斯是一对非常要好的同学，他们毕业后到同一家公司上班，在

公司里担任的职位、领取的薪水也都一样。此外，两个人都非常节俭，因此每个人每年都能攒下一笔钱。

但是，两人的理财方式完全不同。布拉德将每年攒下来的钱存入银行，而克里斯则把攒下来的钱分散地投资于股票。两人还有一个共同的特点，那就是都不爱管钱，钱放到银行或股市之后，两人就再也没去管过它们了。

如此这般过了40年，克里斯成为拥有数百万美元的富翁，而布拉德存折上却只有区区十几万。

布拉德亲眼看着昔日的同学兼同事，40年来薪水收入相同，节俭程度相同，而克里斯却能成为百万富翁，反观一下自己，40年下来只有十几万。理财方式的不同造成了如今如此之大的差距。

投资决定收入。一般来说，每一次正确的投资，都是在助长现金流动，一段时间之后，现金流动会带着更多的金钱回来。乔·史派勒曾写过这样一本书，叫《动手来种钱》。他在书中提到一个只剩下1美分的人，这个人开始用仅有的1美分进行投资，他先将钱兑换成铜币，他心里告诉自己每次花掉的钱，他都要以10倍或更多倍的数量使它们再回到自己手上。这个人最后依靠这种方法获得了更多的财富，最终成了一个富翁。

所以，让金钱流动起来，它就是你的摇钱树！

经济过热理论：繁荣背后藏隐患

【定律阐释】经济过热是指市场供给发展速度与市场需求发展速度不成比例。当资本增长速度超过市场实际所需要的周期量后，在一定周期阶段内，相应的市场资源短缺与一定资源过剩的矛盾现象可能会同时出现。在一定时期，其会表现出经济发展与物价指数的双高现象。

经济，不是越热越好

经济扩张的合理限度，是指投资、消费与出口增长的特定约束条件。这些约束条件包括：资源约束、需求约束和效率约束。

所谓资源约束，是指经济扩张会受人、财、物的限制，主要原因在于，任何经济扩张都必须以一定的资源供给为支撑，而在特定时间与空间内资源供给是有限的，因此，一旦经济扩张超过资源供给限度就会造成"瓶颈制约"。例如，投资扩张会受原材料、能源、劳动力与资金投入等要素供给的限制，居民消费会受支付能力和消费品供给等因素限制，而出口则会受国内货源供给限制等等。

所谓需求约束，是指供给扩张会受市场需求的限制。在市场经济条件下，投资与生产活动通常以利润最大化为目标。唯利是图或尽可能获利是供给扩张的出发点，但是，只有在投资品或消费品供给能够满足社会需求并以合理价格销售出去后，经营者才有可能获利或实现利润最大化。

所谓效率约束，是指经济扩张会受单位产品的销售所带来的收益递减规律的制约。由于这种规律的作用，当经济扩张超过合理限度后，就会产生规模不经济的现象，也就是随着经济规模不断扩大，边际收益不断下降的现象。

经济过度扩张既有可能是投资过度造成的，也有可能是由消费膨胀和过度出口所致，甚至有可能是三者共同作用的结果。所以根据实际情况我们可以把经济过热大致区分为4种类型，即投资型经济过热、消费型经济过热、出口型经济过热与整体经济过热。但在实际经济生活中投资、消费与出口既有可能同时扩张，也有可能单独冒进，甚至有可能逆向发展。

应当注意的是，我们不能把经济过热等同于物价上涨。这是因为，经济过热的本质是经济扩张过度，或者说是投资、消费与出口超过特定限度；物价上涨则既有可能是由投资、消费与出口过度扩张引发的，也有可能是供给急剧下降、外部冲击（如国际油价或原材料价格大幅度上涨等）、政府调控政策（扩张性财政金融政策），以及成本推动（如工资成本增加与电、水、气等公共产品的人为提价）的产物。

很明显，前一种情况是主动性物价上涨，后一种情况下的物价上涨具有被动性。由于被动性物价上涨与经济过度扩张无关，并有可能在经济没有扩张或经济衰退情况下发生，所以不能把这种物价上涨视为经济过热引起的。因此，经济过热虽然会引起物价大幅度上涨，但并不是任何一种物价上涨都是经济过热引起的，只有那些由经济过度扩张所引起的物价大幅度上涨才真正是由经济过热引起的。

综上所述，经济过热的本质是超过资源供给以及需求或效率限度的投资、消费或出口扩张。由于经济过热会导致资源配置错位或降低资源配置效率，所以必须进行预防与控制。

关于中国经济是否过热的问题

2010 年 10 月《国际财经时报》报道：

10 月 22 日消息，中国第三季度经济增长稳健，但与今年早些时候相比有所放缓。中国政府关注的首要问题——通货膨胀率小幅上涨，表明这个世界第二大经济体形势依然稳健，并未出现过热趋势。

中国的经济增长率从第二季度的 10.3% 下降到第三季度的 9.6%。

中国国家统计局发言人盛来运说："经过测算，前三季度国内生产总值为 268660 亿元。按可比价格计算，同比增长 10.6%，比上年同期加快 2.5 个百分点。分季度看，一季度增长 11.9%，二季度增长 10.3%，三季度增长 9.6%。"

这些数字表明中国经济发展保持强劲，离经济过热还很远，并不像很多经济学家所担忧的那样。

全国居民消费价格指数 9 月份同比上涨 3.6%，略高于 8 月份的 3.5%，远远超过今年 3% 的通胀目标。

星期二，中国人民银行宣布提高利率，很多经济学家认为，这一举措的目的是给经济逐渐降温，并牢牢控制住通货膨胀。

中国经济今年第一季度增长幅度最大，折合成年率为 11.9%，在随后的两个季度逐步放缓。

渣打银行经济学家严瑾说，她很高兴看到中国并没有出现经济过热。她说："在我们看来，9.6% 是一个相对来说更可持续的增长率，我们认为这与今年第一季度相比是一个更加健康的增长幅度。这意味着经济已经稳定下来，并且开始恢复。现在更重要的是把目光集中在其他风险上，比如通货膨胀和资产价格暴涨。"

经济学认为，实际增长率超过了潜在增长率叫作经济过热，它的基本特征表现为经济要素总需求超过总供给，由此引发物价指数的全面持续上涨。

通过对经济过热的界定，我们可以看出。社会总需求的过量增长往往意味着经济发展的过热倾向。我们所说的需求是指有购买能力的需求，总需求的增长通常用货币供应量，特别是广义货币（M2）的增长来表示，因此，经济运行中是否存在超量的货币供给也成为衡量经济是否过热的标准。此外，一国货币的超量供应通常会引起该国一般物价水平的持续上涨，出现通货膨胀，所以通货膨胀是否出现也成为判断一国经济是否过热的标准。

根据以上标准，我们可以从以下几个特征判断经济发展是否处于过热状态：

（1）固定资产投资增长速度连续几年明显快于 GDP 的增长，这是判断经济过热重要标准。

（2）能源原材料需求供应紧张加剧，价格上涨过快。

（3）生产能力过剩，产品积压。

（4）资源环境压力增大，时常发生生产事故。

经济增长所带来的资源消耗高、浪费大等问题，加剧了环境保护的压力，也是经济过热的一个重要表现。

经济过热可以分为消费推动型经济过热和投资推动型经济过热。由于居民消费旺盛而导致的经济过热称为消费推动型经济过热。投资推动型经济过热，亦即过度投资，包含两个方面：

第一，在一个投资项目完工后，由于没有出现预期的市场需求，生产出来的产品大量堆积，资金无法收回，导致生产资料的严重浪费。这个层面上的"过度"指的是投资相对市场需求过度。

第二，投资规模过度展开，超过了财力负担能力，使得投资不能按预定计划完成，无法形成预期的生产能力。这个层面上的"过度"是投资规模相对于财力负担的过度。

【定律链接】相关常识解释

经济软着陆：指国民经济的运行经过一段时期的过度扩张之后，平稳地回落到适度增长区间。国民经济的运行是一个动态的过程，各年度间经济增长率的运动轨迹不是一条直线，而是围绕潜在增长能力上下波动，形成扩张与回落相交替的一条曲线。国民经济的扩张，在部门之间、地区之间、企业之间具有连锁扩散效应，在投资与生产之间具有累积放大效应。当国民经济的运行经过一段过度扩张之后，超出了其潜在增长能力，打破了正常的均衡状况，于是经济增长率将回落。"软着陆"即是一种回落方式，是相对于"硬着陆"即"大起大落"的方式而言的。

总供给：是国民经济各部门在一定时期内所生产的产品和服务的总和。总供给可以用社会在一定时期内所供给的生产要素的总和或者生产要素所得到的报酬总和来表示。

总需求：指一个国家或地区在一定时期内（通常是一年）由社会可用于投资和消费的支出所实际形成的对产品的劳务和购买力总量。它取决于总的价格水平，并受到国内投资、净出口、政府开支、消费水平和货币供应等因素的影响。

产能过剩：一般认为，产能即生产能力的简称，即为成本最低产量与长期均衡中的实际产量之差。对于什么是过剩，学者有不同的观点。有人认为供大于求即为过剩。也有人认为，供大于求有两种状态，第一种是供给略大于需求，第二种是总供给不正常地超过总需求的状态。"略大于"是指除满足有效需求外，还包括必要的库存和预防不测事故的需要。这种过剩本身并不是什么祸害，而是利益。后一种状态才是过剩状态，包括两方面内容：一方面是总供给为一定时间里总需求相对不足，另一方面是总需求为一定时间里总供给相对过剩。

泡沫经济：上帝欲使其灭亡，必先使其疯狂

【定律阐释】泡沫经济是指价格对价值的背离。一种产品的价格在市场上随着供求变化而经常波动，但是这种波动总是围绕产品的价值进行，从长期看，价格与价值相符。然而，泡沫经济中的经济泡沫膨胀使得波动超出合理的水平，严重背离其经济基础。没有经济发展为基础的价格上涨就会演变为泡沫经济，加大经济风险，有害于个人，也有害于国家。

上帝欲使其灭亡，必先使其疯狂

西方谚语说："上帝欲使人灭亡，必先使其疯狂。"

20世纪80年代后期，日本的股票市场和土地市场热得发狂。从1985年年底到1989年年底的4年里，日本股票总市值涨了3倍，土地价格也是接连翻番。到1990年，日本土地总市值是美国土地总市值的5倍，而美国国土面积是日本的25倍！日本的股票和土地市场不断上演着一夜暴富的神话，眼红的人们不断涌进市场，许多企业也无心做实业，纷纷干起了炒股和炒地的行当——整个日本都为之疯狂。

灾难与幸福是如此靠近。正当人们还在陶醉之时，从1990年开始，股票价格和土地价格像自由落体一般猛跌，许多人的财富一转眼间就成了过眼云烟，上万家企业关门倒闭。土地和股票市场的暴跌带来数千亿美元的坏账，仅1995年1月～11月就有36家银行和非银行金融机构倒闭，爆发了剧烈的挤兑风潮。极度繁荣的市场轰然崩塌，人们形象地称其为"泡沫经济"。

20世纪90年代，日本经济完全是在苦苦挣扎中度过的，不少日本人哀叹那是"失去的十年"。

泡沫经济，是虚拟资本过度增长与相关交易持续膨胀，日益脱离实物资本的增长和实业部门的成长，金融证券、地产价格飞涨，投机交易极为活跃的经济现象。泡沫经济寓于金融投机，造成社会经济的虚假繁荣，最后必定泡沫破灭，导致社会震荡，甚至经济崩溃。

最早的泡沫经济可追溯至1720年发生在英国的"南海泡沫公司事件"。当时南海公司在英国政府的授权下垄断了对西班牙的贸易权，对外鼓吹其利润的高速增长，从而引发了对南海股票的空前热潮。由于没有实体经济的支持，经过一段时间，其股价迅速下跌，犹如泡沫那样迅速膨胀又迅速破灭。

泡沫经济源于金融投机。正常情况下，资金的运动应当反映实体资本和实业部门的运动状况。只要金融存在，金融投机就必然存在。但如果金融投机交易过度膨胀，同实体资本和实业部门的成长脱离得越来越远，便会形成泡沫经济。

在现代经济条件下，各种金融工具和金融衍生工具的出现以及金融市场日益自由化、国际化，使得泡沫经济的发生更为频繁，波及范围更加广泛，危害程度更加严重，处理对策更加复杂。泡沫经济的根源在于虚拟经济对实体经济的偏离，即虚拟资本超过现实资本所产生的虚拟价值部分。

泡沫经济得以形成具有以下两个重要原因：

第一，宏观环境宽松，有炒作的资金来源。

泡沫经济都是发生在国家对银根放得比较松、经济发展速度比较快的阶段，社会经济表面上呈现一片繁荣，为泡沫经济提供了炒作的资金来源。一些手中拥有资金的企业和个人首先想到的是把这些资金投到有保值增值潜力的资源上，这就是泡沫经济成长的社会基础。

第二，社会对泡沫经济的形成和发展缺乏约束机制。

对泡沫经济的形成和发展进行约束，关键是对促进经济泡沫成长的各种投机活动进行监督和控制，但到目前为止，还缺乏这种监控的手段。这种投机活动发生在投机当事人之间，是两两交易活动，没有一个中介机构能去监控它。作为投机过程中的最关键的一步——货款支付活动，更没有一个监控机制。

此外，很多人将泡沫经济与经济泡沫相混淆，其实泡沫经济与经济泡沫既有区别，又有一定联系。经济泡沫是市场中普遍存在的一种经济现象，是指经济成长过程中出现的一些非实体经济因素，如金融证券、债券、地价和金融投机交易等，只要控制在适度的范围内，对活跃市场经济有利。

只有当经济泡沫过多，过度膨胀，严重脱离实体资本和实业发展需要的时候，才会演变成虚假繁荣的泡沫经济。可见，泡沫经济是个贬义词，而经济泡沫则属于中性范畴。所以，不能把经济泡沫与泡沫经济简单地画等号，既要承认经济泡沫存在的客观必然性，又要防止经济泡沫过度膨胀演变成泡沫经济。

在现代市场经济中，经济泡沫会长期存在。一方面，经济泡沫的存在有利于资本集中，促进竞争，活跃市场，繁荣经济；另一方面，也应清醒地看到经济泡沫中的不实因素和投机因素，这些都是经济泡沫的消极成分。

辨别虚假繁荣背后的泡沫

据英国媒体报道，2008年2月，津巴布韦物价飞涨，通货膨胀率已达到令人吃惊的100500%，当地货币的纸面价值已经低于纸的价值。大街上经常看到人们费力地抱着一摞纸币出门采购日用品。初看，外来人士会以为到处都是刚中了彩票的幸运儿或是亿万富豪，但不幸的是，这一大摞货币的价值都不及制造这些货币的纸的价值。此时，2500万津巴布韦元只相当于1美元。

这就是近在眼前的恶性通货膨胀，经济可以活跃社会，同样也可以覆灭一个社会。

人们的需求是无穷无尽的，经济社会中，我们的财产迅速积累，获得无数的幸福。中国人常说"祸福相依"，我们离不开它的收益，自然也拒绝不了它带来的毁灭。经济市场自始至终都是个充满各种诱惑和陷阱的大染缸，为了利益，人们总是展开不可避免的博弈争斗，各种价值冲突愈演愈烈，货币就是人类利益驱使下的产物，恶性通货膨胀也是由此产生的。

一般情况下通货膨胀都比较温和，只有在特殊时候，才如同洪水猛兽，将人们的财产一夜吞噬。

温和的通货膨胀，是一种价格上涨缓慢且可以预测的通货膨胀。世界上许多通货膨胀都是温和的通货膨胀，物价稳定上涨，人们对货币较有信心。

急剧的通货膨胀，是指总体价格以20%、100%、200%，甚至是1000%、10000%的速度增长。发生这种通货膨胀的地区，在价格被竭力稳定后，会出现严重的经济扭曲现象，并且人们会对本国货币失去信心，运用一些价格指数或外币作为衡量物品价值的标准。

恶性通货膨胀被称为经济的癌症，这种致命的通货膨胀以百分之一百万，甚至是百分之万亿的速度上涨，可以在短时间内摧毁市场经济。

所有泡沫形成的过程都大致相似：在狂热中上涨，似乎所有人都疯狂投入其中，直到发现荒谬，于是开始恐慌，最后噩耗此起彼伏……所有这一切，源头皆为利。

【定律链接】泡沫经济如同猴子捞月

"猴子捞月"的故事大家耳熟能详。故事里，树上的猴子们一只只地拉着前面一只猴子的尾巴，形成一条链子，把最后一只猴子送到水面，让它到水中捞月。

很多人看了这个故事都觉得好笑，现在看来，这些猴子的探索精神还是不错的，通过自身实践最终明白，水中的月亮不过是天上月亮的影子，从而增长知识。倒是人类不止一次地把投影当作实体，把实体抛在脑后。归根结底，不过一个"贪"字。这比捞月的猴子高明多少呢？

猴子认为月亮在水中，可它们真正去打捞时，月亮却破了，碎了，水中的月亮只是一个美丽的影像。在经济学中，泡沫经济如同水中的月亮一样，人们对它的希望如同一种投机，人们争先恐后地进入，给社会经济带来严重危害，甚至造成经济崩溃。

西方最早出现的泡沫经济，是以投资郁金香开始的。

在16世纪中期，荷兰人开发出郁金香的很多新品种，被无数的欧洲民众喜欢。于是，荷兰的郁金香种植者们开始搜寻"变异""整形"过的花朵，以此卖高价。逐渐地，这种狂热扩散到整个荷兰。所有的荷兰家庭都建起自己的花圃，郁金香几乎布满了荷兰每一寸可利用的土地。

1636年，一枝郁金香已与一辆马车、几匹马等值，至1637年，郁金香球茎的总涨幅已高达5900%！

终于，郁金香的价格开始崩溃，暴跌不止。整个荷兰的经济都崩溃了，债务诉讼数不胜数，法庭无力审理，很多大家族衰败，老字号倒闭。荷兰的经济也在很多年之后才得以恢复。

自此之后，接二连三的泡沫经济出现在世界的各个角落。归根结底，非理性的贪欲让人们丧失了判断标准，最后自食恶果。

集聚效应：集群发展，经济更上一层楼

【定律阐释】各种产业和经济活动在空间上集中产生的经济效果以及吸引经济活动向一定地区靠近的向心力，是导致城市形成和不断扩大的基本因素。集聚效应是一种常见的经济现象，最典型的例子当数美国硅谷，聚集了全球几十家IT巨头和数不清的中小型高科技公司。

产业集群带动经济发展

自然界里有许多"集聚现象"，如沙漠里的灌木，科学研究表明它们的分布跟降水量和地下水系的分布有很大关系，一般呈现出成群聚集的状态，这样才能更好地存活。在现实的经济领域中，也能找到许多"集聚效应"的例子。

例如，在我国浙江，诸如小家电、制鞋、制衣、制扣、打火机等行业都各自聚集在特定的地区，形成一种地区集中化的制造业布局。20世纪90年代以来，江苏省利用外商直接投资，取得突飞猛进的发展，截至2001年底其累计利用外资额位居全国第二，仅次于广东。外商直接投资大规模进入，让集聚效应的优势明显地发挥出来，有力地促进了江苏省经济的快速增长，江苏因此成了近年来我国经济增长最快的省份之一。此外，股市中中小盘股走势的确火爆，锂电池概念、稀土永磁概念、装修装饰以及园林建筑工程等股票不断上涨，而且很多以短期之内连续涨停的极具刺激性的形式来表现，令人叹为观止。因此，深成指突破前期高点的意义比不上对中小板指数创年内新高更能吸引投资者的眼球。这些都是资金在市场上形成的集聚效应。

集聚效应出现在工业领域，能产生很好的效果，比如生产成本的降低，物流成本的降低，能源消耗的降低等等。对于地方区域来说，集聚效应的积极作用也是很明显的，它几乎聚集了全国的顶尖的人才、科研机构、知名外企等一系列优势，在我国，最能体现集聚效应的就是一线大城市了，这种优势主要体现在产业集聚、人力资本集聚和创新活动集聚这三个方面。

中关村的发展实践，突显了人才的"集聚效应"。越来越多的人才荟萃中关村科技园，实现理想成就事业。到2009年年底，中关村汇聚各类人才106万人，其中，博士学历 1.1 万人，硕士学历 9.8 万人；具有高级职称的 5.5 万人，具有中级职称的 11.5 万人。这些集聚到中关村的高科技人才，提升了我国的自主创新能力，极大地推动了北京新兴产业的发展，一个具有全球影响力的科技创新中心相信在不久的未来就能成形。

同时，自从北京提出发展文化创意产业以来，北京的文化创意产业也明显呈现出集聚效应。2006 年，北京市文化创意产业从业人员 89.5 万人，资产总计 6161 亿元，业务收入 3614.8 亿元，创造增加值 812.1 亿元，占全市 GDP 的 10.3%，比 2005 年增长 15.9%。

经过不断的发展，北京文化创意产业不仅稳步发展，而且文化创意产业集聚效应日益明显。据不完全统计，北京市 2006 年 12 月挂牌的 10 个文化创意产业集聚区入驻企业 4687 家，其中，挂牌后新入驻企业 1101 家。集聚区企业 2006 年营业收入 478.5 亿元，利润 48.8 亿元，上缴税金 18.5 亿元。

上海是长三角地区的中心城市，集聚效应是它与其他城市之间关系的最主要特征。自改革开放以来，上海经济发展表现出雄厚的实力，已经连续许多年保持了两位数的 GDP 增长率。上海世博会是全球创意人和创意产业的"奥运会"，世博会上各种创新思想、新理念、新文化、新产品的交流碰撞也将激发创意人才思维模式的转变与创新，从而推动创意产业、创意经济迈上新台阶，创意经济的发展将进一步推动国内相关产业的升级。

据不完全统计显示，截至 2009 年底，江苏共有 64 家各类文化产业园区，4 个国家级动漫产业基地，7 个国家级、18 个省级文化产业示范基地；浙江省围绕杭州、宁波、温州等中心城市形成数个文化创意产业集聚地，全省已有 18 个创意园区，3 个国家级人才培训基地。

据统计，截至 2009 年 10 月，上海市正式注册的创意产业园区达到 81 家，入驻企业超过 4000 家，总建筑面积 250 万平方米左右，相关从业人员已达 8 万余人，累计吸引了近 70 亿元社会资本参与集聚区建设。创意产业增加值从 2004 年的 493 亿元增至 2008 年的 1048.75 亿元，年均增幅 20% 以上，占全市 GDP 比重从 5.8% 提高到 7.66%。

足见，在当前由上至下力推创新型经济发展的中国，以文化产业为龙头的创意经济正在成为地方发展的"加速器"。

坚持集中发展，发挥集中优势

按照优势产业集聚发展的原则，我们要注重推动优势产业、优势资源、优势企业和要素保障集聚，把握市场需求，充分发挥主导产品的优势，推进同业集聚和产业协作，发挥其带动功能，加大整合力度，从而走上一条节约、集约的资源可持续利用之路。

实践证明，工业集中发展不仅可以结合增长方式的转变，把服务、土地、劳动力等优势聚集在一起，形成规模效益，产生集聚效应，成为加速工业化和城镇化进程的有效途径，而且成为经济发展的带动平台，体制和科技创新的试验平台。

近年来，全球的跨国公司纷纷采取"集聚生存"这种生存战略。"集聚生存"是指各个跨国公司基于各自核心竞争优势，为了获取合作伙伴的互补性资产，以扩大企业利用外部资源的边界，增强彼此的市场竞争地位，形成了一种事实上的相互依赖和互为客户或以联盟为发展的基础。跨国公司的集聚生存既是市场激烈竞争的结果，也是市场竞争的反映。随着社会分工的深化和竞争的加剧，任何一个公司都无法仅依靠自己的力量在价值链的每个环节都取得优势地位。相反，竞争促使各跨国公司将自身的资源逐渐集中于其最具优势的环节或能力，而将其不具竞争优势或优势较小的业务部分外包给其他公司。这种业务调整的结果是：各跨国公司只专注于自己最擅长的领域，而通过协议或客户网络获得公司生存所必需的外部资源支持。跨国公司这种业务整合是随着科技进步、分工细化以及市场结构的变迁持续进行的。跨国公司持续的业务分化组合的结果在客观上促进了价值链上相关公司的发展，这些公司的发展反过来更有利于跨国公司集中自身优势于全球竞争——这是一种相互依赖的网络化生存关系。集体化生存使各公司均获得了一种仅靠自身力量无法得到的市场竞争优势地位，形成了一种集聚效应。

纽约这座国际大都市是世界最大跨国公司总部最为集中之地，它可谓是全球总部经济成功典范。在财富500强公司中有46家公司总部选在纽约，并发展形成了与之配套的新型服务业。在纽约，有法律服务机构5346个，管理和公关机构4297个，计算机数据加工机构3120个，财会机构1874个，广告服务机构1351个，研究机构757个。纽约有制造业公司1.2万家，许多全球制造企业都在这里设立了总部机构（如洛克菲勒中心），同时纽约还是名副其实的国际金融经济中心。

香港总部经济助推国际化大都市转型。香港已经吸引数千家跨国公司在港设立亚太总部，地区总部，香港的中环区便是总部聚集的区域。目前，这一地区集中了大量的金融、保险、地产及商用服务行、中国银行新总部等，已发展为成熟而标准的 CBD，成为香港经济的"心脏"。

对我国来说，跨国公司来中国集聚产生的效应，有利有弊。跨国公司和国际资本集聚中国，促进了中国的资本形成和资本积累，中国产业结构调整与升级，先进技术和人才的引进，国内就业水平的提高和当地政府的赋税收入的增加。不过中国企业也因此将面临越来越多的具有国际竞争优势的跨国公司的挑战。

测不准定律：越是"测不准"越有创造性

【定律阐释】测不准定律又名"不确定关系"，原是量子力学的一个基本原理，由德国物理学家海森堡于 1927 年提出。该原理表明：一个微观粒子的某些物理量（如位置和动量，或方位角与动量矩，还有时间和能量等），不可能同时具有确定的数值，其中一个量越确定，另一个量的不确定程度就越大。同自然科学一样，经济学中也面临着许多测不准的情况，如股市、基金等。

我们生活在一个"测不准"的世界

德国物理学家海森堡的量子力学的测不准定律，带来了物理学上的革命，他也因此获得诺贝尔奖。这一定律冲破了牛顿力学中的死角，表明人类观测事物的精准程度是有限的，或者说错误难免，任何事皆有可能。

而对于经济学来说，索罗斯则发现了"经济学的测不准定律"。这个创造了许多金融奇迹的人，依然在创造着惊涛骇浪般的奇迹。索罗斯号称"金融天才"，从 1969 年启动的"量子基金"，以平均每年 35% 的增长率令华尔街的同行目瞪口呆。他似乎在用一种超常的力量左右着世界金融市场，创下了许多令人难以置信的业绩。

传统的经济学理论总是宣扬市场如何有规律如何有理性，而在多年的经商过程中，索罗斯却发现那些经济理论是那么地不切实际。他对华尔街进行深入分析，察觉金融市场的现实其实就是混乱无序。市场中买入卖出决策并不是建立在理想的假设基础之上，而是基于投资者的预期，数学公式是不能控制金融市场的。人们对任何事物能实际获得的认知都并不是非常完美的，投资者对某一股票的偏见，不论其肯定或否定，都将导致股票价格的上升或下跌，因此市场价格也并非总是正确的，总能反映市场未来的发展趋势的，它常常因投资者以偏概全的推测而忽略某些未来因素可能产生的影响。

实际上，并非目前的预测与未来的事件吻合，而是目前的预测造就了未来的事件。所谓金融市场的理性，其实全依赖于人的理性，赢得市场的关键在于如何把握群体心理。投资者的狂热会导致市场的跟风行为，而不理性的跟风行为会导致市场崩溃。这就是他所提出的经济学"测不准定律"。所以，投资者在获得相关信息之后做出的决定，与其说是根据客观数据作出的预期，还不如说是根据他们自己心里的感觉作出的预期。

同时，索罗斯还认为，由于市场的运作是从事实到观念，再从观念到事实，一旦投资者的观念与事实之间的差距太大，无法得到自我纠正，市场就会处于剧烈的波动和不稳定的状态，这时市场就易出现"盛—衰"序列。投资者的赢利之道就在于推断出即将发生的预料之外的情况，判断盛衰过程的出现，逆潮流而动。但同时，索罗斯也提出，投资者的偏见会导致市场跟风行为，而盲目从众的跟风行为会让人们过度投机，最终的结果就是市场崩溃。

当然，在"测不准"当中，他又有"测得准"的由盛而衰的波动定律，投资者的赢利之道就在于及时地推断出即将发生的新情况，逆流而动。可究竟何时动何时不动，又完全取决于投资者本人的悟性。他说："股市通常是不可信赖的，因而，如果在华尔街你跟着别人赶时髦，那么，你的股票经营注定是十分惨淡的。"

股市的测不准现象比比皆是。在2008年的经济背景下，国际金融危机、国内经济压力重重，分析师们存忧患意识，看空市场理所当然。但市场却否极泰来，反而杀出了一条血路，正应了这句名言：这是最坏的时候，这也是最好的时候。但过去的毕竟已经过去，股市着眼于今天和明天。在2010年之前，连续5年相关机构对股市的预测都看走了眼，大多数机构在年末对来年股市的走势都判断失误。其中2009年的股市报告，大家都可以当笑话来读，大多数专业人士的判断是2009年股市上半年没有行情，下半年有小行情，房市可能会崩盘。可是最后结果证明，2009年房市、股市走出了大牛市。

机构的预测报告本来就是顺应媒体和股民的需求而产生的，那些企图预测股市的人，天天在预测，而股市的结局跟足球赛一样，是不可预测的。从科学的角度看，本来就"测不准"的，点位测市行为本身是错的，却偏要做个正确的预测结果出来，自然是难以做得准了。

近年来，另一个遵循"测不准"原理的就是国际原油价格。许多人热衷于预测油价，对油价走势进行判断，但油价预测已经无异于猜谜游戏。因为影响油价的因素实在太多：影响油价的基本原理应该是市场供求关系，但地缘政治冲突、自然灾害影响、恐怖活动威胁以及基金投机炒作等因素扭曲了国际石油市场供需的真相，国际油价随之大起大落，上涨之高甚至大大超出一般预期。

从经济学视窗看"测不准"

经济学中常用的马歇尔局部均衡"供给—需求"模型，这一模型包含相当多的"其余条件"，如偏好稳定、市场出清、不考虑其他商品等，可是在现实经济生活中，这一点是无法办到的，我们无法构筑这样一个定律能够完全发挥作用的环境。

不得不承认，生活中有时候一个创意带来的实际成效，抵得上 100 个人缺乏创新的千篇一律的劳动。实现这种大幅度的飞跃，不仅需要主动性，还需要发挥创造力。在新的未知领域，有很多难以准确估计、精确测量的不确定性，但这些地方也正是提供跳跃的最好平台。比如，资金是制约企业初期创业发展的一个重要因素，这就为企业的前途增加了不确定性。但是，有的时候，越缺少资金，企业对市场的适应性也会因此越强。因为过分依赖资本本身就会使得公司面临风险。所以企业轻装上阵，反而能没有负担地发挥创造性。

【定律链接】创意经济发展七模式

政府驱动型：以国际战略形态由政府积极推动创意产业发展的类型。该类型以美国、英国、日本、新加坡、韩国和中国香港地区为代表，尤以英国政府 1997 年后大力推动的"创意工业"成效最为显著。

艺术家驱动型：原生态的创意经济形态。其主要代表是闻名于世的美国纽约市的 soho 区。近几年在中国出现的北京 798 厂大山子艺术区、上海苏州河仓库艺术区、昆明上河创库区等，是创意产业在中国开始起步的先声。

社区合作型：指政府在公共发展的区域政策指导下，在调动财政、税收、金融、补贴、科研、规划等政府力量的同时，充分发挥市场、社会、企业不同的创新力量，吸引各国各地创意阶层共同参与，形成复合性的区域创新商业模式创意产业新社区。这种发展形态以 90 年代以来东柏林旧城区的成功改造最具代表性。

传统保护与旅游泛化型：依据本地城镇与街区的传统文化、建筑、工艺与人文资源，或利用专项基金进行传统艺术或遗产文明的保护性移植、复制与传承，均可以列为创意经济的范围；而旅游泛化型则多依靠旅游经济带动，在以旅游为主的同时，由创意艺术家与商家相互促动形成新的创意工业。

企业推动型：企业推动型是指企业依靠自身的资源与优势，在发现、识别并选择创意经济作为企业投资的产品方向后，整合社会创意与中介人群，与其他街区社区的发展定位形成互动与差异，成为当地创意产业的主力推动者这一创意经济发展类型。其成功案例有深圳华侨城的旅游地产双主题开发模式，成都置信地产古城再造与旅游地产模式，北京红石地产"长城公社"试验性建筑俱乐部模式，上海证大地产现代艺术馆与商业地产一体模式等等。

口红效应：经济危机中逆势上扬的商机

【定律阐释】口红效应，也叫"低价产品偏爱趋势"，是20世纪30年代美国经济大萧条时期首次提出的经济理论。这是一种有趣的经济消费现象：每当经济不景气，人们的消费就会转向购买廉价商品，而口红作为一种廉价的非必要之物，可以对消费者起到一种安慰的作用。口红效应属于一种在特殊时期的有趣的经济现象。

"口红"为何走俏

韩国经济不景气的时候，服装流行的是鲜艳的色彩，并且短小和夸张的款式订单比较多；日本现在的服装产业正处于低谷，但是修鞋补衣服之类的铺子，生意却出现了一片繁荣的景象；美国二三十年代的大萧条时期，几乎所有的行业都沉寂趋冷，然而好莱坞的电影业却乘势腾飞，热闹非凡，尤其是场面火爆的歌舞片大受欢迎，给观众带来欢乐和希望，也让美国人在秀兰邓波儿等家喻户晓的电影明星的歌声舞蹈中暂时忘却痛苦。

以上这些都是"口红效应"的作用表现。经济不景气的时候，生活压力会增加，人们的收入和对未来的预期都会降低，这时候首先削减的是那些大宗商品的消费，如买房、买车、出国旅游等，这样一来，反而可能会比正常时期有更多的"闲钱"，正好需要轻松的东西来让自己放松一下，所以会去购买一些"廉价的非必要之物"，从而刺激这些廉价商品的消费上升。

金融危机的寒流，并不会让所有的行业都陷入低迷的境遇，经济政策制定者和企业决策者可以利用"口红效应"这一规律，适时调整自己的政策和经营策略，就能最大限度地降低危机的负面影响。所以，危机到来的时候，商家所要做的就是打造危机下的口红商品，只要人人都努力了，都在想方设法地卖出自己的那支"口红"，"口红效应"就有可能发生意想不到的作用。

要想利用"口红效应"来拉动销售，需要满足以下三个条件：

首先是所售商品本身除了实用价值外，要有附加意义。同样花几十元钱，比起喝咖啡和坐出租车来，还是看电影更有吸引力，可以带来两个小时或者更长时间的持续满足感。危机时期令人绝望的境况，让人们黯然神伤，信心与快乐成为最稀缺的商品。而此时，文化娱乐产业将成为"口红效应"中的获益者。

其次，商品本身的价格要相对低廉。在经济不景气的时期，人们的收入会较之以前有不同幅度的下降，从而导致对消费品的购买力也会下降。对于大型投资或者奢侈品的购买在这一阶段不会赢得消费者青睐，反倒是一些价格低廉的商品，在此时会迎来销售的"春天"。

再次，商家要适当引导消费者，带动间接消费的欲望。20 世纪二三十年代经济危机时期却成了好莱坞腾飞的关键时期。在经济最黑暗的 1929 年，美国各大媒体就纷纷开辟专版，向公众推荐适合危机时期观看的疗伤影片。而且，不仅如此，好莱坞还就着这种经济不景气的现状，顺势举行了第一届奥斯卡颁奖礼，每张门票售价 10 美元，引来了众多观众的捧场。1930 年的梅兰芳远渡重洋，在纽约唱响他的《汾河湾》，大萧条中的美国人一边在街上排队领救济面包，一边疯狂抢购他的戏票，5 美元的票价被炒到十五六美元，创下萧条年代百老汇的天价。

经济危机中常见的生机产业

经济发展有其自身的规律，金融危机的爆发也是经济发展过程中出现的不可避免的问题。当出现这种现象时，商家不可坐以待毙，要学会从低潮中寻找新的商机，迅速实现产业的转型，从而让经济危机的劣势转化为产业发展的优势。就"口红效应"而言，它的受益产业主要有以下几个：

第一，化妆品行业

据有关统计显示，美国 1929 年至 1933 年工业产值减半，但化妆品销售增加；1990 年至 2001 年经济衰退时化妆品行业工人数量增加；2001 年遭受 9·11 袭击后，口红销售额翻倍。我们可以发现，化妆品行业出现繁荣的时期都是对民众产生较大影响的时期。在人们心灵受伤的时候，格外需要一些低廉的非必要品来给自己疗伤，从而给商家带来商机。

第二，电影产业

美国电影一直是"口红效应"的受益者之一，20世纪二三十年代经济危机时期正是好莱坞的腾飞期，而2008年的经济衰退也都伴随着电影票房的攀升。有人预测，中国的文化产业也许要借着"口红效应"实现一个新的跨越。12月公映的冯小刚电影《非诚勿扰》首周票房就超过了8000万元。 12月17日，国家广电总局电影局副局长张宏森透露，2008年主流院线票房已经超过了40亿，比去年增长30%。其中，票房过亿的国产电影数量也历史性地超过了好莱坞大片，预计将达到9部之多。和几年前一些偏冷门的类型题材的电影在市场上没有生存空间不同，今天的观众走进影院，既能看到传统功夫片《叶问》，也可以选择结合了艺术和商业的《梅兰芳》以及《爱情呼叫转移2》《桃花运》等影片。观众审美需要不断增加，电影创作也应以多类型、多品种、多样化的电影产品结构来支撑市场。也许这正是"口红效应"在中国的一种反映。

第三，动漫游戏行业

日本市场调研机构近日发布的消费统计数据显示，虽然其他行业走冷，游戏机行业中的任天堂和索尼PSP，却销量大增，其中很大一部分将作为圣诞节和新年的礼物，成为日本玩家迎接新年的伴侣。看来，无论其他行业的形势如何严峻，游戏会一直都是人们放松和疗伤的最优选择。

经济危机不会长久地存在于人们的生活中，终究还是会有回暖的时候。其实，经济增长的步伐偶尔慢下来，也未必不是一件好事。人们可以从繁忙的工作与生活中走出来，谈谈情，唱唱歌，跳跳舞，回归一下家庭，一箪食，一瓢饮，不改其乐。而企业则可以在这其中寻找商机，创造一支能让人们心仪的"口红"，推广开来。如此看来，"口红效应"也会实现双赢。

·第二章·

价值："值不值"与"贵不贵"

钻石与水悖论：商品价值与稀缺有关

【定律阐释】没什么东西比水更有用，但能用它交换的货物却非常有限，很少的东西就可以换到水。相反，钻石没有什么用处，却可以用它换来大量的货品。

物以"稀"为贵

向你提出一个有趣的问题，也是经济学家几个世纪来争论不休的问题：水和钻石相比，谁的价值更高一些呢？

毫无疑问，一杯水和一颗钻石同时摆在你面前，我们当然会说水的作用更大，但是你会选择水吗？恐怕多数人会选择钻石，因为他们觉得钻石比水的价值更大。这是为什么呢？

为什么水对人类的作用这么大，可它的价值却如此低？钻石除了能让人炫耀财富外，几乎没什么用途，为何价值却如此大呢？这就是困扰经济学家几百年之久的著名的"钻石与水悖论"，也就是价值悖论。

我们都知道，物以"稀"为贵，越是稀缺的东西，其价值越是不菲。亚当·斯密在一次演讲中提到："仅仅想一下，水是如此充足便宜以至于提一下就能得到，再想一想钻石的稀有……它是那么珍贵。"当供给条件变化时，产品的价值也会变化，斯密提到，一个曾在阿拉伯沙漠里迷路的富裕商人会以很高的价格来评价水；如果工业能成倍地生产出大量的钻石，钻石的价格将大幅度下跌。

经济学家约翰·劳用数量与需求的关系来解释这个悖论，他认为虽然水对人类的作用很大，但世界上水的数量远远超过人们对它的需求，而钻石却恰恰相

227

反，数量远远小于人们对它的需求，所以钻石的价值高，而水的价值小。

西方边际学派用"边际效用"说明价值悖论。相对于人的需求来说，水的总量是取之不竭的，而人们对喝水的需要是有一定限度的，随着肚子逐渐鼓胀起来，水就变成可喝可不喝的了，即此时水的价值很小；而相对于人的需求来讲，钻石的数量少得可怜，十分难得，自然钻石的边际效用很大，按照边际效应决定商品价值的观点，钻石的价值很大。

我们生活的地球上，生产资源有限，而人们对商品和服务的需求却是无限的。我们的金钱、时间等有限的资源，便是经济学中所指的"稀缺资源"。稀缺并不是说数量很少，而是指不可以免费得到，必须要有所付出才可以获得，而得到的多与寡，取决于你付出代价的多少。

当你想考取一所名牌大学时，当你想要追求一个可爱美女或"钻石王老五"时，当你想买一个 LV 限量包时，都会面临稀缺的烦恼。那么，亿万富翁就无须面对稀缺的烦恼了吗？当然不是，对比尔·盖茨这样的人来讲，或许他想要在更短的时间内做更多的慈善事业，或许他想要拿出更多的时间陪陪家人，享受更多的家庭温暖，对于他们来说，时间总是稀缺的。所以，稀缺是每个人都必须面临的问题。

对某些稀缺的产品来说，其价格往往会高到令人瞠目结舌的地步。以手机号为例，在 2009 年新版的吉尼斯世界纪录显示，2006 年 5 月 23 日，卡塔尔电信运营商拍出了全球最昂贵的手机号码——6666666，最终成交价格为 1000 万卡塔尔里亚尔，根据当时汇率水平计算约合 275 万美元。吉尼斯世界纪录此前记载的最昂贵的手机号码是中国四川航空以 48 万美元拍得的 88888888 手机号。

个性号码是有限的，有限的资源不可能使每个人得到满足。因此，在资源稀缺的前提下，对于这些吉祥号码，就必须以高价才能获得。

其实资源的稀缺性，有些是天生的，如金子、钻石等；有些是衍生的，如耕地，随着人口的增多，人均耕地越来越少，因为稀缺更显其价值。经济学中的稀缺性原理可以解释生活中许多不可思议的现象。

所以，不管是看似便宜的水（其实据统计，地球淡水含量也在逐年迅速减少），还是"钻石恒久远，一颗永流传"的钻石，其真实的价值都是根据稀缺度来决定的。如果我们不珍惜水资源，到"最后一滴水将是我们的眼泪"时，水的价值将远远高于千万颗钻石的价值。

我们购买的，其实是商品的使用价值

惠施是名家的代表人物，有一次和庄子对话："魏王送给我一粒大葫芦种子，我把它种了下去，没想到收获的葫芦太大了，竟然可以在里面存放五石粮食。我想用它来存水，可是它的皮太脆，没有力量承受；我想把它剖开当瓢用，可是它太大，没有水缸能够容纳它。它太大了，大到了无所适用的地步，所以我一生气，就把它给砸碎了。"

庄子回答说："以我的看法，不是瓢大无用，而是你不懂得如何使用。过去宋国有一个人，善于配制不裂手的药，正因为有这种技能，所以他家世世代代都在从事漂洗纱絮的工作。有一位南方的客人听说这件事后想花百万金子买他家的药方，一家人聚在一起商量了起来。大家都说：'我们家世世代代做漂洗纱絮的生意，一年下来顶多不过挣几万金子。现在只是出卖不裂手的药方就能得到百万金子，这么好的事情哪有不做的道理呢？'于是便把药方卖给了人家。那位客人将这个方子献给了吴国的国王。后来，吴国与越国进行水战，用这个方子制药，涂在手上防冻裂，而越国将士的手却个个皮裂指肿，难以使用兵器，被吴军打得大败而逃，最后只好向吴国献地乞降。同一种药方，作为一种不裂手的技术，并没有发生变化，可是有人用它漂洗纱絮，有人却能用它拓展疆域，这是在使用方法上的区别呀。现在先生有一个可放五石粮食的葫芦，为什么不把它剖开做成小舟漂浮于江湖之上，而却在那里为其没有用处而犯愁呢？"

《逍遥游》中讲的这个"大瓢无用"的故事，就是有关大瓢的使用价值的。

所谓使用价值，指能满足人们某种需要的物品的效用，如粮食能充饥，衣服能御寒。使用价值是商品的基本属性之一，是价值的物质承担者，是形成社会财富的物质内容。空气、草原等自然物，以及不是为了交换的劳动产品，没有价值，但有使用价值。

任何物品要成为商品都必须具有可供人类使用的价值；反之，毫无使用价值的物品是不会成为商品的。

通常情况下，同一事物蕴涵着多种使用价值；同一使用价值又可由多种事物表现出来，同一事物对于不同使用主体可表现出不同的使用价值，同一事物对于同一使用主体在不同的使用时间或在不同的环境条件下可表现出不同的使用价值。

使用价值反映了事物对于人类生存和发展所产生的积极作用。大千世界里各种事物以千姿百态的使用价值为人们所喜爱，所器重，构成了人们丰富多彩的物

质生活和精神生活内容，人们的一切活动都离不开这些事物的使用价值。

使用价值是明显不同于交换价值的：首先，使用价值是商品的自然属性，反映的是人与自然的关系，交换价值是商品的社会属性，反映的是商品生产者之间的社会关系；其次，使用价值是永恒的范畴，交换价值只有在商品上才能得到体现；再次，使用价值的存在不以交换价值的存在为前提，而具有交换价值的物品必定具有使用价值；最后，商品生产者生产商品是为了获取交换价值，商品消费者是为了获取使用价值，只有通过交换才能解决二者的矛盾。

【定律链接】认识"交换价值"与"价值量"

交换价值：指的是当一种产品在进行交换时，能换取到其他产品的价值。交换价值在马克思的经济学说中，是物品借着一种明确的经济关系才能够产生出的价值，也就是说，经济关系乃是交换价值的背景。交换价值只有一个产品在进行交换时，特别是产品被作为商品在经济关系中出售及购买时，才具有意义。

价值量：商品的价值量不是由各个商品生产者所耗费的个别劳动时间决定的，而是由社会必要劳动时间决定的。在其他条件不变的情况下，商品的价值量越大，价格越高；商品的价值量越小，价格越低。若其他因素不变，单位商品的价值量与生产该商品的社会劳动生产率成反比。

凡勃伦效应：只买贵的，不买对的

【定律阐释】凡勃伦效应，是一种"炫耀性消费"现象，指顾客购买商品的目的不仅仅是为了获得直接的物质满足与享受，更是为了获得心理上一种满足，即消费者对一种商品需求的程度因其标价较高而不是较低而增加。

不买最好，只买最贵

美国人罗伯特·西奥迪尼写的《影响力》一书中有这样一个故事：

在美国亚利桑那州的一处旅游胜地，新开了一家售卖印第安饰品的珠宝店。由于正值旅游旺季，珠宝店里总是顾客盈门，各种价格高昂的银饰、宝石首饰都卖得很好。唯独一批光泽莹润、价格低廉的绿松石总是无人问津。为了尽快脱手，老板试了很多方法，例如把绿松石摆在最显眼的地方，让店员进行强力推销等。然而，所有这一切都徒劳无功。在一次到外地进货之前，无计可施的老板决定亏本处理掉这批绿松石。在出行前她给店员留下一张纸条:"所有绿松石珠宝,价格乘二分之一。"等她进货归来,那批绿松石全部售罄。店员兴奋地告诉她,自从提价以后,那批绿松石成了店里的招牌货。"提价?"老板瞪大了眼睛。原来,粗心的店员把纸条中的"乘二分之一"看成了"乘二"。

降低绿松石的价格并不能将绿松石卖出,大幅度提价后,反而很快卖掉了,这个故事形象地反映了经济学中的"凡勃伦效应"。

凡勃伦效应由美国经济学家凡勃伦提出,它是指消费者对一种商品需求的程度因其标价较高而不是较低而增加,反映的是人们进行挥霍性消费的心理愿望。

为什么总有人只买贵的,不选对的?这是因为:其一,他们的购买行为具备"消费的象征",即借助消费表达和传递某种意义和信息,包括消费者的地位、身份、个性、品位、情趣和认同,消费过程不仅是满足人的基本需要,也是社会表现和社会交流的过程;其二,是"象征的消费",即消费者不仅消费商品本身,而且消费这些商品所象征的某种社会文化意义,包括消费时的心情、美感、氛围、气派和情调。

随着社会经济的发展,人们的消费观念也在悄然发生着变化,由追求数量和质量过渡到追求品位格调。如某财富新贵建造的办公楼极尽豪华,某城市商人团购劳斯莱斯数量又创新高……不管是玩名牌还是购房、买车,人们层出不穷的奢侈消费花样,为的都是得到心理上的满足感。他们购买的不是商品的价值,而是一种伴随商品的身份优越感。

商家愁的就是没人愿意花钱。消费者的这种凡勃伦心理,自然正中商家的下怀。商家当然会设法满足这些人的心理,将商品价格定得更高,使商品附带上"名贵"和"超凡脱俗"的形象,从而加强消费者对商品的好感。

很多人通过价格及品牌来表现自己的优越。如果价格下跌,炫耀性的成分就降低了,这种物品的需求量就有可能减少。比如一部价值20万的手机,现在要1万元卖给他,他也许根本都不会瞧一眼;一顿20万元的年夜饭,如果请他免费品尝,大概也会被拒绝。因为这些物品只剩下实际使用效用,不再有炫耀性的效用。

在我们的生活中,款式、材质差不多的一件衣服,在普通的店卖100元,进入大商场的柜台,就要卖到几百甚至上千元,一样有人愿意买。上万元的纪念表、上百万元的顶级钢琴等这些近乎"天价"的商品,近年来也在市场上日益走俏。

掌握财富的人如何使用财富是他们自己的事,与别人并无太多关系。越来越多的人不关注事物的本质，而是盲目追求表面的花哨噱头，使得整个社会都陷入浮躁之中。一些普通的白领甚至一般工薪族，为买一件衣服愿意节衣缩食付出几个月薪水为代价，这也就难怪商家愿意把商品越卖越贵了。

有句广告词说，"只选对的，不选贵的"，可以说是对凡勃伦心理最好的注解。但是，贵是没有上限的，而我们应该做的，是选择自己需要的。

巧妙炒作，利用"凡勃伦效应"成功营销

日常生活中，我们总能看到一件在普通小店卖几十元的衣服，进入大商场的专柜，就卖到几百元，仍然有很多人愿意买；上万元的皮包、眼镜架、手表等，在人们大呼天价的同时也能"走俏"。其实这就是运用"凡勃伦效应"，迎合顾客的奢侈消费心理。

因此，我们可以利用"凡勃伦效应"来探索新的经营策略。例如通过提升商品的包装档次，提高定价，给人一种"名贵"的感觉；或者借媒体宣传，将自己的形象转化为商品或服务上的声誉，使商品附带上一种高层次的形象，给人以"超凡脱俗"的印象，这些都能加强消费者对商品的好感，从而激起顾客的购买欲望，提高商品的市场销售额。

我们先来看一个故事：

师父为了启发徒弟，给他一块石头，叫他去地摊上卖。师父说："不要真的卖掉它，你只是试着卖掉它。注意观察，多问一些人，然后告诉我在市场它能值多少银子。"

徒弟看着这块虽然花纹很美，但很普通的石头，心中充满了迷惑，但他还是按照师父的话去做了。市场上有一些人看了石头想：它可以当一个很好的小摆设。于是便出了价，想要买那块石头，但只不过才给了几个铜板，徒弟没有卖。回来后，他对师父说："它最多只能卖几个铜板。"师父说："现在你再去黄金市场看看，问问那儿的人，但是仍不要卖掉它，问问价就可以了。"

徒弟就又去了黄金市场，他从黄金市场回来时兴奋地对师父说："那里的人出了1000两银子。"师父又说："现在你再去珠宝市场，看它能卖多少钱。"

于是，徒弟又去了珠宝市场。他简直不敢相信，有些珠宝商愿意出5万两银子来买这块石头。这时徒弟仍没有卖，于是那群买家开始抬价——他们出到10万两、20万两、30万两。徒弟说："这样的价钱我还是不能卖，我只是问问价。"他心里却想："这些人疯了！我觉得地摊上的价格已经足够了。"

回来后，师父对他解释说："现在你明白了吧，人就是要有自信，要敢于高估自己。"

在上面的故事中，虽然师父告诉徒弟的是做人的道理，但是从卖石头这个角度看，我们会发现，这种让人难以理解的现象背后其实就是凡勃伦效应在起作用。

从凡勃伦效应中，我们可以领悟一条营销规则，即价格越高的商品，越能受到消费者的青睐。其实这是一种正常的经济现象，因为随着人们消费能力的提高，单纯追求数量和质量的时代已经过去，人们更加注重商品的品位和格调。因此，经营者可以瞄准消费者的这一心态，推动高档消费品和奢侈品市场的发展，从中获得利润。当然，好质量是前提。

【定律链接】警惕"凡勃伦效应"的陷阱

根据凡勃伦效应，大家都懂得了消费者消费的目的，不仅仅是为了获得直接的物质满足与享受，更大程度上是为了获得一种心理上的满足。这种炫耀性消费，深受有钱人的欢迎。因此，很多企业就利用这种消费心理，一切以吸引消费者的眼球为基准，不惜代价，甚至拼命砸钱。

一顿饭5万元，听起来不可思议，但不少企业却乐此不疲。"赞助5万元便可与前来中国的世界级电影明星、现任美国加州州长的阿诺·施瓦辛格同桌进餐"的消息吸引了许多企业前来竞争。

从管理学的角度讲，这种"事件营销"的策略确实有其盈利点，参与企业或许能利用"与施瓦辛格共宴"等热点事件的新闻效应，获得一定的商业利益，但不少企业却过分夸大了炒作这类事件的效能，从而落入了"凡勃伦效应"的陷阱。

确实，消费者购买商品的目的除了直接的物质满足与享受，还要获得心理上的满足，但不少人却忽视了一个前提：为吸引眼球所支付的成本不能太高；也忽视了一种潜在危险：即使眼球集中到自己身上了，消费者也未必买账。

以乐于支付5万元与施瓦辛格共餐的企业为例，其中一个常识性错误就是这些企业与施瓦辛格并没有"利益磨合点"。它们只是完全寄期望于媒体的轰动效应，但这一效应不过是昙花一现，带给企业的收效也是微乎其微的。

许多曾经风光无限的企业，无一不精于策划并长于炒作，但最后往往是轰然倒塌。因此，一个善于营销的企业管理者，一个具有可持续发展经营思想的企业领袖，是将精力与费用投入到内部组织优化上与自身品牌的建设上，而非投入到单纯的商业炒作上。

价格战理论：价格竞争是一把双刃剑

【定律阐释】各商品品牌之间为了打压竞争对手、占领更多市场份额、消化库存等会采用降低产品价格的竞争方式，其主要内部动力有市场拉动、成本推动和技术推动等。

价格战，刺向竞争两方的双刃剑

价格战是指生产者为了达到倾销商品、占领市场的目的，而采用的降价销售的策略。价格战在我们的生活中并不鲜见。

2009 年 2 月中旬，格力、海尔、美的、三菱 4 家大的空调厂商陆续同国美签订了采购单总金额高达 100 亿元的采购合同。仅海尔一家便与国美签下了 16 亿元的采购订单，向后者提供 50 万台畅销特价机型。同时，四大厂商的产品也成功地挤垮了其他空调厂商，成为市场上极具销售规模的"四大金刚"。

除了空调大战，人们还会看到打得热火朝天的冰箱大战、彩电大战、微波炉大战等等，似乎每种产品都能擦出一点战争的火花。当今社会，市场经济发达，生产规模扩大，市面上逐渐出现了产品过剩的局面，也就是——"商品丰富，货源充沛"。这一消息，对消费者来说，等于在挑选产品时有了更多的机会；对于经营者来说，则是在提醒他们不得不在产品的品种、服务、价格等方面展开激烈竞争。降价，打价格战，成为很多品牌产品占据市场的最佳选择。

格兰仕"价格屠夫"的形象深入人心，同时也饱受业界诟病，尤其是其对微波炉市场的占有过程充满"血腥"。

据透露，格兰仕在近 30 年的发展过程中，一直是以低价策略争夺微波炉市场份额，"价格屠刀"不仅清除了一大批竞争对手，占领了国内外市场确立了业内老大的地位，还直接导致行业利润大幅收缩，微波炉市场竞争趋于白热化。目前，经过数轮价格"洗牌"后，国内微波炉市场已由早先的 10 来个品牌，逐渐被格兰仕带领下的美的、松下、LG、海尔等大品牌的模式取代，而格兰仕微波炉的寡头地位也进一步得到确立。

降价竞争是一柄"双刃剑"。在正常情况下，合理的、适度的降价竞争，有利于鼓励先进，淘汰落后，促使企业加强管理，降低成本费用，采用先进技术，提高劳动者素质和技术水平等，并给消费者带来长期的实惠。同时，降价后的价格水平仍然高于平均成本水平，使行业内的先进企业有利可图。

但是，降价竞争如果运用不当，出现过度降价、恶性降价竞争则会带来不良的后果。过度降价或恶性降价的一个基本特点是不顾成本，使行业内的价格水平低于平均成本，行业内大多数企业都无利可图，甚至严重亏损，这无异于饮鸩止渴的自杀行为。常常是低价这柄"双刃剑"一剑劈倒了对手，抢来了一时的客流，短期内产生了明显的促销效果，但是，另一边却也伤及了自身。

不想竞争，联盟真的靠得住吗

在拉封丹的寓言《鼠盟》里，有一只自称"既不怕公猫也不怕母猫，既不怕牙咬也不怕爪挠"的鼠爷，在它的带领下，老鼠们签订协议，组成了对抗老猫联盟，去救一只小耗子。结果，面对老猫，"首鼠两端不敢再大吵大闹，个个望风而逃，躲进洞里把命保，谁要不知趣，当心老猫"。鼠盟就这样瓦解了，协议变成了一纸空文。

寓言故事中，鼠盟难以形成的原因是猫的强大无比；市场竞争中，价格同盟难以实现的原因是市场供求力量强大无比，不可抗拒。在市场经济中，决定价格的最基本因素是供求关系，供小于求，价格上升；供大于求，价格下降，这是什么力量也抗拒不了的。在不完全竞争的市场（垄断竞争、寡头、垄断）中，企业只能通过控制供给来影响价格，想把自己硬性决定的价格强加给市场是行不通的。在汽车、民航这类寡头市场上，每个企业所考虑的只能是自己的短期利益，而不是整个行业的长期利益，因此，当整个行业供大于求时，不要寄希望于每个企业减少产量来维持一定的价格。

国内企业各种各样的"联盟"声不绝于耳，并且屡战屡败，而后又屡败屡战，很多企业乐此不疲。企业搞联盟是想在市场的海洋中寻求一个救生圈，而结果则不然，每次联盟均告失败的事实说明：这种被不少企业看作制胜"法宝"的价格联盟是靠不住的。

我国如今的经济好像进入了"联盟时代"，在种种共同利益的驱动下，一些企业动不动就扛起"联盟"大旗，或是抬价压价，或是限产保价，或是联合起来一致对外。仔细分析，这些企业联盟形式大致分为两种模式，一是企业之间自愿建立的松散联盟，二是主管部门主导、企业参加的联盟。

价格联盟的明显特征是：它是两个或两个以上的经营者自愿采取的联合行动，是处于同一经营层次或环节上的竞争者之间的联合行动，联合行动是通过合同、协议或其他方式进行的，协议的内容是固定价格或限定价格，其共同目的是通过限制竞争获取高额利润。

由于行业协会制定的价格是行业自律价格，其实没有强制效力，行业协会也不可能对"违反"自律价格的商家进行处罚，因此这个自律价格其实只是一个空架子，没有什么实际意义。在利益面前，这种基于行业压力及商家道德的"盟誓"究竟有着多少约束力可想而知。

早在18世纪初，亚当·斯密就说过这样一句话："同业中的人即使为了娱乐和消遣也很少聚在一起，但他们的对话不是策划出一个对付公众的阴谋，便是炮制出一个抬高价格的计划。"事实也一再证明，这种非寡头垄断同盟缺乏有效的约束机制，具有相当的不确定性。

价格联盟被称为"卡特尔"，任何价格卡特尔一经形成必然走向它的反面。联盟一经形成，价格便富有极大的弹性，只要其中的某一个成员降低价格，必将从中获利。为追逐利益，联盟成员之间的价格争斗不可避免，这就必然导致卡特尔机制的瓦解。

即使价格联盟在短期内取得一定收效，缓解了联盟企业的燃眉之急，但其潜在和长期的危害却不可忽视。首先，它制约了企业竞争。自由竞争是市场经济的基本属性，离开了竞争，市场就成为死水一潭。由于不同企业经营成本不同，执行相同的价格，就会形成大家平均瓜分市场份额的局面，无形中保护了落后，鼓励不思进取，严重挫伤了企业发展的积极性。其次，损害了消费者的知情权和选择权，伤害了消费者的利益，并且不利于培养消费者成熟的消费理念。俗话说，没有成熟的消费者就不会有成熟的市场，因此，最终结果还是累及整个行业的长期发展。

【定律链接】价格战中的小知识

不正当竞争：不正当竞争行为是指经营者违反《反不正当竞争法》的规定，损害其他经营者的合法权益，扰乱社会经济秩序的行为。不正当竞争行为的主体是经营者。

根据《反不正当竞争法》的规定："本法所称的经营者，是指从事商品经营或者营利性服务的法人，其他经济组织和个人。"不正当竞争行为损害的客体是其他经营者的合法权益，以及正常的社会经济秩序。例如，价格战就是一种不正当竞争的行为。

价格领先制：在激烈的市场竞争后，市场上产生了一个超级寡头，但它又不能消灭其他竞争者，这时就会采用价格领先制的定价方式。价格领先制是一家寡头率先定价，其他寡头跟从。这家可以率先定价的超级寡头称为价格领袖，这种领袖不是自封的，也不是政府指定的，是在价格竞争中产生的。

预防式定价：是为了防止潜在进入者进入，是一种未雨绸缪的定价方式。预防式定价是对付潜在进入者的，因此，价格定为多高就取决于潜在进入者在进入时遇到的进入门槛的高低。如果某个行业根本无法进入，比如企业垄断了某个行业的资源，就可以不采用预防式定价；如果某个行业根本没有进入门槛，任何企业都可以自由进入，预防式定价就要低一些。进入门槛的高低决定了预防式定价的高低，两者同方向变动。

供需定律：游走于短缺与过剩之间

【定律阐释】供需规律，指商品的供求关系与价格变动之间的相互制约的必然性，它是商品经济的规律。一般情况下，需求与价格的关系成反比，即价格越高，需求量越小；价格越低，需求量越大。

从供需关系，看穿价值高低

鲁迅先生在《藤野先生》一文中有这样的句子："大概是物以稀为贵吧。北京的白菜运往浙江，便用红头绳系住菜根，倒挂在水果店头，尊为'胶菜'；福建野生的芦荟，一到北京就请进温室，且美其名曰'龙舌兰'。"实际上，供需不平衡导致了这些商品的尊贵，因此，白菜在浙江能卖出好价钱，而芦荟在北京能卖出好价钱。

一般来说，供需平衡时，市场价格就是正常价格；当供大于求时，市场价格低于正常价格；当供不应求时，市场价格高于正常价格。"洛阳纸贵"的故事说明了供不应求，从而导致纸的市场价格成倍增长的现象。

《晋书·文苑·左思传》中记载，西晋太康年间出了位很有名的文学家——

左思。在左思小时候，他父亲一直看不起他，常常对外人说后悔生了这个儿子。等到左思成年，他父亲还对朋友们说："左思虽然成年了，可是他掌握的知识和道理，还不如我小时候呢。"左思不甘心受到这种鄙视，发奋学习。

经过长期准备，他写出了一部《三都赋》，依据事实和历史的发展，把三国时魏都邺城、蜀都成都、吴都南京写入赋中。当时人们都认为其水平超过了汉朝班固写的《两都赋》和张衡写的《二京赋》。一时间，在京城洛阳广为流传，人们啧啧称赞，竞相传抄，一下子使纸昂贵了几倍。原来每刀千文的纸一下子涨到两千文、三千文，后来甚至倾销一空，不少人只好到外地买纸，抄写这篇千古名赋。

为什么会"洛阳纸贵"？因为在京都洛阳，人们竞相传抄《三都赋》，以致纸的需求越来越大，纸的供给跟不上需求，这样一来纸的价格才会不断上涨。

在通常情况下，需求与价格的关系成反比，即价格越高，需求量越小；价格下降，需求量上升。例如，如果每盒冰激凌的价格上升了5毛钱，你可能就会少买冰激凌。价格与需求量之间的这种关系对经济中大部分物品都是适用的。这种关系如此普遍，以至于经济学家称之为需求规律：在其他条件相同时，一种物品价格上升，该物品需求量必会减少。

在现实生活中如大学生就业难的问题实际上也是需求定律的体现。我们经常听到"大学生太多了""人才太多了"之类的话，试问一下，中国的人才真的供大于求而人才过剩了吗？

如果就相对人才的供给与需求的关系而言，人才确实出现了过剩。比如，现在不少大学毕业生找不到工作或找不到合适的工作，在人才市场上数百大学生争一个岗位早已经不是新闻了；不少本科生做专科生的工作，研究生做本科生的工作；不少机关干部和科技人员分流下岗或人浮于事等等。这些现象都说明：我们的人才的确处于"过剩"的状态，更准确地说，处于相对过剩的状态。

人才也是一种商品，是一种特殊的商品，是受市场供求规律支配的。所以，当人才供大于求的时候，自然会造成人才过剩的结果。但这种人才过剩是相对的，因为并不是每一个机关、企业或农村都拥有了管理、法律、营销以及懂得电脑、信息、科技等的人才，而是在就业市场有限、对人才的需求有限的情况下，出现的一种人才的相对过剩。

人才相对过剩必然导致过度竞争，即人才商品的"价格战"。作为刚刚走进人才市场的高校毕业生，他们面前有这样几个选择：或者降低自己的价格，接受较低的工资；或者待价而沽，继续维持一个较高的价位；或者高不成低不就，依然处于"自愿失业"状态；或者继续深造，重新返回学校，暂时离开劳动市场。已经参加了工作的人，他们的选择不是很多：或者安于现状，或者"跳槽"。

实际上，无论是短缺还是过剩，其实都是需求定律在背后起作用，认识了需求规律，便能看穿所谓价值高低的实质。

市场供需关系稳定，物价才会趋向理性

供求与价格互为因果的竞争波动，是市场运行机制的核心和价值实现的承载形式。短期、局部供求关系的波动，会引发价格的反向波动，弹性的存在将供求关系导向新的均衡价格基础上的平衡。在这个意义上，供求（趋于平衡的态势）直接决定价格。

如果市场均衡尚不足以达到长期和全局产需平衡，就会进一步引发产需结构的调整，只要不存在资源、政策等约束，至少由于生产规模的变化，该产品的社会劳动生产率水平也将发生改变，资源配置（要素投入）的部门和地区结构、部门平均成本、社会价值都将随之改变，成为形成产品价格的新的价值基础。当供给大于、等于或小于需求时，市场价格的要求，将分别决定于优等、中等或劣等生产条件下由相对高的、中等的或低的劳动生产率水平所形成的相对低的、中等的或高的成本基础。所以，在供求波动中形成的价格，必然受劳动生产率水平和成本基础制约。这一事实恰恰说明，供求关系决定价格，其实质正是价值基础作用的表现形式。

我们生活在当今社会，市场经济与我们息息相关，这就要求我们必须懂得尊重市场规律，按供求规律这一基本原则办事。基本原则要求避免某些经济政策方面的举措，如国家补贴、建立国家强制性垄断、普遍冻结物价、进口禁令等。原则首先不是消极的或被动的，更确切地说，必须有积极的经济和法律政策，来达到发展完全市场制度，以实现基本原则的目的。

【定律链接】与供需定律相矛盾的萨依定律

萨依定律，也称作萨依市场定律，是一种自19世纪初流行至今的经济思想。萨依定律主要说明，在资本主义的经济社会一般不会发生任何生产过剩的危机，更不可能出现就业不足。定律得名自19世纪的法国经济学家——让·巴蒂斯特·萨依。虽然当今经济学教科书已将其内容删去，然而还有不少微观或宏观经济理论还是依据萨依定律做出结论的。

萨伊定律的核心思想是"供给创造其自身的需求"，这一结论隐含的假定是，循环流程可以自动地处于充分就业的均衡状态。它包含三个要点：

第一，产品生产本身能创造自己的需求；

第二，由于市场经济的自我调节作用，不可能产生遍及国民经济所有部门的普遍性生产过剩，而只能在国民经济的个别部门出现供求失衡的现象，而且即使这也是暂时的；

第三，货币仅仅是流通的媒介，商品的买和卖不会脱节。

萨伊定律之所以被人们批评，主要因为它犯了一个最基本的错误，它漠视有效需求，因此与供需定律产生了极大的矛盾。

偏好理论：不同的偏好，不同的选择

【定律阐释】偏好实际上是潜藏在人们内心的一种情感和倾向，它是非直观的，引起偏好的感性因素多于理性因素。

为什么白鸡蛋要贵一些

日常生活中我们可能有这样的经验，市场上的白壳鸡蛋往往比红壳鸡蛋要贵几毛钱，这是为什么呢？

先听听商家给我们的解释吧。白鸡蛋经常被冠以土鸡蛋、柴鸡蛋的名称，大致意思是农家散养的鸡下的蛋。农家鸡是在自然的环境下生长的，饲料以草籽、虫子、五谷杂粮等为主，绿色天然，鸡蛋的营养价值自然会更丰富一些。红鸡蛋是人工饲养条件下的鸡生的蛋，工业生产条件下的鸡以人工饲料为食物，出于增产的目的会人为地在饲料中添加一些激素，当然鸡蛋的营养价值会大打折扣。事实上消费者也是这么认为的，白鸡蛋卖得贵一些也理所当然。

这里，白鸡蛋的价格高显然是由生产白鸡蛋的成本（比红鸡蛋高）和消费者的购买欲望共同影响形成的。

事实是怎样的呢？国内外专家对此做了研究，发现白鸡蛋和红鸡蛋的营养价值差距不大。两种蛋的营养成分比较如下：

白鸡蛋的蛋白质比红鸡蛋高 0.75% 左右；

白鸡蛋的维生素 A、维生素 B_1、维生素 B_2 都略高于红鸡蛋；

红鸡蛋的脂肪比白鸡蛋高 1.4% 左右；

红鸡蛋的胆固醇比白鸡蛋高 0.8% 左右。

除此之外，其他的营养成分几乎相等。白鸡蛋和红鸡蛋蛋壳颜色不同主要是鸡的品种不一样。可见，说白鸡蛋价格高是因为成本高属子虚乌有的，消费者的购买欲才是影响鸡蛋价格的主要因素。

所谓消费者的购买欲，即消费者的偏好。偏好是指消费者按照自己的意愿对可供选择的商品组合进行的排列，它是潜藏在人们内心的一种情感和倾向，是非直观的，引起偏好的感性因素多于理性因素。

习惯是消费偏好的一种常见类型，是由于消费者行为方式的定型化，经常消费某种商品或经常采取某种消费方式，就会使消费者心理产生一种定向的结果。所以，尽管人们已知道两种蛋相差无几，但在习惯的作用下仍会对白鸡蛋有所偏爱。

在市场经济的条件下，价格是由供求关系决定的。"供"指供给，是生产者的行为；"求"指需求，是消费者的行为。价格把生产者和消费者联系在了一起。

消费者的需求即消费者的欲望，人们为什么要消费一件物品呢，所有的回答可以归结为一点：它能给人们提供满足。这种满足被称为效用。早期的经济学家认为，必须找到一种方法来计量效用，就像长度可以用米、时间可以用秒来计量一样。这种努力失败之后，他们甚至宣称，选中效用是一个不幸。后来，人们发现，事情并没有这么糟糕：当一个人选择苹果而不是橘子时，我们只需要知道苹果带给他的效用比橘子高就足够了，至于高多少实际上是无关紧要的。

为了满足人对蛋的消费这种效用，有诸多可供选择的对象，如红鸡蛋、白鸡蛋、甚至鹌鹑蛋。人们会在自己偏好的作用下对各自的效用排个序，显然白鸡蛋会排在第一位，人们认为白鸡蛋的效用是最大的，尽管这并没有科学的根据。但就消费的最终目的是满足欲这一点来说已经足够了！

我们知道，物品价格的变动是沿着它的需求曲线上下变动的。由于人们对白鸡蛋的特殊偏好导致了对白鸡蛋的需求上升最终反映在价格上——即比红鸡蛋贵几毛钱。

然而，一方面，消费者要尽量满足自己的愿望和需要；另一方面，他又受到购买力的约束，消费者的购买力取决于他的收入水平以及市场的物价水平。如果白鸡蛋定价过于昂贵，人们则会减少对白鸡蛋的消费，从而增加对它的替代品红鸡蛋的消费，毕竟两种蛋相差没多少。所以即使商家会把白鸡蛋价格定得贵一些，但和红鸡蛋比起来总不会贵太多。

萝卜白菜，各有所爱

偏好表明一个人喜欢什么，不喜欢什么。所有人都是有偏好的，萝卜白菜各有所爱，穿衣戴帽各好一套，说的就是这个道理。偏好是主观的，也是相对的概念，一般来说，偏好无所谓好坏。

偏好实际上是一种非理性的表现形式，每个人的偏好不相同，这就会引起每个人行为选择的不同。

有个人在自家地里挖出一尊绝美的大理石雕像。一位艺术品收藏家高价买下了这尊雕像。卖主拿着大把的钱感叹：这钱会带来多少荣华富贵，居然有人用这么多钱换一块在地下埋了几千年、无人要的石头！收藏家端详着雕像想：多么巧夺天工的艺术品，居然有人拿它换几个臭钱！他们都对自己交换来的东西感到非常满意。

每个人的偏好不同，因此对同一种物品的评价往往不同，这种评价直接影响该物品的使用价值。卖主认为钱的价值大于雕像，买主认为雕像的价值大于钱，这和个人的偏好不无关系。

那么，偏好究竟跟什么相关呢？有人认为和收入相关，比如我们买服装时，富人从不去地摊，而是去大型商场；也有人认为和前期偏好有关，比如我们考研时会买某品牌辅导书，因为大学考英语四级、六级时一直选择这个品牌；也有人认为偏好和地理有关，如四川人偏好吃辣，江苏人偏好吃甜；也有人认为偏好跟熟悉程度有关，比如在同类商品中选择自己所需要的，一般会选择做过广告的；还有人认为偏好与周围人的偏好有关，你周围的人都买某件东西时，你一般也会买这件东西。

通常情况下，人们认为个体的偏好大多受感性因素的影响，这些感性因素因人而异，有明显的差别，也就印证了那句"萝卜青菜，各有所爱"。但从整个社会的角度来看，偏好的形成还需要依赖多种因素，如文化因素、经济因素、社会因素等的共同作用。

经济学认为，每个人根据自己的偏好，形成在一定约束条件下能够反映自身愿望的需求，在此基础上作出自己行为的决策，就能获得效用的最大化。实际上，偏好是每个人自己的心理感受，如果有人一定要用自己的偏好影响他人，往往会吃力不讨好。

偏好在生活中是非常重要的。每个人都会在限定的条件下最大化自己的偏好，即根据自己偏好使其利益最大化。于是，在别人看来，理性的人未必实现利益最大化，其实对于个人而言，他已经迎合了自己的偏好，实现了自身的利益最大化。因此，我们应该尊重每个人的偏好，要"投其所好"。

【定律链接】消费者的品牌偏好

营销学家霍尔及布朗于 1990 年的研究论述中指出，消费者在采取购买行动之前，心中就已有了既定的品牌及偏好，只有极少数的消费者会临时起意产生冲动性购买。整体而言，就算消费者的购买是无计划性的、无预期性的，仍将受到心中既有的品牌与偏好的影响。

事实上，品牌与品牌之间的战争，说穿了就是一场由营销传播与促销所构建成的消费者心理战，每个品牌都竭尽所能地想击败对手，获取消费者最高的品牌偏好与忠诚度。每位广告主都一样，不断地提高自己品牌的声音，只为了引起消费者的高度注意与兴趣。这意味着什么呢？营销人在策划与促销产品时，应特别留意消费者内心世界里的"喜欢"或"不喜欢"是如何形成的，才能为品牌赢得正面的、强力的偏好度。

有问卷调查显示：半数消费者存在饮料品牌偏好。在激烈的市场竞争下，口碑好、信誉度高的饮品较受消费者的青睐，销量更好些。通过消费者类型与年龄的相关性分析，我们看到，在 18 ~ 24 岁这个年轻人群中，很少有人对饮料的品牌是无所谓的，然而他们又并非对某个品牌完全忠诚，很多人会因为口味、包装和价格等因素而不去考虑品牌效应。但 25 ~ 30 岁的人群，他们有一定的品牌观念，同时比较稳定的消费习惯把对品牌的喜好固定下来。

消费者行为在很大程度上受商品中蕴涵的象征意义的影响。品牌对于消费者选择、企业营销策略制定而言具有多方面的意义，品牌的作用在于提供一种无形利益，这种无形利益不仅仅建立在质量、服务、技术等实体基础上，更着重于一种地位、品位、趣味上的认同和给予。

替代效应："稀缺"才能"稀罕"

【定律阐释】由于一种商品价格变动而引起的其他商品的相对价格发生变动，从而导致消费者在保持效用不变的条件下，对商品需求量的改变，称为价格变动的替代效应。

东方不亮西方亮

2009 年岁末一场大范围降雪使得各地的青菜价格猛涨了不少。细心的人会发现，青菜价格是涨了，但买的人也少了。随着鲜菜价格的大涨，精打细算的消费者们开始盯上了价格一向稳定的腌制蔬菜。"菜价涨得凶，只有腌菜价格没动。一年到头都可以吃到新鲜蔬菜，偶尔换换口味也不错。"很多消费者都这样想。于是，腌制的萝卜、雪菜、苋菜、霉干菜等，都卖得不错，风头明显超过了平时颇受青睐的新鲜蔬菜。不过，随着天气转好，鲜菜价格恢复平稳，鲜菜的销量也随之上升了，腌菜又重新回归"冷门"了。

这就是替代效应在发挥作用。在市场买水果，一看到橙子降价了，而橘子的价格没有变化，在降价的橙子面前，橘子好像变贵了，这样你往往会多买橙子而不买橘子。对于两种物品，如果一种物品价格的上升引起另一种物品需求的增加，则这两种物品被称为替代品。

替代效应在生活中非常普遍。我们日常的生活用品，大多是可以相互替代的。萝卜贵了多吃白菜，大米贵了多吃面条。一般来说，越是难以替代的物品，价格越是高昂。比如，产品的技术含量越高价格就越高，因为高技术的产品只有高技术才能完成，替代性较低，而馒头谁都会做，所以价格极低。再如艺术品价格高昂，就是因为艺术品是一种个性化极强的物品，找不到替代品，王羲之的《兰亭序》价值连城，就是因为它只有一幅。

2007 年 3 月 2 日，信产部发布了中国联通公司申请停止 30 省（自治区、直辖市）寻呼业务的公示。该文件显示，中国联通向信产部申请停止经营全网（除上海市）198/199、126/127、128/129 无线寻呼服务，已经基本完成北京、天津、河北等 30 省（自治区、直辖市）范围内在网用户的清理和转网等善后处理工作。联通在全国范围内停止寻呼业务，预示着 BP 机将正式告别历史舞台，成为一个时代的背影。BP 机刚出现时，价格贵得惊人，一部要几千元，而当时人们的工资一般才几百元。谁要是有一部这样的机子，是很叫人羡慕的。中国寻呼业在 20 世纪 90 年代曾经辉煌一时，全国用户发展的增长幅度曾高达 150%，用户规模一度逼近 1 个亿。但是繁华易逝，自 1999 年年底开始，随着手机的迅速普及，寻呼业被打入漫长的冬天。

尽管寻呼企业也曾尝试转向股票、警务等专业化服务，但依然无法扭转颓势。

2002 年时，联通还高调接收了另一家著名的寻呼企业——润讯通讯的用户，仅广东就接纳了 50 万户之多。但是，兼并与重组不能改变寻呼企业每况愈下的经营状况，寻呼业务再也没有寻到翻身之机。所有努力都无法阻挡寻呼业走向没落的脚步。

寻呼机为何只发展了短短的十几年，就从辉煌走向衰落？从经济学角度解释，替代效应发挥了巨大的作用。人们有了更方便实用的手机，谁还会选择 BP 机？BP 机完全被手机替代了。

总之，替代效应在我们的日常生活中无处不在，正如中国那句俗话，"东方不亮西方亮"。

垄断

垄断的意思是"唯一的卖主"，它指的是经济中一种特殊的情况，即一家厂商控制了某种产品的市场。比如说，一个城市中只有一家自来水公司，而且它又能够阻止其他竞争对手进入它的势力范围，这就叫作完全垄断。

既然整个行业独此一家，别无分号，显然这个垄断企业便可以成为价格的决定者，而不再为价格所左右。可以肯定的是，完全垄断市场上的商品价格将大大高于完全竞争市场上的商品价格，垄断企业因此可以获得超过正常利润的垄断利润，由于其他企业无法加入该行业进行竞争，所以这种垄断利润将长期存在。

要打破垄断绝非轻而易举。通常，完全垄断市场有三座护卫"碉堡"，其一是垄断企业具有规模经济优势，也就是在生产技术水平不变的情况下，垄断企业之所以能打败其他企业，靠的是生产规模大，产量高，从而总平均成本较低的优势。其二是垄断企业控制某种资源。美国可口可乐公司就是长期控制了制造该饮料的配料而独霸世界的，南非的德比公司也是因为控制了世界约 85% 的钻石供应而形成垄断的。其三是垄断企业有法律庇护。例如，许多国家政府对铁路、邮政、供电、供水等公用事业都实行完全垄断，对某些产品的商标、专利权等也会在一定时期内给予法律保护，从而使之形成完全垄断。

通常认为，完全垄断对经济是不利的，因为它会使资源无法自由流通，引起资源浪费，而且消费者也由于商品定价过高而得不到实惠。"孤家寡人"的存在也不利于创造性的发挥，有可能阻碍技术进步。可是话又说回来，这些垄断企业拥有雄厚的资金和人力，正是开发高科技新产品必不可少的条件。另外，由政府垄断的某些公用事业，虽免不了因官僚主义而效率低下，但不以追求垄断利润为目的，对全社会还是有好处的。

【定律链接】打造"无可替代"，成就非凡人生

在我们的工作中，替代效应也在发挥作用。那些有技术、有才能的人在企业里是香饽饽，老板见了又是加薪，又是笑脸，为什么？因为这个世界上有技术、有才能的人并不是很多，找一个能替代的人更是不容易。而对于普通员工，企业很容易从劳务市场上找到替代的人，你不愿意干，想干的人多的是。如果别人的薪金比自己高，不要吃惊和不平，要使自己具有不可替代性，待遇自然会提上来。

很多人慨叹，说自己刚进公司时，老板对自己很器重，当把才华全都献给公司的时候，自己的末日也就来了，这是替代效应在起作用。市场是无情的，面对员工的停步不前，如果老板不让新员工替代才能用尽的老员工，市场就会让别的企业替代这个企业。在错综复杂的市场中，如果你总能做到思维超前，自然不会被别人替代。

现实生活中，一个人始终做到"无可替代"非常难，因为社会在发展，任何人或者事物都面临着可能被替代的后果。所以，不要总认为自己是独一无二的，我们的社会在创新，企业在创新，我们自己也要时刻为自己充电。只有努力学习和更新自己，让自己在一定时间内一定空间内具有不可替代性，自然就会成就自己的不凡人生。

价值规律：价值支配着价格的波动

【定律阐释】价值规律是商品生产和商品交换的基本经济规律，即商品的价值量取决于社会必要劳动时间，商品按照价值相等的原则互相交换。价值规律是商品经济的基本规律，但并不是商品经济中唯一的经济规律，是客观的，不以人的意志为转移的。

是什么在支配价格的变动

郑州一家名叫保罗国际的理发店，它创造了一项惊人的纪录，两个顾客理发，收费1.2万元，平均一个人就是6000元。在市场经济条件下，"理发"作为一项有偿性服务，其定价必须遵循价值规律的基本原则，即价格不能过分偏离价值。"1.2万元"的天价理发无疑偏离了"理发"这项服务的基本价值，这明显是商家的消费欺诈行为。由此，"天价理发"已经不是单纯的商品或服务定价过高，而是涉嫌犯罪了。

价值规律告诉我们，商品价值是价格的本质，价格只是商品价值的货币表现，价格围绕价值上下波动，也就是说，价格高于或低于商品价值都是价值规律的表现形式。实际上，商品的价格与价值相一致是偶然的，不一致却是经常发生的。这是因为，商品的价格虽然以价值为基础，但还受到多种因素的影响，使其发生变动。但是，价格不能过分偏离商品的基本价值。市场经济条件下，绝大多数商品实行市场调节价。因此，一些生产经营者认为自己可以随意确定自己商品的价格，实际上，他们的定价必须遵循价值规律和相关法律。

价值规律在我们的生活中有着很重要的作用，主要表现在以下3方面：

（1）调节作用。价值规律调节生产资料和劳动力在各生产部门的分配。这是因为价值规律要求商品交换实行等价交换的原则，而等价交换又是通过价格和供求双向制约实现的。所以，供不应求时，就会使价格上涨，从而使生产扩大；供过于求时，会使价格下跌，从而使生产缩减。这里价值规律就像一根无形的指挥棒，指挥着生产资料和劳动力的流向。当一种商品供大于求时，价值规律就指挥生产资料和劳动力从生产这种商品的部门流出；反之，则指挥着生产资料和劳动力流入生产这种商品的部门。当然，价值规律的自发作用，也会造成社会劳动的巨大浪费，因而需要国家宏观调控。

（2）刺激作用。由于价值规律要求商品按照社会必要劳动时间所决定的价值来交换，谁首先改进技术设备，劳动生产率比较高，生产商品的个别劳动时间少于社会必要劳动时间，谁就获利较多。因而，同部门同行业中必然要有竞争，这种情况会刺激商品生产者改进生产工具，提高劳动生产率，加强经营管理，降低消耗，以降低个别劳动时间。

（3）筛子作用。在商品经济中，由于竞争，商品生产者想方设法缩短个别劳动时间，提高劳动生产率，优胜劣汰，这是不以人的意志为转移的。

尊重价值规律，利用价值规律

国家根据社会必要劳动时间的变化和社会供求关系的变化，以及其他方面的因素，有计划、有步骤地来调整价格，避免价格的自由涨落。从一个长时期来看，价格是在不断变化的，但在一定时间内，价格是稳定的。

价值规律同其他客观规律一样，在人们还没有认识它并自觉利用它之前，只能作为一种异己的力量来强制人们服从它，受它支配。当人们认识它以后，逐渐掌握其运动规律，人们就可以驾驭它，使它服从人们的支配和控制。

恩格斯在谈到未来社会运用经济规律时说："人们自己的社会行动的规律，这些直到现在都如同异己的、统治着人们的自然规律一样而与人们相对立的规律，那时就将被人们熟练地运用起来，因而将顺从他们的统治。"这就是社会主义社会运用价值规律的特点。也就是说，在我们不认识价值规律和不能掌握价值规律以前，我们感觉无法驯服，它的破坏作用会大于对社会有益的作用，我们对让它发挥作用有疑虑。当我们认识了它以后，就可以顺应它的作用，为社会谋福利。对此，就好像水和电一样，只有让它发挥作用我们才能认识它、掌握它，做到避其害趋其利。

例如，由于英语、计算机有实用价值，很多企业都需要，而传统文化在很多企业很少用上，甚至根本用不上，所以这些专业的人员的待遇与英语、计算机专业的待遇比起来显得相当可怜，也正因如此，英语、计算机市场火热而中国传统文化市场萎靡。那么，我们该如何拯救传统文化市场呢？《国家"十一五"时期文化发展规划纲要》提出，将在有条件的小学开设书法、绘画、传统工艺等课程，在中学语文课程中适当增加传统经典范文、诗词的比重，要求高校各专业必须开设大学语文课程。这一举措对传统文化市场的促进作用，用价值规律来解释再合适不过了。

从经济学角度看，需求决定生产。根据价值规律显示，供过于求，中国传统文化人才必然贬值，然而一旦实施"在有条件的小学开设书法、绘画、传统工艺等课程，在中学语文课程中适当增加传统经典范文、诗词的比重，要求高校各专业必须开设大学语文课程"的举措，不就等于给传统文化学习者提供更多的就业机会吗？如此一来，还会担心传统文化市场不繁荣吗？

不只是调节传统文化市场，投资同样需要尊重价值规律。在资本市场，浮现于市场表面的是国家资本力量、机构资本力量、居民资本力量及国际资本力量四方的博弈。其中，政策力量最大，但政策出台不是无规律的，而是以自然规律和社会规律运行变化的情况择机推出的。中国农业生产周期大约是 5 年半，物价变化的周期基本上与农业生产周期对称。物价变化周期基本上规定了中国货币价格周期，货币价格周期恰好是包括资本市场在内的一定价格变化的中轴。由于特殊的货币调控与管理体制，流动性的宽松与紧缩，也可以视同货币价格变化的另外替代指标。当流动性实质上进行收紧的时候，我们可以视同货币价格事实上上升，作为利率倒数的资本价格因此就形成了向下的趋势。如果投资者想以价值规律为导向，充分利用不同行业的价值发展变化的规律，做好投资战略及其投资策略，就得充分掌握人民币价格结构及其内在价值变化趋势，这样才能在通货膨胀形成之际，充分把握产业结构优化与升级、消费结构扩容与升级的机会，做好投资组合。因此，精明的投资者应根据价值规律，培养长期投资而不是短期炒作的习惯。

综上所述，在市场经济的今天，我们应关注价值规律，尊重价值规律，并在经济实践中合理地利用价值规律。

【定律链接】绚丽的冰块——雪印公司的成功

20 世纪六七十年代，冰淇淋在日本市场上竞争激烈。然而，短短的几年内，名不见经传的雪印公司就打败了森永等大公司，占领了日本冰淇淋市场绝大多数份额，成为世界著名的乳业公司。为战胜强大的竞争对手，起初，雪印公司决定通过提高乳脂含量这个增加成本的办法来与大公司竞争。但产品进入市场后，消费者并不买账，因为一些消费者吃了这种高乳脂的冰淇淋后，出现了口干的感觉。为了解决这一问题，雪印公司投入实验，最后找到一个解决的办法：在冰淇淋中加入冰块。但消费者又认为在冰淇淋中加入冰块，是借机提高冰块的售价。面对生产决策的又一次失败，雪印公司没有陷入绝望，而是始终保持冰一样的理智，进行冷静地分析、研究。最后，他们认为消费者觉得冰块售价高，无非是因为冰块太普通了，而如果改变冰块的形状和颜色，则必然会改变消费者的看法。于是雪印公司把冰块制成各种各样的形状，然后又加上各种绚丽的色彩。产品一上市，就因为它的新奇、美丽和镇暑功能受到消费者的欢迎。

经济学告诉我们，商品生产者进行产品结构调整时，必须调查和研究市场，价值规律要求厂家生产适销对路的产品。雪印公司深谙价值规律，坚持以市场为导向，不断研究消费者的需求，并以此作为开发新产品的动力，进行产品创新，从而赢得了市场。

· 第三章 ·

决策：像经济学家一样思考

机会成本：鱼和熊掌不能兼得

【定律阐释】机会成本指为了得到某种东西而放弃的另一样东西。我们在做一件事情上权衡利弊，然后做出最优选择，那个被放弃的选择，就是机会成本。

有选择就有机会成本

在阳光明媚的午后，你好容易处理完公司的财务报告，想喝杯下午茶休息一下，你可能会考虑甜点选择，豆沙糕还是巧克力薄饼。

"豆沙糕还是巧克力薄饼"类似于"鱼与熊掌"，这种选择实际上就是一种机会成本的考虑。

如果你喜欢吃豆沙糕，也喜欢吃巧克力薄饼，在两者之间选择时，接受豆沙糕的机会成本是放弃巧克力薄饼。如果吃豆沙糕的收益是 5，那么吃巧克力薄饼的收益是 10。这样，吃豆沙糕的经济利润是负的，所以你会选择吃巧克力薄饼，而放弃豆沙糕。

值得注意的是，有些机会成本是可以用货币进行衡量的。比如，要在某块土地上发展养殖业，在建立养兔场还是养鸡场之间进行选择，由于二者只能选择其一，如果选择养兔就不能养鸡，那么养兔的机会成本就是放弃养鸡的收益。在这种情况下，人们可以根据对市场的预期大体计算出机会成本的数额，从而做出选择。但是有些机会成本是无法用货币来衡量的，它们涉及人们的情感、观念等。

机会成本广泛存在于生活当中。一个有着多种兴趣的人在上大学时，会面临选择专业的难题；辛苦了 5 天，到了双休日，是出去郊游还是在家看电视剧；面对同一时间的面试机会，选择了一家单位就不能去另一家单位……对于个人而言，机会成本往往是我们做出一项决策时所放弃的东西，而且常常比我们预想中的还多。

人生面临的选择何其多，人们无时无刻不在进行选择。比如是继续工作还是先去吃饭，是在这家商店买衣服还是在那家商店买衣服，是买红色的衣服还是黄色的衣服，心中有个秘密是告诉朋友还是不告诉朋友，如果告诉又告诉哪些朋友……这些选择在生活中很常见，不过似乎并不重大，所以大家轻松地做出了选择，也不会慎重考虑。

机会成本越高，选择越困难，因为在心底，我们不愿放弃任何有益的选择。但是，我们有时必须"二选一"，甚至是"三选一"，在这时，机会成本的考量将显得尤为重要。

赌博，赢不来幸福

皮皮一家的好日子在男主人失业后终止了。因为赶上金融危机，公司裁员，皮皮的男主人不幸名列其中。下岗在家赋闲的男主人成天唉声叹气，但厄运还没有结束，因为少了主要的经济来源，他们还不起贷款，不得已之下，男主人和女主人决定搬出这所房子，去找一个更小更便宜的住所。

问题随之而来，既然要节省开支，便无法养狗了，于是他们将皮皮一家三口赶了出来。皮皮一家没有了住处，只得到处流浪。皮皮在一夜之间成了无家可归的流浪狗。

那段日子，皮皮总是吃了上顿没下顿，过着没着没落的日子。一天，正当皮皮饿着肚皮睡觉的时候，爸爸忽然很兴奋地走过来，嘴里叼着一大块排骨，闻到肉香，皮皮一跃而起。它一边咬下一大块肉，一边问爸爸："这肉是从哪来的？"

"赌博赢来的。"爸爸的话让皮皮吃了一惊。

"村头有赛狗的，每天一场，谁赢了，谁就能赢得一大块排骨。"皮皮爸爸解释道。皮皮知道那样的赛狗，就是抽签决定两条狗，进入围场殴斗，决出胜负。

皮皮担忧地说："但是，爸爸，万一你被抽中和一条大狗比赛，你会输得很惨的。"

爸爸不以为然："放心，我已经找到规律了，只要我把自己的签放到最后，被抽中的对手总是弱小的狗。"

妈妈也表示了赞同："这倒是一个好办法，以后，我和皮皮就不用挨饿了。"

赌博中取得胜利的几率十分小，这就好像经济学中常说的机会成本一样。纯粹的赌博是不存在理性上的投资收益的，只不过是数学里的离散游戏而已，是概率论和经济博弈论的运用，每一次赌博的赢输概率都是一样的，这在概率论里称为"伯努利事件"。

赌博能赚到钱吗？看似非常简单的逻辑，许多人却常常栽在其中。典型的例子就是，赌徒在输钱后，总是想翻本。输掉的钱就是沉没成本，它不可能再收回来，新的"选择"是：是不是还要继续赌下一盘？再赌下一盘的收益风险是多少？这便是机会成本，我们作出一个选择后所丧失的，不做这个选择而可能获得的最大利益。

皮皮的爸爸将自己的签放到最底层，的确被抽中的几率不大，但不是完全没有可能的。皮皮的爸爸和弱势的狗殴斗，每天可以领取一块排骨，这份利润的确可观。但如果一旦被抽中与强悍的狗殴斗，那它势必会落败，一天一块排骨的收益也就没有了，而且还有可能丧命。皮皮爸爸的这种行为便可理解为机会成本。

经济学家们对此的理解便是皮皮的爸爸用自己的性命在做赌注，以赢取那一块排骨，这实际上是亏损的。果然，没过几天，皮皮担心的事就发生了。

那天和往常一样，爸爸又去赛狗，一直到晚上，它才一瘸一拐地回来了。皮皮一看就知道出事了，爸爸缓了好半天之后，才道出原委。原来那天它一去就被抽中，等它上台后，才发现对手又高又壮，是一条猎犬。

但已经上台了，皮皮爸爸只得硬着头皮打下去。很快，它被猎犬打得伤痕累累，在地上趴了好半天，才能挪着回来。

"爸爸，我早就说过，你会被大狗打得遍体鳞伤的。"皮皮看着爸爸一身的伤痕，心疼地说道。

爸爸也叹气道："我以为他们不会将两张连在一起的号码抽出来，没想到他们还真这样做了。"

皮皮看到爸爸痛苦的样子想，以后做选择一定要慎重，这种赌徒的心态是要不得的。

可以毫不夸张地说，目前比较流行的六合彩、牌九、大小、麻将、24点、赌球、赌马等都不存在长期投资必然赢利的可能性，否则那些华尔街金融投资家早就进入了。因为这些赌博都不符合经济学的条件，所以妄图靠这种赌博来博取一夜暴富，或者挣点零花钱，是不可取的。很多好赌者，包括故事中皮皮的爸爸，就是走入了这个误区，最后才伤得那么重。

赌博只是将机会成本在主观意识上放到最大，对于这种总是把成功寄希望于小概率事件的赌徒而言，失败之后的痛楚是他们无法承受的。

有时候，我们总是忽视对机会成本的计算，机会成本其实就是揭示了资源稀缺与选择多样化之间的关系。我们必须要做出选择，因为我们不能将所有资源都占到，所以，当我们只能选择一部分资源的时候，机会成本也便成了约束我们的概念。

【定律链接】用"机会成本"进行家庭理财

说得直白些，"机会成本"的思想，就是人们为了得到某种东西而放弃的东西的最大价值。在家庭理财的经济决策过程中，我们也应学会用机会成本来分析问题。

例如，今年你可能决定把家庭 10 万元的余钱投资到股市，并赚到了 2000 元的利润。你是否认为这次投资是正确的？答案是不一定。因为没有考虑到投资股票的机会成本。你本来可以把这 10 万元投资基金或者债券，甚至直接存到银行。投资股票的机会成本就是投资基金、债券或者银行赚到的利润。只有当你投资股票赚到的 2000 元利润大于其机会成本时，这一投资才是合算的。

我们在日常生活中，经常要面临各种决策，在决策过程中要面临各种选择，在做出选择的同时就必然要考虑选择的机会成本，并比较各种机会成本的大小。只有选择方案的收益大于其机会成本，这个选择方案才是正确的。因此，机会成本对每个人来说都是一个很重要的因素，因为只有充分考虑机会成本，我们所作的决策才会更加明智。

羊群效应：别被潮流牵着鼻子走

【定律阐释】羊群效应也称从众心理，指由于对信息缺乏了解，投资者很难对市场未来的不确定性作出合理的预期，往往是通过观察周围人群的行为而提取信息，进而产生从众行为。

有种选择叫"跟风"

喝惯了绿茶、橙汁、果汁的人们如今有了新的选择，以"王老吉""苗条淑女动心饮料"等为代表的一批功能性饮品纷纷开始上市。值得关注的是,这些饮料并不是由传统的食品、饮料企业推出的,生产它们的是——药企。

这些功能性饮料的显著特点是,它们除了饮料所共有的为人体补充水分的功能外,都有一些药用的功能,比如去火、瘦身。伴随着"尽情享受生活,怕上火,喝王老吉"这句时尚、动感的广告词,"王老吉"一路走红,大举进军全国市场。虽然"王老吉"最初流行于我国南方,北方人其实并没有喝凉茶的传统,但是王老吉药业巧妙地借助人人皆知的中医理念,成功地把"王老吉"打造成了预防上火的必备饮料。淡淡的药味,独特的清凉去火功能,令其从众多只能用来解渴的茶饮料、果汁饮料、碳酸饮料中脱颖而出。酷热的夏天,加上人们对川菜的喜爱,给了消费者预防上火的理由,当然也给了人们选择"王老吉"的理由。

然而这里药品专家提醒广大消费者:理性消费不跟风。医学专家指出,在王老吉凉茶的配料中,菊花、金银花、夏枯草以及甘草都是属于中药的范畴,具有清热的功能,药性偏凉,不宜当作普通食品食用。专家表示,夏枯草的功用是清肝火、散郁结,用于肝火目赤肿痛,头晕目眩,耳鸣、烦热失眠等症,它和菊花、金银花配在一起使用时,应根据具体对象的身体状况对症使用。专家认为,凉茶这种饮料并非老少皆宜,脾胃虚寒者以及糖尿病患者都不宜饮用。脾胃虚寒的人饮用后会引起胃寒、胃部不适症状,而糖尿病患者饮用后则会导致血糖升高。可见,功能性饮料并不是适合所有人群。

这也提醒了我们在消费的同时不要盲目跟风,要做到理性消费。经济学上有一个名词叫"羊群效应",是说在一个集体里人们往往会盲目从众,在集体的运动中会丧失独立的判断。

在一群羊前面横放一根木棍,第一只羊跳了过去,第二只、第三只也会跟着跳过去;这时,把那根棍子撤走,后面的羊,走到这里,仍然像前面的羊一样,向上跳一下,这就是所谓的"羊群效应",也称"从众心理"。羊群是一个很散乱的组织,平时在一起也是盲目地左冲右撞,但一旦有一只头羊动起来,其他的羊也会不假思索地一哄而上,全然不顾前面可能有狼或者不远处有更好的草。

因此,"羊群效应"就是比喻人都有一种从众心理。从众心理很容易导致盲从,而盲从往往会使你陷入骗局或遭到失败。

其实,在现实生活中,类似的消费跟风的例子还真不少。比如每年大学必有的"散伙饭"。

所谓的"散伙饭"就是"离别饭"。三四年的同学、宿舍密友，转眼间就要各奔东西了，这个时候自然要聚一聚，喝酒、聊天，于是，"散伙饭"成了大学生表达彼此间依依惜别之情的方式。

然而，作为大学里最后记忆的"散伙饭"，却渐渐地变了味道。"散伙饭"不仅越吃越多，还越吃越高档，成了"奢侈饭"。

大学生毕业的时候吃"散伙饭"，显然已经成了一种惯例，届届相传。其实，"散伙饭"只是大学生的一种"跟风"现象。

看到以前的学长们在吃"散伙饭"，看到周围的同学在吃"散伙饭"，自己怎能不吃呢？

这种一味地跟风，只图一时宣泄情绪的行为，往往给许多学生的家庭带来了财务负担。对家庭而言，培养一个大学生已经花费了不少钱财，豪华的饭局更加重了家庭的负担。家庭富裕的也许并不会在意什么，然而家庭比较贫困的呢？为了不丢孩子的面子，再"穷"也要让孩子在大学的最后时刻风风光光地毕业。这不仅突出了同学间的贫富不均的现象，反而容易引起贫困生们的自卑心理。对于学生而言，绝大多数都是依赖父母，有钱就花，花完再要，大摆饭局只为跟风、攀比，满足彼此的虚荣心，十分不利于培养学生正确的理财观、消费观，助长了社会"杯酒交盏，排场十足"的铺张浪费之风。不仅如此，错误的消费观还会影响到大学生日后就业，他们所挣的工资可能连在校时的消费水平都不如，这也就相应地加大了他们就业的压力。

"羊群效应"告诉我们，许多时候，并不是谚语说的那样——"群众的眼睛是雪亮的"。在市场中的普通大众，往往容易丧失基本判断力，人们喜欢凑热闹、人云亦云。有时候，群众的目光还投向资讯媒体，希望从中得到判断的依据。但是，媒体人也是普通群众，不是你的眼睛，你不会辨别垃圾信息就会失去方向。所以，收集信息并敏锐地加以判断，是让人们减少盲从行为，更多地运用自己理性的最好方法。

赢在自己，做一匹特立独行的狼

老猎人圣地亚哥最喜欢听狼嚎的声音。在月明星稀的深夜，狼群发出一声声凄厉、哀婉的嚎叫，老人经常为此泪流满面。他认为那是来自天堂的声音，因为那种声音总能震撼人们的心灵，让人们感受到生命的存在。

老人说："我认识这个草原上所有的狼群，但并不是通过形体来区分它们，而是通过声音——狼群在夜晚的嚎叫。每个狼群都是一个优秀的合唱团，并且它们都有各自的特点以区别于其他的狼群。在许多人看来，狼群的嚎叫并没有区别，可是我的确听出了不同狼群的不同声音。"

狼群在白天或者捕猎时很少发出声音，它们喜欢在夜晚仰着头对着天空嚎叫。对于狼群的嚎叫，许多动物学家进行过研究，但不能确定这种嚎叫的意义。也许是对生命孤独的感慨，也许是通过嚎叫表明自身的存在，也许仅仅是在深情歌唱。

在一个狼群内部，每一匹狼都具有自己独特的声音，这声音与群体内其他成员的声音不同。狼群虽然有严格的等级制度，也是最注重整体的物种，但这丝毫不妨碍它们个性的发展和展示，即使是具有最大权力的阿尔法狼，也没有权力去要求其他的狼模仿自己的声音和行为，每一匹狼都掌握着自己的命运和保留着自己的独立个性。同样，就投资而言，我们每一个人的未来终归掌握在自己手里。你愿意去做一只待宰的羔羊，还是做一匹特立独行的狼？

答案很明确，做一只待宰的羔羊肯定会被狼吃掉。可是，人们在实际的投资过程中，往往意识不到自己在不经意间已经加入了羊群。

我们要时刻保持警惕，时刻保持自己的个性，时刻保持自己的创造性，自己把握自己的未来。

下面，我们再来看一个特立独行者的例子：

20世纪50年代，斯图尔特只是华盛顿一家公司的小职员。一次，他看了一部表现非洲生活的电影，发现非洲人喜爱戴首饰，就萌发了做首饰生意的念头。于是他借了几千美元，独自闯荡非洲。

经过几年的努力，他的生意已经做到了使人眼红的地步，世界各地的商人纷纷赶到非洲抢做首饰生意。

面对众多的竞争者，斯图尔特并不留恋自己开创的事业，拱手相让，从首饰生意中走出来，另辟财路。

斯图尔特的成功就是靠"独立创意"这一制胜要诀，这是他善于观察、善于思考的结果。

要想有独立的创意，就不要人云亦云，一定要培养自己独立思考的能力。

【定律链接】由从众的石油大亨看盲目投资心态

有一个非常幽默的故事：

一位石油大亨到天堂去参加会议，一进会议室，发现座无虚席，自己没有地方落座。于是，他灵机一动，大喊一声："地狱里发现石油了！"

这一喊不要紧，天堂里的石油大亨们纷纷向地狱跑去，很快，天堂里就只剩下那位石油大亨了。

这时，大亨心想，大家都跑了过去，莫非地狱里真的发现石油了？

于是，他也急匆匆地向地狱跑去。

通过这个故事我们发现，人们都有一种从众心理，这种盲从的现象就是"羊群效应"。

在实际的投资生活中，这种从众的"羊群效应"现象也比比皆是，但是，那些从众的"羊"，并没有像自己想象中的那样赚到利润，而是很容易地成了被"宰割"的对象。

就拿中国目前的股市来说，很多散户被股市情绪控制，从而出现从众心理：好的时候都蜂拥而上，坏的时候都消极沮丧。其实，在股市投资中，往往是少数人的看法才是正确的。

例如，股市大亨们想从散户手中拿到廉价的筹码，一般喊一嗓子："天堂在2500点以下！"结果，那些原先看好3000点的散户都会纷纷放弃原有位置，蜂拥到2500点去寻找自己的天堂。但是，通往2500点的路很快就被截断了，当他们不得不回来后，却发现自己原来的位置被大亨们占据了。两手空空的散户们仍然渴望进入天堂，这时，大亨们又喊话了："上帝说，真正的天堂是在5000点上方。"有些散户忘了先前吃的亏，再一次相信这种忽悠，同时，由于从众心理，其他散户也会随之争先恐后涌向5000点，而大亨们早就半道下车了。真正倒霉的，就是那些没有主见、盲从的散户。

事实上，无论是投资股票、基金，还是自己投资开公司，心态是非常关键的。社会心理学家研究发现，持某种意见的人数多少是影响从众心理最重要的一个因素，很少有人能够在众口一词的情况下，还坚持自己的不同意见。

虽然我们每个人都认为自己有判断能力，但是，在很多时候，我们总是不自觉地随大流，因为我们每个人不可能对任何事情都了解得一清二楚，对于那些自己不太了解、没有把握的事情，一般就会采取随大流的做法。然而，这种做法带来的收益，往往与我们期望的大相径庭。

所以，在现实生活中，一方面，我们要保持自己心态的独立性，一旦认准了一只金蛋，就不要被别人的言论左右，假以时日让它孵化成金鸡；另一方面，我们要学会理智、不盲目，多做研究和分析，不要被众人跟风的表象迷惑，要学会透过现象看本质，以伯乐的眼光审时度势。

沉没成本：难以割舍已经失去的，只会失去更多

【定律阐释】沉没成本指由于过去的决策已经发生的，而不能由现在或将来的任何决策改变的成本，如已经付出的时间、金钱、精力等。

别在"失去"上徘徊

阿根廷著名高尔夫球运动员罗伯特·德·温森在面对失去时，表现得非常令人钦佩。一次，温森赢得了一场球赛，拿到奖金支票后，正准备驱车回俱乐部，就在这时，一个年轻女子走到他面前，悲痛地向温森表示，自己的孩子不幸得了重病，因为无钱医治正面临死亡。温森二话没说，在支票上签上自己的名字，将它送给了年轻女子，并祝福她的孩子早日康复。

一周后，温森的朋友告诉温森，那个向他要钱的女子是个骗子。温森听后惊奇道："你敢肯定根本没有一个孩子病得快要死了这回事？"朋友做了肯定的回答。温森长长出了一口气，微笑道："这真是我一个星期以来听到的最好的消息。"

温森的支票，对于他而言是已经付出的不可回收的成本，他以博大的胸襟坦然面对自己的"失"，这是一种对待沉没成本的正确态度。

如果你预订了一张电影票，已经付了票款而且不能退票，但是看了一半之后觉得很不好看，你该怎么办？

这时有两种选择：忍受着看完，或退场去做别的事情。

两种情况下你都已经付钱，所以不应该再考虑钱的事。当前要做的决定不是后悔买票了，而是决定是否继续看这部电影。因为票已经买了，后悔已经于事无补，所以应该以看免费电影的心态来决定是否再看下去。作为一个理性的人，选择把电影看完就意味着要继续受罪，而选择退场无疑是更为明智的做法。

沉没成本从理性的角度说是不应该影响我们决策的，因为不管你是不是继续看电影，你的钱已经花出去了。作为一个理性的决策者，你应该仅仅考虑将来要

发生的成本（比如需要忍受的狂风暴雨）和收益（看电影所带来的满足和快乐）。

有一位先生，总是带着一条颜色很难看的领带。当他的朋友终于忍不住告诉他这条领带并不适合他时，他回答："哎，其实我也觉得这条领带不是很适合我，可是没办法，花了 500 多块钱买的，总不能就扔在抽屉里睡大觉吧？那不是白白浪费了？"

这种情况十分普遍，人们在做决策的时候，往往不能割舍沉没成本，不少人还将整个人生陷入沉没成本的泥潭里无法自拔：毫无音乐细胞的人坚持把钢琴学下去，因为耗资不菲的钢琴，并且已经花不少钱报了钢琴班；两个性格不合的情侣早就没有了爱情和甜蜜，勉强在一起只因为已经在一起这么久了，为对方已经付出了那么多，怎么也耗到结婚吧……

其实，我们应该承认现实，把已经无法改变的"错误"视为昨天经营人生的坏账损失和沉没成本，以全新的面貌面对今天，这才是一种健康的、快乐的、向前看的人生态度，以这样的态度面对人生才能轻装上阵，才会有新的成功、新的人生和幸福。

忘记沉没成本，向前看

皮皮和爸爸最近住在一户人家的花园里。那家人很热情，9 岁的儿子很喜欢狗，除了皮皮和爸爸，花园里还有一只可爱的小狼狗，主人常给小狼狗洗澡，带它晒太阳，皮皮看得出，这条小狼狗与这家人的感情很好。

但有一天，皮皮听到了一阵惨叫，它发现小狼狗被隔壁的大狗给咬死了。皮皮大叫，主人和他 9 岁的儿子赶紧出门，看到这幕惨剧，主人的儿子十分伤心，他拿着棍子就去打那条大狗。

主人却一把把他抱住："既然我们的狼狗已经死了，就不要再伤害另外一条狗了。我相信，它也不是故意的。"

满脸泪痕的小孩被主人带进了屋，皮皮不满意了："这个男主人真是冷血，自己的宠物被咬死了，也不报仇，就这样算了，真没感情。"

皮皮爸爸说："反正都死了，就算把那条大狗杀死，这条小狼狗也是不可能复活的，这样的沉没成本何必让它再增加呢？"

皮皮摇头表示不明白。

皮皮爸爸接着启发他："好比一盆水被泼在地上，你再努力也不可能把它收回来，所以不如放弃，这就是已经成为定局的沉没成本。"

皮皮似懂非懂。

覆水难收比喻一切都已成为定局，不能更改。在经济学中，我们引入"沉没成本"的概念，代指已经付出且不可收回的成本。就好比小狼狗被大狗咬死已经成为定局，如果再打死大狗，也无法挽回，却还要支付那家主人的赔偿，所以，此刻就不能冲动。

当然，除了"冤枉钱"以外，沉没成本有时候只是商品价格的一部分。

这天，主人推着刚买不久的自行车去卖，下午他回来的时候，一脸不高兴。儿子上前问道："爸爸，你怎么了？"

"我才买的车，还是新的呢，结果到了市场上，他们每个人的开价都是那么低，我真是亏死了。"主人一肚子怨气。

"不要生气了，如果你不卖，过几天价格会更低的。"儿子安慰他。

爸爸对皮皮说："其实这也是一种沉没成本的表现。"

故事中，主人买了一辆自行车，骑了几天后低价在二手市场卖出，此时原价和他的卖出价间的差价就是沉没成本。在这种情况下，沉没成本随时间而改变，那辆自行车骑的时间越长，一般来说卖出的价会越低，这是不可避免的，当一项已经发生的投入无论如何也无法收回时，这种投入就变成了沉没成本。

每一次选择我们都要付出行动，每一次行动我们都要投入。不管我们前期所做的投入能不能收回，是否有价值，在做出下一个选择时，我们不可避免地会考虑到这些。最终，前期的投入就像坚固的铁链一样，把我们牢牢锁在原来的道路上，无法做出新的选择，而且投入越大，我们便被锁得越结实。可以说，沉没成本是路径依赖现象产生的一个主要原因。

总之，对于沉没成本不需要计较太多，就好像覆水难收，过去的就让他过去吧。这其实也是一种乐观主义精神，只要坚持下去，任何事情都会有回报的。朝前看，不回头，这样才正确。

【定律链接】换个角度想一想，"失去"也是好事情

既然沉没成本被视为"成本"的一种，那都是可能带来收益的，或许它的收益不是"种瓜得瓜种豆得豆"这样显而易见的，但绕个弯想想，当你遭遇某一种不幸的时候，或许恰恰避免了更大的不幸。

一次，印度的"圣雄"甘地乘坐火车出行，当他刚刚踏上车门时，火车正好启动，他的一只鞋子不慎掉到了车门外。就在这时，甘地麻利地脱下了另一只鞋子，朝第一只鞋子的方向扔去。有人奇怪地问他为什么？甘地道："如果一个穷人正好从铁路旁经过，他就可以拾到一双鞋，这或许对他是个收获。"

无论是甘地的鞋子还是前面温森的支票，对于他们而言都如同泼出去的水，但他们都以豁达的胸襟坦然面对自己的"失"，不仅丝毫不计较沉没成本给自己带来的损失，甚至看到了其背后的收益——给穷人留下了一双鞋。

任何事情的出现都只可能有两种结果，一种是好的，一种是坏的，各占50%的几率，万事万物都是如此。我们不妨也以这样的角度来看待沉没成本。

有一个故事说，两个旅行中的天使到一个非常贫穷的农家借宿。夫妇俩对他们非常热情，把仅有的一点食物拿出来款待客人，并且让出自己的床铺给天使睡。第二天一早，天使醒后发现农夫和他的妻子在哭泣，他们唯一的生活来源——一头奶牛死了。

这时，年轻一些的天使非常愤怒，质问老天使为什么对如此善良的家庭，却没有动用一点法力来阻止奶牛的死亡。

老天使说，不发生不幸的另一种可能为什么就一定就是幸运呢？为什么不可能是更大的不幸呢？——昨天晚上，死神来召唤农夫的妻子，我让奶牛代替了她。

"塞翁失马焉知非福"的典故众人皆知，骑马摔断了腿本是件坏事，却因此免于征战保全了性命，这就是沉没成本显而易见的收益。可见，所有的事情都不能片面地单看事情本身，"祸兮福之所倚，福兮祸之所伏"，不仅是耳熟能详的古训，更是很多人生活经历的真实感受。因此，当生活中发生不幸的沉没成本时，我们不妨将它也看作是一种特殊的投资，或许我们会从另一个方面有所收获。

最大笨蛋理论：你会成为那个最大的傻瓜吗

【定律阐释】在资本市场中，人们之所以完全不管某个东西的真实价值而愿意花高价购买，是因为他们预期会有一个更大的笨蛋会花更高的价格从他们那儿把它买走。

没有最笨，只有更笨

1908 ~ 1914 年间，经济学家凯恩斯拼命赚钱，他什么课都讲，经济学原理、货币理论、证券投资等。凯恩斯获得的评价是："一架按小时出售经济学的机器。"

凯恩斯之所以如此玩命，是为了日后能自由并专心地从事学术研究以免受金钱的困扰。然而，仅靠讲课又能积攒几个钱呢？

终于，凯恩斯开始醒悟了。1919 年 8 月，凯恩斯借了几千英镑进行远期外汇投机。4 个月后，净赚 1 万多英镑，这相当于他讲 10 年课的收入。

投机生意赚钱容易，赔钱也容易。投机者往往有这样的经历：开始那一跳往往有惊无险，钱就这样莫名其妙进了自己的腰包，飘飘然之际又倏忽掉进了万丈深渊。又过了 3 个月，凯恩斯把赚到的钱和借来的本金亏了个精光。投机与赌博一样，人们往往有这样的心理：一定要把输掉的再赢回来。半年之后，凯恩斯又涉足棉花期货交易，狂赌一通大获成功，从此一发不可收拾，几乎把期货品种做了个遍。他还嫌不够刺激，又去炒股票。到 1937 年凯恩斯因病金盆洗手之际，他已经积攒了一生享用不完的巨额财富。与一般赌徒不同，他给后人留下了极富解释力的"赔经"——最大笨蛋理论。

什么是"最大笨蛋理论"呢？凯恩斯曾举例说：从 100 张照片中选择你认为最漂亮的脸蛋，选中有奖，当然最终是由最高票数来决定哪张脸蛋最漂亮。你应该怎样投票呢？正确的做法不是选自己真的认为最漂亮的那张脸蛋，而是猜多数人会选谁就投她一票，哪怕她丑得不堪入目。

凯恩斯的最大笨蛋理论，又叫博傻理论。你之所以完全不管某个东西的真实价值，即使它一文不值，你也愿意花高价买下，是因为你预期有一个更大的笨蛋，会花更高的价格，从你那儿把它买走。投机行为关键是判断有无比自己更大的笨蛋，只要自己不是最大的笨蛋，结果就是赢多赢少的问题。如果再也找不到愿出更高价格的更大笨蛋把它从你那儿买走，那你就是最大的笨蛋。

对中外历史上不断上演的投机狂潮，最有解释力的就是最大笨蛋理论。

1720 年的英国股票投机狂潮有这样一个插曲：一个无名氏创建了一家莫须有的公司，自始至终无人知道这是什么公司，但认购时近千名投资者争先恐后，结果把大门都挤倒了。没有多少人相信它真正获利丰厚，而是预期更大的笨蛋会出现，价格会上涨，自己会赚钱。颇有讽刺意味的是，牛顿也参与了这场投机，结果成了"最大的笨蛋"，他因此感叹："我能计算出天体运行，但人们的疯狂实在难以估计。"

投资者的目的不是犯错，而是期待一个更大的笨蛋来替代自己，并且从中得到好处。没有人想当最大笨蛋，但是不懂如何投机的投资者，往往就成了最大笨蛋。那么，如何才能避免做最大的笨蛋呢？其实，只要具备对别人心理的准确猜测和判断能力，在别人"看涨"之前投资，在别人"看跌"之前撒手，自己注定永远也不会成为那个最大的笨蛋。

别做最后一个笨蛋

最大笨蛋理论认为，股票市场上的一些投资者根本就不在乎股票的理论价格和内在价值，他们购入股票，只是因为他们相信将来会有更傻的人以更高的价格从他们手中接过"烫山芋"。支持博傻理论的基础是投资大众对未来判定的不一致和判定的不同步。对于任何部分或总体消息，总有人过于乐观估计，也总有人趋向悲观；有人过早采取行动，也有人行动迟缓，这些判定的差异导致整体行为出现差异，并激发市场自身的激励系统，导致博傻现象的出现。

最漂亮"博傻理论"所要揭示的就是投机行为背后的动机，投机行为的关键是判断"有没有比自己更大的笨蛋"。只要自己不是最大的笨蛋，那么自己就一定是赢家，只是赢多赢少的问题；如果没有一个愿意出更高价格的更大笨蛋来做你的"下家"，那么你就成了最大的笨蛋。可以这样说，任何一个投机者信奉的无非是"最大的笨蛋"理论。

其实，在期货与股票市场上，人们所遵循的也是这个策略。许多人在高价位买进股票，等行情上涨到有利可图时迅速卖出，这种操作策略通常被市场称之为傻瓜赢傻瓜，所以只在股市处于上升行情中适用。从理论上讲，博傻也有其合理的一面，即高价之上还有高价，低价之下还有低价，其游戏规则就像接力棒，只要不是接最后一棒都有利可图，做多者有利润可赚，做空者减少损失，只有接到最后一棒者倒霉。

再如，传销在中国曾经越炒越热，受到政府屡次打击依然不断地死灰复燃，参与传销的不仅仅是些毫无经济知识的普通人，还有许多知识分子，他们的唯一目的就是获利，再获利。一瓶兰花油成本不外乎 10 元，可以传成 1000 元甚至 10000 元，兰花油其实可以忽略不计，毫不犹豫买下它入会就是期待自己后面还有更大的笨蛋，这样一个笨蛋接一个笨蛋，到最后最大的一批笨蛋出现了，赢利的是早期的笨蛋们。

20 世纪 80 年代后期，日本房地产价格暴涨，1986 ~ 1989 年，日本的房价整整涨了 2 倍。这让日本人发现炒股票和炒房地产来钱更快，于是纷纷拿出积蓄进行投机。他们知道房子虽然不值那么多钱，但他们期待有更大的笨蛋出现，到了 1993 年，最大的笨蛋出现了，国土面积相当于美国加利福尼亚州的日本，其地价市值总额竟相当于整个美国地价总额的 4 倍。这些最大笨蛋只能跳楼来解脱了。

比如说，你不知道某个股票的真实价值，但为什么你会花高价去买一股呢，因为你预期当你抛出时会有人花更高的价钱来买它。

再如今天的房市和股市，如果做头傻那是成功的，做二傻也行，别成为最后的那个大傻子就行。博傻理论告诉人们最重要的一个道理是：在这个世界上，傻不可怕，可怕的是做最后一个傻子。

【定律链接】成功就是成为最小笨蛋

一位推销员从总公司被派到欧洲分公司，他到任的时候，带来了公司写给分公司总经理的一张字条："此人才华出众，但是嗜赌如命，如你能令他戒赌，他会成为一名百里挑一的出色推销员。"

总经理看完字条，马上把这位推销员叫到自己的办公室："听说你很喜欢赌，这次你想赌什么？"

推销员回答："什么都赌，比如，我敢说你左边的屁股上有一颗胎痣。假如没有，我输你 500 美元。"

这位总经理一听叫道："好。你把钱拿出来！"接着，他十分利索地脱掉裤子，让那位推销员仔细检查了一遍，证明并无胎痣，然后推销员把钱给了经理。

事后，他拨了通电话，洋洋得意地告诉 CEO 说："你知道吗？那位推销员被我整治了一下。""怎么回事？"于是总经理把事情的经过讲了一遍。

CEO 叹了口气回答说："他出发到你那里之前，同我赌 1000 美金，说在见到你的 5 分钟之内，一定能让你把屁股给他看。"停了一会儿，又说："不过，我和董事长打赌 5000 美元，说你会让这个推销员参观你的屁股。"

在这场环环相扣的博弈中，每个人都很聪明，但每个人又都是笨蛋，因为他们在把别人当作筹码的同时，又成为别人赌局中的一个筹码。

消费者剩余效应：在花钱中学会省钱

【定律阐释】 消费者剩余指消费者购买某种商品时，愿意支付的价格与实际支付的价格之间的差额。消费者剩余计算公式：消费者剩余＝买者的评价－买者的实际支付；生产者剩余＝卖者得到的收入－卖者的实际成本；总剩余＝消费者剩余＋生产者剩余＝买者的评价－卖者的实际成本。

愿意支付 VS 实际支付

在南北朝时，有个叫吕僧珍的人，世代居住在广陵地区。他为人正直，很有智谋和胆略，受到人们的尊敬和爱戴。有一个名叫宋季雅的官员，被罢官后，由于仰慕吕僧珍的人品，特地买下吕僧珍宅子旁的一幢普通房子，与吕为邻。一天吕僧珍问宋季雅："你花多少钱买这幢房子？"宋季雅回答："1100金。"吕僧珍听了大吃一惊："怎么这么贵？"宋季雅笑着回答："我用100金买房屋，用1000金买个好邻居。"

这就是后来人们常说的"千金买邻"的典故。"1100金"的价钱买一幢普通的房子，一般人不会做出如此选择，但是宋季雅认为很值得，因为其中的"1000金"是专门用来"买邻"的。

消费者在买东西时对所购买的物品有一种主观评价，这种主观评价表现为他愿意为这种物品所支付的最高价格，即需求价格。这种需求价格主要有两个决定因素：一是消费者满足程度的高低，即效用的大小；二是与其他同类物品所带来的效用和价格的比较。

在一场纪念猫王的小型拍卖会上，有一张绝版的猫王专辑在拍卖，小秦、小文、老李、阿俊4个猫王迷同时出现。他们每个人都想拥有这张专辑，但每个人愿意为此付出的价格都有限。小秦的支付意愿为100元，小文为80元，老李愿意出70元，阿俊只想出50元。

拍卖会开始了，拍卖者首先将最低价格定为20元，开始叫价。由于每个人都非常想要这张专辑，并且每个人愿意出的价格远远高于20元，于是价格很快上升。当价格达到50元时，阿俊不再参与竞拍。当专辑价格再次提升为70元时，老李退出了竞拍。最后，当小秦愿意出81元时，竞拍结束了，因为小文也不愿意出高于80元的价格购买这张专辑。

那么，小秦究竟从这张专辑中得到什么利益呢？实际上，小秦愿意为这张专辑支付100元，但他最终只为此支付了81元，比预期节省了19元。这19元就是小秦的消费者剩余。

消费者剩余是指消费者购买某种商品时，所愿支付的价格与实际支付的价格之间的差额。例如，对于一个正处于饥饿状态的人来说，他愿意花8元买一个馒头，而馒头的实际价格是1元，则他愿意支付一个馒头的最高价格和馒头的实际市场价格之间的差额是7元，这7元就是他获得的消费者剩余的量。

在西方经济学中，这一概念是马歇尔提出来的，他在《经济学原理》中为消费者剩余下了这样的定义："一个人对一物所付的价格，绝不会超过而且也很少达到他宁愿支付而不愿得不到此物的价格。因此，他从购买此物中所得到的满足，通常超过他因付出此物的代价而放弃的满足，这样，他就从这种购买中得到一种满足的剩余。他宁愿付出而不愿得到的此物的价格，超过他实际付出的价格的部分，就是这种剩余满足的经济衡量。这个部分可以称为消费者剩余。"

消费者剩余的真正根源其实就是成本。众所周知，人们想要获得任何东西都必须支付一定的成本，消费者剩余也不例外。消费者剩余的提供是需要成本的，想要获得消费者剩余，就必须支付这一成本。消费者在消费中作为剩余获得的免费收益并不是由消费者自己承担的，而是由消费者的前人和后人承担与提供的，消费者没有付出任何货币或者是努力而凭空得到了消费者剩余。前人为消费者承担的成本，主要体现在知识和科学技术上。在市场经济中，由知识和技术等要素所带来的以外部正效应形式存在的那一部分效用实际上并没有被价格机制衡量出来。也就是说，价格机制衡量出来的效用要低于它的实际效用，它们的差额就是由知识和技术等要素所带来的效用。人们花费货币买到的效用大于与他支付的货币所等价的效用，人们没有为此付费而得到了一部分效用，这部分效用就来源于知识和技术等，也意味着前人替我们承担了成本。

在市场经济中，很多商家为了让自己赚取更多的利润，会尽量让消费者剩余成为正数，于是采取薄利多销的销售策略，以此吸引更多的消费者前来购买商品。但是，我们会发现一种非常奇怪的现象，你在高档的精品屋里打折买来的东西，却与普通商场中不打折时的价格差不多，因为你被商家打折的手法诱惑了，你只获得的过多的消费者剩余是心理的满足，而付出的是自己的真金白银。

不上"一口价"的当，省不省先"砍"一下再说

很多商家为了降低成本使其利润最大化，常常会采取一些忽悠的手段来诱骗消费者购买自己的产品。

消费者想买实惠，销售者想赚实利；消费者想尽量砍低价钱，销售者则想方设法抬高价格且不让消费者看出来。于是，有些商家为了使消费者不好砍价，就与厂家联合起来在商品标签上大做文章，故意标上诸如"全国统一零售价""销售指导价"等字样，或者自行张贴"一口价""不还价"等店堂声明、告示，以此忽悠消费者。很多消费者信以为真，以为其所售的商品真就不能砍价，结果"一口价"买的却是"忽悠价"。

尤其在网上购物时，我们经常会遇到一口价商品，但不要认为标明一口价就不能议价了，这只是障眼法。一些不够精明的人往往被卖方的一口价忽悠住，以真正物品价值的几倍价钱买下商品，而自己还被蒙在鼓里。

不要上"一口价"的当，看商品谈价钱，能砍则砍，不能砍，可以尝试着要求卖家通过其他方式降低一些价格，例如免邮费、化零为整等。

一口价的陷阱不仅体现在虚假的报价上，一口价还经常打着特价商品的旗号来迷惑消费者，使之跌入陷阱。

年关将至，某品牌皮鞋店打出"店庆十周年，特价大酬宾"的宣传条幅，活动期间所有商品"一口价"甩卖，数量有限，先到先得。冲着该品牌及价位，许先生花了130元购买了一双男式休闲皮鞋，可穿了还不到一个礼拜，鞋底两边就裂开了嘴。于是，许先生带着这双皮鞋和购物发票到商家要求退货或更换。没想到，商家当场予以拒绝：特价商品无三包，既然是特价就说明商品本身质量有问题，要不也不会这么便宜就卖了。面对商家冠冕堂皇的解释，许先生想不出任何反驳的理由，因为他当时确实是冲着鞋的价位去的，看来如今只能自认倒霉了，他只好把鞋带回了家。

商家打着"一口价"的幌子，以所谓低价销售的手段，蒙骗消费者，逃避自己本来应当承担的退换和售后服务的责任，显然消费者又当了一次"冤大头"。或许有的时候一口价真的很低，但是当你以为自己真的捡了个便宜的时候，你可能完全忽略了商品的质量和售后服务问题。

"一口价""全市最低价"，在这些诱人的广告宣传语下，消费者不要在无知

中自认为占了大便宜，很有可能你已经跌进商家设下的陷阱了。所以，面对一口价，要么将"砍"进行到底，要么横眉冷对之。

【定律链接】"支付意愿"与"生产者剩余"

支付意愿是指消费者为购买某件物品而愿意支付的最高价格，它用来衡量买者对物品的评价是多少。一般来说，在购买商品时，每个买者都希望以低于自己支付意愿的价格买到商品，而拒绝以高于他支付意愿的价格购买该商品。

比如无论是买票乘飞机、火车还是轮船，不同的人所愿意支付的价格实际上是不一样的。有的人收入高一些，或对花钱看得比较松，就可以支付较高的价格。相反，收入低或对花钱看得比较紧的人，就只愿支付较低的价格。但是，如果你问他们愿意支付什么样的价格时，他们都必定说愿支付较低的价格，因为即使有钱人也会觉得在同样服务下以低价购买划算一些。所以飞机或轮船公司针对这些具有不同支付意愿的乘客出售不同价位的票。

生产者剩余是指卖者出售一种物品或服务所得到的价格减去卖者的成本。假如现在有 3 家电脑供应商，IBM 的成本是 7800 元，联想的成本是 7500 元，天想的成本是 7000 元，如果都按照 8000 元的价格出卖，那么他们出售 1 台电脑将分别获得 200 元、500 元和 1000 元的生产者剩余。同时，如果这些企业采取新的技术和管理措施，使成本进一步下降，那他们可以获得更多的生产者剩余。

前景理论："患得患失"是一种纠结

【定律阐释】前景理论包括三个基本原理，一是大多数人在面临获得时具备风险规避意识，二是大多数人在面临损失时具备风险偏爱倾向，三是人们对损失比对获得更敏感。

面对获得与失去时的心理纠结

有个著名的心理学实验："假设你得了一种病，有十万分之一的可能性会突然死亡。现在有一种吃了以后可以把死亡的可能性降到 0 的药，你愿意花多少钱来买它呢？或者假定你身体很健康，医药公司想找一些人来测试新研制的一种药品，这种药用后会使你有十万分之一的几率突然死亡，那么医药公司起码要付多少钱你才愿意试用这种药呢？"

　　实验中，人们在第二种情况下索取的金额要远远高于第一种情况下愿意支付的金额。我们觉得这并不矛盾，因为正常人都会做出这样的选择，但是仔细想想，人们的这种决策实际上是相互矛盾的。第一种情况下是你在考虑花多少钱消除十万分之一的死亡率，买回自己的健康；第二种情况是你要求得到多少补偿才肯出卖自己的健康，换来十万分之一的死亡率。两者都是十万分之一的死亡率和金钱的权衡，是等价的，客观上讲，人们的回答也应该是没有区别的。

　　为什么两种情况会给人带来不同的感觉，做出不同的回答呢？对于绝大多数人来说，失去一件东西时的痛苦程度比得到同样一件东西所经历的高兴程度要大。对于一个理性人来说，对"得失"的态度反映了一种理性的悖论。由于人们倾向于对"失"表现出更大的敏感性，往往在做决定时会因为不能及时换位思考而做出错误的选择。

　　一家商店正在清仓大甩卖，其中一套餐具有8个菜碟、8个汤碗和8个点心碗，共24件，每件都完好无损。同时有一套餐具，共40件，其中有24件和前面那套的种类大小完全相同，也完好无损，除此之外，还有8个杯子和8个茶托，不过两个杯子和7个茶托已经破损了。第二套餐具比第一套多出了6个好的杯子和1个好的茶托，但人们愿意支付的钱反而少了。

　　一套餐具的件数再多，即使只有一件破损，人们就会认为整套餐具都是次品，理应价廉；件数少，但全部完好，就成为合格品，当然应当高价。

　　在生活中，人们由于有限理性而对"得失"的判断屡屡失误，成了"理性的傻瓜"。

　　工人体育场将上演一场由众多明星参加的演唱会，票价很高，需要800元，这是你梦寐以求的演唱会，机会不容错过，因此很早就买到了演唱会的门票。演唱会的晚上，你正兴冲冲地准备出门，却发现门票没了。要想参加这场音乐会，必须重新掏一次腰包，那么你会再买一次门票吗？假设另一种情况：同样是这场演唱会，票价也是800元。但是这次你没有提前买票，你打算到了工人体育场后再买。刚要从家里出发的时候，你发现买票的800元弄丢了。这个时候，你还会再花800元去买这场演唱会的门票吗？

　　与在第一种情况下选择再买演唱会门票的人相比，在第二种情况下选择仍旧购买演唱会门票的人绝对不会少。同样是损失了800元，为什么两种情况下会有截然不同的选择呢？其实对于一个理性人来说，他们的理性是有限的，在他们心里，对每一枚硬币并不是一视同仁的，而是视它们来自何方、去往何处而采取不同的态度。这其实是一种非理性的思考。

前景理论告诉我们，在面临获得与失去时，一定要以理性的视角去认识和分析风险，从而作出正确的选择。

把握好风险尺度，别错失良机

有一年，但维尔地区经济萧条，不少工厂和商店纷纷倒闭，被迫贱价抛售自己堆积如山的存货，价钱低到 1 美元可以买到 100 双袜子。

那时，约翰·甘布士还是一家纺织厂的小技师。他马上把自己积蓄的钱用于收购低价货物，人们见到他这股傻劲，都公然嘲笑他是个蠢材。

约翰·甘布士对别人的嘲笑漠然置之，依旧收购各工厂和商店抛售的货物，并租了很大的货仓来存货。

他妻子劝他说，不要买这些别人廉价抛售的东西，因为他们历年积蓄下来的钱数量有限，而且是准备用作子女学费的，如果此举血本无归，那么后果不堪设想。

对于妻子忧心忡忡的劝告，甘布士安慰她道："3 个月以后，我们就可以靠这些廉价货物发大财了。"

过了 10 多天，那些工厂即使贱价抛售也找不到买主了，便把所有存货用车运走烧掉，以此稳定市场上的物价。

他妻子看到别人已经在焚烧货物，不由得焦急万分，抱怨起甘布士。对于妻子的抱怨，甘布士一言不发。

终于，美国政府采取了紧急行动，稳定了但维尔地区的物价，并且大力支持那里的厂商复业。

这时，但维尔地区因焚烧的货物过多，存货欠缺，物价一天天飞涨。约翰·甘布士马上把自己库存的大量货物抛售出去，一来赚了一大笔钱；二来使市场物价得以稳定，不致暴涨不断。

在他决定抛售货物时，他妻子又劝告他暂时不要把货物出售，因为物价还在一天一天飞涨。

他平静地说："是抛售的时候了，再拖延一段时间，就会追悔莫及。"

果然，甘布士的存货刚刚售完，物价便跌了下来。他的妻子对他的远见钦佩不已。

后来，甘布士用这笔赚来的钱开设了5家百货商店，成为全美举足轻重的商业巨子。

事实上，冒险具有一定的危险性，抓住机遇也是件很不容易的事情，并不是每个人想做就能做到的事情。正因为如此，冒险才显得那么重要，冒险也才有冒险的价值。但冒险的目的并不是为了找刺激，当你的机会来临，要及时脱身这种"危险游戏"。我们应有冒险精神，但是不要盲目冒险，才能真正抓住风险中的商机，圆自己的财富之梦。

【定律链接】把钱存入银行也有风险

10多年前，一对老夫妇退休，当时他们有近5万元的储蓄，心里觉得很踏实，可以养老了。10多年后的今天，他们在银行的5万元虽然有一定的利息收入，退休工资调整了几次，可现在他们很不踏实：以现在的物价水平来看，几万块钱还能提供什么样的保证呢？

如果他们不是把这笔钱存在银行，而是进行投资，比如在10多年前投资房地产，那么现在他们拥有的资产就非常可观了。

当然，每个人的具体情况都不相同，但我们应该有这样一个意识：把钱存入银行也是有风险的；有可能的话，可以多些考虑和选择。

如果你是工薪阶层，存入银行的钱多半是从工资里省下来的。简单和节省的生活自然是正确的，然而你还应该认识到，要达到经济自由的状态，我们就不能挣固定数字的钱，就必须不仅仅是从老板手中接过自己创造的"剩余价值"的一小部分，而是要赚取别人创造的"剩余价值"。

要想富，唯一的道路就是自己当老板！别误会，我们说的是把钱拿去投资，自己为自己干，不受别人的"剥削"，甚至还可以"剥削"别人，承担风险，也享受利润——所有投资者都可视为"老板"。

在你的投资组合中，你可以把资金分成两部分，一部分仍放在定存、活存以及国债中，这部分每年会有固定的利息收入，除了国债之外，本金并无亏损的风险，且兑现的速度快，可供不时之需。第二部分，如果你还有余钱，你不妨把它放在股票、黄金、共同基金，甚至高风险、高报酬的外币及期货投资上。

但不管做什么投资，你都必须有血本无归的心理准备，而且就算血本无归，也必须保证不会影响你的基本日常生活开支，否则就犯了投资过度、风险过高的兵家大忌。

如果你有房子、车子，也结了婚，有了孩子，那么，保险是你理财规划中不可或缺的一环。正所谓"不怕一万，只怕万一"，一旦你半生辛苦所买下的房子在一场大火中付之一炬，一切从头来的打击会令人难以招架。因此，火险、车险、寿险等保险规划，都是这一阶段必修的课程。

把钱存入银行是一种因循守旧的做法，除了让银行有本钱赚取利润外没有更多的好处，而且，需要记住的是，它并没有想象中那么安全。

棘轮效应：由俭入奢易，由奢入俭难

【定律阐释】棘轮效应，又称制轮作用，是指消费者容易随着收入的提高增加消费，但不容易因为收入降低而减少消费。尤其是在短期内消费是不可逆的，其习惯效应较大。这种习惯效应，使消费取决于相对收入，即相对于自己过去的高峰收入。

由俭入奢易，由奢入俭难

商朝时，纣王登位之初，天下人都认为在这位英明的国君治理下，商朝的江山坚如磐石。有一天，纣王命人用象牙做了一双筷子，十分高兴地使用这双象牙筷子就餐。他的叔叔箕子见了，劝他收藏起来，而纣王却满不在乎，满朝文武大臣也不以为意，认为这本来是一件很平常的小事。箕子为此忧心忡忡，有的大臣问他原因，箕子回答："纣王用象牙做筷子，就不会用土制的瓦罐盛汤装饭，肯定要改用犀牛角做成的杯子和美玉制成的饭碗，有了象牙筷、犀牛杯和美玉碗，难道还会用它来吃粗茶淡饭和豆子煮的汤吗？大王的餐桌从此顿顿都要摆上美酒佳肴了。吃的是美酒佳肴，穿的自然要绫罗绸缎，住的就要求富丽堂皇，还要大兴土木筑起楼台亭阁以便取乐了。对于这样的后果我觉得不寒而栗。"仅仅5年时间，箕子的预言果然应验了，商纣王恣意骄奢，商朝灭亡了。

在这则故事中，箕子对纣王使用象牙筷子的评价，就反映了现代经济学消费效应——棘轮效应。

棘轮效应，又称制轮作用，是指人的消费习惯形成之后具有不可逆性，即易于向上调整，而难于向下调整，尤其是在短期内消费是不可逆的，其习惯效应较大。这种习惯效应使消费取决于相对收入，即相对于自己过去的高峰收入。实际上棘轮效应可以用宋代政治家和文学家司马光的一句名言概括："由俭入奢易，由奢入俭难。"

在子女教育方面，因为深知消费的不可逆性，所以明智的家长注重防止棘轮效应。如今，一些成功的企业家虽然十分富有，仍对自己的子女要求严格，从来不给孩子过多的零用钱，甚至在寒暑假期间要求孩子外出打工。他们这么做的目的并非是为了让孩子多赚钱，而是为了教育他们要懂得每分钱都来之不易，懂得俭朴与自立。这一点在比尔·盖茨身上体现得十分明显。

微软公司的创始人比尔·盖茨是世界上赫赫有名的富豪，个人资产总额达460亿美元。但是他在媒体采访时却说，要把自己的巨额遗产返还给社会，用于慈善事业，只给3个女儿几百万美元。比尔·盖茨没有自己的私人司机，公务旅行不坐飞机头等舱而坐经济舱，衣着也不讲究什么名牌。更让人不可思议的是，他对打折商品感兴趣，不愿为泊车多花几美元。

有一次，比尔·盖茨和一位朋友同车前往希尔顿饭店开会，由于去晚了，以致找不到停车位。朋友建议把车停在饭店的贵客车位，盖茨不同意。他的朋友说"车费我来付"，盖茨还是不同意。原因很简单，贵客车位要多付12美元停车费，盖茨认为那是"超值收费"。

棘轮效应是出于人的一种本性，人生而有欲，"饥而欲食，寒而欲暖"，这是人与生俱来的欲望。人有了欲望就会千方百计地寻求满足。但是，消费要结合自身情况，不要养成奢侈的消费习惯。哪怕只是几元钱甚至几分钱，也要让其发挥出最大的效益，养成良好的消费习惯。

聚沙成塔，滴水成河——存钱是一种习惯

梁家芝是一个电视台的普通文字记者，她每月的月薪是35000元台币，扣掉各种开销，她一点点地积攒，在不到4年的时间存了70万元台币，圆了自己出国读硕士的梦想。

刚刚参加工作的梁家芝，遇到了大多数新人都会遇到的工作瓶颈，总是觉得无力突破。为了自己的前途，她觉得需要进一步学习和进修，可是又不想向父母或银行借钱，因此，她就萌生出了要靠储蓄积攒出这笔费用的想法。

每天，她的食宿都非常节省，也从来不买光鲜亮丽的名牌服饰。她觉得与其把钱花掉，还不如握在手中。只要一有零钱，她就积攒起来。于是，她账户上的钱越来越多，她也离自己的梦想越来越近。

有一天，当她的朋友跟她开玩笑说："家芝，你存了多少钱了啊？是不是成了小富婆啦？"她才注意到，自己已经存够了出国留学的钱。

很多人都有留学的梦想，但是他们可能因为种种理由而凑不到钱，从而不得不放弃。看了梁家芝的故事，你还会觉得留学是件难事么？尽管是一点点地积累，一分分地节俭，可她还是存够了钱，圆了自己的梦想。

在开始存钱前，你也许会说："我知道我应该为将来存些钱。但每个月末，我都余不下多少工资。那么我该怎样开始呢？"这里给你的建议是，每月初在你试图花钱以前，存一些钱到储蓄账户里。

存钱纯粹是习惯的问题。人经由习惯的法则，塑造了自己的个性。任何行为在重复做过多次之后，就会变成一种习惯，人的意志也只不过是从我们的日常习惯中成长出来的一种推动力量。

一种习惯一旦在脑中形成之后，就会自动驱使一个人采取行动。在存钱方面，你不必一开始就存很多钱，即使一周存 100 元或 200 元也比不存强，因为它是养成存钱习惯的方法之一。

其实要养成存钱的习惯，并不像想象中的那么难。每晚把所有你从饭店、超市和其他地方得来的零钱放入储蓄罐，几个星期后，你就会为你所有的可以存入储蓄账户的钱而感到惊讶。

养成储蓄的习惯，并不表示限制你的理财能力。正好相反，你在养成了这种习惯后，不仅把你所赚的钱有系统地保存下来，也增强了你的观察力、自信心、想象力、进取心及领导才能，真正增强你的理财能力。

【定律链接】新节俭主义

泼留希金是俄国文学家果戈理的名著《死魂灵》中的著名人物。他是个富有的地主，有上千个农奴，他的仓库里有堆积如山的麦子、麦粉，库房里也充斥着呢绒和麻布、羊皮、干鱼以及各种蔬菜、果子。

可是他生活极端吝啬，过着像叫花子一样的生活。他穿得很破旧，吃得也很坏。当他在路上走着的时候，看到一块旧鞋底、一片破布或一个铁钉都要拾回家。

他的住室，如果不是桌子上的一顶破旧睡帽作证，谁也不会相信这房子里住着活人。他的屋子里放着"一个装些红色液体，内浮三个苍蝇，上盖一张信纸的酒杯……一把发黄的牙刷，大约还在法国人攻入莫斯科之前，它的主人曾经刷过牙的"。

泼留希金对自己如此吝啬，对他人更是可想而知。女儿成婚，他只送一样礼物——诅咒；儿子从部队来信讨钱做衣服也碰了一鼻子灰，除了送他一些诅咒外，从此与儿子不再相见，而且连他的死活也毫不在意。

泼留希金已经不大明白自己有些什么了，然而他还不满足，每天仍在聚敛财富。他走过的路，就用不着打扫，甚至他还会去偷别人的东西……

泼留希金是俄国文学史上吝啬鬼的代表人物，在当今社会中，也出现了这样一群"吝啬鬼"：他们精打细算，本可以过更好的生活，却处处"斤斤计较"，绝不乱花一分钱。一些人不理解，将他们称为新时代的吝啬鬼或新时代的泼留希金。

不过，他们的"吝啬"不是泼留希金式的盲目守财，而是尽量减少不必要的开支。其实，他们秉承的是一种新的生活方式——新吝啬主义。

新吝啬主义又称为新节俭主义，一切以需要为目的购买，绝不盲目追逐品牌和附庸风雅。作为一种成熟的消费观念，其诞生是人们的消费观发展的必然结果。

在商品匮乏的年代，人们总认为"贵的就是好的"，"钱是衡量一切的标准"。但随着商品经济的不断繁荣，一部分人开始觉醒并有意识地寻找自己真正需要的东西，在这个过程中，消费观念不断与现实生活进行碰撞磨合，最终真正走向了成熟。

越来越多的人加入了新版"泼留希金"的阵营，和"月光族"相比，他们是一群真正精明、智慧、对自己负责的消费者。他们拥有稳定持久的消费能力，收放自如地支配着自己的收入，让有限的金钱最大限度地满足自己的各种需要，他们的存在和不断增多，将颠覆传统的消费理念，使人们不再过分重视商品所体现的外在价值甚至是身份的象征意义，而更加珍视自身的感受和满意度。

在新的形势下，新节俭主义更应该成为一种时尚。我们应尽量减少和避免在喧哗和浮躁中浪费时间和金钱，紧随新版"泼留希金"们的步伐，过一种简单本真的有品质生活。

配套效应：有一种"和谐"叫"配套"

【定律阐释】配套效应广泛存在于自然界中，像鱼生活在水中，水干了，鱼就不能生存了，鱼和水就是配套的，是一个系统。在经济学中，指人们在拥有了一件新的物品后不断配置与其相适应的物品以达到心理平衡的现象。

为什么商品总是配套组合

18世纪，欧洲掀起了一场轰轰烈烈的启蒙运动，法国人丹尼·狄德罗是这场运动的代表人物之一。他才华横溢，不但编撰了欧洲第一部《百科全书》，还在文学、艺术、哲学等诸多领域作出了卓越贡献，是当时赫赫有名的思想家。

有一天，一位朋友送给狄德罗一件质地精良、做工考究、图案高雅的酒红色长袍，狄德罗非常喜欢。于是，他马上将旧的长袍丢弃了，穿上了新长袍。可是不久之后，他就产生了烦恼。因为当他穿着华贵的长袍在书房里踱来踱去时，越发觉得那张自己用了好久的办公桌破旧不堪，而且风格也不对。于是，狄德罗叫来了仆人，让他去市场上买一张与新长袍相搭配的新办公桌。当办公桌买来之后，狄德罗又神气十足地在书房踱步了。可是他马上发现了新的问题：挂在书房墙上的花毯针脚粗得吓人，与新的办公桌不配套！

狄德罗马上打发仆人买来了新挂毯。可是，没过多久，他又发现椅子、雕像、书架、闹钟等摆设都显得与挂上新挂毯后的房间不协调，需要更换。慢慢地，旧物件都被换掉了，狄德罗得到了一个富丽堂皇的书房。

这时，这位哲人突然发现"自己居然被一件长袍胁迫了"，更换了那么多他原本无意更换的东西。于是，狄德罗十分后悔自己丢弃了旧长袍。他还把这种感觉写成了一篇文章，题目就叫《丢掉旧长袍之后的烦恼》。

200年之后，1988年，美国人格兰特·麦克莱肯读了这篇文章，感慨颇多。他认为这一个案具有典型意义，集中揭示了消费品之间的协调统一的文化现象，借用狄德罗的名义，将这一类现象概括为"狄德罗效应"，也称配套效应。

1998年，美国哈佛大学的一位女经济学家朱丽叶·施罗尔出版了《过度消费的美国人》，在这本畅销书中对这种新睡袍导致新书房的攀升消费模式进行了详细分析。此后，配套效应引起了越来越多人的关注，而且被运用到了社会生活的各个方面。

在人们的观念里，高雅的长袍是富贵的象征，应该与高档的家具、华贵的地毯、豪华的住宅相配套，否则就会使主人感到"很不舒服"。

配套效应在生活中可谓屡见不鲜。在服饰消费中，人们会重视帽子、围巾、上衣、裤子、袜子、鞋子、首饰、手表等物品之间在色彩、款式上的相互搭配；在装修时，人们会注重家具、灯具、厨具、地板、电器、艺术品和整体风格之间的和谐统一。这些都是为了实现"配套"，达到一种和谐。

生产厂家和商场可谓最善于利用这种配套效应了。配套效应的核心并不在于那件新长袍的风格样式，而在于它所象征的一种生活方式，后面的一切都是为了这种生活方式的完整而设计的。所以，厂家和商家往往会想方设法，利用这一效应来推销自己的商品。他们会告诉你这些商品是如何与你的气质相配，如何符合你的档次等等。总之，它们都是你不能不拥有的"狄德罗商品"。比方说，劳力士手表和宝马汽车都宣称自己是成功和地位的标志，所以如果你拥有了一块劳力士手表，那么你就应该考虑以宝马代步，这样才不会失掉自己的"面子"。

很多人都有这样的经历：在外出购物时明明只想买一样东西，结果却买回了一大堆。出门时只想买一件衬衫，但买下衬衫之后，又觉得跟裤子不配套，于是又去买了一条新裤子。穿上裤子，又觉得皮鞋的式样不般配，又去买双皮鞋。回到家才发现，原本只想花几十块钱，最后却花了好几百。

又比方说，买了一套三室两厅的新住宅之后，自然要好好装修一番。首先是铺上大理石或木地板，再安装像样的吊灯；四壁豪华之后，自然还想配上一些高档家具。一旦住上了这样的高档住宅，出入时显然不能再穿旧衣烂衫，必定要穿"拿得出手"的衣服与鞋袜。如此这般下去，所有这一切，都是为了跟这套房子配套。

其实，我们应该警惕这种预料之外的开支。很多人还没有到月末，就发现这个月已经大大超支，原因是买了许多不在计划之中的"狄德罗商品"。

钱要花得是时候

配套效应给人们一种启示：对于那些非必需的东西尽量不要购买。因为如果你接受了一件，那么外界的和心理的压力会使你不断地接受更多非必需的东西。

当今市场经济社会里，金钱已成为最宝贵的资源之一，所以我们一定要在最需要的时候消费，一定要将金钱用在最该用的地方。

有一次，张娟和几个朋友到另一个朋友家去做客，那位朋友的母亲为她们做了许多美味菜肴，但是都没有给她们留下深刻的印象，只有最后一道汤菜给她们留下了非常美好的记忆，感觉味道异常鲜美。第二天张娟仍然想着那道汤的好味道，并且专门去请教。但是，她严格地按照朋友母亲传授的技艺和程序去操作，汤做好了之后，端上桌子品尝的时候，却感觉淡而无味。后来她不服输，又做了一次，这一次她吸取了前一次的经验，多放了一些盐，但是端上桌后，竟然没有一个人不说咸的。

她真是被搞得莫名其妙了，只好又去谦虚地请教，朋友母亲当时说的一席话令她茅塞顿开。

原来上汤的时间是非常有讲究的，如果汤是在最开始上来的，由于人们体内盐的浓度不高，这时候的汤就要适当咸一点，这样舌头的味蕾才能够充分地感觉到盐的味道；如果汤是在最后上来的，人们已经吃了很多菜，体内盐的浓度已经比较高，这时候即使汤中一点盐不放，人们仍然能感觉到盐的存在，感觉汤的味道很鲜美。

张娟呢？正好相反，第一次上汤的时候就记得要少放盐，但是却忽略了上汤的时间；第二次只想着要最后上汤，但是又将盐放得多了。

我们花钱最忌讳的就是掌握不好时机和数量。什么时候必须花钱，什么时候不该花钱；什么时候多花一点，什么时候少花一点。这就如我们喝汤的时候放盐一样，什么时候应该放盐，什么时候不能放盐，什么时候要多放盐，什么时候要少放盐都得讲究一番，因为这是非常关键的，搞不好一顿饭就毁在了这点"盐"上。

我们日常生活中，金钱的消费就像掌握好盐的多少一样，该花的时候一定要花，不该花的钱一分钱也不能花。钱花的如果是时候，往往会起到事半功倍的效果；钱花的如果不是时候，可能就是事倍功半的效果。

生活中花钱的地方实在是太多了，所以我们就要对日常的花销进行排队，分出轻重缓急，然后根据自己的财力进行合理安排，把好钢都用在刀刃上。这样我们的生活就会像一道异常味美的佳肴，让我们的金钱就像汤中的盐一样，适时地、适量地分散在生活这道美味中。

【定律链接】苏格拉底与配套效应

我们如何才能摆脱"配套效应"对我们的暗示性作用呢？让我们来看看大哲学家苏格拉底如何运用自己的智慧处理配套效应的吧。

　　某一天，苏格拉底的几位学生怂恿他去逛一逛当地热闹的市集。学生们七嘴八舌地劝说自己的老师："那个集市里的东西真多，衣、食、住、行各方面的东西应有尽有，有很多好听的、好看的、好玩的和好吃的，有数不清的新鲜玩意儿。您如果去了，一定会满载而归。"他想了想，同意了学生的建议，决定去看一看。

　　第二天，苏格拉底一进课堂，学生们立刻围了上来，热情地请他讲一讲集市之行的收获。他看着大家，停顿了一下说："逛了这个集市之后，我的确有一个很大的收获，就是发现，原来这个世界上有那么多我并不需要的东西。"

　　接着，苏格拉底语重心长地给自己的学生上了一课。他说了这样的话："当我们为奢侈的生活而疲于奔波的时候，幸福的生活已经离我们越来越远了。幸福的生活往往很简单，比如最好的房间，就是必需的物品一个也不少，没用的物品一个也不多。做人要知足，做事要知不足，做学问要不知足。"

　　是啊，苏格拉底的那句话说得太对了——"必需的物品一个也不少，没用的物品一个也不多"。我们之所以经常陷入配套效应的漩涡，往往就是因为我们不仅将精力集中到那些我们必需的物品上，而且也将精力集中到了那些与之配套的没有用的物品上。

·第四章·

信息：“不懂信息，赶不上行市”

格雷欣法则：劣币驱逐良币与信息不对称

【定律阐释】格雷欣法则是一条经济法则，也称劣币驱逐良币法则，“良币”在流通中被收藏起来，以致最终被驱逐出流通领域，实际价值低于法定价值的“劣币”却在市场上泛滥成灾。

劣币驱逐良币

金属货币作为主货币有较长的历史。由于直接使用金属做货币有不便之处，于是人们将金属铸造成便于携带和交易，也便于计算的“钱”。人们铸造的金属货币有了一个“面值”，或称为名义价值。这一变化，使得铸币内在的某种金属含量（如黄金含量）产生了与面值不同的可能性，如面值1克黄金的铸币，实际含金量可能并不是1克，人们可以加入一些其他低价值的金属混合铸制，但它仍然作为1克黄金进入流通领域。

16世纪的英国商业贸易已经很发达，玛丽女王时代铸制了一些成色不足（即价值不足）的铸币投入流通中。当时在英国很受王室看重的金融家兼商人托马斯·格雷欣发现，当面值相同而实际价值不同的铸币同时进入流通时，人们会将足值的货币贮藏起来，或是熔化或是流通到国外，最后回到英国偿付贸易和流通的，则是那些不足值的“劣币”，英国因此遭受巨大损失。鉴于此，格雷欣对伊丽莎白一世建议，恢复英国铸币的足够成色，以恢复英国女王的信誉和英国商人的信誉，以免良币在贸易中受到不足价值铸币的“驱逐”。

这就是劣币驱逐良币效应，产生这种现象的根源在于当事人的信息不对称。

因为如果交易双方对货币的成色或者真伪都十分了解，劣币持有者就很难将手中的劣币花出去，即使能够用出去也只能按照劣币的"实际"而非"法定"价值与对方进行交易。

"劣币驱逐良币"的现象在市场上是普遍存在的。在信息不对称的前提下，因为卖方比买方掌握更多的信息，从而会产生柠檬市场效应。柠檬市场效应是指在信息不对称的情况下，往往好的商品遭受淘汰，而劣等品会逐渐占领市场，从而取代好的商品，导致市场中都是劣等品。本来按常规，降低商品的价格，该商品的需求量就会增加；提高商品的价格，该商品的供给量就会增加。但是，由于信息的不完全性和机会主义行为，有时候，降低商品的价格，消费者也不会做出增加购买的选择，提高价格，生产者也不会增加供给的现象。"二手车市场模型"可以形象地解释这种现象。

假设有一个二手车市场，买车人和卖车人对汽车质量信息的掌握是不对称的。买家只能通过车的外观、介绍和简单的现场试验来验证汽车质量的信息，很难准确判断出车的质量好坏。因此，对于买家来说，在买下二手车之前，他并不知道哪辆汽车是质量好的，他只知道市场上汽车的平均质量。当然，买家知道市场里面的好车至少要卖6万元，坏车最低要卖2万元。那么，买家在不知道车的质量的前提下，愿意出多少钱购买他所选的车呢？买家只愿意根据平均质量出价，也就是4万元。但是，那些质量很好的二手车卖主就不愿意了，他们的汽车将会撤出这个二手车市场，市场上只留下车辆质量低的卖家。如此反复，二手车市场上的好车将会越来越少，最终陷入瓦解。

传统的市场竞争机制得出来的结论是"优胜劣汰"，可是，在信息不对称的情况下，市场的运行可能是无效率的，并且会导致"劣币驱逐良币"的恶果。产品的质量与价格有关，较高的价格导致较高的质量，较低的价格导致较低的质量。"劣币驱逐良币"使得市场上出现价格决定质量的现象，因为买者无法掌握产品质量的真实信息，这就出现了低价格导致低质量的现象。

明代四川有3个商人，都在市场上卖药。其中一人专门进优质药材，按照进价确定卖出价，不虚报价格，更不过多地取得赢利。另外一人进货的药材有优质的也有劣质的，售价的高低根据买者的需求程度来定。还有一人不进优质品，只求多，卖的价钱也便宜。于是人们争着到专卖劣质药的那家买药，他店铺的门槛每个月都要换一次，过了一年他就非常富裕了。那个兼顾优质品和次品的药商，前往他家买药的稍微少些，但过了两年也富裕了。而那个专门进优质品的药商，不到一年时间就穷得吃了早饭就没有晚饭了。

在这个故事中，卖优质药材的反倒穷得揭不开锅，卖劣质药材的反倒很快致富，这和柠檬市场上的"劣币驱逐良币"现象十分相似。

其实我们可以发现，格雷欣法则无处不在。比如人才市场，由于信息不对称，雇主愿意开出的是较低的工资，这根本不能满足精英人才的需要。信贷市场也有格雷欣法则发挥作用，信息不对称使贷款人只好确定一个较高的利率，结果好企业退避三舍，资金困难甚至不想还贷的企业却蜂拥而至。认识了格雷欣法则，在很多时候可以使我们避免"劣币驱逐良币"带来的危害。

劣币驱逐良币背后的信息不对称

有一个关于信息不对称的故事：

一个商人到教堂，跟神父忏悔道："我……我有罪……"

神父："说吧，我的孩子。"

商人："二战开始没多久，我藏匿了一个被纳粹追捕的犹太人……"

神父："这是好事啊，为什么你觉着有罪呢？"

商人："我把他藏在地窖里，而且……而且我让他每天交给我15法郎租金……"

神父："你为了这件事而忏悔吗？"

商人："是的，我现在很后悔……我一直还没有告诉他战争已经结束了！"

这个故事中的商人与犹太人对二战的认知产生了信息不对称，即商人知道战争已经结束，而犹太人并不知道战争结束了，犹太人为寻求庇护仍然每天支付租金给商人。如果在信息完全对称的情况下，即商人和犹太人都知道战争结束了，犹太人在战争结束后不可能仍每天支付租金给商人。

在现实经济中，信息不对称的情况十分普遍，它甚至影响了市场机制配置资源的效率，造成占有信息优势的一方在交易中获取太多的剩余，出现因信息力量对比过于悬殊导致利益分配结构严重失衡的情况。

人们在购买商品的过程中，对商品的个体信息认知也会产生信息不对称的情形。有些商品是内外有别的，而且很难在购买时加以检验。如瓶装的酒类，盒装的香烟，录音，录像带等。人们或是看不到商品包装内部的样子（如香烟、鸡蛋），或是看得到，却无法用肉眼辨别产品质量的好坏（如录音、录像带）。显然，对于这类产品，买者和卖者了解的信息是不一样的，卖者比买者更清楚产品实际的质量情况。

市场经济发展了几百年，都是处于信息不对称的情况之下。当人们没有发现信息不对称理论的时候，比如亚当·斯密的时代，市场并没有显示出多少缺陷，斯密甚至对"看不见的手"推崇备至，自由的市场经济理论学者都宣扬市场的自由调节，反对对市场进行干预。

今天，信息经济学逐渐成为新的市场经济理论的主流，人们打破了自由市场在完全信息情况下的假设，才终于发现信息不对称的严重性，研究信息经济学的学者因而获得了 1996 年和 2001 年的诺贝尔经济学奖。

信息经济学认为，信息不对称造成了市场交易双方的利益失衡，影响社会公平、公正以及市场配置资源的效率，并且提出了种种解决的办法。但是，可以看出，信息经济学是基于对现有经济现象的实证分析得出的结论，对于解决现实中的问题还处于尝试性的研究阶段。

占有信息的人在交易中获得优势，这实际上是一种信息租金，信息租金是每一个交易环节相互联系的纽带。每一个行业都是特殊信息的汇总，生产一种产品要工程师的专业信息和技术人员的技术信息以及销售人员的市场信息，把产品变成商品进行交换，需要商人的专业渠道信息和价格信息。俗话说，隔行如隔山，这座山其实就是信息不对称，而要获得这些信息是要付出成本（代价）的。不对称信息实际上可以被看作对信息成本的投入差异，消费者往往没有对商品的信息投入成本，这必然与生产者之间产生信息投入成本差异，生产者利用信息投入差异获取利润正是为了补偿先前付出的信息成本。

信息经济学的价值不在于揭示了信息不对称，而在于说明了信息和资本、土地一样，是一种需要进行经济核算的生产要素。

【定律链接】爱情市场也是一个"劣币"与"良币"共存的市场

曾有这样一个有趣的故事：

有个长得十分漂亮的女孩子，金发碧眼，开朗大方，但一直没有男生敢追她。仰慕者们都这样想：这么漂亮的女孩，怎么轮得到我来追？肯定有比我更有钱的男人，比如巴菲特去追求她。于是长叹一声，转而追求其他女孩去了。

巴菲特在华尔街巧遇来纽约观光的漂亮女孩之后，也颇为心仪，但是巴菲特转念一想：这么漂亮的女孩，怎么轮得到我来追？肯定有比我年轻的小伙子，比如比尔·盖茨去追求她。于是巴菲特长叹一声，转而与结发老妇相伴去了。

漂亮女孩去微软公司面试时，巧遇比尔·盖茨。面对如此佳人，比尔·盖茨心中一阵激动，但他转念一想：这么漂亮的女孩，怎么轮得到我来追？肯定有比我更强壮的人，比如乔丹去追求她。于是比尔·盖茨长叹一声，埋头继续与司法部周旋。

漂亮女孩去观看篮球比赛时，邂逅飞人乔丹。面对如此佳人，乔丹也为之心动，但乔丹冷静下来一想：这么漂亮的女孩，怎么轮得到我来追？肯定有比我更英俊的小伙，比如她的同学或同事，早就已经把她追到手了。于是乔丹长叹一声，转身来个空中走步。

这就是漂亮女孩的困惑。

想追求漂亮女孩的人相互之间都不能互通信息，也不了解漂亮女孩的尴尬处境和真实想法。结果想追求她的男人都根据自己的预期来决定是否要去追求漂亮女孩。由于大家都预期追求漂亮女孩一定是极高的门槛，最后造成大家都退缩不前的局面。

在这个过程中，大家只观察到了女孩的美貌，只发现了自己的不足之处，而根本不知道其他任何信息，最后每个人都相信追求漂亮女孩的代价将是很高的，因而大家都不采取行动。反而是那些考虑问题简单、懵懵懂懂的普通男生追到了漂亮女孩——这就是典型的"劣币驱逐良币"。只不过，这里的"劣币驱逐良币"不是"劣币"有多么嚣张，而是"良币"主动让步，把机会留给"劣币"了。

这在经济学中被称为逆向选择。造成"鲜花总是插在牛粪上"的原因就是信息不对称下的逆向选择。那些对漂亮女孩向往已久的崇拜者们相互之间，以及和漂亮女孩之间都不能沟通信息，只能造成一段段充满可能的佳缘最终以遗憾告终。

爱情的市场也是一个"劣币"与"良币"共存的市场，我们在逆向选择的作用下，或许不免阴差阳错地和梦中情人擦身而过。为了最大化地避免遗憾，要么你在遇到心仪对象时好好把握，勇于追求；要么，和那些优秀的人一样，收起自己不切实际的幻想，过平平淡淡才是真的幸福生活！

啤酒效应：信号在传递过程中被无限放大或缩小

【定律阐释】信号在递向传递的过程中被不断放大了，消费者可能只需要10瓶，但零售商的订单使得生产商对需求盲目乐观，造成了好像需要100瓶的印象，而生产商向上游供给商的大量订货又给原料商造成好像需要1000瓶的印象。反之，当需求缩减的时候也是一样。

不对称信息会扭曲供应链内部的需求信息

麻省理工学院的斯特曼教授做了一个著名的实验——啤酒销售流通实验。假设制造一件成品要经过7个流程，需要7层上游厂商提供原材料和配件。如果第一个月，客户向公司下的订单是100件，为了防止缺货风险，保证安全库存，公司会要求上游厂家提供105件。

然后，公司的上游厂商为了保险，会要求他的上游厂家提供110件，以此类推，到了最上游的第七层厂商时，他所提供的数量可能达到200件之多。

10个月下来，随着时间与上下游的累计效应，这个数字会与实际需求相差很远，导致最后一层厂商损失惨重，可能受伤100倍。

"啤酒效应"暴露了供应链中信息传递的问题。不对称的信息往往会扭曲供应链内部的需求信息，而且不同阶段对需求状况有着截然不同的估计，如果不能及时详细地掌握供应链的供求状况，其结果便是导致供应链失调。可怕的市场"泡沫"，往往便是"啤酒效应"所导致的最终结果。

"啤酒效应"不仅仅是啤酒行业的现象，也是经济流通领域一种具有普遍意义的现象。"啤酒效应"产生的原因在于信息传递过程中出现了偏差。

春秋时宋国有一个姓丁的人家家里没有水井，需要抽出一个人专门到很远的地方打水洗涤。于是丁家下定决心打一眼井。井打好后，丁家人非常高兴，逢人便说："我们打井节省了一个人的劳动力。"人们辗转相传，越传越走样，传到最后竟然成了："丁氏打井打出了一个人。"于是，宋国的人都在议论这件事，宋国的国君也听说了这件事。宋君派人去问丁家这件事。丁氏答道："是节省了一个人的劳动力，并非打井打到了一个人！"

打井挖出一个人，显得荒诞不经，却有很多人相信。信息在传递的过程中，往往会发生偏差，以致产生以讹传讹的情况，这就要求人们必须加以辨别考察。

有信息传递就会有谬误，产生这种谬误有可能是因为传递链过长，因此要充分利用现代信息技术，减少信息传递的中间环节。此外，也可能是有些人在信息传递过程中制造虚假信息，传播谣言。因此要建立一套避免信息失真的保障制度，对那些虚假信息的制造者给予相应的处罚。

信息传递中的失真性

流浪狗波波在一棵树下小憩了一会儿，醒来后，发现身边围聚着一帮大爷大妈，他们仔细地盯着波波，眼都不眨一下。

"这是一只萨摩犬，绝对是。"一个很像学者的老头，发表了意见。

"他们又在讨论我的品种。"波波虽然无奈，但碍于重重人墙，它无法冲出去，只得听这些大爷大妈们争论。

一个大妈发表不同意见："不对不对，这条狗和我家的土狗很像，我猜它应该是一条普通的狗，顶多是条杂交狗。"

众人争论不休，过了许久才散开，波波方能昏头昏脑地离开。但事情还没有结束，一路上不断有人围观他。

两个妇女在讨论："这不是那条有着萨摩犬血统的狗吗？长得真不错。"

波波赶紧躲到另一端，没想到，有几个人也指着它说："就是它，就是它，那条萨摩犬，真好，能值大价钱呢。"

到走出这片生活区时，波波所听到的最后版本已经是："今天早上，本社区发现了一条富豪家遗失的名贵犬，能值很多钱，要把它抓住，富豪一定有重谢。"

波波惊出一身冷汗，它偷偷摸摸地从街角溜走，生怕人们把它捉去换钱。其实自己根本就是一条普通的狗，只不过在人们的口口相传中，变成了一条名牌狗，这真是让它哭笑不得的误会。

其实，在我们的生活中类似的事并不在少数，这就是信息在传递过程中的失真。一个人说街上有老虎，人们不信；两个人说街上有老虎，人们开始有点相信；当三个人都说街上有老虎时，人们肯定会相信了，这就是"三人成虎"。在信息传递的过程中，往往存在失真的可能性。

比如，现在以车代步成为越来越多人的选择。市中心的拥堵生活，令都市里的人们不堪重负，他们便选择在郊区买房，享受清新空气和自然魅力，但工作地点不可能变更，所以，汽车的重要性就变得不言而喻了。

但现在的汽车更新换代极快，堪比电脑、相机这些电子数码产品，所以，买二手车便成为人们的首选。二手车市场里应有尽有，不比正规汽车店里的差，价格便宜，只要能挑中一辆性能不错、价格适中的二手车，便算是赚到了。

如何才能选中一辆让人心满意足的二手车呢？普通人对于车的了解有限，他们便将希望放到了专家身上。

但专家是否就真的权威？没人可以确定，二手车的性能、价格种种因素都会令买车的人做出错误的判断，专家的许多建议很多时候只是纸上谈兵，而买车需要实际的考察和认真的审视，这是专家无法给予的，只能靠自己判断。

就好像故事中人们对待波波的态度一样，那些真专家、伪专家一渲染，人们便开始相信一些虚假的信息。买车时，正是因为信息的不对称，买二手车的人为了尽量降低风险，便使劲压低价格，所以，即便是一辆崭新的车开到二手车市场，也会大打折扣。

可见，信息失真，受损失的不仅仅是买方，卖方也不会占到便宜。随着经济学研究的深入发展，特别是社会信息化进程的加快，人们认识到，信息传递的失真会带来额外的成本，因此我们必须认识到降低或避免信息失真成本的重要性。

【定律链接】掌握信息脉象，掌握制胜法宝

在商品经济中，信息主要反映在价格上，价格信息是经济信息的中心，其他信息都是为价格信息服务的。市场经济的本质是用价格信号对社会资源进行配置，社会资源的分配和再分配过程实际上是人们围绕价格进行资源博弈的过程。对任何一种资源的优先占有都可以在博弈中获得相关的利益，信息也是一样。

人们常说，买东西的永远没有卖东西的精明，便是因为买方的信息不如卖方的全面。基于这种信息不对称，卖方总是可以凭信息优势获得商品价值以外的利润。交易关系因为信息不对称变成了委托代理关系，交易中拥有信息优势的一方为代理人，不具备信息优势的一方是委托人，交易双方实际上是在进行无休止的信息博弈。

此外，完全信息是我们做出有效决策的先决条件，谁获得的信息既丰富又准确，谁就会在经济生活中先行一步。要获得真实可靠的信息，一定要付出更多的努力才行，不但需要多听专家的意见，更要主动地把握信息的脉象。

蝴蝶效应：用"微小"信息成就高营业额

【定律阐释】蝴蝶效应，是一种混沌现象，指在一个动力系统中，初始条件下微小的变化能带动整个系统的长期巨大的连锁反应。

营销要抓住引发风暴的信息"蝴蝶"

1972 年，美国气象学家爱德华·罗伦兹在华盛顿的美国科学发展学会上发表一篇演说，大意为：一只亚马孙河流域热带雨林中的蝴蝶，偶尔扇动几下翅膀，两周后，可能在美国得克萨斯州引起一场龙卷风。因为蝴蝶翅膀的扇动，导致其身边的空气系统发生变化，引起微弱气流的产生；而微弱气流的产生，又会引起它四周空气或其他系统产生相应的变化，由此引起连锁反应，最终导致天气系统的巨大变化。

故事中的规律，在销售活动中同样存在。曾经，人们一直认为，营销者的水平层次越高，就越需要抓大放小，要把精力放在做大事和要事上，不做琐屑的杂务，以高效利用时间。然而，蝴蝶效应却告诉我们：小事情一样可以导致大后果，小变化可能会引起大变化。就市场营销而言，若能合理利用蝴蝶效应，往往会起到"四两拨千斤"的作用。

据《第一财经日报》报道：2009 年 5 月，三星电子与百思买在中国正式签订了协同补货（CPFR）协议。

根据该协议，三星电子与百思买在供应链上共同管理采购预测与库存，共享客户信息，而三星的市场部将通过汇总的销售信息分析出大致的研发方向，如用户在最近半年或者一个季度喜欢什么样的手机等。

到目前为止，三星电子已经与北美和欧洲的 38 家零售流通渠道进行 CPFR 合作。从 2004 年合作开始至今，三星电子销售额增长 400%，物流库存减少 64%，预测订单的正确率提高至 93%，提前备货周期从 2005 年的 11 周缩减至 2008 年的 4 周。未来，中国的零售商也会成为三星信息链上重要的信息提供者。

在三星看来，如果高速信息流最后不能汇总到设计和专利上，那么这些信息并没有被充分利用。外部的信息获取要配合内部的积极"做功"。

信息反馈的高速战略使三星公司从缩短产品周期中获益。另外，三星还实行 B2B 和 B2C 两个市场并行，不仅生产成品还生产成品的部件，加上市场信息反馈的配合，这使得三星实现了产品多样化、大规模化和成本领导权。

三星还成立了中国经济研究院，分析的内容从家电到房地产，再到中国宏观经济。阅读该研究院的报告，读者就可以发现，三星搜集了大量第三方数据，从调研机构易观国际，到中国经济统计数据，数据量庞大。

在三星内部人士看来，这种分析对三星内部很有帮助，如中国的房地产情况就对家电销售有影响，而经济的涨落也涉及高端手机的消费心理。三星中国研究院还可对外出售报告产生收入。

故事中，三星巧妙利用了信息的"蝴蝶效应"，使自己的营销越做越成功。

营销界名人熊兴平在《蝴蝶效应与市场营销——寻找引发销售风暴的那只蝴蝶》中曾指出：要引起一场销售的龙卷风，关键是寻找到在临界点附近那只扇动翅膀的蝴蝶。

第一，让产品成为蝴蝶。利用消费者购买行为的非线性，通过逐渐累积比竞争对手领先 1% 的优势（微弱优势），在正反馈的自我增加机制作用下，到达终点时便会领先 100%，最终打败势均力敌的对手。

第二，让消费者成为蝴蝶。利用口碑营销的病毒式传播原理，找到一位消费者意见领袖（如种植大户、科技示范户），让他成为引发产品销售龙卷风的那只蝴蝶。

第三，让经销商成为蝴蝶。对经销商采取表扬与批评交替结合的办法，通过奖惩激励，逐步把经销商引入到混沌理论的蝴蝶模型中，最后让经销商"化蝶"引发风暴。

第四，让员工成为蝴蝶。企业员工在不同的条件下会产生天壤之别的销售业绩，若加以引导和激励，企业将呈现积极向上的竞争气氛，员工也可能成为销售竞赛中的那些蝴蝶。

第五，让企业自己成为蝴蝶。企业营销战略是既定战略（领导制定、自上而下）与随机战略（市场引导、自下而上）相结合的混沌战略，企业自己也能进入到混沌模型中而成为那只蝴蝶，如果反馈不当，就可能在一夜之间轰然倒闭；反之，企业就可能成为一夜之间崛起的黑马。

总之，营销中要充分抓住能够引发销售风暴的那只"蝴蝶"。

避免忽略缺陷造成的恶果

根据蝴蝶效应，在企业经营中，若发现公司有不合理的现象，要立刻设法改正，否则，管理上的漏洞很快就会表现在产品和服务上。所以，不要因为产品有毛病就讳而不宣，等到消费者发觉时，很可能会损害公司的名誉、信用。

有着百年辉煌历史的爱立信与诺基亚、摩托罗拉并列称雄于世界移动通讯业。但自 1998 年开始的 3 年里，当世界蜂窝电话业务高速增长时，爱立信的蜂窝电话市场份额却从 18% 迅速降至 5%，即使在中国市场，其份额也从 1/3 左右迅速地滑到了 2%。爱立信从手机销售头把交椅跌落，不但退出了销售三甲，而且还排在了新军三星、飞利浦之后。

为什么爱立信在中国这块风水宝地上失去了它往日的辉煌呢？

2001 年，爱立信的一款型号为 T28 的手机存在质量问题。这本来就是一种错误，但更大的错误是爱立信漠视这一错误。

"我的爱立信手机的送话器坏了，去爱立信的维修部门，很长时间都没有解决问题，最后，他们告诉我是主板坏了，要花 700 块钱换主板，而我在个体维修部那里，只花 25 元就解决了问题。"一位消费者明确说出了爱立信存在的问题。那时，几乎所有媒体都注意到了 T28 的问题，似乎只有爱立信没有注意到。爱立信一再地辩解自己的手机没有问题，而是一些别有用心的人在背后捣鬼。

然而，市场不会去探究事情的真相，也不给爱立信以"申冤"的机会，无情地疏远了它。

其实，信奉"亡羊补牢"观念的中国消费者已经给了爱立信一次机会，只不过，爱立信没能好好把握。

1998 年，《广州青年报》从 8 月 21 日起连续三次报道了爱立信手机在中国市场上的质量和服务问题，引发了消费者以及知名人士对爱立信的大规模批评，而且爱立信的 768、788C 以及当时大做广告的 SH888，居然没有取得入网证就开始在中国大量销售。当时，轻易不表态的电信管理部门的声明，证实了此事。至此，爱立信手机存在的问题浮出了水面。但爱立信采取掩耳盗铃的方式来解决问题，甚至试图拿钱来封媒体的嘴。爱立信广州办事处主任还心虚嘴硬地狡辩：我们的手机没有问题！

既然选择拒不认错，爱立信自然不会去解决问题，更不会切实去做服务工作。正是这一系列的质量和服务中的缺陷，使爱立信失去了中国市场。同时，也让我们明白，即使是一个由数以百万计的个人行动所构成的公司，同样经不起其中微小行动的偏离。

【定律链接】单双号限行的"蝴蝶效应"

某一天，家住北京的董明一反常态起了个大早，因为今天他要挤公交上班。这对习惯于开车上班的他来说颇有些新鲜，但没有办法，自从单双号限行开始实施以后，董明的汽车便只能轮班休息了。这些并不重要，重要的是，他作为北京市民，应积极响应政府的单双号限行政策。

在北京举办奥运会期间，政府决定单双号限行，即从 2008 年 7 月 20 日起，北京正式开始实行为期 2 个月的限行政策。试行之后，北京又正式开始实行汽车的限行措施，之后，不少省市也纷纷效仿北京的做法，希望通过单双号限行来改善交通拥堵状况。但是，效果似乎并没有预期的好，到了上下班的高峰期，堵车的情况依旧如故。

董明也发现了这点，他本以为乘坐公交车只需半个小时就可以到达单位，但没有料到，在一条路上堵了 40 分钟，公交车依然没有前行的意思，这让董明心急如焚。眼看上班的时间就要到了，他还在半路上，下也下不去车，走也走不了。

为什么限行之后，依然堵得厉害呢？董明的苦恼也是许多人的苦恼。他听到车上几个人在讨论堵车的事情。

"我这个月都是第二回迟到了，每次都是在这条路上堵着下不去。"一个年轻小伙子抱怨道。

一个老大爷不急不慌地说："急啥，过了高峰期就能走动了。"

"那我们也都迟到了，这个月的奖金又没了。"小伙子沮丧地说。

董明忍不住插嘴道："以前开车堵，现在限行了，我们坐公交车也这么堵车，真不知道以后是不是该跑步去上班。"

老大爷笑着说："其实，单双号限行只是一时限制了汽车的数量，短期内人们有可能会看到汽车流量减少，但时间长了，反而会刺激汽车的消费和使用。"

看到董明一脸迷茫，老大爷接着说："举个例子，之前车辆增加，是因社会的进步和人们收入的增加。倘若长期实行单双号限行，随着人们收入的不断增多，有车族完全可以再买第二辆车，这样，遇到限行也不必担心会影响开车出门。即便是现在，很多家庭也拥有两辆车，但一般只开一辆。结果一限行，两辆换着开，限行对他们并没有影响。看来，限行政策还是没能解决问题。"

车辆限行，却无法缓解堵车状况，这令许多市民头疼不已。现在有车一族越来越多，据有关数据统计，截至 2008 年年底，北京市机动车保有量已突破 350 万辆，平时有大约 30%～40% 的车被闲置而没有使用，而限行之后，这个库存被充分挖掘，反而使出行车辆增加。所以说，限行不仅对交通改善的作用有限，从另一方面来说，限行还不利于提高汽车的使用率。

根据经济学的理论，某样产品在需求一定的情况下，应当是使用率越高越好。同理，汽车也应如此，否则就是社会资源的浪费。

单双号限行政策阻碍了汽车的使用。而且短期的社会成效不能改变和降低整个社会总的用车需求，只会降低每一辆车的使用效率。

从经济学的角度来看，单双号限行这种措施并没有预想中那么完美。北京市后来又出台了限号政策，在一定程度上改善了拥堵的问题。日后，还会有更科学的办法出台，提高道路和车辆的使用效率。

囚徒困境：信息不足，决策就会迷惘

【定律阐释】囚徒们彼此合作，可为全体带来最佳利益，但在信息不明的情况下，出卖同伙可为自己带来利益，因此彼此出卖虽违反共同利益，反而是自己的最大利益所在。

信息不足，"囚徒"陷入理性的迷宫

在某城市郊区有个足球场，有一次足球场举行一个重要的比赛，大家都想去看。到足球场有好几条路，其中有一条是最近的。王波选择了走最近的这条路，但发现其他人也都选择走这条路，于是这条路非常堵塞。因此在路上所花的时间远远多于自己的预期。好不容易来到了足球场，精彩的比赛让人大开眼界，可惜前排有人站起来，影响了自己的观看效果。王波也选择站起来，这样他能看得清晰一些，他后排的人也只好选择站起来看。最后的结果是所有人都在站着看比赛。

王波无疑是个理性人，但是大家都是理性人的时候，却没有出现理性的结局。从个体来看，他所做出的选择或决策无疑是理性的，但人人都基于同样的考虑做出相同的选择或决策时，就会发生"理性合成谬误"。

1950年，担任斯坦福大学客座教授的数学家图克，为了更形象地说明个体理性，用2个犯罪嫌疑人的故事构造了一个博弈模型，即囚徒困境模型。

警方在一宗盗窃杀人案的侦破过程中，抓到两个犯罪嫌疑人。但是，他们都矢口否认曾杀过人，辩称是先发现富翁被杀，然后顺手牵羊偷了点东西。警察缺乏足够的证据指证他们所犯下的罪行，如果罪犯中至少一人供认罪行，就能确认罪名成立。

于是警方将两人隔离，以防止他们串供或结成攻守同盟，分别跟他们讲清了他们的处境和面临的选择：如果他们两人中有一人认罪，则坦白者会被立即释放而另一人将判8年徒刑；如果两人都坦白认罪，他们将被各判5年监禁；若两人都拒不认罪，因警察手上缺乏证据，他们会被处以较轻的偷盗罪各判1年徒刑。

那么，两个罪犯会怎样选择？

囚徒到底应该选择哪一项策略，才能将自己个人的刑期缩至最短？两名囚徒由于隔绝监禁，并不知道对方选择，也不相信对方不会背叛自己。

那么在困境中任何一名理性囚徒都会作出如此选择：

若对方选择抵赖，自己选择背叛，会让自己获释，所以会选择背叛。

若对方选择背叛，自己也要背叛，才能得到较低的刑期，所以还是选择背叛。

二人面对的情况一样，所以二人的理性思考都会得出相同的结论——选择背叛。背叛是两种策略之中的支配性策略。因此，这场博弈中唯一可能达到的均衡，就是双方都背叛对方，结果二人都服刑5年。这就是博弈论中经典的囚徒困境，可用下表表示。

囚徒困境是博弈论的非零和博弈中具有代表性的例子，反映个人最佳选择并非团体最佳选择。虽然囚徒困境本身属于模型性质，但现实中的价格竞争、环境保护等方面，频繁出现类似情况。

囚徒困境假定每个参与者都是利己的，即都寻求最大的自身利益，而不关心另一参与者的利益。参与者某一策略所得利益，如果在任何情况下都比其他策略要低的话，此策略称为"严格劣势"，理性的参与者绝不会选择。另外，没有任何其他力量干预个人决策，参与者可完全按照自己的意愿选择策略。

以全体利益而言，如果两个参与者都合作保持沉默，两人都是判刑1年，总体利益更高，结果也比两人都背叛对方、判刑5年的情况好。但根据以上假设，两人均为理性个人，且只追求个人利益，均衡状况会是两个囚徒都选择背叛，结果二人判决均比合作严重，总体利益较合作为低。这就是困境所在。

囚徒困境的主旨为，囚徒们虽然彼此合作，坚不吐实，可为全体带来最佳利益，但在信息不明的情况下，出卖同伙可为自己带来利益，但是却违反了最佳共同利益。

这种困境反映了个人理性与集体理性之间的矛盾，对每个人而言都是理性的选择，能得到最优的结果，但对于整个集体来说却是非理性的，最终导致对集体中每个人都不利的结果。

每个人想到的都首先是自己的利益，进行的都是有利于自己的选择决策，但最后的结果是大家都没有从中获得好处。以一个足球队而言，当球员在赛场所想的只是自己的风采，或是自己的位置，或者是在俱乐部的前途的时候，这支球队就不会有希望了。

为避免出现"囚徒困境"，任何一个集体都应该加强内部沟通，避免出现信息不对称。只有这样，才能实现集体和内部成员利益的最大化。

增产困境：农业增产不增收

广西南宁市西乡塘区的坛洛镇，是广西香蕉的主产地之一，有着中国香蕉之乡的美称。由于天气转暖，村民们纷纷将自家种植的香蕉运往镇里的香蕉交易市场，寻找买家。

"你这个是收购的？"

"是的。"

"多少钱一串？"

"7元钱。"

"这一串大概有多少斤？"

"大概有60多斤。"

"相当于多少钱一斤？"

"一角多。"

香蕉进入成熟期以后，收获和卖出的时间很短，一旦卖不出去，香蕉的外皮爆裂以后，就无法销售了。他们现在低价收购的大量香蕉都是进入成熟期蕉农没有卖得出去的香蕉。

已经进入成熟期的香蕉价格低得惊人，处在最佳销售期的香蕉在2008年一般每斤的价格在8角钱左右，现在只能卖4角，扣除中间人每斤2分钱的提成，蕉农真正卖出的价格只有 3 角 8 分钱。

卢校珠是南宁西乡塘区坛洛镇的香蕉种植户，2008 年因为香蕉的价格好，夫妇俩拿出全部家当投入 8 万多元，种植了 30 多亩的香蕉。由于投入的增加以及有着多年的香蕉种植经验，2009 年家里的香蕉喜获丰收。往年（每棵树）30 ～ 40 斤一串，现在（每棵树）60 ～ 70 斤一串，差不多增产一半。

为了使香蕉能够在收割的时节快速从田里运出，卖个好价钱，卢校珠夫妇不久前还专门花费了 3.4 万元，买了辆小货车。因为他们对于 2009 年的收入有着更多的期盼。30 多亩（香蕉），大概估计能赚个 8 ～ 10 万元左右。

正当卢校珠夫妻俩沉浸在丰收的喜悦中时，2009 年 9 月，卢校珠从稀少的香蕉收购商的数量上，看到了 2009 年香蕉行情出现的危机。

"价格低是对我们最大的打击，辛苦多少年，投资都投下去了，现在都收不回来，打击这样大，承受不了。"

在卢校珠种植的香蕉园里，已经成熟的香蕉成片地倒在地里，因为没有经销商来收购，地上的香蕉已经没人打理。

"（这片地）等于放弃了，早就放弃了，都没心情管了，心情不好怎么管。"对于 2009 年种植香蕉出现的这种行情，卢校珠夫妇显得非常痛心，也非常地无奈。"心里很难受，香蕉卖不出去，2009 年都亏本了，明年就没有投资了。"

卢校珠夫妇算了一笔账，一亩地种植香蕉 120 株，他们租地花费了 750 元，树苗 84 元，肥料 1360 元，水电农药费用 240 元，防寒袋、绳索 120 元，也就是说种植一亩香蕉的成本一般在 2500 多元左右，但因为香蕉价格过低，卢校珠一家 2009 年预计要亏损 7 万多元。

广西 2009 年香蕉大丰收，但蕉农们非但没增收，反倒损失惨重。因为数十万吨的香蕉卖不出去，价格跌到了地板价，甚至只能眼睁睁看着香蕉烂在地里。这样的情形的确很反常。

"谷贱伤农"是囚徒困境的一个经典问题：在丰收的年份，农民的收入反而减少了。当粮食大幅增产后，农民为了卖掉手中的粮食，只能竞相降价。由于粮食需求缺少弹性，只有在农民大幅降低粮价后才能将手中的粮食卖出，这就意味着，在粮食丰收时往往粮价要大幅下跌。如果出现粮价下跌的百分比超过粮食增产的百分比，就会出现增产不增收甚至减收的状况。所以一些聪明的农民在博弈时，往往会选择人无我有，人有我优，人优我转的策略。

【定律链接】聪明反被聪明误的旅客

囚徒困境告诉人们怎样变得更"聪明"，如何判断人与人之间的利益关系，做出对自己最有利的选择，但恰恰是这个教人"聪明"的学问告诫大家，做人不能太"精明"了，否则得不偿失，聪明反被聪明误，弄巧成拙。

经常乘飞机的朋友都知道，如果托运的行李丢失或者托运的易损物品损坏，可以向航空公司索赔。航空公司一般是根据实际价格给予赔付的，但有时某些物品的价值不容易估算，但物件又不大，一个小东西，那怎么办呢？

有两个出去旅行的女孩，A和B，她们互不认识，各自在景德镇同一个瓷器店购买了一个一模一样的瓷器。当她们在上海浦东国际机场下飞机后，发现她们托运的行李中的瓷器可能由于运输途中的意外而遭到损坏，于是她们随即向航空公司提出索赔。因为物品没有发票等证明价格的凭证，于是航空公司内部评估人员估算了价值应该在1000元以内。但是由于无法确切地知道该瓷器的价格，于是，航空公司分别告诉这两位女孩，让她们把该瓷器当时购买的价格分别写下来，然后告诉航空公司。

航空公司认为，如果这两个小姐都是诚实可信的老实人的话，那么她们写下来的价格应该是一样，如果不一样的话，则必然有人说谎，而说谎的人总是为了能获得更多的赔偿，所以可以认为申报的瓷器价格较低的那个小姐相对更加可信，因此会采用较低的那个价格作为赔偿金额，同时会给予那个给出更低价格的诚实女孩以200元的奖励。

这时，两个小姐各自心里就要想了，航空公司认为这个瓷器价值在1000元以内，而且如果自己给出的损失价格比另一个人低的话，就可以额外再得到200元，而自己实际损失是888元。

A想了，航空公司不知道具体价格，那么B肯定会认为多报损失多得益，只要不超过1000元即可，那么B最有可能报的价格是900～1000元的某一个价格。A心想我就报890元，这样航空公司肯定认为我是诚实的好姑娘，奖励我200元，这样我实际就可以获得1090元。

而B也想了，有句话说得好，人不犯我，我不犯人；人若犯我，我必犯人。她既然算计我，要写890元，我也要报复。所以，我就填888元原价。而A也不是吃素的，估计她会算到我要写890元，她可能就填真实价格了，我要来个更绝的，以退为攻，我填880元，低于真实价格，这下她肯定想不到了吧！

我们都知道，下棋、计谋之类的东西关键是要能算得比对手更远，于是这两个极其精明的人相互算计，最后，她们可能都会填689元，她们都认为，原价是888元，而自己填689元肯定是最低了，加上奖励的200元，就是889元，还能赚1元。

这两个人算计别人的本事是旗鼓相当的，她们都暗自为自己最终填了689元而感到兴奋不已。最后，航空公司收到她们的申报损失单，发现两个人都填了689元，料想这两个人都是诚实守信的好姑娘，航空公司本来预算的2198元的赔偿金现在只要赔偿1378元了。

而两个人各自只能拿到689元，还不足以弥补瓷器本来损失呢，亏大了吧！本来她们俩可以商量好都填1000元，这样她们各自都可以拿到1000元的赔偿金，而就是因为互相都要算计对方，要拿的比对方多，最后搞得大家都不得益。这个就是著名的"旅行者困境"博弈模型。

这个模型告诉我们一种博弈思想，做人不能够过于"精明"，太精明的人未必是真的聪明，有时精明过头了往往会变得更糟糕。当然现实生活中未必会真的出现这种超级精明的人，可以算到几十步以外，而做出自认为的最优策略。

名人效应：借名人信息扩大商品知名度

【定律阐释】名人效应，指名人出现所达成的引人注意、强化事物、扩大影响的效应，或人们模仿名人的心理现象。

站在名人肩膀上，更容易扩大影响力

因为"体操王子"李宁的非凡成就，以李宁命名的服装也成了名牌；企业纷纷请名人代言，明星的身价因此暴涨；名人头上的光环是一笔无形的财富，具有巨大的吸引力；名人的力量是无穷的，否则就不会有"东施效颦"的典故了。

在意大利的一个小镇上，一栋看起来不起眼的二层楼住宅，下面有个毫不起眼的阳台，一扇毫不起眼的木门，旁边有一个毫不起眼的钟亭，却常常挤满了慕名而来的游客。每个人都要在阳台上摄影留念，年轻的恋人们还不忘在留言簿上写下海誓山盟，因为这是莎士比亚笔下经典爱情故事女主角朱丽叶原型的家。

这则故事反映了一种特殊的社会效应，一种能使原本的默默无闻变成众所周知，使不起眼变成全球闻名的神奇效应——名人效应。

从某种程度上讲，名人效应是一种非常有利用价值的社会效应，名人是人们心目中的偶像，名人效应就是因为名人本身有着一呼百应的影响力。

名人效应在社会中的应用是很普遍的。首先在广告方面，一打开电视机，铺天盖地的广告迎面而来，几乎大部分的广告都在利用名人效应，因为观众对名人的喜欢、信任甚至模仿，能够转化为对产品的喜欢和购买，这有利于商品的销售。在电影和电视剧市场，名人效应也是广泛存在的，借助名人的影响力提高影片的知名度，同时利用名人的个人魅力提升影片的观赏性，这些都是名人效应的应用。

许多企事业单位以及商场、酒店、学校、娱乐场所，大都愿意请政府官员或名人雅士题写名称；一些商品的宣传资料上，常常可以见到政界高级官员的题词和接见董事长、总裁的照片，就是因为人们更容易买名人的账。

还有许多人初次见面，总爱向对方夸耀自己认识某某大人物，一提到那些官居要职的人，即便攀不上亲戚，也一定要说成是自己的熟人或"朋友"，或"朋友的朋友"。这些人无非是想借名人的光环笼罩自己，扩大自己的影响力。

借用名人光环，实现商品销售

20世纪30年代初，美国有两位大学生打赌，他们寄出了一封不写收信地址，只写"居里夫人收"的信，看它能否寄到居里夫人手里。结果，这封信真的寄到了居里夫人手里。试想，如果换了一个普通人，信可能寄得到吗？

一封信如果只署上普通人的姓名，那肯定是石沉大海，但署上了居里夫人的名字，就能够准确无误地送达，因为几乎每个人都知道居里夫人。巧借名人效应，能够使我们事半功倍地达到目标。

在社会生活的许多领域，名人效应都是行之有效的。在商品销售中，利用人们对名人的仰慕心理更是十分重要的。翻开众多销售成功的案例，名人效应屡试不爽。现在，许多体育用品厂商利用世界级著名运动员大做广告，通过赞助比赛、提供比赛服装和用品的形式让著名运动员为其产品扩大影响力，这样的销售方式已经风行于全世界。

常见的利用名人效应销售商品的方法有以下几种：

（1）在书店里请名作家与顾客见面，对所购书籍签名留念，一般促销都比较好。消费者买书是为了收藏自己所喜爱作家的作品，而作家签名的书籍无疑更有纪念价值。

（2）在商场中请名演员献艺，可以吸引大量顾客，生意自然兴旺。大多数人都有凑热闹的心理，请著名演员献艺，既可以使顾客看到喜欢的演员，又能在商场引起轰动效应，增加客流量。

（3）在商品及包装上请名人写字作画。如布娃娃在美国原售价每个20美元，而"椰菜娃娃"设计者亲手签名的布娃娃售价曾高达300美元，这种"椰菜娃娃"在美国曾一度供不应求。但是邀请名人签字也不宜过多过滥，有的书法家到处为店铺题名，这无疑会在某种程度上失去名人签字的吸引力。

（4）请有关领导到商场，可吸引大批群众进店。领导的权威性无疑是巨大的，在很多百姓心里，领导认可的东西必定是货真价实的东西。

（5）在广告中邀请名人宣讲或表演，效果特别好。名人一般都具有较高的知名度，或者还有相当的美誉度，以及特定的人格魅力等，他们参与广告活动特别是直接代言产品，与其他广告形式相比，更具有吸引力、感染力、说服力、可信度，有助于引发受众的注意、兴趣和购买欲。

在选择名人进行宣传的时候，不能盲目追求大牌明星，一定要选择与宣传内容相符的明星，因为名人的类型与所带来的效应有着莫大的关联。譬如，让一位歌星去代言学校，可能起初会有不少人慕名而去，但时间一长，名人效应就会慢慢淡去。如果由一位在教育界非常有名气的学者来为学校做宣传，带来的名人效应可能会长久存在。

【定律链接】被书商利用的总统

一个出版商有一批滞销书久久不能脱手，于是他想了一个主意，让总统"帮"他卖书。计划妥当后，他给总统送去一本书，三番五次去征求意见。忙于政务的总统不愿与他过多纠缠，便回了一句："这本书不错。"出版商便借机大做广告："现有总统喜爱的书出售。"于是这些书被一抢而空。

不久，这个出版商又有书卖不出去，又送了一本给总统。总统上了一回当，想奚落他，就说："这本书糟透了。"出版商闻之，又做广告："现有总统讨厌的书出售。"仍有不少人出于好奇心而争相购买，书很快又卖完了。

第三次，出版商将书送给总统，总统接受了前两次的教训，便不做任何答复。出版商仍大做广告："现有总统难以下结论的书，欲购从速！"居然又被一抢而空。总统哭笑不得，商人大发其财。

商人利用总统的声望，大肆宣扬其书是经过总统评论的。购书者出于好奇，想知道为什么总统会觉得那本书不错、讨厌和难以下结论，所以争相购买。由于总统属于众所周知的人物，他的一举一动、一言一行都会被人关注。这位精明的出版商深谙顾客心理，巧用名人效应，在平淡中见神奇，实在是构思奇特，别出心裁。

沉锚效应：成败就在于第一印象

【定律阐释】沉锚效应，指在人们做决策前观望时，思维往往会被所得到的第一信息左右，第一信息就会像沉入海底的锚一样把你的思维固定在某处。具体到讨价还价的过程中，你的第一报价或第一要价会将对方的思维固定在某一处，进而让对方根据这一信息作出相应的决策。

信息影响，先入为主

《汉书·息夫躬传》："唯陛下观览古今，反复参考，无以先入之语为主。""先入为主"是自古就有的一种心理作用，人们在交流中，先听进去的话或先获得的印象往往在头脑中占有主导地位，以后再遇到不同的意见时，就不容易接受。这不是因为首先获得的印象有多重要，而是因为人们的思维已经"沉了底"。

关于这方面，在经济学领域有这样一个著名的假设案例：

一个穷人为了维持生计，要把一幅字画卖给一个收藏家。穷人认为这幅字画至少值20000元，而收藏家是从另一个角度考虑，他认为这幅字画最多值30000元。从这个角度看，如果能顺利成交，那么字画的成交价格会在20000～30000元之间。如果把这个交易的过程简化为：由收藏家开价，而穷人选择成交或还价，如果收藏家同意穷人的还价，交易顺利结束；如果收藏家不接受，交易也结束了，买卖没有做成。

这是一个很简单的讨价还价问题，在这个讨价还价的过程中，由于收藏家认为字画最多值30000元，因此，只要穷人的还价不超过30000元，收藏家就会选择接受还价条件。此时，穷人的第一要价就很重要，如果收藏家的开价是25000元，穷人要价28000元，没有超过30000元，收藏家就有可能接受。同样，如果穷人知足常乐，当收藏家出价25000元，穷人认为在其底线20000元以上，也可能以此价格成交。

其实，无论是穷人还是收藏家，只要对方首先开出价格，他都会根据对方的价格来定价，这就是受"沉锚效应"的影响。

所谓"沉锚效应"，指的是人们在对某人某事做出判断时，易受第一印象或第一信息支配，第一信息就像沉入海底的锚一样把人们的思想固定在某处。具体到讨价还价过程中，就是某方的第一报价或要价会将对方的思维固定在某一处，进而让对方根据这一信息做出相应的决策。这个过程其实就是一场博弈，如果收藏家懂得博弈论，他会改变策略：要么后出价，要么是先出价，但是不允许穷人讨价还价。如果穷人不答应，收藏家就坚决不再继续谈判，也不会购买穷人的字画。这个时候，只要收藏家的出价略高于20000元，穷人就一定会将字画卖给收藏家。因为20000元已经超出了穷人的心理价位，一旦不成交，就一分钱也拿不到，只能继续受冻挨饿。

关于这种"沉锚效应"，许多销售商深知其妙：当顾客是一个精明的家庭主妇时，他们会采取先报价，准备着对方来压价；当顾客是个毛手毛脚的小伙子时，他们大部分会先问对方"给多少"，因为对方有可能会报出一个比自己期望值还要高的价格，如果先报价的话，就失去了这个机会。

除了报价还价，"沉锚效应"还普遍存在于生活的其他方面，第一印象和先入为主就是它在社会生活中最常见的表现形式。求职时，给面试官的第一印象很重要，往往会决定这轮面试的通过与否；谈朋友时，许多女孩在与男孩初次见面后，由于对对方有着不满意的第一印象，便不愿再交往下去。先入为主，也有很多例子，比如美国的开国总统华盛顿就是应用"先入为主"手段的高手。

一天，邻居盗走了华盛顿的马，华盛顿也知道马是被谁偷走的，于是，华盛顿就带着警察来到那个偷他马的邻居的农场，并且找到了自己的马。可是，邻居死也不肯承认这匹马是华盛顿的。华盛顿灵机一动，就用双手将马的眼睛捂住说："如果这马是你的，你一定知道它的哪只眼睛是瞎的。""右眼。"邻居回答。华盛顿把手从右眼移开，马的右眼一点问题没有。"啊，我弄错了，是左眼。"邻居纠正道。华盛顿又把左手也移开，马的左眼也没什么毛病。

邻居还想为自己申辩，警察却说："什么也不要说了，这还不能证明这马不是你的吗？"

华盛顿利用那句"它的哪只眼睛是瞎的"的暗示，致使邻居认定"马有一只眼睛是瞎的"。他成功地给邻居设置了这个"沉锚"陷阱，使其露出了破绽，邻居的辩解也就不攻自破了。

在生活中，我们同样也可以运用这种沉锚效应获得事半功倍的效果。当孩子一个劲儿闹着要吃巧克力时，如果用强制的手段拒绝，他肯定哭得更厉害。如果在拒绝巧克力的同时，又问他："你是想吃香蕉还是苹果？"孩子就可能顺着这个引导重新做出选择。

在生活中，我们要避开"沉锚"陷阱。不要以貌取人，不要草率地凭着第一感觉去做决策，不要习惯用过去去预测将来，头脑中留有深刻记忆的事件同样会成为"沉锚"，使我们的思维离开正道而偏向陷阱方向。"沉锚"是把"双刃剑"，使用它的时候，我们要学会趋利避害，才能做到游刃有余。

弄清"沉锚效应"，别将自己围于窄巷

"沉锚效应"实际上是一种思维定式，遇事不由自主地将认识"锚"在第一信息上，这是一种常见而有害的现象，中国人用成语"先入为主"来表示这个意思。考虑一个问题时，大脑会对得到的第一个信息给予特别的重视，第一印象或数据就像沉入海底的锚一样，把思维固定在了某一处。第一信息打下的烙印的确深刻，如不辩证地看待，它就像一只无形的巨手，强有力地影响着我们的思维走向。

萧伯纳曾经说，经济学是一门最大限度创造生活的艺术。在很多情况下，这种创造的基础就是建立在报价基础上的讨价还价，或者说，讨价还价本身是创造生活艺术的一种具体方法。在商品交易中，我们完全可以运用"沉锚效应"获得事半功倍的效果。

有一个优秀的推销员，当他见到顾客时很少直接问："你想出什么价？"他会不动声色地说："我知道您是个行家，经验丰富，根本不会出 20 元的价钱，但您也不可能以 15 元的价钱买到。"这句话似乎是随口说出，实际上是在利用先报价的先发优势，无形之间就把讨价还价的范围限制在 15 ～ 20 元。

很明显，先报价占据了一定的优势，有一定的好处。但是它泄露了一些情报，对方听了以后，可以把心中隐而不报的价格与之相比较，然后进行调整：合适就拍板成交，不合适就利用各种手段进行杀价，此时，后报价者又有了一种后发优势。

一般情况下，如果你准备比较充分，而且知己知彼，就一定要争取先报价；

如果你不是谈判高手，而对方是高手，那么你就要沉住气，不要先报价，要从对方的报价中获取信息，及时修正自己的想法。如果你的谈判对手是个外行，那么，不管你是内行还是外行，你都要争取先报价，力争牵制、诱导对方。

有时谈判双方出于各自的打算，都不会先报价。这时，对于各方来说，就有必要采取"激将法"让对方先报价。譬如当你与对方绕来绕去都不肯先报价时，你不妨突然说一句："噢！我知道，你一定是想付 30 元！"对方就有可能争辩："你凭什么这样说？我只愿付 20 元。"他这么一辩解，就等于报出了价，你就可以在这个价格上讨价还价了。

博弈理论已经证明，当谈判的多阶段博弈是单数阶段时，先开价者具有先发优势；是双数阶段时，后开价者具有后发优势。因此，先报价和后报价都有利弊之处，谈判中是选择先声夺人还是后发制人，要根据不同的情况灵活处理。

【定律链接】巧借沉锚效应，让财源滚滚来

某条街上，有两家卖粥的小店，我们不妨叫它们甲店和乙店。两家小店无论是地理位置、客流量，还是粥的质量、服务水平都差不多。而且从表面看来，两家的生意也一样红火。然而，每天晚上结算的时候，甲店总是比乙店要多出一两百元钱。为什么这样呢？差别只在于服务小姐的一句话。

细心的人发现，当客人走进乙店时，服务小姐热情招待，盛好粥后会问客人："请问您加不加鸡蛋？"客人说加，于是小姐就给客人加了一个鸡蛋。每进来一个，服务小姐都要问一句："加不加鸡蛋？"有说加的，也有说不加的，各占一半。

而当客人走进甲店时，服务小姐同样会热情招呼，同样会礼貌地询问，但是她们的询问不是"您加不加鸡蛋"，而是"请问您是加一个鸡蛋还是两个鸡蛋"，面对这样的询问，爱吃鸡蛋的客人就要求加两个，不爱吃的就要求加一个，也有要求不加的，但是很少。因此，一天下来，甲店总会比乙店多卖很多鸡蛋，营业收入和利润自然就多一些。

顾客在乙店中，是选择"加还是不加"；在甲店中，是选择"加一个还是加两个"，第一信息的不同，消费者作出的决策就不同。

可见，在从事广告、宣传、推销等活动的时候，更应该注重传给市场、传给顾客的第一信息，并且利用准确、鲜明和有创意的信息来吸引顾客，达到商品大卖的目标。

逆向选择：非对称信息下的次优决策

【定律阐释】逆向选择指在信息不对称的前提下，交易中的卖方往往故意隐瞒某种真实信息，使得买方最后的选择，并非最有利于买方，这时候买方的选择就叫作逆向选择。

信息太少，逆向选择

在生活中，有些人常常会因虚假广告上当受骗，蒙受损失，这便是由逆向选择造成的。下面我们就从"减肥广告"这个具体案例中了解究竟什么是逆向选择，以及逆向选择是怎样做出的。

减肥广告随处可见，什么"一个半月能减48斤""快速减肥""签约减肥""不反弹不松弛"……单从这些字眼来看，那些渴望瘦下来的人士无疑会心动。再加上那些华丽的包装、煽情的语言，还有一些不为人知的噱头，更让人心驰神往。但是，等你尝试之后就会发现，根本不是那么回事。

商家正是利用消费者对减肥原理、减肥器械、无效退款等不了解或了解不深的情况，故意隐瞒一些真实信息，将买卖双方置于信息不对称的情境下，以此诱惑消费者做出对他们并非最有利的逆向选择，损害了消费者的利益。

因为虚假广告上当，从表面看是因为受害者目光不够准确，一时冲动花钱当了冤大头，但是以信息经济学的眼光看，则是由于受害者掌握的信息不够充分，只能根据手头仅有的信息做出选择。消费者总是希望买到质优价廉的商品，但是现实生活中常常出现等到真正使用时才发现质量糟糕的状况，这就是因为他当初购买该商品时掌握的信息少处于劣势，不能发现真相。

在日常生活中，逆向选择的案例还有很多。逆向选择在招聘中也是经常发生的现象，很多人找不到合适的工作，而单位又慨叹招不到合适的人才。这一反差正是逆向选择在起作用。很多企业总是发愁，一个个求职者的简历五花八门，好不容易筛选出一份简历来，面试过关了，等到工作时，却没有实际能力，给企业造成浪费和损失。尤其是高层次人才，讲起话来滔滔不绝，使听者觉得他见多识广，经验也好像非常丰富，可是一旦开始工作，总是漏洞百出。这是因为招聘方与应聘方的信息不对称所致，招聘方并不了解应聘方的全部信息而产生了逆向选择。

　　爱情里的逆向选择表现为好女子总是嫁了比较差的男子，有句俗话"好汉无好妻，懒汉娶个花枝女"，说的就是这个意思。在大学校园里，我们也经常慨叹，一对对恋人是那么的不协调。这种结果就是逆向选择造成的。但每个人在选择自己的另一半时可不是这样，我们总是希望找到理想中的好对象，也总是喜欢把自己的优势表现得完美，以引起好女子或好男子的青睐。通常我们看到的征婚广告，都是这么介绍自己的："年轻美貌，身体健康，爱好广泛，对爱情执着，对缘分珍惜。"

　　爱情本身也是一场交易，男女双方各取所需的一场交易。在当代的信息社会里，如何才能实现一宗公平的交易呢？首先需要双方的诚信，需要双方都拥有足够的共同信息，互通有无，彼此了解。在信息大爆炸时代，假信息实在太多了，只有所获的信息是真实而可靠的，买卖双方的最终决策才可能是最好的"抉择"。

　　但是很多情况下，卖方知道的信息内容，买方不一定知道，而买方的价格底线，卖方也不知道。甚至，卖方有时候为牟取暴利，故意隐瞒某种对自己不利的信息，由于信息不对称，买方无法排除干扰，做出逆向选择，利益受到损害。在爱情婚姻市场上，当你是卖家的时候，你一定会刻意隐瞒一些对自己不利的信息，只把那些最出彩的精华部分提供给对方。因为爱情的市场经济也是契约经济，契约经济讲究合同关系，所谓合同就是结婚证，以领取结婚证的时间为界限，在这之前，所有的爱情都会存在"逆向选择"的问题。

　　可以说，只要有市场，只要进行交易，就可能出现逆向选择。出现逆向选择的根本原因在于信息不对称，即买方和卖方所掌握的信息不一样。最佳也是最终的解决办法，就是尽量使交易双方信息对称，信息传递、沟通得愈充分，愈有利于做出最正确的决策。

找出隐匿信息，摆脱逆向选择旋涡

　　在这个飞速发展的信息时代，无论怎样强调信息对于博弈的重要性应该都不为过。现实的博弈中，除去信息因素外，大家赢的机会均等，谁能提前抓住有利的信息，谁就能稳操胜券。这就是经典的信息博弈理论。

　　事实上，我们很多时候都会产生一种"不识庐山真面目，只缘身在此山中"的尴尬。也就是说，如果某一方所知道的信息并不为对方所知晓，就会产生信息不对称；而信息不对称所造成的逆向选择，又使我们失去很多本来属于我们的东西。所以，要想摆脱逆向选择的困境，我们必须最大限度地挖掘隐匿信息，做到知己知彼。

A集团公司的业务蒸蒸日上，但是最近老总却陷入了烦恼中。公司准备投资一项新的业务，已经通过论证准备上马了，但是几位高层在事业部总经理的人选上产生了很大的分歧。一派认为应该选择公司内部的得力干将小王，而另一派主张选用从外部招聘的熟悉该业务的小李，大家各执己见，谁也不能说服对方，最后还是需要老总来拍板。那么，究竟哪一种选择更好呢？

就经验而言，小王显然经验要丰富得多，小李到此工作属于空降，而小王更具有本土优势，对业务也十分熟悉。但人事这一块，应该还是外聘较好吧，因为老总觉得自己公司活力不足，应该补充些新鲜血液。最终老总拍板，决定用外聘的小李。

于是小李正式走马上任。他的优势很明显，美国著名高校的MBA，完全的洋式经营理念；而小王不过中专毕业，是从底层一步步熬上来的。老总对小李寄予厚望，小李也很努力，开始认真地对公司的人力资源进行诊断，并煞有介事地挑出了一堆毛病。老总一看，心里开始担忧，这些毛病要整改完成，自己公司将会垮掉！

时间一久，小李只知道挑毛病，却没有对公司进行任何实际操作，弄得公司人人自危，怨声载道。老总一看，这样不行，于是迫不得已又把小李辞退了，而此时的小王却因为没有得到老板的重视，已经跳槽去别的单位了。A集团花费了大量的时间、精力和金钱，最终不但没有给公司带来效益，反而使公司陷入了危机。

A集团所碰到的就是典型的逆向选择。正是因为彼此的信息是不对称的，老板不知道小李的实际操作能力，只看到了小李的海外镀金背景，结果弄得自己很狼狈。要解决这种逆向选择问题，其实老板应该给小王和小李每人一段试用期，在试用期内了解他们的隐匿信息，即实际的工作能力，从而判断谁更适合总经理的职位。

在当今社会，谁充分掌握了隐匿信息，谁就掌握了整个世界，如果信息闭塞，那么你就会陷入逆向选择的困境。

隐匿信息在逆向选择中起着关键作用，如果你能及时掌握全面的信息，就能防止逆向选择的发生。即使在逆向选择表现得最为突出的保险领域，信息的优势一样可以尽量避免逆向选择。如果你事先了解了投保人的情况，知道他之所以投保是因为出事的概率比较大，你就可以要求他增加保费或加上其他的附加条款以减少自己的损失，而找出这些隐匿信息的途径也只有一个——实地调查。

· 第五章 ·

效用：满意价值千金，效用因人而异

杠杆效应：找到支点，以小撬大

【定律阐释】找到一个支点，人们通过利用杠杆，可以以较小的动力，撬起自己所追求的大事物。即由于一项经济活动引起的一个经济指标很小的变动，可以使另一个经济指标有较大的变动的现象。

"经济男"娶个"杠杆女"

有一天，古希腊著名数学家、物理学家阿基米德，对叙拉古的国王说："如果给我一个立足的地方，我将移动地球！"国王一听，感到非常吃惊，于是对他说："好呀，那你给我表演一下吧。刚好那边有一艘大船，随便你用什么工具和机械，只许你一个人，把这艘船推下水吧！"

阿基米德叫工匠在船的前后左右安装了一套设计精巧的滑轮和杠杆，并让国王拉动一根绳索，只见船慢慢地动起来，最终移到了海里。岸上的群众见此情景欢呼雀跃，国王也对阿基米德的才识另眼相看。

实际上，阿基米德是利用杠杆原理，设计了一套杠杆滑轮系统推动了大船。杠杆原理告诉我们，动力臂大于阻力臂，就是省力杠杆，利用省力杠杆，我们可以十分轻松地处置数十倍，甚至数百倍于我们自身重量的物体。

阿基米德的杠杆原理后来被经济学家所应用，成为"杠杆效应"。杠杆是一种用于投资的债务，当这笔债务用于投资，会加倍收益或是损失。"杠杆效应"使投资者可交易金额被放大的同时，也使投资者承担的风险加大了很多倍。但只要我们有效地利用"杠杆"，无论是创造财富还是在日常生活中，我们都只需付出很小的努力，就可以获得丰厚的回报；反之，则可能终生劳碌，却一无所获。

在现实生活中，一些看似平常的人，却取得了巨大的成功；而一些被普遍认为能力较强的人，却一生难成气候。其实，秘密就在于对"杠杆"的应用，对"杠杆"利用得好，就可能成就一番事业；利用得一般，也可能办成一些事情；如果放着"杠杆"不去利用，那么走向成功的希望就非常渺茫。

2009年，第28届香港电影金像奖上爆出冷门，做了20年小弟的张家辉终于获得影帝殊荣。和前几任影帝梁朝伟等相比，张家辉只能算一个平民级小人物。可在他成功的那天，我们才猛然想起，原来他的身后还有个叫关咏荷的女人。

回想当年，香港无线当家花旦下嫁三线小生，关咏荷就像一根杠杆，将不被人看好的张家辉一步步地扶持着走上巅峰。关咏荷牺牲事业全力支撑着张家辉，虽对方十余年来没起色，但她一直在背后默默地支持着他。

这就是"杠杆"女的付出和最终的回报。要做到能"撬"起平凡的老公或是男友，"杠杆"女有三步要走：第一步就是挖掘挑选，一旦选中他，不管他现在处于什么阶段，都当他是"大器"。第二步就是平衡协调，牺牲自己，甘做隐形人，将曾经的光彩统统遮住，用自己的力量去平衡生活中每一个环节，帮助老公或是男友平稳地走向上升空间。第三步就是高高升起，将对方送到一个令人无法企及的高度。

如果没有关咏荷，也许张家辉只是一个普通的中年男人。他幸运地遇到了命运中的"杠杆"，成就了一番事业。

在人生的道路上，我们应该充分利用阿基米德的"杠杆原理"，发挥"支点"和"力臂"的巨大作用，创造自己的辉煌。

达成国家目标的财务杠杆

第二次世界大战以后，为了提升欧洲国家政治和经济地位，欧盟决定发行统一货币，即欧元。欧元是自罗马帝国以来欧洲货币改革最为重大的结果。

"在呼吁所有国家都需要转变财政政策和货币政策方面，我们领导了世界。"当英国首相布朗在唐宁街举行的月度新闻发布会上说出这番话的时候，一定没有想到不久后会发生这样的事——2008年12月中旬，在伦敦的找换店中，英镑兑欧元的汇率牌价已低至1.0532欧元，扣除手续费及佣金后，实际汇率低至0.918欧元。

欧元的推出不仅使欧洲单一市场得以完善，欧元区国家间自由贸易也更加方便，成为欧盟一体化进程的重要组成部分。当然，欧元的推出，需要相应的财政政策做支撑。欧盟早在推出欧元之前，于1991年12月就通过了《欧洲经济和货币联盟条约》(又称《马约》)，要求加入欧元区的国家政府财政赤字不能超过GDP的3%，政府债务余额不能超过GDP的60%。2003年时任德国财政部副部长的麦考·威瑟到中国访问时曾表示："这两个数字不是变魔术变出来的，也不能说有什么科学的演算方法，这两个数字是长期讨论的结果。"经过与有关国家的讨论和磋商，欧盟最后才决定采用3%和60%这两个财政趋同标准。

为什么欧盟国家要采用一定的财政政策以支持欧元？因为财政政策可以调节货币总需求。金融学中关于财政政策的明确含义是指国家根据一定时期政治、经济、社会发展的任务而规定的财政工作的指导原则。如税收对国民收入是一种收缩性力量，增加政府支出，可以刺激总需求，从而增加国民收入；反之则压抑总需求，从而减少国民收入。

财政政策的手段主要有以下几种：

(1)国家预算。主要通过预算收支规模及平衡状态的确定、收支结构的安排和调整来实现财政政策目标。

(2)税收。主要通过税种、税率来确定和保证国家财政收入，调节社会经济的分配关系，以满足国家履行政治经济职能的财力需要，促进经济稳定协调发展和社会的公平分配。

(3)财政投资。通过国家预算拨款和引导预算外资金的流向、流量，以实现巩固和壮大社会主义经济基础，调节产业结构的目的。

(4)财政补贴。它是国家根据经济发展规律的客观要求和一定时期的政策需要，通过财政转移的形式直接或间接地对农民、企业、职工和城镇居民实行财政补助，以达到经济稳定协调发展和社会安定的目的。

(5)财政信用。是国家按照有偿原则，筹集和使用财政资金的一种再分配手段，包括在国内发行公债和专项债券，在国外发行政府债券，向外国政府或国际金融组织借款，以及对预算内资金实行周转有偿使用等形式。

(6)财政立法和执法。是国家通过立法形式对财政政策予以法律认定，并对各种违反财政法规的行为(如违反税法的偷税抗税行为等)，诉诸司法机关按照法律条文的规定予以审理和制裁，以保证财政政策目标的实现。

(7)财政监察。是实现财政政策目标的重要行政手段。即国家通过财政部门对国有企业事业单位、国家机关团体及其工作人员执行财政政策和财政纪律的情况进行检查和监督。

【定律链接】财政杠杆相关词语链接

1. 扩张性财政政策

又称积极的财政政策，是指通过财政分配活动来增加和刺激社会的总需求。

2. 紧缩性财政政策

又称稳健的财政政策，是指通过财政分配活动来减少和抑制总需求。

3. 中性财政政策

是指财政的分配活动对社会总需求的影响保持中性。

4. 自动稳定的财政政策

是指财政制度本身存在一种内在的、不需要政府采取其他干预行为就可以随着经济社会的发展，自动调节经济运行机制。

5. 相机决策的财政政策

是指政府根据一定时期的经济社会状况，主动灵活选择不同类型的反经济周期的财政政策工具，干预经济运行行为，实现财政政策目标。

米格 -25 效应：牌不在好坏，关键看你怎么打

【定律阐释】事物的内部结构是否合理，对其整体功能的发挥关系很大。结构合理，会产生"整体大于部分之和"的功效；结构不合理，整体功能就会小于结构各部分功能相加之和，甚至出现负值。

一手烂牌也能打出好章法

恩格斯讲过一个法国骑兵与马木留克骑兵作战的例子：假设骑术不精但纪律很强的法国兵，与善于格斗但纪律涣散的马木留克兵作战。若分散而战，3 个法兵战不过 2 个马木留克兵；若 100 人相对，则势均力敌；而 1000 名法国兵必能击败 1500 名马木留克兵。

实际上，恩格斯讲述的就是协调作战的重要性。虽然马木留克兵与法国骑兵各有长短，但在不同的要素组合下，最终的整体功效还是有着决定胜负的天壤之别。

其实，类似的故事在我国古代早已有之。"田忌赛马"的故事大家耳熟能详。虽然田忌的三匹马比齐王的都稍逊一筹，但由于孙膑采取的配置方法不同，结果转败为胜。孙膑也因为这次合理配置资源而得到齐威王的重用，得到更宽广的用

武之地。可见，权衡利弊，合理配置资源的智慧对一个人的发展有多么重要。

从某种意义上来说，经济学就是关于资源配置的学问，研究人与社会如何作出最终合理抉择，即用最少的资源耗费，生产出最适用的商品和劳务，获取最佳的效益。人的欲望是无限的，用于满足欲望的资源是有限的，所以，决定用什么资源去满足那些欲望，就是资源配置问题。资源配置的实质是权衡取舍，即在取舍之间实现利益的最大化。

前苏联研制生产的米格－25喷气式战斗机，以其优越的性能而广受世界各国青睐。然而，众多飞机制造专家却惊奇地发现：米格－25战斗机所使用的许多零部件与美国战机相比要落后得多，而其整体作战性却能达到甚至超过了美国等其他国家同期生产的战斗机。造成这种现象的原因是，米格公司在设计时从整体考虑，对各零部件进行了更为协调的组合设计，使该机在升降、速度、应激反应等诸方面反超美机，成为当时的世界一流。

米格－25飞机因组合协调而产生了意想不到的效果，这一现象被后人称之为"米格－25效应"。米格－25效应具体是指，事物的内部结构是否合理，对其整体功能的发挥关系很大。结构合理，会产生"整体大于部分之和"的功效；结构不合理，整体功能就会小于结构各部分功能相加之和，甚至出现负值。

合理配置资源的情况随处可见，每个人都会面临各种各样的选择，生活就是在不断地"权衡取舍"。我们只有买一套衣服的预算，但同时看中了两套各具特色的衣服，究竟选择哪一套？我们攒了一笔钱，准备添置新的家具，是买一套组合柜呢，还是买一台录像机？大学快毕业了，我们是攻读研究生继续深造，还是去工作赚钱？……做这些决策的过程其实就是"权衡取舍"的过程。有所得，必有所失。正因为这样，我们在做权衡时才会感到为难。

但在选择的过程中，也有一些规律可循：人们会清楚地认识到自己面临的选择约束条件，以尽可能实现自己付出的代价最小化；每个人都会自然地作出趋利避害的决策，选择可让自己得到利益最大化的选项。

一般情况下，每个人都希望自己手头的资源越多越好，优秀资源越多越好，这样的话，就可以付出很小的成本而获得很大的收益。

寻找方法，不打错牌胜过拿到好牌

成功不关乎经历与资本，而是如何将自身的"烂牌"或"好牌"合理利用的过程。我们每个人也都希望自己天资聪慧、优秀卓越，就像每一个厨师都希望自己有天下最好的食材一样。然而，好料并不一定就出好菜，更多时候，我们还得看厨师的手艺，也就是将资源最优化配置的过程。自幼出众的人有可能早早就江郎才尽，而没有过人天资的普通小孩，甚至先天有缺陷的自卑儿童，最终却有可能是成大业者。

很多时候，我们可能会遇到这样的情形：觉得所有的问题都接踵而至，于是开始晕头转向，觉得为什么自己的运气会这么差呢？

其实在这种情况下，我们更需要慎重地走好每一步，在走每一步之前都要经过深思熟虑，只要不走错路，一切问题都能迎刃而解，自己的前途一样是一片光明。因为，牌局中不管你对手中的牌是多么地不满意，如果你每次出牌都经过深思熟虑，确保不打错牌，其实胜过拿到一手好牌却招招失误！

做任何事情，都既要勤奋刻苦，也要开动脑筋想办法。傻瓜喜欢速决，他们不顾障碍，行事鲁莽，干什么事都急匆匆的；有时候尽管判断正确，却又因为疏忽或办事缺乏效率而出差错；在遇到难题的时候，不是积极主动地寻找方法，而是默默地待在那里，等待时间去自行解决。但是智者却不会这样，他们绝不会冲动地选择放弃，在他们眼里，放弃是最错误的做法，只要想方设法开动脑筋，深思熟虑，找到最合适的出牌法则，那些很多被认为是根本解决不了的问题同样可以解决。

稻盛和夫被日本经济界誉为"经营之神"，他所创办的京都陶瓷公司，是日本最著名的高科技公司之一。该公司刚创办不久，就接到著名的松下电子的显像管零件U形绝缘体的订单。这笔订单对于京都陶瓷公司的意义非同一般。

但是，与松下做生意绝非易事，商界对松下电子公司的评价是："松下电子会把你尾巴上的毛拔光。"对新创办的京都陶瓷公司，松下电子虽然看中其产品质量好，给了他们供货的机会，但在价钱上却一点都不慷慨，年年都要求降价。对此，京都陶瓷有一些人很灰心，因为他们认为：我们已经尽力了，再也没有潜力可挖了，再这样做下去的话，根本无利可图，不如干脆放弃算了。但是，稻盛和夫认为：松下出的难题确实很难解决，但是，屈服于困难，也许是给自己未完全地挖潜找借口，只有积极主动地想办法，才能最终找到解决之道。

于是，经过再三摸索，公司创立了一种名叫"变形虫经营"的管理方式。其具体做法是将公司分为一个个的"变形虫"小组，作为最基层的独立核算单位，将降低成本的责任落实到每一个人。即使是一个负责打包的员工，也知道用于打包的绳子原价是多少，明白浪费一根绳子会造成多大的损失。这样一来，公司的运营成本大大降低，即便是在满足松下电子的苛刻条件的情况下，利润也甚为可观。

有些问题的确很棘手，想了许多办法，仍无法解决。于是，有人便认为"已是极限"，或是"已经尽力"，再去努力也是白搭。当你真正经过一番努力奋斗后，就知道所谓"难"，其实只是自己的"心灵桎梏"。解决问题的关键不在于问题本身，而在于我们没有解开自己的心结，在于我们没有用心去"想"。不怕问题困难，就怕不主动找方法。就好像一把锁总有一把对应的钥匙，每一个问题都会有解决的办法，而这把解决问题的钥匙，就在我们自己身上。

方法大师吴甘霖先生在讲座中经常提及发生在自己身上的一个故事：

一次公司放年假，吴先生准备给每位员工的妈妈买份礼物。他走进公司附近一家著名药店的分店，看中了一种补血剂，没想到只剩下两盒了，离他要求的数量还差很多。"能不能到总部进点货？"他跟售货员商量。售货员回答说："上报，到舱，第三天才能送货。"可员工们下午就要回家探亲了，吴先生着急地问："能不能快一点呢？"售货员们都摇头。吴先生又鼓励他们："想想办法吧，一定能解决的。"这时，一位姓王的女售货员说："我们可以试试给附近的其他分店打个电话，看他们有没有货。如果有的话，我们先向他们借，三天后再还。"打过电话后，问题迎刃而解，他们将几个分店的货凑起来给了吴先生。

虽然是件小事，但也充分说明：只要努力想，就一定有办法解决问题。

在面对一个难解的问题时，一句"没办法"，似乎让我们找到了可以不去想办法的理由；也正是一句"没办法"，浇灭了很多创造之花，阻碍了我们前进的步伐。

是真的没办法，还是我们根本没有好好动脑筋想办法？事实上，只要积极地开动脑筋，主动地寻找方法，用一种灵动多变的思考方式、一种随机应变的智慧去分析判断问题，就没有解决不了的问题。

在面对一个问题时，如果不积极思考，努力寻找应对之策，那么，即使你是一名天才，面对问题时，你仍会一筹莫展。所以，我们要开动脑筋，走好每一步，才能够让坏牌变成好牌！

资源好不好，关键看利用。我们无须抱怨上天给我们的太少，我们能做的，就是将手上所有的资源——青春、才华、学识、相貌、人脉……以最佳的方式配置好。

【定律链接】大牌小牌，合适的就是最好的

这个世界上的万物都有各自的归属——不论是美的还是丑的，高的还是低的。正如，每一对恋人无论因为什么原因而分开，都只是说明他们不适合在一起。在冥冥之中，那个适合你的一直在等你，你和她终于相遇，之后牵着彼此的手一直走下去。世界上不是看着好就真的好，合适的才是最好的，就像幸福就是猫吃鱼，狗吃肉，奥特曼打小怪兽，各有所需。

有这样一个故事：

有两只老虎，一只在笼子里，一只在野地里。在笼子里的老虎三餐无忧，在野地里的老虎自由自在。两只老虎经常进行交谈。笼子里的老虎总是美慕外面老虎的自由，外面的老虎却羡慕笼子里的老虎的安逸。一日，一只老虎对另一只老虎说："咱们换一换。"另一只老虎同意了。

于是，笼子里的老虎走进了大自然，野地里的老虎走进了笼子。从笼子里走出来的老虎高高兴兴，在旷野里拼命地奔跑；走进笼子的老虎也十分快乐，它再不用为食物而发愁。

但不久，两只老虎都死了。一只是因饥饿而死，一只是因忧郁而死。

从笼子中走出的老虎获得了自由，却没有同时获得捕食的本领；走进笼子的老虎获得了安逸，却没有获得在狭小空间生活的心境。

许多时候，人们往往对自己的幸福熟视无睹，总觉得别人的幸福很耀眼。他们想不到，别人的幸福也许对自己不适合；更想不到，别人的幸福也许正是自己的坟墓。

这个世界多姿多彩，每个人都有属于自己的位置，有自己的生活方式，有自己的幸福，何必去羡慕别人？安心享受自己的生活、享受自己的幸福，才是快乐之道。

你不可能什么都得到，你也不可能什么都去做，所以，你还要学会放弃不切实际的想法。只有学会放弃，学会知足，才能更好地把握快乐、享受幸福。

静谧的非洲大草原上，夕阳西下。一头狮子在沉思，明天当太阳升起时，我要奔跑，以追上跑得最快的羚羊；此时，一只羚羊也在沉思，明天当太阳升起时，我要奔跑，以逃脱跑得最快的狮子。当太阳升起时，狮子发现了羚羊，但追了半天也没追上。别的动物笑话狮子，狮子说："我跑是为了一顿晚餐，而羚羊跑却是为了一条命，它当然跑得更快了。"

是的，无论你是狮子还是羚羊，当太阳升起的时候，你要做的就是奔跑，不管是为晚餐，还是为生命。每个人的目的都不相同，重要的是选择适合自己的方向。

也许你奔跑了一生，也没有到达目的地；也许你攀登了一生，也没有登上峰顶。但是抵达终点的不一定是勇士，失败的也未必不是英雄。人生之路，无须苛求。只要你找到适合自己的坐标，路就会在你脚下延伸，你的智慧就能得到充分发挥。一个出色的打牌者，他拥有的牌并非总是最好的，但他能将自己手中现有的资源用到合理的地方。小牌有小牌的作用，大牌有大牌的功能，不是说最大的就最好，合适的才是最好的。

生活中，有人会觉得别人做的事情非常好，就不考虑自身的条件而去跟着别人做同样的事情，却屡屡失败。比如：看着在娱乐圈大红大紫的明星们，他们受众人瞩目，假如你只是觉得这样的生活令你艳羡，就去模仿，那真的很可能耽误了你。要知道，在明星令人艳羡的光环下，是他们付出的远超出常人的努力。刘德华被誉为"不老的情人"，但是他的努力也是有目共睹的，他是一个将生命都献给舞台的人。他聪明、勤奋、坚毅，在他所有的长处中，他更适合做演员，更适合于舞台，所以他选择了，努力了，成功了。但并不是所有人只要付出努力，有了目标就可以取得胜利的，首先要找准自己的坐标，如果找不准自己的坐标，那么很可能就只是做无用功。

所以，对于每一个人，乃至于一个企业来讲，都有一个最适合于自己的发展路线，只要沿着这条路线一直走下去，就会离成功越来越近。

边际效益递减：投入与付出未必成正比

【定律阐释】如果不断添加相同增量的一种投入品（其他投入品保持不变），会导致产品的增量在超过某一点后下降，增加的产量会变得越来越少，甚至使总产量绝对减少。

投入不是越多越好

人们常说"一分耕耘，一分收获"，但是现实生活中，往往并不是这样，投入成本与收益的不对等，才是现实世界中的真相。在生活中，我们常常会发现边际效益递减的情况。比如在农业生产中，随着肥料的增加，农产品的产量先是递增的，当达到一个浓度后，再增加肥料，农产品的产量是递减的。如果肥料太多就会把庄稼都烧死，最后连种子都收不回来。

对每个人来说，当然希望效益越多越好，但是，并不是生产要素投入越多，效益就越多。投入太多的成本，结果往往令人失望，因为成本与收益并不总是正比递增的。

当把一种可变的生产要素投入到一种或几种不变的生产要素中时，最初这种生产要素的增加会使产量增加，但当它超过一定限度时，增加的产量就会递减，最终还会使产量绝对减少。这一现象普遍存在，被称为边际效益递减规律。

"一个和尚挑水吃，两个和尚抬水吃，三个和尚没水吃"的故事，就是对边际效益递减规律最生动的写照。

根据边际效益递减规律，边际产量先递增后递减，递增是暂时的，而递减则是必然的。边际产量递增是生产要素潜力发挥，生产效率提高的结果，而到一定程度之后边际产量递减，则是生产要素潜力耗尽，生产效率下降的原因所致。

那么，如何把握生产要素投入的"度"呢？简单来说，当一次新增的成本投入不能带来更长远的更大利益时，这样的成本投入就应该放弃。这样做，我们能以最低的成本获得最大的收益。

在现实生活中，投入多少成本才能获得最佳收益，往往取决于个人的实际情况。其实，这个世界上不是什么人都能把握好度的。有的人从几只鸡开始，发展成为养殖大王；有的人投资数百万元养殖家禽，最终却亏本。把握好成本与收益的关系，不仅与个人的素质相关，还跟个人生存的环境和社会因素有关，如家庭出身的因素所在地区的大环境、政策限制以及倾斜等软环境。

再比如，一个人在饥寒交迫的时候，得到一把米，能解决他的生存问题，他自然会感激不尽。不过，如果继续给他米，那么这个人就会觉得理所当然，慢慢变得心安理得。

我们第一次接触到某事物时情感体验最为强烈；第二次接触时，会淡一些；第三次，会更淡……以此发展，我们接触该事物的次数越多，我们的情感体验也越为淡漠，一步步趋向乏味。这就是边际效益递减。

曾经有一个母亲在女儿出嫁前嘱咐女儿："到了婆家，记住不要一直做好事。"这位母亲深谙边际效益递减规律。母亲担心女儿一直做好事，婆家会认为这个媳妇天生就是这样，对她所做的好事不会放在心上，反而会有更高的要求，甚至不允许她日后出现一点点的细小差错。

一个人做一件好事并不难，难的是一辈子都做好事。生活里我们经常会遇到这样的事，当第一次帮助了某人，他会对你心存感激；第二次帮助他的时候，他的感恩心理就会淡化；数次之后别人甚至将你的付出当成是理所当然的事，一旦他所期望的帮助没有出现，反而对你心存怨恨。

由此可见，把握"度"是一种艺术，是一种智慧，它既需要理性的光辉，更需要阅历的积淀。

年轻时拿命换钱，老了拿钱换命

小李大学刚毕业，找工作的过程中不断碰壁，心灰意冷。面对人才市场的激烈竞争，小李觉得自己没有任何优势，整日里愁眉苦脸的。

一天，爷爷看到唉声叹气的小李，便问："你现在年纪轻轻的，怎么一天到晚无精打采的？"小李郁闷的心事正要向人诉说，于是就把找工作的经历告诉了爷爷，最后还感慨一句："我的资本再雄厚一点，就不至于这样了！"

"资本，你需要什么样的资本呢？"爷爷对小李的感慨很有兴趣。小李回答道："找工作的资本，比如名校文凭、各种等级证书，最重要的是钱。有了这些资本，我就不愁找工作了。"

爷爷听完小李的抱怨，笑着说："那我现在给你一百万，让你变成我这样的老头，你愿意吗？"小李很惊讶，不过他很快拒绝："我还有好多理想没有实现，还有好多人生乐趣没有感受过！"爷爷又追问道："那再给你一百万，让你的身体得一种疾病呢？"小李想了想，再一次拒绝了。

爷爷依然微笑着说："好，如果再多给你一百万，让你成为一个植物人，不用再思考和烦恼了，你答不答应？""不行。"小李坚定地摇了摇头。

在一系列追问后，爷爷问小李："那你现在算一算，刚才有几个一百万已经成为你的资本了？"

小李听完爷爷的话，一下醒悟过来。原来小李的苦恼只在于学历、金钱等有形资本，而没有看到自己拥有年轻、健康这些宝贵而无价的资本。

西方有一句俗语："无知和疾病之外，再无贫穷；学问和健康之外，再无富裕。"可惜，现在大多数的年轻人没有认识到这一点。"年轻时拿命换钱，老了之后拿命换钱"竟成了被"工作狂"接受的"真理"，甚至有人说："不趁着年轻多加加班，怎么为以后看病攒钱。"

经济学将健康也定义为一种商品，需要投入成本，也有收益。健康的投入成本因人而异，包括日常保健、休息和锻炼的时间，还包括个人医疗的花销。

有投入就有产出，正如爷爷和小李说的，健康是创造财富的资本，同时，健康还能带来舒适和快乐。身体健康的人，往往比身体不健康的人更容易快乐；而精神健康的人，有较好的自我调节能力和人际关系处理能力，心情愉快的时候会比精神不健康的人多。

英国前首相丘吉尔曾说过："空的袋子站不直。"没有健康身心的人，就像一个空袋子，价值是不值一提的。健康是1，其余都是0。无论你想要财富、爱情还是美貌，首先，请做好自己的健康投资。

【定律链接】广告边际效益的递减

我们每天都要接触无数的广告。比如电视、网络、手机里的广告，以及室外建筑上挂的海报、街道两边的横幅、公交车身上的海报等，令我们眼花缭乱。此外，广告商们还通过许多其他渠道无孔不入地渗入我们的生活。可是，许多商家和广告商都不得不意识到的是：广告的边际效益是递减的。

如果广告效果越来越差，也许，商家和广告商就该反思，是不是发生了边际效益递减。

事实上，广告的边际效益递减存在很多种情况，每种情况下的原因、表现、发展都各有不同。那么在什么情况下会出现广告效果边际效益的递减呢？通过分析，主要存在以下几个方面：

在一个新兴的行业里，广告的效果要比一个已经相当成熟的行业的广告效果要好得多。因为在成熟的行业，广告的边际效益受到递减的次数，要比一个新兴的行业多得多。像学习用品好记星，当年用4天的时间掀起了一个市场的关注热潮。但近几年来经过好记星、E百分、诺亚舟等诸多品牌铺天盖地的广告轰炸，已经将观众的目光和注意力瓜分殆尽，如今，几乎没有哪个新产品可以重现好记星当年的辉煌了。

但是，为了赢利，厂家和商家是不会对这种情况坐视不理的，他们纷纷推陈出新，以期望吸引观众的眼光，让观众再一次获得新鲜体验。商家可以利用某些概念和认识让消费者感觉他们的产品和目前市场上的产品截然不同。这方面的成功例子可谓不少，比如七喜汽水将自己定位为"非可乐"饮料获得了成功，成为营销史上的经典。五谷道场诉求自己是"非油炸食品"和七喜有着异曲同工之妙，虽然后来遭到了同行业的不满、攻击和投诉，但"非油炸"这个概念和品牌已深深植入购买者的头脑中了。

为什么新的品类能够改变广告的边际效益递减呢？比方说，一个行业最初的广告边际效益是 100，经过一段时间后递减到 50，假如在这个时机进入那个行业，那么你的广告的边际效益就从 50 开始递减。但如果开发了一个新的品类呢，哪怕不能达到最开始的 100，也极有可能达到 90。

电视上曾一度流行过年给父母送一瓶保健酒之类的极度渲染煽情的广告，感觉不买它送父母，儿女就不孝顺。当时的广告效果不错，但是一旦观众对此类的广告已经见惯，那么边际效益就会递减，广告商也就只能放弃这种风格的宣传。幽默的广告在今天效果较好，这是因为不同的、成功的幽默广告就像小品，以不同的故事、情节、语言给人带来了愉悦感，这是一种创新，正是这种创新在不断抵消着广告边际效益的递减。

人力资本理论：累积资本，做强自己

【定律阐释】人力资本理论由美国经济学家、现代人力资本理论的奠基人舒尔茨提出。人力资本就是指通过教育、培训等方式和手段，在人身上积淀的具有稀缺性的，能够投入生产，并能产生价值增值的知识、技能、经验和健康等质量因素之和。

个人的价值有多高

中国历史上，曾有一则"萧何月下追韩信"的故事：

秦末农民战争中，韩信投奔项梁军，项梁兵败后归附项羽。他曾多次向项羽献计，却始终未被采纳，于是他离开项羽投奔刘邦。有一天，韩信违反军纪，按规定应当斩首，临刑时他看见汉将夏侯婴，就问道："难道汉王不想得到天下吗？为什么要斩杀壮士？"夏侯婴因韩信所说不凡、相貌威武而下令将其释放，并将韩信推荐给刘邦，但并未获得重用。后韩信多次与萧何谈论时局，为萧何所赏识。刘邦至南郑途中，韩信思量自己难以受到刘邦的重用，于是中途离去，被萧何发现后追回，这就是"萧何月下追韩信"。此时，刘邦正准备收复关中，萧何就向刘邦推荐韩信，称他是汉王争夺天下不能缺少的大将之才，应重用韩信。刘邦采纳萧何的建议，选择良辰吉日，斋戒，设坛，拜韩信为大将。从此，刘邦文依萧何，武靠韩信，举兵东向，夺取天下。

在刘邦夺取天下的过程中，人才发挥了巨大的作用。古往今来，人才的作用都是举足轻重的。人才，不仅是经济范畴的概念，还有其社会性、文化性和政治性。从经济学的视野来观察人才，或许有助于对人才的决策选择。在现代经济学中，决定个人竞争力的知识和技能被认为是一种人力资本。

说得专业些，人力资本是指劳动者受到教育、培训、实践经验、迁移、保健等方面的投资而获得的知识和技能的积累，亦称"非物力资本"。由于这种知识与技能可以为其所有者带来工资等收益，因而形成了一种特定的资本——人力资本。

人力资本，比物质、货币等硬资本具有更大的增值空间，特别是在后工业时期和知识经济初期，人力资本有着更大的增值潜力。因为作为"活资本"的人力资本，具有创造性，具有有效配置资源、调整企业发展战略等市场应变能力。对人力资本进行投资，对 GDP 的增长具有更高的贡献率，因为人力资本的积累和增加对经济增长与社会发展的贡献远比物质资本、劳动力数量增加重要得多。美国在 1990 年人均社会总财富大约为 42.1 万美元，其中 24.8 万美元为人力资本的形式，占人均社会总财富的 59%。其他几个发达国家如加拿大、德国、日本的人均人力资本分别为 15.5 万美元、31.5 万美元、45.8 万美元。

概括起来，人力资本理论主要有以下内容：

（1）人力资源是一切资源中最主要的资源，人力资本理论是经济学的核心问题。

（2）在经济增长中，人力资本的作用大于物质资本的作用。人力资本投资与国民收入成正比，比物质资源增长速度快。

（3）人力资本的核心是提高人口质量，教育投资是人力投资的主要部分。不应当把人力资本的再生产仅仅视为一种消费，而应视同为一种投资，这种投资的经济效益远大于物质投资的经济效益。教育是提高人力资本最基本的手段，所以也可以把人力投资视为教育投资。生产力三要素之一的人力资源显然还可以进一步分解为具有不同技术知识程度的人力资源，高技术知识程度的人力带来的产出明显高于技术程度低的人力。

（4）教育投资应以市场供求关系为依据，以人力价格的浮动为衡量符号。

提升自己的硬实力

随着竞争的加剧，人力资本所表现出来的作用也越来越明显，经济学家舒尔茨曾说，人的知识、能力、健康等人力资本的提高对经济增长的贡献远比物质、劳动力数量的增加重要得多。

在美国想要找一份好工作，在很大程度上会受到你教育水平与经历的影响。受教育的程度越高，个人经历与阅历越丰富，在其他条件相同的情况下，你就会比别人更容易获得一份好工作。比如，普通员工没有职业律师收入高，主要是因为两者在人力资本投资上的极大差别所致。培养一名律师需要 5 ~ 10 年的专业学习时间，而培养一名普通员工最多只要 1 ~ 2 个月。用于学习手艺或接受培训的时间及货币财富共同构成了人们进行人力资本投资而支付的全部机会成本。正是由于这种投资，人们在单位时间的生产率才会得到提高，正是生产率的提高才使雇主愿意雇用他，并为他付出较高的报酬。

人力资本投资对职业生涯的发展有着非常重要的作用。在现代高速发展的信息社会，进行人力资本的投资就是要增强自身的核心竞争力，以便在激烈的市场竞争中获得更多资源，让自己具备更大的升值空间。

年轻、健康、智慧……这些人力资本的重要构成部分是金钱换不来的，这些资本的存在，就可以帮助一个人成就他自己。

对于一个人而言，要成功就一定要好好利用自己的资本，不断地发掘自己的内在潜力，并努力使这些潜力发挥出更大的能量，从而使自己的职业生涯更加辉煌。

【定律链接】吃苦也是一种资本

有人问一位著名的艺术家，跟从他习画的那个青年将来会不会成为一个大画家？他回答说："不，永远不会！他没有生存的苦恼，他每年都会从家里得到好几万元资助。"这位艺术家深深知道，人的本领是从艰苦奋斗中锻炼出来的，而在财富的蜜罐中，这种精神很难发挥出来。

翻开历史可以知道，各行各业的许多成功人士，在早年往往都是贫苦的孩子，成功的人大多是从艰难困苦中走过来的。大商人、教授、发明家、科学家、实业家和政治家大多是为了实现提高自己地位的愿望而努力向上的人。

成功是排除困难的结果，伟人都是从同困难的斗争中产生的，不经过艰难挫折的拼搏而要想锻炼出能耐来，是不可能的。

一个生长于优裕的环境中，时常依附于他人而无须靠自己的努力挣饭吃，自小被溺爱，习惯于躲藏在父辈羽翼下的年轻人，是很少能具有大本领的。富家子弟与穷苦少年相比，就像温室中的幼苗一样，只有那些经受风雨洗礼的大树，才能看见更加蔚蓝的天空。

日本教育界有句名言："除了阳光和空气是大自然的赐予，其他一切都要通过劳动获得。"许多日本学生在课余时间都要去参加劳动挣钱，大学生中勤工俭学的现象非常普遍，就连有钱人家的子弟也不例外。他们靠在饭店端盘子、洗碗，在商店售货，在养老院照顾老人或做家庭教师来挣自己的学费。孩子很小的时候，父母就给他们灌输一种思想——"不给别人添麻烦"。全家人外出旅行，不论多么小的孩子都要背上一个小背包。别人问为什么，父母说："他们自己的东西，应该自己来背。"

学会吃苦，你才不会在困难和逆境面前乱了阵脚，无助哀叹；学会吃苦，能够让你在奋斗的路上多一份坚韧，多一些从容。然而，曾几何时，我们早已将吃苦精神丢弃一旁，我们习惯于依赖别人，等着别人为我们搭好桥、修好路，再牵着我们的手慢慢通过。

殊不知，没有受过寒流的抽打，就不会感受到阳光的温暖；没有经历沙漠的干热，就不会体会到绿洲的清爽。

苦，可以折磨人，更可以锻炼人！吃下这个"苦"字，会使你的生命力更加强健，让你的人生更加灿烂、辉煌。

多一点吃苦精神吧！因为，吃苦的经历是我们成长的养分，吃苦是一种资本，更是一种财富！

需要层次定律：需求是无止境的

【定律阐释】每个人在不同的时期会有不同的需要，在低层次的需要被满足后，很快会产生更高层次的需求。

马斯洛"需要层次理论"

美国著名的心理学家、人格理论家马斯洛在他的"需要层次理论"中提出，人的需要都有轻重层次，某一层需要得到满足之后，另一层需要才出现。马斯洛认为，在特定时刻，人的一切需要如果都未能得到满足，那么满足最主要的需要就比满足其他需要更迫切。马斯洛将需求划分为五级：生理的需要、安全的需要、感情的需要、尊重的需要、自我实现的需要。

马斯洛的需要层次理论与经济学家的边际效应递减理论可谓殊途同归，经济学家也认为，人的某一个需求得到满足后，很快就会出现边际效应递减，此时，只有新的需求才能带来更高的效用。

我们有需求，有对未来的憧憬和对幸福的期待，这并不是坏事。然而，如果我们无极限地奔跑、追求，梦想永无止境，生命却很容易就走到尽头。曾经有一个笑话说，仙女答应一个凡人为他实现一个愿望，不过只能是一个，凡人思虑良久说："好吧，那我的愿望是让我拥有无数次许愿的机会。"

寻对胃口才能送对美餐

现代社会加快了人们的生活节奏，速冻食品的出现既为人们节省了宝贵的时间，更为人们增添了新口味。

大学毕业后鲍名利一直想干一番事业，他看中的正是刚刚打入市场却还不被行家看好的速冻食品行业，他毅然辞掉了政府部门的工作，转而做了台湾怡尔香面食的省总代理。为了使策划独具匠心，9月1日老人节，鲍名利在市里率先推出"为70岁以上老人送台湾寿桃的活动"，广泛的宣传遍及其他城市。鲍名利为此开了4家连锁店，并在百货大楼、红旗商城等处设有冷冻专柜。

毕竟是初涉商海，鲍名利虽然有闯劲和干劲，但忽略了重要的一点，那就是速冻食品也有淡旺季之分。每年的4～10月正是淡季，由于战线拉得太长，价格不菲的柜台费和庞大的员工开支令他力不从心。到1995年6月末，他已经亏了数万元，不得不宣布这次代理失败。

经济学中，把在一定价格水平下，商品或劳务的供应量与需求量相等这种状况，称为"市场均衡"。如果市场需求发生变化，会打破市场均衡，这时供应商要相应地调整商品或劳务价格，或者改变供应量，才能达到新的市场均衡。比如，夏天的羽绒服一般要比秋冬天卖得便宜，相比炎热的夏日，在秋冬天人们更需要羽绒服，因此随着季节影响消费需求的变化，商家不得不通过调整价格来保持销量；中秋临近时，市面上月饼比比皆是，而在其他时节却无影无踪，因为吃月饼是中秋佳节独有的习俗，所以在平时，月饼几乎没有消费需求，商家也就不得不通过改变供应量来保持供销均衡。

季节性商品，即需求量会随着季节的变化而变化，像冰激凌、电风扇等商品，都是典型的季节性商品。经济学上，把这种现象解释为顾客消费习惯或顾客嗜好对市场需求的影响。比如，夏天炎热，消费者大都会倾向于选择消费冰激凌、电风扇等消暑商品，而在其他季节，明显会减少对这些商品的消费。

故事中，鲍名利虽然发现了市场，却没有考虑到市场需求量的变化，以及市场均衡被打破后的被动局面。在漫长的销售淡季中，速冻食品需求急剧下降，这时，要么通过降价来提升销量，要么通过减少供应来维持供求平衡，然而这都会直接导致收入骤减。另外，由于过度扩张，投入了许多固定的成本，使得入不敷出，亏损越积越多，从而导致了最终的失败。对于这次失败，究其本质原因，是其没能全面准确地把握住市场需求。

犹太人的经商之道闻名世界。一位日本商人曾问杰出的犹太商人玛索巴氏："如何才能成功地经营好钻石生意？"玛索巴氏没有直接回答，而是先反问这位日本商人："你有真正的学识吗？"然后他继续说道，"钻石商人的学识要非常渊博，无论什么事都要知道才行。"

在经营钻石买卖时，犹太商人不仅了解产品的性能，更懂得在客户身上下功夫，尽力去满足顾客的心理需求。由于钻石多是贵族消费的商品，还应相应地选择合理的销售场地。在关键时刻，犹太商人会同顾客进行"谈判"，以取得顾客的重视和信任。只要商品最终引起了顾客的兴趣，买卖也就成功了一半。如果经营者是个粗俗的商人，既不懂得如何去布置场地，也不去思考商品的信誉，心理准备也不足，在交易中往往会因为一些没有水平的谈话吓跑顾客。所以，做着同样的钻石生意，有些商人会因为卖不出去而发愁，精明的犹太商人却不一样，他们的生意非常好，凭着自己丰富的知识、阅历和经验，在钻石市场里寻找着丰厚的利润。

市场需求是由个人需求组成的，犹太人"了解钻石性能"，"选择合理销售场地"，"与顾客谈判以获取对方的信任"等等，这些细节行为，目的就是为了准确抓住顾客心理，找到激发顾客个人需求的突破口，从而获得更多的市场需求。生意就是由一个个的个人购买需求累积起来的，但实际上每个人的需求都不一样，一千个人眼中有一千个哈姆雷特，所以抓住了每个顾客的"胃口"，你也就抓住了市场。

供求关系不仅被深入应用在商业中，还广泛存在于人际交往中。假设我们想要接近一个人，就先去弄清他（她）的喜好、性格，甚至当下的状况，才能有针对性地与他（她）进行交谈与交往。否则，你突兀上前，很可能会因为一句话或一个行为"吓跑"对方；找工作面试时，反被动为主动，若能通过与考官的积极沟通交流，观察推断出他（她）的性格爱好，无疑会增大你的胜算。抓准机会，投其所好，那么你离成功就不远了。

找工作其实也是一样的道理。很多人对高薪的工作职位趋之若鹜，即使对该工作没有多大兴趣，即使该工作所属行业未来衰退风险很大，即使自己的性格与工作的要求不太相符，也毫不影响其对高薪的追求。人们似乎还完全不明白自己的需求是什么，就盲目寻找"供给"（工作），难以针对诉求而提供的供给，自然不对胃口。

如果把人生比作是一道菜，那么，最高明的厨子一定会首先弄明白食客胃口偏好是什么，才能提供对胃口的佳肴。

【定律链接】找准属于自己的池塘

中国台湾天仁名茶创始人李瑞河，27 岁时才把自己的事业定位在开办茶行上。当时，他的第一家茶店选址有两个选择：一是在台南市开办，那里虽然繁华，但茶行林立，竞争十分激烈；一个是到台南县的佳里镇或麻豆镇开业，那一带尚无专门的茶庄，且无竞争对手。

李瑞河决定先到佳里和麻豆去看看。经过一番细致调查，他发现，虽然这两个地方没有茶行，但由于受到当地生活习惯的影响，人们普遍不太喜好饮茶，对茶叶的需求很小，因此不适合在这里开办茶行。

因开业地点选择毫无头绪而烦躁不安的李瑞河，回来路过天仁儿童乐园时，发现了一个奇怪的现象：在儿童乐园旁边有大小不同的两个钓鱼池，小池热闹非凡，而大池冷冷清清。李瑞河上前打探，一位钓者告诉他："很简单，小池鱼多，大池鱼少呗！"就在这一瞬间，他想通了：大池就好比佳里和麻豆，虽然无竞争对手，但喝茶人也少，所以没有顾客。由于钓鱼池的启示，他不再犹豫，立即决定在台南市开办他的第一家茶店。

新市场上虽无竞争，但却具有比一般市场更大的风险。开拓一个新市场，初期需投入巨大的成本，比如营销宣传、建立厂房或店铺、商品设计以及一些市场制度规范相关的成本等等。如果这个新市场需求量不够强劲，没有足够的潜力可以挖掘，那所有的投入很可能就是肉包子打狗——有去无回。

佳里和麻豆两地茶市场就是这样的一个新市场。居民长久的消费习惯严重限制了市场需求，若要开拓这样的市场，风险和成本无疑是难以估量的。相比之下，台南市茶市场虽然竞争激烈，却有着巨大的市场需求，而且市场制度已较为规范，市场进入成本也较小，如若能做出产品特色，做好市场营销方面的工作，获得一定市场需求的可能还是很大的，从而风险要小许多。所以李瑞河最后选择了台南市场，并打拼出了自己的一番天地。

"不撞南墙不回头"，生活中，我们总是在磕得"头破血流"时，才发现自己一开始就选错了路；总是在一番漫长的盲目追求后，才发现所追逐的是个难以实现的"梦"。我们总是做一些"雾里看花，水中望月"的事，其实，有时只要往回迈一步，便会"峰回路转"。因为那条"路"、那个"梦"本就不适合你，应当去找回属于你的天地，才能发挥你的才智。当然，也有"绝境逢生"的人，通过自己的睿智与执着，成功"绕开了南墙"。

从前，有个鞋商甲，到一个岛上考察鞋子市场，他看到岛上的居民都光着脚，没人穿鞋，喜出望外，但一打听，才得知原来居民们一直以来就没有穿鞋的习惯，而且岛上也没有一个卖鞋的。面对这样一个未开发的市场，鞋商甲觉得这是一个没有销路的市场，因此，他失望地离开了。

不久，又有一个鞋商乙来到了岛上，但他没有选择离开。因为经过认真的考察，他发现居民们不穿鞋是因为他们根本就没意识到鞋子这个东西的作用，他们看见外来的穿鞋人都会觉得很奇怪，但也不怎么排斥。另外，鞋商乙还发现，由于脚长期与泥土接触，岛上居民的脚都患有脚病，虽然他们也想过办法，但都不奏效，所以他们非常渴望脚病得到根除。鞋商乙便趁机向岛上居民宣传鞋的功能，让他们了解到穿鞋可以使他们的脚避免很多意外的伤害，更有利于防止他们的脚病，居民们听后都表示愿意买一双鞋试试。就这样，鞋商乙成功打开了这个新市场。

鞋商甲没能看到商机，因为他忽视了市场上存在的潜在需求，本质上是忽视了一些能发掘该潜在需求的因素；鞋商乙则抓住了"居民们患有脚病并希望得到根除"这一消费需求，机智地将这一个需求与鞋子联系起来做宣传，激发了岛上居民的购买欲，从而在没有竞争对手的情况下轻松地占领了该岛的鞋市场。

有市场的地方一定有需求，这需要通过竞争来争取；有需求的地方就会有人去建立市场，但这需要"慧眼"才能做到。在生活中，解决问题的方式往往不止一种，如果你没一双"慧眼"，那就循规蹈矩吧，找到适合自己的才最重要。

幸福定律：幸福，就是别让欲望超出效用的范围

【定律阐释】幸福定律由美国经济学家保罗·萨缪尔森提出，幸福就是效用和欲望的比较，如果欲望超过了效用，幸福感就会消失。

求解幸福效用方程式

有一个穷人，他和妻子、几个孩子共同生活在一间小木屋里，屋里整天吵闹不休，他感到家里就像地狱一般。于是他便去找智者求救。智者说："只要你答应按我说的去做，就一定能改变你的境况。你回家去把奶牛、山羊和鸡都放到屋里，与人一起生活。"穷人听了，简直不敢相信自己的耳朵，但他事先答应要按智者的话去做，只好试一试再说。

情况自然是更加糟糕，穷人在痛苦不堪中过了两天。

第三天，穷人又来找智者。他痛不欲生，哭诉着说："那只山羊撕碎了我房间里的一切东西，鸡飞得到处都是，它们让我的生活如同噩梦，人和牲畜怎么能住在一起呢？"智者说："赶快回家，把它们全都赶出屋去。"

过了半天，穷人又找到智者。他是一路跑来的，满脸红光，兴奋难抑。他拉住智者的手说："谢谢你，我现在觉得我的家就是天堂了！"

穷人把寻求幸福的方法寄托在智者身上，智者并没有让穷人的处境有任何改观，只是让穷人经受了一段时间更深重的痛苦后，感受到了幸福。事实上，一个人生活得幸福与否，从来没有一个恒定的标准。在更多情况下，幸福是一个人在现实生活中的感受，是与先前的生活，与周围人的生活的一种比较。

美国经济学家保罗·萨缪尔森提出了一个关于幸福的方程式：

幸福 = 效用 / 欲望

简单地说，幸福就是效用和欲望的比较。效用是人消费某一种物品时得到的满足程度，欲望则是对某一种物品效用的强烈需要。比如，金钱能够给人带来效用，每个人都有发财的强烈欲望，当一个人赚到了钱后，他就有一种幸福感。根据这个公式，如果两个人的财富欲望水平相等，都是 10 万元，那么赚了 5 万元的人就比赚了 2 万元的人幸福。但是，如果赚 5 万元的人的欲望是 10 万，赚 2

万元的人的欲望是2万，那么赚了2万元的人虽比赚了5万元的人穷，但却比赚了5万元的人幸福。如果欲望超过了效用，幸福感就会消失。

现代经济学认为，财富仅仅是能够给人带来幸福的因素之一，人们是否幸福，很大程度上还取决于许多和财富无关的因素，如感情、健康、精神等。一些社会学家和经济学家通过大量的调查研究发现，美国人拥有的财富比欧洲人多，但是美国人的幸福指数却并不比欧洲人高。一般来说，人往往越是缺少什么，什么就越能够给他带来幸福。重病中的人恢复健康，游子回到母亲的怀抱，其幸福的感觉是无法比拟的。

幸福感和与周围人的比较有关。比如，一个人虽然买了一套属于自己的房子，和以前租房住相比有了很大的改观，但是他的朋友都住在别墅里，所以房子给他带来的效用仍然很小，他的欲望得到满足的程度很小，所以他的幸福指数也小。但是，如果他住的是别墅，而他的同事朋友住的都是普通楼房，他就会感到非常幸福。所以我们常会用"比上不足，比下有余""知足常乐"来安慰自己。

英国作家萧伯纳有一句名言：经济学是一门使人幸福的艺术。知道了幸福的经济学含义，将有助于我们正确地对待生活，把握人生。

被激励是幸福之源

东汉末年，有一年，曹操率领部队去讨伐对手。当时正值夏季，天气炎热，到中午时分，士兵们汗流浃背，行军的速度明显慢了下来，有些体弱的士兵甚至出现昏厥的症状。

曹操看着行军的速度越来越慢，担心贻误战机，心里很是着急。可是，部队一直缺水，速度很难加快。于是，曹操叫来向导，悄悄问他："这附近可有水源？"向导摇头道："水源在山谷的那头，还得翻过这个山头，路程可不近。"曹操知道，士兵们很可能支撑不了那么久。他看着前边的树林，沉思了一会儿，对向导说："你什么也别说，我有办法。"

曹操纵马赶到队伍的最前面，用马鞭指着前方说："士兵们，去年我曾征战路过此地，前面有一大片梅林，那里的梅子又大又好吃，我们加紧赶路，翻过这个山头就能看到梅林了！"

此言一出，士兵们精神大振。想到梅子带来的酸甜感觉，士兵们受到了极大的激励，部队的步伐不由得加快了许多。

目标带来激励，激励影响成就，而成就决定着价值感的产生。获得的成就越大，我们拥有的价值感就越强；而价值感的拥有，会带来真正的幸福。从这个意义上来说，激励是幸福之源。

人们为什么喜欢嗑瓜子，而且一旦嗑起来就会持续下去，这也是源于激励：每嗑开一粒瓜子，人们马上就会享受到一粒香香的瓜子仁。这是对嗑瓜子人的即时回报。在这种即时回报的激励下，人们会继续嗑下一粒瓜子。

作为经济学的重要原理之一，激励现象存在于人们的任何决策和行为之中。就个人而言，根据行为科学理论，只有尚未满足的需要才有激励作用，已经满足的需要只能提供满意感。需要本身并不能产生激励，对满足需要的期望才真正具有激励作用。

美国哈佛大学教授威廉·詹姆斯通过研究发现，在缺乏激励的环境里，人们的潜力只能发挥出 1/5，而在良好的激励环境中，同样的一个人可以发挥出其潜力的 4/5，甚至 100%。可见，无论在什么样的环境里，一个人要想获得成就，必然离不开激励。

当我们因为一个小小的成就而尝到甜头、受到激励时，我们会做出更大的成就，激励会使我们在追求成功的道路上形成良性循环，而幸福感就在循环中不知不觉产生了。

【定律链接】物欲太盛心难静

从前有一个非常富有的国王，名叫米达斯，他拥有的黄金数量之多，超过了世上其他任何人。尽管如此，他仍认为自己拥有的黄金数量还不够多。他把黄金藏在皇宫下面的几个大地窖中，每天都在那里待上很长时间清点自己有多少黄金。

一天，米达斯国王又来到他的藏金屋。

"你有许多黄金，米达斯国王。"一位不知什么时候进来的陌生人说道。

"对，"国王说道，"但与全世界所有的黄金相比，那又显得太少了！"

"什么！你并不满足吗？"陌生人问道。

"满足？"国王说，"我当然不满足。我经常夜不能寐，想方设法获得更多的黄金，我希望我摸到的任何东西都能变成黄金。"

"那么你将实现你的愿望。明天早晨，当第一缕阳光透过窗子射进你的房间时，你将获得点金术。"陌生人说完便消失了。

第二天米达斯国王醒来时，房间里晨光熹微。他伸手摸了一下床罩，什么也没有发生。"我知道那不是真的。"他叹了口气。就在这时，清晨的阳光透过窗户射进房间，米达斯国王刚才摸的床罩变成了纯金的。"这是真的，是真的！"他兴奋地喊道。

他跳下床，在房间中跑来跑去，见什么摸什么。他穿着的长袍、拖鞋和屋里的家具都变成了金子，就连他平时最爱看的书也全都变成了金子。

就在这时，一个仆人端着吃的东西走了进来。"这饭看起来非常好吃，"他说道，"我先吃那个熟透了的红桃子。"不料，他刚把桃子拿到手中，还没有尝到什么滋味，它就变成了金子。

这时，房门开了，小马丽格德手里拿着一支金灿灿的玫瑰花走了进来，眼里噙满了泪水。

为了安慰女儿，他拥抱她，吻了她。但他突然痛苦地喊了起来，女儿那漂亮的脸蛋变成了金灿灿的金子，双眼什么也看不到，双唇无法吻他，双臂无法将他抱紧，她不再是一个可爱的、欢笑的小女孩了，她已经变成了一尊小金像。

米达斯低下头，大声哭泣起来。

物欲太盛造成灵魂病态，使精神永无宁静，心灵也永无快乐，这是受到贪欲人性捆绑的后果。正如故事中的国王一样，即使手中已有大量的黄金，仍不满足。自学会点金术后，凡他手可触及的地方，无论是什么东西，包括他的爱女，均变成了金的。寓言的寓意再深刻不过了，在一个完全物化的世界里，人性被欲望之绳捆得更紧，由此失去了快乐和自由的空间。在欲望的海洋中泅渡是一种痛苦，不能摆脱贪婪人性的倾轧，幸福已在挣扎中失去了原本的色彩。

·第六章·

调控：操纵经济发展的看不见的手

乘数效应：一次投入，拉动一系列反应

【定律阐释】乘数效应（全称为支出/收入乘数效应）是宏观经济学的一个概念，也是一种宏观经济控制手段，具体指的是经济活动中某一变量的增减所引起的经济总量变化的连锁反应程度。

一场暴风雨引发的乘数效应

一场暴风雨过后，一家百货公司的玻璃被刮破了。

百货公司拿出5000元将玻璃修好。装修公司把玻璃重新装好后，得到了5000元，拿出了4000元为公司添置了一台电脑，其余1000元作为流动资金存入了银行。电脑公司卖出这台电脑后得到4000元，他们用3200元买了一辆摩托车，剩下800元存入银行。摩托车行的老板得到3200元后，用2650元买了一套时装，将640元存入银行。最后，各个公司得到的收入之和远远超出5000元这个数字。百货公司玻璃被刮坏而引发的一系列投资增长就是乘数效应。

在经济学中，乘数效应更完整地说是支出/收入乘数效应，是指一个变量的变化以乘数加速度方式引起最终量的增加。在宏观经济学中，指的是支出的变化导致经济总需求不成比例的变化，即最初投资的增加所引起的一系列连锁反应会带来国民收入的成倍增加。所谓乘数是指这样一个系数，用这个系数乘以投资的变动量，就可得到此投资变动量所引起的国民收入的变动量。假设投资增加了100亿元，若这个增加导致国民收入增加300亿元，那么乘数就是3；如果所引起的国民收入增加量是400亿元，那么乘数就是4。

为什么乘数会大于1呢？比如某政府增加100亿元用来购买投资品，那么此100亿元就会以工资、利润、利息等形式流入此投资品的生产者手中，国民收入从而增加了100亿元，这100亿元就是投资增加所引起的国民收入的第一轮增加。随着得到这些资本的人开始第二轮投资、第三轮投资，经济就会以大于1的乘数增长。

"乘数效应"也叫"凯恩斯乘数"，事实上，在凯恩斯之前，就有人提出过乘数效应的思想和概念，但是凯恩斯进一步完善了这个理论。凯恩斯的乘数理论对西方国家从"大萧条"中走出来起到了重大的作用，甚至有人认为20世纪两个最伟大的公式就是爱因斯坦的相对论基本公式和凯恩斯乘数理论的基本公式。凯恩斯乘数理论对于宏观经济的重要作用在1929～1933年的世界经济危机后得到重视，一度成为美国大萧条后"经济拉动"的原动力。

乘数效应不是万有定律，要辩证看待

美国东部时间2001年9月11日早晨8：40，4架美国国内民航航班几乎被同时劫持，其中两架撞击了位于纽约曼哈顿的世界贸易中心，一架袭击了首都华盛顿美国国防部所在地五角大楼，而第四架被劫持飞机在宾夕法尼亚州坠毁。这次事件是继第二次世界大战期间珍珠港事件后，第二次对美国造成重大伤亡的袭击，是人类历史上迄今为止最严重的恐怖袭击事件。美国人民陷入了前所未有的恐慌之中。可是，这时候一些经济学家却跳出来发表了一番令人哭笑不得的言论，他们认为这次恐怖袭击对美国的宏观经济来说是大有好处的，甚至会为其带来契机。

他们的理由很简单，这次恐怖袭击令美国国会批准了400亿美元的紧急预算，这些钱会创造第一轮的需求和增收，大约一年内就会看到成效，并且，这一开支的增加将会继续创造下一轮的需求。这些经济学家们经过一番认真仔细的推算，认定在美国经济不景气的情况下，这400亿美元的增加开支，将会使得国民生产总值最终增加1000亿美元……所以说，在这个经济不景气的时刻，财政开支的增加对美国而言反而是一剂强心针。

看到这里，大家都会觉得奇怪，假如说这些经济学家的观点是正确的，即损失两栋大楼可以促进国民经济发展，那么，为什么美国人自己不动手多炸掉几栋，反而让恐怖分子钻了空子呢？

另外，还有一些经济学家根据乘数原理提出了与上述完全相反的结论。乘数原理既然可以放大好处，也可以放大坏处。损失的几栋大楼很值钱，里面的死伤人员也都是各行各业的精英人士，其价值是无法估量的，因此这一恐怖袭击将会造成美国经济的节节败退，并最终进入恶性循环，一发不可收拾。

最终的事实是怎样的呢？事实证明，美国经济在"9·11"事件之后，没有突飞猛进，也没有一败涂地。上述的两种结论似乎都是不正确的。那么，是乘数效应出错了吗？当然不是。问题在于社会经济生活中，"乘数效应"不止一宗，而是无数宗。不是说"乘数效应"不存在，而是说不能只盯着一宗"乘数效应"。要知道，无数宗"乘数效应"会互相抵消，互相排斥，其最终结果是怎样的谁也无法准确预料。这也就告诉我们，乘数效应是不能生搬硬套的，否则就会失之毫厘，谬以千里。

【定律链接】经营管理中也隐藏着乘数效应

在经营管理中，同样存在着乘数效应。乘数效应能发生在管理工作中。比如实施一个促进销售计划，管理者希望这个计划的效果可以成倍地增加。然而事实是，如果没有其他的策略配套实施，乘数效应便很难实现。比如，管理者采取了结果激励方法，或者过程激励方法，可能只是对某些具体的行为产生效果，而持续的或者自发的激励效果却不可能实现。

管理者自然希望每一个决策都能实现乘数效应，即一种措施产生多重效果，但乘数效应不是一劳永逸的，它还包括一系列的措施在里面，只有这些相应的配套措施发挥了功效，乘数效应才可能发生功效。所谓的配套措施，是使当初措施的效果进一步发挥的配套措施，比如管理中的激励措施，单纯的激励是不可能持续发挥作用的，必须要有相应的如企业文化等的配套措施才可以，只有做好这些配套措施，才可能发挥乘数效应。

拉动效应：经济在于"拉动"

【定律阐释】拉动效应指在公共工程项目之后带来的消费水平和私人投资水平的上升。政府通过扩大国债发行规模、扩张财政支出、投资公共工程，可以发挥财政支出所产生的乘数效应，解决经济发展的资金短缺问题，增加就业，提升社会消费需求。

不能高估政府投资的拉动效应

随着政府投资拉动的效应持续减弱，及对社会预期的刺激力度也逐级削减，转型将逐步成为最关键的社会焦点。与此相关的市场预期，将直接决定市场的格局走向。

1. 政府投资拉动效应减弱

从长期来看，无论是国内还是国外，宽松政策和大量政府财政投资对经济的拉动效应都将逐步减弱。

对于国外而言，由于财政空间的限制及宽松流动性的效应递减（比如欧洲央行释放资金购买债券，甚至仍不能抵挡商价和股市的节节下跌），政府投资的空间及影响力都不可能再起到明显作用。

对于国内而言，压缩和规范地方融资平台，都对直接针对市场的投资拉动预期起到打击作用。从最根本上说，这往往意味着管理层的经济政策思路发生了根本变化，即其已经开始出现基本认知到单一投资拉动模式的缺陷，并出现了较为明显的转向。

因此，无论从政府主观意愿上，还是政策的客观效果上来看，政府投资拉动效应逐步减弱是一个必然趋势。

2. 市场认同感减弱

第二个关键问题是，市场的认同感也在削弱，投资的不可持续性广受认同，这又反过来大大弱化和缩减了投资政策的效果。

对市场心理来说，随着投资拉动不可持续性的认同感日趋强烈，资金投放和资金放松未必能够获得市场的足够认同，反而可能会加大市场的担忧。最重要的是，这样会引发投资的带动效应减弱，主要是对社会消费和民间投资的拉动效果会越来越有限，市场的反应也会受到冲击和影响。

3. 转型是社会关注的焦点

实际上，目前市场更关注的不是现在的经济数据和经济发展现状，而是中国经济能否成功地迈入一条持续增长之路。机构和基金不认同的也并非仅仅是目前的经济数据有问题，而是对更长期的前景感到迷茫和不确定。

因此，在这种背景下经济体制的转型就必然越来越受到市场关注，唯有如此才能真正启动经济的发展。投资效应的衰减将导致市场对转型认知从朦胧到逐渐明晰，并最终确认这才是反转整个市场格局的关键。

高速铁路带动沿线新投资

湖北咸宁经济开发区，一个仅有12平方公里的地方，却有着60多个投资项目在红红火火地开展着。这是为什么呢？为什么这样一个小地方会有如此的魅力，吸引了那么多投资者的目光呢？原因很简单，用当地一位领导的话来说就是，"正是由于武广高铁，一大批广州客商都在咸宁投资，现在整个开发区70%以上都是外来投资者建设的"。

原来如此，可是高速铁路真的有如此大的影响力吗？事实上，在武广高铁尚未开通运营时，广州与武汉就已经开始研究并制定了促进产业转移的政策措施，首批项目24个，总投资117.6亿元。中铁第四勘察设计院总工程师王玉泽说，未来3～5年，通过高速铁路，武汉将建成一个辐射全国的大都市圈，以武汉为中心，5小时内可到达的城市，几乎囊括了大半个中国。王总工程师夸大其词了吗？非也。

如今，我们放眼中国的南部，车马未动，粮草先行，粤港澳正向内陆腹地加紧产业转移，长株潭正加速融入珠三角经济圈，武汉城市圈的影响力也正沿江入海，一条"武广高铁经济带"已初具雏形。随着多条高速铁路客运专线开通运营，有了铁路来实现客货分线，货运能力必然会得到极大的释放。这将有效缓解铁路对煤炭、石油、粮食等重点物资运输的瓶颈制约，提高货主的请车满足率，有效提高全国铁路网的整体运输能力，也有利于以更节能环保的方式降低整个社会的物流成本。

此外，个人异地投资者也开始紧盯高铁风向标。的确如此，我们可以想象一下，当我们到达另一座城市的时间比横穿我们所在城市的时间还要短，且所耗费成本更低时，我们自然会考虑异地投资。

现在，是否有高速铁路通达，已经成为异地投资者投资的重要考量指标之一，一些高铁沿线城市的经济联系与文化合作逐渐被重新定位，其区域经济格局也逐渐被改写。

【定律链接】节会品牌的十大拉动效应

举办大型节会活动，打造强势节会品牌，也成了众多城市拉动经济发展一大重要举措。通过分析我们很快发现，成功的大型节会品牌，至少会对城市的经济发展产生以下十大拉动效应。

1. 开放拉动效应

经济全球化、社会信息化的浪潮汹涌澎湃，知识经济时代、注意力经济时代扑面而来，在此背景下，注意力成为知识经济时代稀缺的资源、信息化社会的无形资产和市场经济宝贵的资本。世界经济乃至世界城市的竞争，正在演变为争夺眼球、争夺注意力的竞争。大型节会活动的举办，必将引起全球的瞩目。达沃斯和博鳌就是鲜活的例证。如世界经济论坛年会会址达沃斯，本是瑞士穷乡僻壤的一个小镇，而现在早已成为全世界注意力的中心。每年的年会，世界各地无不关注这里。我国海南省琼海市的小岛博鳌，也因为亚洲论坛首届年会的举办而成名天下。

2. 形象拉动效应

在世界城市空心化的巨大压力下，城市向何处去，成为一大影响世界城市乃至全球经济社会发展的严峻挑战。研究和推进世界城市的进一步繁荣与发展，这是一项迫在眉睫的战略课题，同时也是一项光荣而艰巨的历史使命。世界城市要想建立起自己的对话与协商机制，发出宏大的声音，迈出威武雄壮的步伐，从而抓住经济全球化带来的机遇，促进世界城市战胜困难、持续发展，必须要有一个良好的载体。大型节会活动的成功举办，将吸引来大批政界名流、知名企业、商界巨子和学术精英。通过节会的举办，为城市之间提供了一个相互探讨、协调立场、促进合作的平台。

3. 会展拉动效应

会展经济已成为世界经济新的增长点，世界许多发达城市已步入后会展经济时代。会展业的发展水平已成为衡量世界城市发达程度的重要标志，会展业的竞争力已成为世界城市的核心竞争力。据权威专家分析，节会经济作为会展经济高度升级的产物，正在成为后会展业时代世界城市发展的新宠。如世界经济论坛第30届年会，举办大大小小的各类会议300多场，极大地拉动了会展经济的发展。

4. 旅游拉动效应

旅游业是当今世界第一大产业，大力发展旅游产业已是世界各国的共识。举目环顾世界名城无一不是旅游名城。强势节会品牌的打造，带来的永久效应便是旅游朝阳产业的蓬勃发展。大型节会活动特别是国际性活动的成功举办，在世界瞩目和关注之下，伴随世界各路精英聚会城市，前来城市旅游休闲的国内外游客必将成倍增长，城市旅游业将实现空前的繁荣，其增长速度和发展水平将远远超出其现有发展水平，一些具备条件的国际性城市不但将成为中国旅游的明珠，也将因此而成为世界旅游的明珠。

5. 投资拉动效应

大型节会活动的举办，既是大脑智慧的聚会，又是信息交流的聚会，还是财富资本的聚会。达沃斯、博鳌论坛充分证明，国际性论坛能产生巨大的投资拉动效应。特别是博鳌良好的发展前景和已经可以看到的投资回报，让投资商趋之若鹜。此外，许多城市都增加了大型节会活动的投资拉动效应，这必然会促使其获得更大、更好的发展。

6. 城建拉动效应

投资拉动效应的直接效果，就是城市开发建设进程的加快，开发建设的水准提高。陈锦华指出，配套设施好是支撑达沃斯成功的四大因素之一。博鳌也因为亚洲论坛的带动和促进，经过短短两三年时间的全面开发，如今的博鳌道路畅通、环境优美、配套设施齐全，已经成为世界知名的旅游区。大型节会活动的成功举办，国际性节会品牌的打造，其对城建的拉动效应也是不言而喻的。特别是基础条件较好的许多发达城市，作为我国城市建设的点睛之作，对我国城市乃至整个中国的经济建设都将产生非同一般的作用。我们将高兴地看到，不久的将来，许多城市将更加富有魅力。

7. 品牌拉动效应

经营城市，打造品牌，加快培育城市的核心竞争力，已经成为世界城市之间相互竞争和促进的战略举措。节会品牌的打造，通过城市之间的互相交流和学习，全新的经营城市理念和城市营销战略与策略将在世界城市之间广为传播。大型节会活动的所在地，是城市信息交流的焦点和中心，无疑是近水楼台先得月，受益最早、得益最多、触动最大、提升最快。特别是通过主流媒体的多次传播，举办地城市品牌形象也将传播最广，影响最为久远。总之，无论从城市品牌的经营、管理、提升还是传播，大型节会活动对城市品牌的整体提升都将实现历史性的跨越和质的飞跃。

8. 文化拉动效应

世界权威专家研究表明，从消费的角度分析，当今及未来是休闲经济、体验经济和娱乐经济时代。节会经济各大拉动效应的相关作用，将极大地促进和带动文化娱乐产业的发展。世界发达城市传媒巨子、文化名流先进的经营理念、营销手段、竞争策略、技术设备等，伴随城市节会活动的举办，都将汇聚举办城市。从而促进城市文化产业包括广播电视、新闻出版、文化产业等发展水平较高的诸多产业实现与国际水平的对接。由于上述因素的作用，成功的节会品牌将给城市的文化产业带来新的春天。

9. 综合拉动效应

强势节会品牌的打造，对会址所在地的拉动效应是全方位的、持续性的，相互作用、交替放大、整体提升。例如，对学术研究及教育事业的拉动，对通讯及信息产业的拉动，对航空及交通建设的拉动，对体制改革及制度创新的拉动，对市民素质及服务水平的拉动，对文化生活及精神需求的拉动等，难以枚举。

外部效应：政府为什么发补贴

【定律阐释】外部效应指在实际经济活动中，生产者或者消费者的活动对其他生产者或消费者带来的非市场性影响。这种影响可能是有益的，也可能是有害的，有益的影响被称为外部效益、外部经济性，或正外部性；有害的影响被称为外部成本、外部不经济性，或负外部性。通常指厂商或个人在正常交易以外为其他厂商或个人提供的便利或施加的成本。

政府补贴是为解决正外部性问题

政府作为经济的领头人，经常会实行一些经济政策，比如价格控制、关税、补贴等。一般的企业运行都希望得到政府的补贴。当然，并不是所有的行业都有幸能得到这种恩惠。

曾经有一家处于内蒙古与东北交界处的大型林场得到了国家数百万元的财政补贴。周边的很多企业都想不明白，许多人不禁问："现在国家不是重点发展高新技术产业吗，为什么还要扶持林场？"林场的负责人张某接受记者采访时意味深长地说："我们以前开发林场主要就是靠卖木材赚取利润，作为企业我们也不会过多考虑林场的存在对于周围的生态环境的影响。当然，林场的存在对于改善环境的作用大家都是有目共睹的。所以，国家对我们提供了补贴，我们又开辟了一块新的林场，种植了更多的树种。"

没有得到国家补贴之前的林场作为企业，只考虑到自己出售木材的利润所得，不会考虑林场的存在对周围环境的改善作用，所以林场的面积太小了，没有达到人们满意的水平。接受国家补贴后的林场扩大了面积，进一步优化了周围的环境，对于社会来说是一件好事。政府在这一过程中，利用补贴很好地解决了正外部性问题。

关于正外部性，有一个经典的例子：如果我们的邻居在自己家院子里开辟了一个小花园，这只是他的一种兴趣爱好。可花园里的花香改善了我们居住的空气，而且五颜六色的花儿令人赏心悦目。所以，对于路人和邻居来说，他的花园里的花数量太少了，更多的花会更受欢迎。

所以，正外部性一般是个人收益小于社会收益，所以个人提供的数量往往显得太少了。比方说，在一个老式的家属院里，一户人家为了自家方便，在家门口装设了一盏门灯，过往的路人都会受益，这就是一种正外部效应。虽说这些好处是由路人享有，而装设门灯的家庭只会考虑自身是否需要，如果他觉得装置门灯的收益小于自己支出的成本，他就不会安装；反之，他会安装。此时由于有很大的社会收益存在，从效率的观点来看，应该增加装置，但显然私人装置的意愿不会太强。

那么，对于这种正外部性就没有办法解决了吗？当然不是。如果对每位路人收取费用，显然是不可取的。因为路人不可能每天晚上散步时，口袋里放着一大堆零钱，每走过有门路灯的人家就投下 1 元买路钱。对于正外部性效应，还是应该政府出面加以解决。针对门灯事件，政府可以估计每一住户装置门灯所带来的社会收益有多大，然后支付费用给这些住户，此时住户装置门灯的个人收益与社会收益都包含在内，因此所有住户装置门灯的数量就可以达到全社会的最适数量。

正外部性不仅仅存在于我们的日常生活中，新技术研究也具有正外部性，因为它创造了其他人可以运用的知识。如果一个公司知道自己的创新技术会被其他公司利用，那么它就不会去创新，或者往往倾向于用很少的资源来从事研究，这当然不利于科技创新，所以，各国的专利法正是为了解决这一外部性设立的。专利制度使发明者可以在一定时期内排他性地使用自己的发明，其他公司依据法律没有使用该技术的权利。所以，知识产权得到了保护，促进了科技创新。

税收的外部效应问题至关重要

20 世纪 80 年代末 90 年代初以来，世界经济逐渐表现出一个关系世界经济全局长期发展的大趋势，即经济全球化。所谓的经济全球化，指的是世界经济活动超越国界，通过对外贸易、资本流动、技术转移、提供服务，相互依存、相互联系而形成的全球范围的有机经济整体。简单地说，也就是世界经济日益成为紧密联系的一个整体。经济全球化包括贸易的全球化、生产经营的全球化、金融的全球化和信息的全球化。它是当代世界经济的重要特征之一，也是世界经济发展的重要趋势，同时也是一种自发的市场行为。

对于各国而言，经济全球化意味着国内的许多政策或制度具有一定的超出本国范围内的影响力，由此将会引起其与传统政策或制度之间的冲突，因为这些政策或制度在很大程度上仍然反映出过去相对封闭的经济环境下提出该类政策或制度时的考虑，在税收方面表现得尤其明显。

事实上，许多国家的税收制度在国家间的贸易受到极大的控制或限制，甚至在几乎没有大量资本流动时，就已形成和发展了。那时，高额的关税和商品流动的自然障碍阻碍了贸易的发展，资本流动也受到了相对严格的限制。在当时的环境下，企业大都在其国内从事经营，大多数个人在其法定居住所在国从投资或经营中取得所得。因此，各国的税务当局可以对贸易额、企业利润、个人所得和消费征税，不会与其他国家的税务当局发生冲突。在上述状况下，"属地原则"的采用使政府有权对其地域范围内的全部所得和活动征税，不会引起冲突和麻烦。执行一国制定的税收政策可以不必考虑其对他国的影响，同样，该国政策制定者对他国的税收政策也不感兴趣。

总而言之，经济全球化使得一切都发生了变化。当今世界，许多国家政府的行为极大地受到其他国家政府行为的限制，经济全球化使税收产生的外部效应问题已变得至关重要。

【定律链接】从外部效应看"马未都收藏"

提到"马未都收藏"，想必大家都不陌生了。马未都被称为"京城四大玩家"之一，1992年出版了首部专著——《马说陶瓷》，被视为收藏者的启蒙读物；1997年出版了《明清笔筒》，2002年出版了《中国古代门窗》，都在收藏界引起强烈反响。马未都还多次应国内外著名高校邀请，做专题讲座。2008年，他做客央视《百家讲坛》，热播50余讲。随即，他出版的《马未都说收藏》系列热卖，成为大众的收藏指南。

在经济学中，当消费行为对旁观者产生有利影响时，称之为"消费的正外部效应"。那些产生了正外部效应的消费者，则是"消费正外部效应"的制造者。从对收藏领域的贡献而言，马未都可谓是最大的收藏"消费正外部效应"制造者。

阿罗定理：少数服从多数不一定是民主

【定律阐释】阿罗定理又名不可能定理，其指出，如果众多的社会成员具有不同的偏好，而社会又有多种备选方案，那么在民主的制度下不可能得到令所有的人都满意的结果。

从阿罗定理看民主投票不能得出唯一的结果

北京 1992 年开始申请主办 2000 年奥运会。申办奥运会的投票规则是逐步淘汰制，具有投票权的委员在参加申请的城市里进行投票，得票最少的城市便被淘汰。前两轮投票中北京一直领先，经过两轮投票，最后剩下三个城市：德国的柏林、澳大利亚的悉尼以及中国的北京。在第三轮投票中，北京获得最多的票，悉尼第二，柏林第三。

这一轮投票结束后，柏林被淘汰掉。如果只有这一次投票，北京就获胜了，但问题是还得再投一次票。当在北京与悉尼之间角逐时，北京肯定会再次获得胜利吗？

事实是，北京输了，悉尼获得了 2000 年奥运会的主办权。为什么会这样？原来支持柏林的投票人在柏林落选后大多数转而支持悉尼。

由此看来，民主投票不能得出唯一的结果，其选举结果取决于民主投票的程序安排以及每次确定的候选人的多少，即投票规则。不同的投票规则将得出不同的选举结果，这就是说，民主投票有内在的缺陷。我们将用著名经济学家阿罗提出的"不可能性定理"来说明，民主制度存在着缺陷。

当然，这里我们所说的存在缺陷并非是说民主选举是虚伪的和带欺骗性的，而是说民主选举有其局限性，我们不能因此全然否定民主选举，甚至将其视为不进行民主选举的借口。正如有一篇讨论民主与丑闻的文章中所说的，民主选举不是绝对好的，但反民主绝对是坏的。在民主社会里，罪恶被最大限度地暴露出来，并受到谴责，因此抑制了更多的罪恶；而在反民主的社会里，罪恶被最大限度地掩盖起来，于是往往导致更大的罪恶。所以，即便我们知道民主投票不一定得出唯一的结果，也要将其付诸实施，因为不这么做将得不到任何的结果。

"形式的民主"距离"实质的民主"有多远

在看到所有的人为寻找"最优的公共选择原则"奔忙而无所获的时候，斯坦福大学教授肯尼斯·阿罗进行了苦心研究，在 1951 年出版的《社会选择与个人价值》一书中提出了一个理想选举实验。

阿罗理想选举实验的第一步是，投票者不能受到特定的外力压迫、挟制，并有着正常智力和理性。毫无疑问，对投票者的这些要求一点都不过分。

阿罗理想选举实验的第二步是，将选举视为一种规则，它能够将个体表达的偏好次序综合成整个群体的偏好次序，同时满足"阿罗定理"的要求。所谓"阿罗定理"就是：

（1）所有投票人就备选方案所想到的任何一种次序关系都是实际可能的。也就是说，每个投票者都是自由的，他们完全可以依据自己的意愿独立地投出自己的选票，而不致因此遭遇种种迫害。

（2）对任意一对备选方案 A 或 B，如果对于任何投票人都是 A 优于 B，根据选举规则就应该确定 A 方案被选中；而且只有所有投票人都有 A 与 B 方案等价时，根据选举规则得到的最后结果才能取等号。这其实就是说：全体选民的一致愿望必须得到尊重。

但是一旦出现 A 与 B 方案等价的情况，就意味着可能投票出现了问题。比如两个方案 A、B 受两个投票人 C、D 的选择。对 C 来说，A 方案固然更好，但 B 方案也没什么重大损失；但是对 D 来说，却可能是 A 方案就是生存，B 方案就是死亡，那么让 C 和 D 两个人各自一人一票当然就不是公正平等的。

（3）对任意一对备选方案 A 与 B，如果在某次投票的结果中 A 优于 B，那么在另一次投票中，如果在每位投票人排序中位置保持不变或提前，则根据同样的选举规则得到的最终结果也应包括 A 优于 B。这也就是说：如果所有选民对某位候选人的喜欢程度，相对于其他候选人来说没有排序的降低，那么该候选人在选举结果中的位置不会变化。

这是对选举公正性的一个基本保证。比如，当一位家庭主妇决定午餐应该买物美价廉的好猪肉还是质次价高的陈猪肉时，我们很清楚：她对好猪肉和陈猪肉的喜爱程度应该不可能发生什么变化——然而这一次她却买了陈猪肉。这一定说明在主妇对猪肉的这次"选举"中有什么不良因素的介入。当然，如果原因其实是市场上已经 100% 都是陈猪肉，那也就意味着"选举"已经不复存在，主妇已经被陈猪肉给"专制"了。那不在我们的讨论范围之内。

（4）如果在两次投票过程中，备选方案集合的子集中各元素的排序没有改变，那么在这两次选举的最终结果中，该子集内各元素的排列次序同样没有变化。

比如，那个买猪肉的主妇要为自己家的午餐主食做出选择，有 3 位"候选人"分别是 1 元钱 1 斤的好面粉、1 元钱 1 斤的霉面粉和 1 元钱 1 斤的生石灰。主妇的选择排序不说也罢，一清二楚。然而现在的情况却是：在生石灰出局之后，主妇居然选择了霉面粉。这一定意味着有这次"选举"之外的因素强力介入。比如主妇的单位领导是这家霉面粉厂家老板的姐夫之类。

阿罗定理中的第三点和第四点的结合也就意味着：候选人的选举成绩，只取决于选民对他们作出的独立和不受干预的评价。

（5）不存在这样的投票人，使得对于任意一对备选方案 A、B，只要该投票人在选举中确定 A 优于 B，选举规则就确定 A 优于 B。也就是说，任何投票者都不能够仅凭借个人的意愿，就可以决定选举的最后结果。

这五条法则无疑是一次公平合理的选举的最基本要求。

然而，阿罗发现：当至少有 3 名候选人和 2 位选民时，不存在满足阿罗定理的选举规则，即"阿罗不可能定理"。即便在选民都有着明确、不受外部干预和已知的偏好，以及不存在种种现实政治中负面因素的绝对理想状况下，也同样不可能通过一定的方法从个人偏好次序得出社会偏好次序，不可能通过一定的程序准确地表达社会全体成员的个人偏好或者达到合意的公共决策。

人们所追求和期待的那种符合阿罗定理五条要求的最起码的公平合理的选举居然是不可能存在的，这无疑是对票选制度的一记最根本的打击。随着候选人和选民的增加，"形式的民主"必将越来越远离"实质的民主"。

【定律链接】不可能定理 VS 投票悖论

阿罗的不可能定理源自孔多塞的"投票悖论"，早在 18 世纪法国思想家孔多塞就提出了著名的"投票悖论"：假设甲、乙、丙三人，面对 X、Y、Z 三个备选方案，有如下的偏好排序：

甲（X > Y > Z），即甲偏好 X 胜于 Y，又偏好 Y 胜于 Z。

乙（Y > Z > X），即乙偏好 Y 胜于 Z，又偏好 Z 胜于 X。

丙（Z > X > Y），即丙偏好 Z 胜于 X，又偏好 X 胜于 Y。

1.若取 X、Y 对决，那么按照偏好次序排列如下：

甲（X > Y）

乙（Y > X）

丙（X > Y）

社会排序偏好为（X > Y）

2.若取 X、Z 对决，那么按照偏好次序排列如下：

甲（X > Z）

乙（Z > X）

丙（Z > X）

社会排序偏好为（Z > X）

3.若取 Y、Z 对决，那么按照偏好次序排列如下：

甲（Y＞Z）

乙（Y＞Z）

丙（Z＞Y）

社会排序偏好为（Y＞Z）

于是，得到 3 个社会偏好次序，即（X＞Y）、（Y＞Z）、（Z＞X），其投票结果显示"社会偏好"有如下事实：社会偏好 X 胜于 Y、偏好 Y 胜于 Z、偏好 Z 胜于 X。从中我们很容易看出，这种所谓的"社会偏好次序"包含着内在的矛盾，即社会偏好 X 胜于 Z，但又认为 X 不如 Z！所以按照投票的大多数规则，不能得出合理的社会偏好次序。

阿罗不可能定理说明，依靠简单多数的投票原则，要在各种个人偏好中选择出一个共同一致的顺序是不可能的。这样，一个合理的公共产品决定只能来自于一个可以胜任的公共权力机关，要想借助于投票过程来达到协调一致的集体选择结果，一般是不可能的。

政府干预理论："挖坑"可以带动经济发展

【定律阐释】美国著名经济学家约瑟夫·斯蒂格利茨所提出的政府干预理论，主要分为两个部分：市场失灵理论和政府的经济职能理论。斯蒂格利茨与西方其他经济学家一样，认为政府干预的主要作用是弥补市场失灵。不过，政府干预就应该被限制在一定范围之内。

政府就是那只"看得见的手"

凯恩斯在其著作《就业利息和货币通论》中，通过一则"挖坑"的故事引申出了政府干预理论：

乌托邦国处于一片混乱中，整个社会的经济完全瘫痪，工厂倒闭，工人失业，人们束手无策。这个时候，政府决定兴建公共工程，雇佣 200 人挖了很大的坑。雇 200 人挖坑时，需要发 200 个铁锹，于是生产铁锹的企业开工了，生产钢铁的企业也开始工作了；还得给工人发工资，这时食品消费行业也发展起来了。通过挖坑，带动了整个国民经济的消费。大坑终于挖好了，政府再雇 200 人把这个大坑填好，这样又需要 200 把铁锹……如此反复，萧条的市场终于一点点复苏了。

经济恢复后，政府通过税收，偿还了挖坑时发行的债券，一切又恢复如常了。

众所周知，在凯恩斯之前的西方经济学界，人们普遍接受以亚当·斯密为代表的古典学派的观点，即在自由竞争的市场经济中，政府只扮演一个极其简单的被动角色——"守夜人"。凡是在市场经济机制作用下，依靠市场能够达到更高效率的事，都不应该让政府来做。国家机构仅仅执行一些必不可少的重要任务，如保护私人财产不被侵犯，从不直接插手经济运行。

然而，历史的事实证明，自由竞争的市场经济导致了严重的财富不均，经济周期性巨大震荡，社会矛盾尖锐。1929 ～ 1933 年的全球性经济危机就是自由经济主义弊症爆发的结果。因此，以凯恩斯为代表的政府干预主义者浮出水面，他们提出，现代市场经济的一个突出特征，就是政府不再仅仅扮演"守夜人"的角色，而是要充当一只"看得见的手"，平衡以及调节经济运行中出现的重大结构性问题。这就是政府干预理论。

政府干预也不是万能的

政府干预经济的主要任务是：保持经济总量平衡，抑制通货膨胀，促进重大经济结构优化，实现经济稳定增长。调控的主要手段有价格、税收、信贷、汇率等。

从经济学角度讲，宏观调控就是宏观经济政策，也就是说政府在一定时候可以改善市场结果。当然，政府有时可以改善市场结果并不是说它总是能够调控市场。那什么时候能够调控，什么时候不能呢？这就需要人们利用宏观调控的经济学原理来判断什么样的经济政策在什么情况下能够促进经济的良性循环，形成有效公正的经济体系，而什么时候宏观调控又无法实现既定目标。

相对于亚当·斯密的自由主义，凯恩斯主义认为，凡是政府调节能比市场提供更好的服务的地方，凡是个人无法进行平等竞争的事务，都应该通过政府的干预来解决问题。凯恩斯强调政府的作用，即政府可以协调社会总供需的矛盾、制定国家经济发展战略、进行重大比例的协调和产业调整。它最基本的经济理论，是主张国家采用扩张性的经济政策，通过增加需求促进经济增长。

不过，在 20 世纪 70 年代，世界上一些发达资本主义国家陷入了"滞胀"的状态，无论政府如何挥舞那只"看得见的手"，经济总是停滞不前，而物价却在不断地上涨。这便是"政府失灵"的状况。

在现代市场经济的发展中，为了克服"市场失灵"和"政府失灵"，人们普遍寄希望于"两只手"的配合运用，以实现在社会主义市场经济条件下的政府职能的转变。我们应该正确看待政府干预的积极方面及其局限性。

对于我国而言，政府干预的主要作用就是，指明经济发展的目标、任务、重点；通过制定法规，规范经济活动参加者的行为；通过采取命令、指示、规定等行政措施，直接、迅速地调整和管理经济活动。其最终目的是为了补救"看不见的手"在调节微观经济运行中的失效。值得注意的是，如果政府的作用发挥不当，不遵循市场的规律，也会产生消极的后果。

【定律链接】政府怎样纠正市场失灵

政府应该如何实行干预才能纠正市场失灵呢？斯蒂格利茨认为，虽然教科书中所讲的那种完全竞争模型在现实生活中并不存在，但市场经济中的有限竞争仍然可以起到传递信息、推动技术发展进步的作用。所以，政府在直接参与的公共部门和服务中，应该积极抑制垄断，鼓励各方开展积极竞争。当然，要想做到这一点，政府的经济功能就要在保持集中化决策优点的同时，适当进行分散化，即把公共服务交给不同政府团体去经营，使人们可以在不同政府团体的竞争中比较它们之间的效率优劣。对于市场经济中普遍存在的资源配置无效率现象，斯蒂格利茨提出，政府的公共政策应主要定位于资源配置职能，通过发挥政府的再分配职能提高资源配置效率。具体做法是对所有商品实施最优纠正性税率，最优税率应以估算的所有商品的供给弹性和需求弹性（包括所有的交叉弹性）为基础。斯蒂格利茨也承认获取这些信息有困难，所以他又指出，政府应把注意力集中在较大、较严重的市场失灵上，如资本市场、保险市场等。

此外，还有一点是需要注意的，即政府干预的公正性并非必然的，其效率也不会很高，而且在某种程度上还具有垄断性的特征，所以，我们不应该寄希望于让政府干预成为替代市场的主导力量，否则只能导致"政府失灵"，用"失灵的政府"去干预"失灵的市场"必然是败上加败，使失灵的市场进一步失灵。但客观存在的市场失灵又需要政府的积极干预，"守夜人"似的"消极"政府同样无补于市场失灵，同样会造成政府失灵。因此，政府不干预或干预乏力与政府干预过度都是不可取的。现实需要的是政府在保证市场对资源配置起基础性作用的前提下，以自身的长处来弥补市场调节的不足，同时又借用市场调节的长处来克服自身的不足，并最终实现二者优化组合，从而更好地促进市场经济的进步与发展。

金融管制理论：管制是预防风险的重要途径

【定律阐释】金融管制理论是一国政府为维持金融体系稳定运行和整体效率而对金融机构和金融市场活动的各个方面进行的管理和限制，具体包括市场准入、业务范围、市场价格、资产负债比例、存款保险等方面的管制。金融管制在一定程度上限制了金融机构的活动，影响了它们的利益，因而成为金融机构进行金融创新的诱因之一。

金融管制，还是金融自由

从20世纪70年代起，金融自由化和放松金融管制的浪潮一浪高过一浪，各国都在寻求一种减少政府干预的经济运行机制，期待管制或许可以减少，在有的行业和领域也可能会消失。但事实上，只要有政府的存在，就无法消除政府干预，政府是影响企业和市场的重要宏观环境变量。管制是政府发挥经济职能的重要形式，将会伴随政府的存在而存在。金融是现代经济的核心领域，金融管制或许会减少，但却不可能消失，也不应该消失，只会产生更多的替代形式或更新的管制方式。

金融管制有其存在的客观原因。金融市场中较强的信息不对称现象是金融管制存在的首要原因。如果交易者占有不对称的信息，市场机制就不能达到有效的资源配置。金融市场中信息不对称主要体现在金融机构与金融产品需求者之间的风险识别和规避上。金融管制可以较有效地解决金融经营中的信息不对称问题，避免金融运行的较大波动。

事实表明，金融市场难以实现完全自由竞争。作为金融创新主体的金融机构总是从自身微观的利益出发去考虑问题，这就决定了其在决策时不可能充分考虑到宏观利益所在，甚至为追求自身利润的最大化往往可能实施一些规避管制的违规冒险行为，同时为了防止加大经营成本，更容易忽视对操作程序的规范和监控，从而影响到其对风险的防范与控制能力。

金融管制是必不可少的调控手段

金融管制是政府管制的一种形式，是伴随着银行危机的局部和整体爆发而产生的一种以保证金融体系的稳定、安全及确保投资人利益的制度，是在金融市场失灵（如脆弱性、外部性、不对称信息及垄断等）的情况下由政府或社会提供的纠正市场失灵的金融管理制度。从这一层面上来看，金融管制至少具有帕累托改进性质，它可以提高金融效率，增进社会福利。但是，金融管制是否能够达到帕累托效率还取决于管制当局的信息能力和管制水平。如果信息是完全和对称的，并且管制能完全纠正金融体系的外部性，且自身又没有造成社会福利的损失，就实现了帕累托效率。关于完全信息和对称信息的假设，在现实经济社会中是不能成立的，正是这一原因形成了引发金融危机的重要因素——金融机构普遍的道德风险行为，造成金融管制的低效率和社会福利的损失。

通常，中国的金融管制主要从 5 方面入手。首先，央行将着力于正确处理内需和外需的关系，进一步扩大国内需求，适当降低经济增长对外需、投资的依赖，加强财政、货币、贸易、产业、投资的宏观政策的相互协调配合，扩大消费内需，降低储蓄率，增加进口，开放市场来推动经济结构调整，促进国际收支趋于平衡。

二是改善货币政策传导机制和环境，增强货币政策的有效性，促进金融市场的发育和完善，催化金融企业和国有企业改革，进一步转换政府经营管理，完善间接调控机制，维护和促进金融体系稳健运行。

三是积极稳妥地推进利率市场化改革，建立健全由市场供求决定的、央行通过运用货币政策工具调控的利率形成机制，有效利用和顺应市场预期，增强货币政策透明度和可信度。

四是加强货币政策与其他经济政策间的协调配合，加强货币政策与金融管制的协调配合，根据各自分工，着眼于金融市场体系建设的长期发展，努力促进金融业全面协调可持续发展，加强货币政策与产业政策的协调，以国民经济发展规划为指导，引导金融机构认真贯彻落实国家产业政策的要求，进一步优化信贷结构，改进金融服务。

五是进一步提高金融服务能力，主动、大力拓展债券市场，鼓励债券产品创新，推动机构投资者发展，加大交易主体和中介组织的培育，加快债券市场基础制度建设，进一步推进金融市场的协调发展。

金融管制是宏观调控的重要组成部分。它与战略引导、财税调控一起构成宏观调控的主要手段，互相联系，互相配合，它们共同的目标是促进经济增长，增加就业，稳定物价，保持国际收支平衡。相对而言，金融调控侧重于国民经济的总量和近期目标，但是为宏观经济内在的规律所决定，其作用也必然影响到经济结构和长远目标。

挤出效应："挤进""挤出"由财政政策决定

【定律阐释】扩张性财政政策导致利率上升，从而挤出私人投资，进而对国民收入的增加产生一定程度的抵消作用，这种现象称为挤出效应。具体地说，就是政府和企业都在投资，在投资项目一定的条件下，政府投得多就把企业挤出去了。

挤出效应与利率紧密相关

对于挤出效应问题，西方经济学家有两种不同的意见：

第一种，反对国家干预的经济学家认为，挤出效应是无可否认的。因为公共支出的钱不论来自私人纳税或是私人借贷，如果货币供应量不变或增加很少，则由于公共支出的增加，会造成货币需求压力，迫使利率上升，从而会减少私人投资。因此，挤出效应不会使总需求发生变化。

第二种，主张国家干预的凯恩斯主义者则认为：

第一，公共支出的挤出效应必须根据具体情况具体分析。一般来说，只有达到充分就业后才会存在挤出效应。在有效需求不足的条件下，不存在萧条时期公共支出排挤私人投资的问题。

第二，影响私人投资的，除了利息率水平，还有预期利润率因素。如果增加公共支出能提高预期利润率，那么公共支出对私人投资不是"挤出"而是"挤入"。另外，即使公共支出影响利润率水平，但由于私人投资者对预期利润率变动的敏感程度大于对利息率变动的敏感程度，所以公共支出也不可能"挤出"相等的私人投资。因此，增加公共支出仍然能使总需求增加。

虽然上述两个观点各执一词，但是，不可否认的是，挤出效应是政府支出行为形成对私人部门的负外部性造成的，这种负外部性是通过利率变量来传导的。一般由于私人部门的投资对利率很敏感，因此，在利率提高的情况下，私人投资的机会成本将增加，导致私人部门的投资积极性降低，投资量减少。

何时"挤进"，何时"挤出"

财政政策的挤进效应一般随着市场发达程度的不同而不同。例如，同样数量的政府固定资产投资对经济的影响能力，在我国东部地区和西部地区会有很大差异，这与政府实际支出乘数的大小是有关系的。事实上，政府实际支出乘数的大小可以在一定程度上用来衡量财政政策的挤进效应。我们知道，假定一个地区的边际消费倾向为 b，理论上政府支出乘数应为 1（1–b）。那么，实际支出乘数的大小与哪些因素有关呢？显然，与该地区的边际消费倾向 b 有关系。一般我国东部地区边际消费倾向比较大，故支出乘数就大；而西部地区边际消费倾向小，或者说边际储蓄倾向较大，故支出乘数就比较小，这是一方面的原因。另一方面，我们可以从支出乘数的产生过程来看。政府投资引起居民（要素所有者）收入的增加，而居民收入增加又引起消费的增加，形成第一轮挤进效应；消费的增加又引起另一部分生产或销售者的收入的增加，进而又引起消费的第二轮增加，也就是形成了第二轮挤进效应……这样一直到第 n 轮。理论上，n 应该是趋向于无穷大的，但实际上，如果市场容量不够大，市场不发达，那么这个链条就不可能无限制地派生下去，于是总的挤进效应就远远达不到 1（1–b）这样一个倍数关系所能反映的程度。故实际支出乘数就比较小，因而总的挤进效应是比较小的。

另外，财政政策的挤进效应还随着财政资金的来源不同而不同。一般说来，扩张性财政政策的资金来源有两个：一是税收，二是公债。按照李嘉图等价定理，政府的公债和税收这两种形式对经济的影响是相同的。可事实上，理论界对李嘉图等价定理是存有争议的。比如在经济萧条的时候，来源于公债的支出政策就比较有效，而来源于税收的支出政策可能会加剧经济的萧条，这说明资金来源在经济周期中的不同阶段对经济有着不同的影响力。再比如，二者对于经济效益的影响也不一样。众所周知，在一般情况下，税收会导致社会总体福利的净损失，而公债在经济萧条时，只要不对金融市场利率水平有太大的影响，一般是不会导致经济效益下降的。这是因为，在经济萧条时，私人投资（主要是直接投资）对利率变化反应不敏感，利率变化充其量只能影响到间接投资（证券投资）的规模，对私人直接投资的影响不大。所以，当经济萧条的时候，公债资金的挤进效应比较大，税收资金的挤进效应则相对比较小。

根据 IS–LM 模型（即"希克斯－汉森模型"，由英国现代著名的经济学家约翰·希克斯和美国凯恩斯学派的创始人汉森，在凯恩斯宏观经济理论基础上概括出的一个经济分析模式），影响挤出效应的因素有：支出乘数的大小、投资需求对利率的敏感程度、货币需求对产出水平的敏感程度以及货币需求对利率变动的敏感程度等。其中，支出乘数、货币需求对产出水平的敏感程度及投资需求时利率变动的敏感程度与挤出效应成正比，而货币需求对利率变动的敏感程度则与挤出效应成反比。在这四因素中，支出乘数主要取决于边际消费倾向，而边际消费倾向一般较稳定，货币需求对产出水平的敏感程度主要取决于支付习惯，也较稳定，因而，影响挤出效应的决定性因素是货币需求及投资需求对利率的敏感程度。

综上所述，我们可以看出，财政政策的挤进效应实际上反映了政府支出与民间投资和消费之间的良性互动、和谐与共生共荣的关系，而挤出效应则表现了政府支出对民间投资和消费在一定程度上的排斥。一般而言，财政政策的实际净效应取决于这两种相反方向的效应的对比。如果财政政策的挤出效应大于挤进效应，则说明现行的财政政策必须要加以适当调整；如果财政政策的挤进效应大于挤出效应，则表明当前的财政政策可以继续延续。

为使财政政策能够产生更多的挤进效应和更少的挤出效应，当前我国在调整财政支出政策时应当注意以下几个方面：

1. 财政政策必须能够适应宏观形势的变化

当私人投资对利率较为敏感时，或者从经济周期的角度看，当经济处于经济周期的复苏和高涨阶段时，政府应当适时调整财政支出的规模和方向，适当收缩建设性财政支出的范围。因为私人投资对利率的敏感性决定了政府支出的挤出效应比较大，挤进效应比较小，而此时建设性财政支出政策的效果并不理想，但需要注意的是，保证相当程度的公共财政支出的规模依然是十分必要的，因为公共财政支出可以改善经济发展的环境，当私人投资对利率不敏感或经济处于萧条和衰退阶段时，财政政策的挤出效应比较小，而挤进效应则相对比较大。因此，在我国通货紧缩和经济低迷已经退居为次要矛盾的地位时，财政政策的主要目标应当是防止经济过热和有可能出现的通货膨胀，此时，一般来说，从资金来源上看，来源于税收的财政支出政策比较好，而来源于公债的财政支出规模必须要适当加以限制。

2. 财政支出要同时兼顾"软""硬"环境的改善

财政支出既要着眼于改善投资的"硬"环境，即传统的能源、原材料、通信等基础设施建设，又要着眼于改善投资的"软"环境，也就是要加强人力资本投资环境的改造，大力兴办医疗、卫生等行业，这样可以吸引更多的私人直接投资，更好地发挥财政资金的挤进效应的作用。事实上，从以往的政策实践来看，我国东西部地区吸引民间投资的能力的差异不仅体现在基础设施等"硬件"设施上，更体现在人力资本素质等"软件"设施上，如果现阶段我国西部地区人力资本的瓶颈约束不能够得到有效缓解，那么，这些地区的物质资源的优势必然也难以发挥，政府的西部大开发的战略目标最终也难以彻底实现。为此，今后我国的政府财政支出，特别是西部地区的财政支出，应在教育、医疗和保障等方面有大的作为。财政政策促使人力资本素质的提高将促使人力资本获得合理定向流动的条件和可能，为我国今后的城市化、城镇化和农业产业化的发展创造有利条件。

3. 必须优化财政支出的区际分布

既然财政政策的挤进效应随着市场的发达程度的不同而不同，那么，为了保证财政资金的使用效率，政府应当一如既往地致力于相对发达的东部地区的投资环境的改善。通常，财政资金在东部较发达地区的产出效率（挤进效应）要显著高于西部欠发达地区，但同时我们又注意到，西部欠发达地区的财政政策更能体现政府政策的公平性，鉴于此，我国当前财政资金的使用在东西部地区、发达地区和欠发达地区、城市和农村地区要注意区别对待、各有侧重，同时要坚持确保重点的原则。

4. 全面正确地评价财政政策的效果

事实上，我们以上对财政政策的挤出效应和挤进效应的论述，只是从经济效益和经济增长快慢的角度来衡量政府宏观调控的效果，很显然，这种衡量是不全面、不公正的。因为市场经济具有片面追求经济效益的内在冲动，以至于产生市场失灵的现象，因此，政府的政策不能推波助澜，而应该在讲究效率的同时，更多地体现经济发展的公平性和平稳性。在当今人们越来越注重经济发展的质量和经济可持续发展的背景下，世界各国政府的宏观调控目标正朝着多元化方向迈进。因此，当前，我国也不宜仅仅用挤进效应或挤出效应的大小来衡量财政政策的得失，而应该服从大的经济发展战略目标的要求，结合其他方面的量化指标，如环境指标、公平指标等，来全面综合地审视和评价财政政策的效果，这是我们在今后的具体政策实践中必须要高度重视的。

·第七章·

经营：经营就是让价值最大化

二八法则：抓住起主宰作用的"关键"

【定律阐释】二八法则，又称帕累托法则、帕累托定律、最省力的法则、不平衡原则或二八定律，指投入与产出、努力与收获、原因和结果之间，普遍存在着不平衡关系。小部分的努力可以获得大的收获；起关键作用的小部分，通常就能主宰整个组织的盈亏和成败。

无所不在的二八法则

理查德·科克在牛津大学读书时，学长告诉他千万不要上课，"要尽可能做得快，没有必要把一本书从头到尾全部读完，除非你是为了享受读书本身的乐趣。在你读书时，应该领悟这本书的精髓，这比读完整本书有价值得多"。这位学长想表达的意思实际上是：一本书80％的价值，在20％的页数中就已经阐明了，所以只要看完整部书的20％就可以了。

理查德·科克很喜欢这种学习方法，而且一直将其沿用下去。牛津并没有一个连续的评分系统，课程结束时的期末考试就足以裁定一个学生在学校的成绩。他发现，如果分析过去的考试试题，会发现把所学到与课程有关的知识的20％，甚至更少，准备充分，就有把握回答好试卷中80％的题目。这就是为什么专精于一小部分内容的学生，可以给主考人留下深刻的印象，而那些什么都知道一点，但没有一门精通的学生却考不出好成绩。这项心得让他不用披星戴月、终日辛苦地学习，但依然取得了很好的成绩。

理查德·科克到壳牌石油公司工作后，在可怕的炼油厂内服务。他很快就意识到，像他这种既年轻又没有什么经验的人，最好的工作也许是咨询业。所以，他去了费城，并且比较轻松地获取了 Wharton 工商管理的硕士学位，随后加盟了一家顶尖的美国咨询公司，第一个月，他领到的薪水是在壳牌石油公司的 4 倍。

就在这里，理查德·科克发现了许多运用二八法则的实例。咨询行业 80% 的成长，几乎全部来自专业人员不到 20% 的公司，而 80% 的快速升职也只有在小公司里才有——有没有才能根本不是主要的问题。

当他离开第一家咨询公司，跳槽到第二家的时候，他惊奇地发现，新同事比以前公司的同事更有效率。

怎么会出现这样的现象呢？新同事并没有更卖力地工作，但他们充分利用了二八法则，他们明白，80% 的利润是由 20% 的客户带来的，这条规律对大部分公司来说都行之有效。这样一个规律意味着两个重大信息：关注大客户和长期客户。大客户所给的任务大，这表示你更有机会运用更年轻的咨询人员；长期客户的关系造就了依赖性，因为如果他们要换另外一家咨询公司，就会增加成本，而且长期客户通常不在意价钱问题。

对大部分的咨询公司而言，争取新客户是重点工作，但在他的新公司里，尽可能与现有的大客户维持长久关系才是明智之举。

不久后，理查德·科克确信，对于咨询师和他们的客户来说，努力和报酬之间也没有什么关系，即使有也是微不足道的。聪明人应该看重结果，而不是一味地努力；应该依照一些解释真理的见解做事，而不是像头老黄牛单纯地低头向前。相反，仅仅凭着脑子聪明和做事努力，不见得就能取得顶尖的成就。

二八法则无论是对企业家、商人还是电脑爱好者、技术工程师和其他任何人，意义都十分重大。这条法则能促进企业提高效率，增加收益；能帮助个人和企业以最短的时间获得更多的利润；能让每个人的生活更有效率、更快乐；它还是企业降低服务成本、提升服务质量的关键。

二八法则的运用

微软的创始人比尔·盖茨曾开玩笑似的说，谁要是挖走了微软最重要的约占 20% 的几十名员工，微软可能就完了。这里，盖茨告诉了我们一个秘密：一个企业持续成长的前提，就是留住关键性人才，因为关键人才是一个企业最重要的战略资源，是企业价值的主要创造者。

留住你的关键人才，因为关键人才的流失有时对一个企业来讲是致命的。

因此，在任何时候，你都要和他们保持良好的沟通，这种沟通不仅是物质上的，更是心理上的，让他们觉得自己在公司具有举足轻重的地位。如果他们感觉到老板对自己的赏识，他心中会升华一种责任感，从而愿意与公司共进退。

一家西方知名公司的首席执行官刚刚实行了一项革命性的举措——部门经理每季度提交关于那些有影响力、需要加以肯定的职员的报告。这位首席执行官亲自与他们联系，感谢他们的贡献，并就公司如何提高效率向他们征求意见。通过这一举措，这位首席执行官不仅有效留住了关键性的人才，还得到了他们对公司的持续发展提供的大量建议。

另外，要仔细分析关键人才在什么情况下业绩最佳，在那段时间内，他们是如何工作的。因为即使是一个关键人才，他的业绩也不是每个季度、每个月都一样的。根据二八法则，找出他们创造了80%的业绩的20%的工作时间，来分析他们在那段时间内创造佳绩的原因。

你也许会问，对表现差的那80%的销售员该怎么办？

其实这些问题你不必考虑，你要训练的是那些你打算长久留在身旁的人，若训练随时准备让他们走人的员工，才真是徒劳无功。

让关键人才来训练你打算留下来的人员，经过一个阶段之后，在受训人员中淘汰掉表现较差的一部分，只保留表现最好的20%，把80%的训练计划和精力放在他们身上，力争他们也成为公司的关键人才。这样，长江后浪推前浪，整个公司的业绩也就上升了。

一位著名的管理学者说："成功的人若分析自己成功的原因，就会发现二八法则在自己成功的道路上发挥了巨大的作用。80%的成长、获利和发展，来自20%的客人。公司至少应知道这20%是谁，才可能清楚看到未来成长的前景。"

1998年，在梅格·惠特曼出任eBay（易趣网）公司首席执行官5个星期之后，她主持了一次为期2天的会议，讨论收缩销售战线的问题，并再次检查用户数据。如果了解eBay公司每个卖家的交易量（当然这由eBay公司负责），你就可以很容易地列出双栏表格。第一栏按照递减顺序，也就是按照交易量从最大到最小的顺序将客户排列下来。第二栏进行交易量累计（例如第一栏中，第一名客户的交易量为5万美元，第二名客户的交易量为4万美元，那么，在第二栏中，对应第一名客户的交易量累计将会是5万美元，而对应第二名客户的交易量累计则为9万美元）。现在，看看第二栏，我们可以找到累计销售额占eBay公司总销售额80%的客户，从中我们可以知道eBay公司销售的集中程度怎样。

经过2天的整理和排列，惠特曼和她的团队发现，eBay公司20%的用户，占据了公司总销售量的80%。这个消息并非听听而已，它提醒大家，针对这20%客户的决策对于eBay公司的发展和收益非常关键。当eBay公司的管理者追踪这20%核心用户的身份时，他们发现这些人大都是收藏家。因此，惠特曼和她的团队决定不再像其他网站那样，通过在大众媒体上做广告去吸引客户，转而在收藏家更容易关注的玩偶收藏家、玛丽·贝丝的无檐小便帽世界等收藏专业媒体和收藏家交易展上加大宣传力度，这一决策成为eBay成功的关键。

将注意力集中在核心用户身上，促成了eBay公司大销售商计划的诞生。该计划旨在通过提升核心客户的表现，从而带动eBay公司自身有更好的表现。该计划向三类大销售商提供了特权和认可，他们分别是：铜牌用户，每月销售2000美元；银牌用户，每月销售10000美元；金牌用户，每月销售25000美元。只要大销售商获得了买家的好评，eBay公司就会在这个销售商的名字旁边加注一个专用徽标，并给他们提供额外的客户支持。比如，金牌销售商可以拥有24小时客户支持的热线电话。

由此可见，在公司管理中，要运用二八法则来调整管理的策略，就要首先清楚掌握公司在哪些方面是赢利的，哪些方面是亏损的，只有对局势有了全面的了解，才能对症下药，制定出有利于公司发展的策略。如果脑袋里是一笔糊涂账，就无从谈起二八法则的运用，而那些琐碎、无用的事情将继续占据你的时间和精力。所以首要的任务是对公司做一次全面的分析，细心检查公司里的每个细微环节，理出那些能够带来利润的部分，从而制定出一套有利于公司成长的策略。

你要找出公司里什么部门业绩平平，什么部门创造了较高利润，又有哪些部门带来了严重的赤字。通过分析比较，你就会发现哪些因素在公司中起到举足轻重的作用，而另一些则在公司中的作用微不足道。

在企业经营中，少数的人创造了大多数的价值，获利80%的项目只占企业全部项目的20%。因此，你应该学会时刻注重那关键的少数，提醒自己把主要的时间和精力放在那关键的少数上，而不是用在获利较少的多数上，泛泛地做无用功。

【定律链接】慎用二八法则

实际上，运用二八法则有着严格的前提假设，离开这些假设来谈论该法则的普遍适用性，就会导出十分荒谬的结论。

第一，假设具备事前判断关键与非关键事物所需的各种信息，否则就无法有效区别关键少数与一般多数。管理复杂系统，如果无法事先确定哪些是少数关键因素，也就不可能提出操作对策。

第二，假设少数关键要素与多数一般要素这两者之间互相独立不相关。事实上，在管理系统中，关键少数与一般多数之间往往存在着双向互动的相关性。因此，用对有机系统进行肢解的方式来获取所谓的关键因素，而把其余的部分均归为所谓的一般因素，这种做法非常荒谬。

第三，假设所找到的关键事物或环节等是可调控的，即二八法则所涉及的关键因素是人类群体理性选择的结果，它是一种人类决策可改变、可利用的规律。如果找出的关键因素是管理者及企业力量所不能改变的，却硬要试图违背理性加以改变，就如同头撞南墙、鸡蛋碰石头，其结果将以失败而告终。从这个角度看，除非管理环境在其存在方式、发展趋势、运行模式、因果关系等方面的变化具有一定的可预见、可调控的特性，否则二八法则就只有解释性，而不具可行性，对管理者来说等于无效。

所以，关于二八法则，在使用中应该注意：

（1）要以符合一定的前提假设为先决条件。

（2）要将 80% 与 20% 看成是一个整体，也就是要在注重 20% 关键因素的同时，也关注 80% 非关键因素，在二者协调的情况下，提高整个系统的水平。

分粥规则：自私并不妨碍公平

【定律阐释】分粥规则指在没有精确计量手段的情况下，无论选择谁来分，都会有利己嫌疑。经过多方博弈后，解决的方法就是分粥者最后喝粥，等所有人把粥领走了，"分粥者"喝最后剩下的那份。

自私不能妨碍公平

有一个很古老的故事：

有 7 个小矮人在一起共同生活，其中每个人都没有什么凶险祸害之心，但不免有自利的心理，他们每天要分食一锅粥，但没有称量用具。

大家发挥了聪明才智，试验了各种不同的方法，主要方法如下：

方法一：拟定一人负责分粥事宜。很快大家就发现这个人为自己分的粥最多，于是换了人，结果总是主持分粥的人碗里的粥最多。大家得出结论：权力导致腐败，绝对的权力导致绝对腐败。

方法二：大家轮流主持分粥，每人一天。虽然看起来平等了，但是每个人在一周中只有自己分粥那天吃得饱且有剩余，其余六天都饥饿难耐。结论：资源浪费。

方法三：选举一位品德尚属上乘的人。开始还能维持基本公平，但不久他就开始为自己和溜须拍马的人多分。结论：毕竟是人不是神。

方法四：选举一个分粥委员会和一个监督委员会，形成监督和制约。公平基本做到了，可是由于监督委员会经常提出多种议案，分粥委员会又据理力争，等粥分完，早就凉了。结论：类似的情况政府机构比比皆是。

方法五：每人轮流值日分粥，分粥的人最后一个领粥。结果，每次七只碗里的粥都一样多。

这就是分粥的难题。要让分粥工作既有效率又公平，确实不是一件容易的事情。所幸的是，7 个小矮人通过实践，最终实现了效率与公平的共赢。

所谓"分粥规则"，是政治哲学家罗尔斯在其著作《正义论》中提出的。在这个颇有趣味的小故事背后，揭示的是社会财富的分配问题。罗尔斯把社会财富比作一锅粥，这锅粥当然不是敞开的"大锅饭"，所以罗尔斯假设 7 个小矮人共同分粥——这 7 个小矮人，实际上代表的就是政治经济学体制下的广大人民；而以上小矮人进行的不同的实验，代表的自然就是不同的政治经济体制。

在没有精确计量手段的情况下，无论选择谁来分，都会有利己嫌疑。经过多方博弈后，解决的方法就是第五种——分粥者最后喝粥，等所有人把粥领走了，"分粥者"喝剩下的那份。因为让分粥者最后领粥，就给分粥者提出了一个最起码的要求——每碗粥都要分得很均匀，否则最少的那碗肯定是自己的。只有分得合理，自己才不至于吃亏。因此，"分粥者"即使只为自己着想，结果也是公正、公平的。

【定律链接】制度决定行为

通过分粥规则我们看到，同样是七个人，不同的分配制度，就会有不同的结果。所以一个单位如果有不好的工作习气，一定是机制问题，没有严格的制度奖勤罚懒。如何制定并执行系统的制度，是每个企业每一位管理者都需要思考的课题。具体可以从以下几个方面入手：

1. 构建制度、奖惩分明

古人说："知易行难。"搞好制度建设是做好工作的前提，执行制度才是提高效率的关键。要想有效执行制度，首先要培养员工对制度的认同感。针对部门、员工岗位的要求，加强组织学习和培训，使每个员工都能清楚地知道自己应该做什么，不应该做什么，企业倡导什么，反对什么，什么是不正确的行为，什么是应该坚持的底线，这样才能确保执行不出现偏差。其次，在执行制度和管理的过程中，还要不断完善和优化各类制度，时刻坚持制度是职工必须遵循的行为准绳，树立制度的权威性和执行制度的刚性，充分强调职工对制度的无条件服从和百分百的执行。再次，在执行过程中，要敢于直面问题，准确、到位、公开地点评工作中的不足，批评不良倾向，提出整改措施。要把上级的要求，与本单位的具体情况、基层班组的工作特点、职工的思想实际等，有机结合起来加以贯彻落实，防止出现形式主义、应付上级的不良现象。

2. 领导垂范、率先执行

古人说："身教重于言教。"领导的执行力是企业制度建设最有力的保证。企业的各级领导干部既是制度的制定者，也是制度的执行者。当前，一些企业中的某些各级干部还不同程度地存在软、懒、散等现象，具体讲，制度执行不下去就是新形势下"软"的表现，缺乏创新意识、工作没有激情就是"懒"的表现，中心工作不突出、工作指导不到位就是"散"的表现。企业执行力的提高，需要领导者有坚定的态度、坚强的决心、有力的措施，更需要领导者身体力行。提高企业执行力，要提高领导者自身的执行力，要坚持真抓实干，说到做到，言出必行；坚持公司制度面前人人平等，严格按章办事，不做企业特殊员工；要深入基层，了解企业，了解员工，掌握实情；要参与执行，关注细节，及时协调解决企业运营过程中存在的各类问题；要加强团结协作，推进民主管理，在重大问题决策上集思广益、群策群力，形成相互支持、协调、团结共事的局面。

3. 文化引领、广泛认同

制度建设是企业文化的重要表现之一。企业执行力文化的核心内容，是一种对制度负责、敬业的精神和服从、诚实的态度。要把"不讲任何借口"的制度准则，融合在企业文化里，印刻在员工心目中，使之成为企业每个员工的一种守则、一种信念和一种精神力量。我们知道，员工的观念改变态度才会变，态度改变执行才会变，执行改变企业才会变。因此，要充分运用"荣辱观"教育、"主人翁"教育、职业道德教育等活动，大力推进企业文化建设。开展经常性的企业精神教育，采取生动活泼、喜闻乐见的形式，灌输"执行制度不是对职工的约束，而是对职工的关爱""执行制度就是尊重自己""安全是最大的以人为本"等企业观念。教育广大员工，挑战制度和无视规定，就是无视自己生命、践踏生活，是对自己、对家人、对企业、对他人不负责任，其结果必然是失大于得，甚至失去健康和生命。除此之外，还要注重开展榜样教育，把那些体现企业文化、反映企业精神、代表企业形象的先进个人和群体树立起来，彰显他们的地位，作为企业全体员工共同学习的榜样。

犯人船理论：制度比人治更有效

【定律阐释】犯人船理论指靠人性的自觉、靠说服教育、靠他人的监督都解决不了的问题，靠完美的制度却完美地解决了。它的意思是，无论是一件事情、一个组织，还是一个国家，靠人性的自觉、靠说服教育、靠他人的监督都解决不了问题时，只有依靠制度激励才能使人抛却私心来遵从规则，做出于己、于人、于国都有利的事情。

没有规矩，不成方圆

18世纪，英国政府为了开发新占领的殖民地——澳大利亚，决定将已经判刑的囚犯运往此地。从英国运送到澳大利亚的船运工作由私人船主承包，政府支付长途运输费用。据英国历史学家查理·巴特森写的《犯人船》记载，1790～1792年，私人船主运送犯人到澳大利亚的26艘船共4082人，死亡498人，死亡率很高。其中有一艘名为海神号的船，424个犯人中死了158人。英国政府不仅经济上损失巨大，而且在道义上受到社会强烈谴责。

对此，英国政府实施了一种新制度以解决问题。政府不再按上船时运送的囚犯人数支付船主费用，而是按下船时实际到达澳大利亚的囚犯人数付费。新制度立竿见影。据《犯人船》记载，1793年，3艘新制度下航行的船到达澳大利亚后，422名罪犯只有1人死于途中。此后，英国政府对这些制度继续改进，如果罪犯健康良好还给船主发奖金。这样，运往澳大利亚罪犯的死亡率明显有所下降。

如果从我们熟悉的一般思维方式上寻找解决以上犯人死亡问题的方法，一般可以列举出两种，对船主进行道德说教，寄希望于私人船主良心发现，为囚犯创造更好的生活条件，或者政府进行干预，使用行政手段强迫私人船主改进运输方法。但以上两种做法都有实施难度，同时效果也许甚微。然而，新的制度却既可以顺应船主们牟利的需求，也使得犯人平安到达目的地。

这就是制度的作用。所谓制度，就是约束人们行为的各种规矩。"没有规矩，不成方圆"，制度在维护经济秩序方面起着重要作用。一个好的制度一方面可以避免人们在经济生活中的盲目性，形成统一的管理和流程，例如财务制度的建立，使得公司内部资金使用十分规范，人们只需按照相应的规定行事即可；另一方面，制度能规避机会主义行为。

制度的最大受益者是遵循制度的人

合理的制度确实可以对不规范的行为起到良好的约束与引导作用。阿里巴巴集团创办的支付宝，在电子商务一度遭受信用质疑的时刻横空出世，化繁为简，填补了中国金融业在电子商务领域的空白，让每一个消费者都可以放心地进行网上交易。支付宝取得成功的原因就在于取得了消费者的信任，而它之所以能够取得信任，就在于通过严格的制度，规范了网上交易的程序，买主和卖主的权益都得到了最大程度的保障。

可见，无论是公司的制度，还是国家的制度，跟我们每一个人都有紧密的关系。往往一个新制度的产生，会给社会带来不可估量的影响。虽然"犯人船理论"最初是源自对犯人的约束，但最终，每一个守规矩的人，都是制度最大的受益者。

【定律链接】制度怎样才合理

在传统的智慧中，市场中的消费者是弱者，而与消费者相对的企业便是强者，为了保护弱者，政府便会出面对市场进行干预，制定出一系列的制度。

经济学的中心目标之一就是解释复杂的经济是如何运行的，这些问题涉及经济的协调机制。不同的经济社会有不同的协调机制，从而形成不同的经济体制。在这些经济体制中，其中一种协调机制是市场经济体制，它是在产权确定的条件下，由价格调节单个经济主体的决策；它像一个非常精巧的机构，通过价格和市场体系，无意识地协调着生产者及消费者的活动；它还是一部传达信息的机器，把千百万个经济主体的偏好和行为汇集在一起，很好地解决了生产什么、如何生产、为谁生产等基本的经济问题。

因此，我们说，在人类的经济生活中，在市场经济制度下，如何建立一种合理的制度，便是由效率最高的生产方式决定的。为谁生产，取决于生产要素的供给与需求，要素市场取决于工资、地租、利率和利润的多少。

公平理论：绝对公平是乌托邦

【定律阐释】人的工作积极性不仅与个人实际报酬多少有关，而且与人们对报酬的分配是否感到公平关系更为密切。人们总会自觉或不自觉地将自己付出的劳动代价及其所得到的报酬与他人进行比较，并对公平与否作出判断。公平感直接影响员工的工作动机和行为。

绝对的公平根本不存在

一个人不仅关心自己所得所失本身，而且还关心与别人所得所失的关系。他们是以相对付出和相对报酬全面衡量自己的得失，如果得失比例和他人相比大致相当时，就会心理平静，认为公平合理，从而心情舒畅；比别人高则令其兴奋，这是最有效的激励，但有时过高会带来心虚，不安全感激增；低于别人时同样会令其产生不安全感，心理不平静，甚至满腹怨气，工作不努力、消极怠工。因此分配合理性常是激发人在组织中工作动机的因素和动力。

早在 1965 年，美国心理学家约翰·斯塔希·亚当斯就已提出"公平理论"，员工的激励程度来源于对自己和参照对象的报酬和投入的比例的主观比较感觉。该理论认为，人能否受到激励，不但由他们得到了什么而定，还要由他们所得与别人所得是否公平而定。

下面，一起来看古印度《百喻经》里的一个"二子分财"的例子：

古印度有这样的习俗，父母死后要为子女留下财产，而子女之间要平分财产。有一位富商，晚年得了重病，知道自己快要死了，于是便告诉他的儿子们要平分财产。两个儿子遵照他的遗言，在他死后，提出各种平分财产的方案，可是无论哪个方案，兄弟二人都不能同时满意。

就在他们为平分遗产发愁的时候，有一个愚蠢的老人来他们家做客，见此状况，便对两兄弟说："我教你们分财物的办法，一定能分得公平，就是把所有的东西都破开成两份。怎么分呢？衣裳从中间撕开，盘子、瓶子从中间敲开，盆子、缸子从中间打开，钱也锯开，这样一切都是一人一半。"兄弟二人听到这位恩人的建议，顿然醒悟，总算找到平分遗产的方法了。但当他们按这样的方法分完遗产，才发现所有的东西都不能用了……

绝对的公平是不存在的。如果完全都按照数量上的平等来分，就会出现这种形而上学的笑话。所以，效率和公平要兼顾。

公平与否的判定受到个人的知识、修养的影响，再加上社会文化的差异，以及评判公平的标准、绩效的评定的不同等，在不同的社会中，人们对公平的观念也是不同的。但是，面对不公平待遇时，为了消除不安，人们选择的反应行为却大致相同，或者通过自我解释达到自我安慰，主观上造成一种公平的假象；或者更换比较对象，以获得主观上的公平；或者采取一定行为，改变自己或他人的得失状况；或者发泄怨气，制造矛盾；或者选择暂时忍耐或逃避。

寻找公平与效率之间的完美平衡点

在经济学上，公平与效率是个永久的话题，很多人认为两者不可兼得，要么牺牲效率，获得相对的更加公平；要么牺牲公平，去追求更大的效率。事实就是这样，最公平的方案不一定就是最有效的。

两个孩子得到一个橙子，但是在分配的问题上，两人并不能统一。两个人吵来吵去，最终达成了一致意见，由一个孩子负责切橙子，而另一个孩子选橙子。最后，这两个孩子按照商定的办法各自取得了一半橙子，高高兴兴地拿回家去了。其中一个孩子把半个橙子拿到家，把橙子皮剥掉扔进了垃圾桶，把果肉放到果汁机里榨果汁喝；另一个孩子回到家把果肉挖掉扔进了垃圾桶，把橙子皮留下来磨碎了，混在面粉里烤蛋糕吃。

两个"聪明"的孩子想到了一个公平的方法来分橙子：如果切橙子的孩子不能将橙子尽量分成均等两半，那么另一个孩子肯定会先选择较大的那一块，所以这就迫使他要进行均匀的分配，否则吃亏的就是自己。这似乎是一个"完美"的公平方案，结果双方也都很满意。然而，他们各自得到的东西却未能物尽其用，这个公平的方案并没有让双方的资源利用效率达到最优。

如果将橙子果肉掏出，全部给需要榨果汁的小孩，把橙皮全部留给需要橙皮烤蛋糕的小孩，这样就避免了果肉和果皮的浪费，达到资源利用的最大化。但对两个小孩来说，这样的方案，他们会觉得不公平而拒绝接受。

许多公司为了避免员工的不公平心理对工作效率造成影响，都对员工工资采取保密措施，使员工相互不了解彼此的收支比率，从而无法进行比较。这种做法有些类似于"纸里包火"。其实，若想要规避不公平心理的负面效应，不但要公开大家的付出与所得，还需要建立合理的工作激励机制，以及公正的奖罚制度，并铁面无私地严格执行下去。

然而事实上，要提高效率，难免就会存在不平等。要实现平等，则往往要以牺牲效率为代价。世上没有绝对的公平，公平永远是相对的。所以对于我们个人来说，不要刻意去为点滴的不公而大动干戈，也不要为过于追求效率而无视施加于大家头上的不平等。一个优秀的团体，总能做到效率与公平的兼顾，并知道何时需要注重公平，何时需更注重效率。同样，一个聪明的人在处理事务时，也总会在公平与效率之间找到完美的平衡点。

【定律链接】结果公平和机会公平

公司的年终酒会上，一个漂亮的女孩被很多男生看上了。每个人都想邀请她跳舞，却又不好意思。有几个大胆的男生来邀请女孩跳舞，女孩犹豫了一下，选择了一个年轻帅气的男生。其他男生立马撇嘴，觉得这个女孩怎么可以只看男生外表不重内涵呢？真没品位。第二次女孩又和一位中年成熟男士跳舞，其他人又撇嘴，这个女孩怎么只看男生有钱没钱呢？真虚荣。第三次女孩选择了一个长相平平的男生跳舞，其他人还撇撇嘴，他长那么丑，还没有我帅呢！她怎么这么没有品位呢！

可见，这个女孩无论如何选择，都无法达到这些男士所认为的公平。在公平与效率之间，既不能只强调效率而忽视了公平，也不能因为公平而不要效率，应该寻求一个公平与效率的最佳契合点，实现效率，促进公平。但要实现效率与公平的完美结合，又谈何容易？各方要在合作的基础上达成一种均衡，必须考虑各方的利益。在大家实力相当的时候，必须使每个人得失相当。最难的是，每个人都觉得自己得到的是最少的，无论如何都是不公平的。

在诸如此类的生活场景中，之所以总会听见人们抱怨，就是因为公平难以实现。

经济学家把公平划分为结果公平和机会公平。结果公平是由人类社会的整体性所决定的，无论强者还是弱者，每个人都应享有基本的权利，即生存和发展的权利。结果公平更加注重人的差异性，它是通过社会再分配的方式，对于弱者给予补偿，个人所得税、奢侈品税的核心思想就是通过财富转移支配达到促进社会公平的结果。

鲇鱼效应：让外来"鲇鱼"助你越游越快

【定律阐释】鲇鱼效应指采取一种手段或措施，刺激一些企业活跃起来，投入到市场中积极参与竞争，从而激活市场中的同行业企业。其实质是一种负激励，是激活员工队伍之奥秘。

鲇鱼效应就是一种负激励

挪威人喜欢吃沙丁鱼，尤其是活鱼，市场上活沙丁鱼的价格要比死鱼高许多，所以渔民总是千方百计地想让沙丁鱼活着回到渔港。虽然经过种种努力，可绝大部分沙丁鱼还是在中途因窒息而死亡。但有一条渔船总能让大部分沙丁鱼活着。船长严格保守着秘密，直到船长去世，谜底才揭开，原来是船长在装满沙丁鱼的鱼槽里放进了一条鲇鱼。鲇鱼进入鱼槽后，由于环境陌生，便四处游动，沙丁鱼见了十分紧张，左冲右突，四处躲避，加速游动。这样一来，一条条沙丁鱼欢蹦乱跳地回到了渔港。

这就是著名的"鲇鱼效应"，即采取一种手段或措施，刺激一些企业活跃起来，投入市场中积极参与竞争，从而激活市场中的同行业企业。其实质是一种负激励，是激活员工队伍的奥秘。

比如，一个企业内部人员长期固定，就会缺乏活力与新鲜感，从而容易产生惰性，影响企业生产效率。对企业而言，将"鲇鱼"加进来，会制造一些紧张气氛。当员工们看见自己周围多了些"职业杀手"时，便会有种紧迫感，觉得自己应该要加快步伐，否则就会被挤掉。这样一来，企业就又能焕发出旺盛的活力了。

同样，如果一个人长期待在一种工作环境中反复从事着同样的工作，很容易滋生厌倦、疲惫等负面情绪，从而导致工作绩效明显降低，长此以往，就掉入了职业倦怠的漩涡之中。"鲇鱼"的加入，会使人产生竞争感，从而促进自己的职业能力成长和保持对工作的热情，这样也就容易获得职业发展的成功。

要知道，适度的压力有利于保持良好的状态，有助于挖掘人们的潜能，从而提高个人的工作效率。例如，运动员每临近比赛时，一定要将自己调整到能感觉到适度的压力，让自己兴奋的最佳竞技状态。相反，如果不紧张、没压力感，则不利于出成绩。可见，适度的压力对挖掘自身的内在潜力资源是有正面意义的。

有一位经验丰富的老船长，当他的货轮卸货后在浩瀚的大海上返航时，突然遭遇到了巨大的风暴。年轻的水手们惊慌失措，老船长果断地命令水手们立刻打开货舱，往里面灌水。"船长是不是疯了，往船舱里灌水只会增加船的压力，使船下沉，这不是自寻死路吗？"

船长望着这群稚嫩的水手们说："百万吨的巨轮很少有被打翻的，被打翻的常常是船身轻的小船。船在负重的时候是最安全的，空船时则是最危险的。在船的承载能力范围之内，适当的负重可以抵挡暴风骤雨的侵袭。"

水手们按照船长的吩咐去做，随着货舱里的水位越升越高，随着船一寸一寸地下沉，依旧猛烈的狂风巨浪对船的威胁却一点一点地减少，货轮渐渐平稳下来。

这就是"压力效应"。那些得过且过、没有一点压力的人，就像是风暴中没有载货的船，人生的任何一场狂风巨浪都能将其覆灭。而那些时刻认识到"鲇鱼效应"的存在，在生活中适当存有压力，善于保持工作激情的人，是不会轻易被风浪击倒的，反而时刻走在追求成功的道路上。

适度的压力是必要的，但若压力过度的话，不仅不会消除厌倦慵懒的情绪，反而会激发无助、绝望等更为负面的情绪，从而使自己的状况恶化，这就好比将许多鲇鱼放入了沙丁鱼鱼槽中。鲇鱼是食鱼动物，正因为这种特性，加入一条鲇鱼会给沙丁鱼带来压力，从而发生"鲇鱼效应"；然而如果放入大量鲇鱼，这不但不能给沙丁鱼带来游动的动力，反而给它们带来灾难。

对于企业中的个人来说，"鲇鱼"要么是位奖罚分明、雷厉风行的领导，要么是位表现突出、实力强劲的同事，还有可能是位积极向上、富有活力的下属。这些"鲇鱼"的适当存在，都能让其他员工产生向前奋进的动力。久而久之，我们会慢慢发觉，我们也变成了周围人眼中的"鲇鱼"，大家都处在一个良性循环的竞争中。

在当今这个日新月异的社会中，原地不动就意味着退步。若不想落后于他人，那就给自己找条"鲇鱼"吧，保持着适度的压力，并将压力化为动力，我们就会越游越快。

引入"鲇鱼"员工

本田汽车公司的创始人本田宗一郎就曾面临这样一个问题：公司里东游西

荡的员工太多,严重影响企业的效率,可是全把他们开除也不现实,一方面会受到工会方面的压力,另一方面企业也会蒙受损失。这让他左右为难。他的得力助手、副总裁宫泽就给他讲了沙丁鱼的故事。

本田听完故事,豁然开朗,连声称赞:这是个好办法。于是,本田马上着手进行人事方面的改革。经过周密的计划和努力,终于把松和公司的销售部副经理、年仅35岁的武太郎挖了过来。武太郎接任本田公司销售部经理后,首先制定了本田公司的营销法则,对原有市场进行分类研究,制订了开拓新市场的详细计划和明确的奖惩办法,并把销售部的组织结构进行了调整,使其符合现代市场的要求。上任一段时间后,武太郎凭着自己丰富的市场营销经验和过人的学识,以及惊人的毅力和工作热情,受到了销售部全体员工的好评,员工的工作热情被极大地调动起来,活力大为增强。公司的销售出现了转机,月销售额直线上升,公司在欧美及亚洲市场的知名度不断提高。

无疑,本田是"鲇鱼效应"的获益者。从那以后,本田公司每年都重点从外部"中途聘用"一些精干利索、思维敏捷的30岁左右的生力军,有时甚至聘请常务董事一级的"大鲇鱼",这样一来,公司上下的"沙丁鱼"都有了触电式的警觉。

【定律链接】给自己找个对手

人类从古至今,总是生活在各种各样的竞争之中,一个人在职场生存和发展,就要有竞争意识,就要有一种比对手做得更好的意识。

如果没有竞争意识,就不会有奋斗和进取的动力,这样的人,终究逃不过平庸和被淘汰的命运。竞争是一种能力,只有在竞争中才能感觉到生命的存在,只有在竞争中才能感觉到自己活得充实而有意义,只有在竞争中才能真正实现自我。

加拿大有一位享有盛名的长跑教练,由于在很短的时间内培养出好几名长跑冠军,所以很多人都向他请教训练诀窍。谁也没有想到,成功的秘密并不在他,而是几只凶猛的狼。

因为这位教练给队员训练的是长跑,所以他一直要求队员们从家里出发时一定不要借助任何交通工具,必须自己一路跑来,作为每天训练的第一课。有一个队员每天都是最后一个到,而他的家并不是最远的,教练甚至想告诉他改行去干别的,不要在这里浪费时间了。

但是突然有一天,这个队员竟然比其他人早到了20分钟,教练知道他离家的时间，算了一下，他惊奇地发现，这个队员今天的速度几乎可以打破世界纪录。他见到这个队员的时候，这个队员正气喘吁吁地向他的队友们描述着今天的遭遇。原来，在离家不久经过一段5公里的野地时，他遇到了一匹野狼。那野狼在后面拼命地追他，他在前面拼命地跑，最后那匹野狼竟被他给甩掉了。

教练明白了，今天这个队员超常发挥是因为一匹野狼，他有了一个可怕的敌人，这个敌人使他把自己所有的潜能都发挥了出来。

从此，这个教练聘请了一个驯兽师，并找来几匹狼，每当训练的时候，便把狼放开。没过多长时间，队员们的成绩都有了大幅度的提高。

敌人的力量会让一个人发挥出巨大的潜能，创造出惊人的成绩，尤其是当敌人强大到足以威胁你的生命时。敌人就在你的身后，只要你一刻不努力，生命就会有万分的惊险和危难。

不论什么方式的竞争，也不论竞争对手是谁，竞争的具体内容怎样，总之，竞争都是为了使自己在感觉和利益上压倒对方、超越对方，在这种压倒和超越对方的竞争中得到心理上的满足，生命才会变得更有意义。

X 效率理论：总有一份难以言说的"X"在发挥效力

【定律阐释】X效率理论指可以计量的生产要素投入并不能完全决定产量，决定产量的除了生产要素的数量外，还有一个托尔斯泰所说的未知因素，即X因素。此理论是美国经济学家莱宾斯坦于1966年提出的，最早用于生产要素与效率的研究，后用于士气激励等多个方面。

"X 效率"让鲁国取胜

鲁庄公十年的春天，势力越来越强大的齐国为了争得霸主之位，向各诸侯国展开了进攻，希望让他们臣服。鲁国作为一个小国，最早便成了待宰羔羊，迫不得已的鲁庄公不得不作出迎战决定。曹刿得知这件事后请求和庄公一起出战。在长勺交战中，由于曹刿高超的指挥才能，齐军大败，鲁军乘胜追击，一举获胜，一时声名大噪。

曹刿之所以能指挥有方，打赢一场漂亮的仗，主要靠士气。"一鼓作气，再而衰，三而竭。"他们利用第一次击鼓能振作士兵的士气，第二次击鼓时士气减弱，到第三次击鼓时士气已经消失了的原理，在敌方鸣完三鼓后才让自己的士兵出击，此时士兵士气正旺，所以以少胜多，得以全胜。

鲁国胜利的决定因素是士兵的旺盛士气。假如齐国鸣完第一鼓后，鲁庄公不听曹刿的意见，立刻命令自己弱小的兵团去跟齐国庞大的军队交战，那无异于鸡蛋碰石头。可见，士气在战争中是至关重要的。对此，美国经济学家莱宾斯坦于1966年提出的"X效率理论"可做出解释。

莱宾斯坦的X效率理论认为，可以计量的生产要素投入并不能完全决定产量。决定产量的除了生产要素的数量外还有一个托尔斯泰所说的未知因素，即X因素。就军队的情况而言，这个X因素是士气；就企业生产而言，则为内部成员的努力程度。由资源配置最优化引起的效率称为"资源配置效率"，而由这种X因素引起的效率就称为"X效率"，这两种效率同样都会使产量增加。

"X效率"让一切成为可能

在传统微观经济学中，将企业作为基本决策单位，也就暗含着假定集体与组成集体的个人的行为是一致的。然而这种假设是难以成立的，在当代企业中，所有权与经营权是分离的。经营者从自己的利益出发，其行为在所有者看来可能会背离企业的经营目标。而且，人的利己与惰性也会导致企业内所有者与经营者、经营者与工人之间的不协调，从而出现个人行为与集体行为的差异。也正是由于这种不一致，才使得X因素有了发挥的空间。

在相同的宏观环境下，规模相当的两个企业在投入一样的情况下，组织清晰、权责明确且管理有效的那个企业，肯定会比结构混乱、管理不善的企业产出多得多，这种差额就是X效率所产生的。

由于信息的不完全性，企业成员与企业之间的契约也是不完全契约。就工资和奖金来说，如果我们无论干什么工作，干多少，只有一两千块钱的工资，那么人的积极性就会受挫，会出现"反正我干多少都是这么点工资，与其累着自己，还不如少干点"的心理，这种心理的滋生，就会使整个企业的X效率降低。相反，如果在某项业务上领导承诺，达到多少万的业绩可以给员工多少提成或多少奖励来刺激他们的积极性，那么作为个体的员工就会考虑自身利益最大化，从而积极投入工作，企业的效益也会增加。

可见，内部刺激不足，外部刺激减弱，甚至人际关系紧张，都会削弱个人的努力程度。如果这些因素影响了企业内部每个人的努力程度，企业就会出现X低效率的情况。在激烈的市场竞争中，每个企业若想做到"鹤立鸡群"，就必须使每个员工都创造出 X 效率；若想在人才济济的人事竞争中脱颖而出，就必须充分发挥自己身上所拥有的 X 因素，创造出更多的 X 效率。

对于个人来说，X 因素就是除自身实力外的其他影响你发挥能力的因素。比如，一个自信的人总是离成功很近，此时的"自信"便是那个 X 因素；沉着冷静，往往能让你比对手抓住更多的机会，此时的"沉着冷静"也是那个 X 因素；百折不挠，才能创造更多的惊喜，这种"百折不挠"的精神当然也是 X 因素。总之，一个人身上所有的良好素养，都会成为助你成功的 X 因素。

无论对于个人、企业，甚至是国家，X 效率的存在，使得一切皆有可能。实力虽不能决定一切，但仍然有着重要作用，如果你实力还不够强大，就更需要注意自己所拥有的那些 X 因素，合理地发挥出它们的效用，你同样也能创造出奇迹。

【定律链接】X 低效率产生的原因

X 低效率是怎么产生的呢？主要有以下几点原因：

（1）由于企业的文化氛围因素，使企业对成员的监督成本很大。

任何单位都有自己的文化氛围，小到一个家庭的和睦，大到一个学校或者一个民族的责任感和自豪感，这种文化氛围的潜移默化对组织的效率具有不明显但又重大的作用。

企业文化的核心有两个：一个是整合目标，即把个人目标整合到企业目标中；另一个是塑造共同的价值观，即让成员们有共同的价值取向和信念追求。价值观也是在变化的，例如服饰风尚的变化、人们对金钱的观点的变化等。

（2）由于人的因素，企业难以实现成本极小化。

例如，企业内部对边角废料的利用，如果没效率，则是 X 低效率。

（3）由于企业中人的因素，导致大量的本来可以利用的机会没被利用，造成 X 低效率。

例如，如果企业在职责分明的同时凝聚力强，员工能主动为企业争取机会、献计献策，则可以通过提高 X 效率来使产出逼近最大产出；如果企业人心涣散，劳资对立，大家都只管拿工资，都不关心企业发展，则必然带来 X 低效率。

（4）由于组织结构的问题，使企业难以充分调动每个人的积极性。

从企业规模的发展过程看，从家族式企业、合伙式企业向职能分明的组织结构的发展充分证明了，要调动员工的积极性，企业的组织结构一定要设置合理，约束适度，有集权有分权，不然不能充分发掘内部潜力，造成 X 低效率。

总而言之，由于人和人行为目标的不一致，从而使得成本增加、积极性弱化等，最终导致了 X 低效率。

艾奇布恩定理：不要把摊子铺得过大

【定律阐释】艾奇布恩定理指如果你遇见员工而不认得或忘了他的名字，那你的公司就太大了点。摊子一旦铺得过大，你就很难把它照顾周全。经营管理企业，小有小的好处，大有大的难处。企业在做大过程中，难免会出现管理瓶颈，艾奇布恩定理正是反映了这一问题。

规模经济才是经营的最好选择

经营管理企业，小有小的好处，大有大的难处。企业在做大的过程中，难免会出现管理瓶颈，艾奇布恩定理正是反映了这一问题。艾奇布恩定理是指，如果你遇见员工而不认得或忘了他的名字，那你的公司就太大了点。摊子一旦铺得过大，就很难把它照顾周全。

如果让经济学家来看待规模问题，他们会引入一个经济学上更通俗的名词：规模不经济。按我们一般的理解，企业当然都希望规模越大越好，然而，经济学却认为，规模并不是越大越好。

虽然规模的扩大能够在一定程度上节约成本，优化资源配置，使企业的长期费用呈下降趋势，但规模的盲目扩张却也面临着规模不经济的风险。

我国调味品行业中某知名民营企业老总是一个思维敏捷、做事干练的企业家，短短几年时间，公司就由一个小作坊发展到千余人的中型企业。面对大好形势，当地领导和专家都建议他抓住机会，扩大规模，取得规模优势。于是他经过近一年的投资拼搏，使企业规模几乎翻了一番，但公司的经济效益却有所下降。公司老板感到困惑：不是说规模经济吗？为什么到我这里就显示不出规模效益，反而出现规模不经济呢？

实际上，这不是一个人的困惑，许多人都面临同样的困惑。规模的扩大，可能让公司生产成本提升，如必须新增大量人工成本、增加营销管理费用来支撑更大的销售规模，由于需求走高使原材料供给出现紧张导致采购价格上涨，信息传递费用增加等，从而使企业走向规模不经济。

一个企业的生产规模可以在短时间扩大，但管理却是一个循序渐进的过程，不可能在短时间内有较大的飞跃。管理学家弗兰克·奈克有一句经典论述："在处理和管理复杂事物中，企业家的能力显然是有极限的。"这种解释的一个前提条件是大企业必定比小企业复杂，企业规模的扩大，导致经营管理上的极限。也就是说，企业规模的扩大，必然伴随组织规模的扩大；组织规模的扩大，必然伴随企业人员的增加；人员的增加，又必须伴随管理层次的增加。此时，如果企业管理方式、管理手段没有跟上，仍然沿用过去的经验和方法，那么，企业管理的效率就会下降，给企业带来管理成本的上升，致使企业管理的总成本增加，产生规模不经济。

有很多企业，成本降不下来，效率上不去，一个重要的原因就在于没有实现适度规模。亚伦·艾奇布恩提出的"艾奇布恩定理"，就是为了提醒人们注意规模。显然，他衡量一个公司是否超过应有规模的标准，就是你是否能够记住每一名员工的名字。这或许更多的是一种西方式幽默，然而，艾奇布恩提出的定理却一直在提醒每一位成功的管理者：把自己的摊子照顾周全，否则，就不要铺得过大。

积微成巨才是王道

贪大是创业者的常见"病症"之一。贪大有两个含义：一是贪规模，也就是说，尽管是在起步阶段，也尽可能地将摊子铺大；二是贪大利，在很多创业者眼里，小利润从来都不被看上眼，认为只有捕捉到鲸鱼才是真正的出海。殊不知，以新创企业那么瘦小的身板，即使是捕捉到鲸鱼，也有可能被噎死。

阿里巴巴和淘宝网是中国最成功的电子商务网站。探究它们成功的秘诀，就在于创始人着眼于小利来设计企业的发展战略，抓住小利，而不是将企业的未来押在大利上。

在一次名人访谈节目中，博鳌亚洲论坛秘书长龙永图问了马云一个问题：你（阿里巴巴）现在供应商当中有多少是中小企业？马云的回答令龙永图有些吃惊："我们现在整个阿里巴巴的企业电子商务有1800万家企业支持会员，几乎全是中小企业，当然沃尔玛也好，家乐福也好，海尔也好，甚至GE都在我们这儿采购，但是我对这些企业一点兴趣都没有。"龙永图笑着说："难怪人家说你是狂人，口出狂言。"在场的人们显然都不太相信马云的大话。怎么可能会有对大客户不感兴趣的企业呢？马云不慌不忙地解释道："我只对我关心的人感兴趣。我对中小型企业感兴趣，我就盯上中小型企业，顺便淘进来几个大企业，它不是我要的。就像你刚才讲，龙（龙永图）先生不购物，网上不购物，我一定没有吃惊。但有一样，我坚信一个道理，有的人喜欢在海里抓鲨鱼、抓鲸鱼，我就抓虾米。我相信是虾米驱动鲨鱼，大企业一定会被中小型企业驱动。所以我那时候就想企业在工业时代是凭规模、资本来取胜，而信息时代一定是靠灵活快速的反应。我唯一希望的就是用IT、用互联网、用电子商务去武装中小型企业，使它们迅速强大起来。"

从这段对话中，我们了解到马云把大企业比做"鲸鱼"，把小企业比做"虾米"，阿里巴巴只对虾米感兴趣，它的主要客户是小虾米而不是鲸鱼。马云之所以盯紧"小虾米"，眼里只有"小虾米"，其实是因为他对中国中小企业，以及阿里巴巴自身的成长经验的了解。

关于这一点，马云讲了一个故事：

2003年的冬天，他到沈阳去看市场，顺便见了两个客户。其中一个客户见了他就拉着他的手说："我真想把你像佛一样供起来。"马云奇怪地问："怎么了？"原来，那位客户的生意多亏了阿里巴巴。客户在2003年一共有60个客户，58个是从阿里巴巴来的。马云好奇地问他："你是做什么生意的？"客户回答说："我们企业很小，我们是做标牌生意的。"马云自小生长在私营中小企业发达的浙江，从最底层的市场一路摸爬滚打过来，深知中小企业的困境——被大企业压榨、控制。"例如市场上一支钢笔订购价是15美元，沃尔玛开出8美元，但是1000万美元的订单，供应商不得不做，但如果第二年沃尔玛取消订单，这个供应商就完了。而通过互联网，小供应商就可以在全球范围内寻找客户。"

马云要做的事就是提供这样一个平台，将全球的中小企业的进出口信息汇集起来。"中小企业好比沙滩上一颗颗石子，但通过互联网可以把一颗颗石子全粘起来，用混凝土粘起来的石子们威力无穷，可以与大石头抗衡。互联网经济的特色正是以小搏大、以快打慢。""我要做数不清的中小企业的解救者。"另外，马云还考虑到，因为亚洲是最大的出口基地，阿里巴巴以出口为目标，帮助全国中小企业出口是阿里巴巴的方向，他相信中小企业的电子商务更有希望、更好做。

电子商务要为中国中小企业服务，这是阿里巴巴的战略。在马云的眼里，小虾米并不小，他们集中起来可以形成很强大的力量，他只注重虾米的世界。

小利照样能够赢得巨额利润。古人云："不积跬步，无以至千里；不积小流，无以成江海。"在创业的过程中，很多梦想"一夜暴富""一口吃成胖子"的人没有达到目的，而那些独辟蹊径、不嫌小钱的人，却赢得了成功。从企业发展的角度来考虑，利润的薄厚不是关键，关键在于企业能否长久赢利。因此，抱定"莫以利小而不为"的经营理念，一定能成为"积微成巨"的大赢家。

【定律链接】格兰特公司的没落——看重实力，不要看重规模

威廉·格兰特算得上美国商业史上的"少年英雄"，他白手起家创立的格兰特公司，由小本经营起步，发展成为美国屈指可数的大企业。

威廉·格兰特生于1876年，19岁时就显示出了自己过人的经营才华，当时他掌管波士顿公司的一家鞋店。

1906年，格兰特拿出自己的全部资金在林思市投资1万美元开设了第一家日用品零售店。两年后，他在美国其他城市开设了格兰特连锁店。到20世纪60年代，格兰特的年销售额近10亿美元，它跻身于美国知名大企业行列。

值得一提的是，格兰特公司定价策略的运用，是其成功的重要环节。在零售业竞争十分激烈的情况下，格兰特认真研究后，将其经营的日用品价格定位在25美分，高于"5美分店"和"10美分店"，但低于普通百货公司的价格，而格兰特公司的陈设格局又比廉价的"5美分店"和"10美分店"档次高。这一价格定位同时吸引了百货公司和廉价商店的顾客。

但是后来的盲目扩张却使格兰特公司最终走上了没落之路。格兰特公司不断发展连锁店，到1972年，公司新开办的商店数量就已经是1964年的2倍，但利润却没有随规模的扩大而增长。到1973年11月，格兰特公司的利润只有3.7%，该年格兰特全年营业额达18亿美元，但利润却只有可怜的8400万美元，创该公司历史最低。让人遗憾的是，它并没有放慢扩张的速度，1974年，格兰特公司的连锁店猛增到82500家，是10年前的1000多倍。与此同时，它的总债务节节攀升，在143家银行的债务达7亿美元，公司信誉急剧下降。1975年10月，格兰特公司不得不申请破产，使8万多员工丢了饭碗，成为美国历史上第二大破产公司，也是美国零售行业中最大的破产公司。

不难看出，有效的扩张可以造就一代企业枭雄，没有节制的扩张可能是一场浩劫的开始。过快的扩张速度，会使企业面临巨大的不确定性。

企业由于在发展的鼎盛时期盲目扩张导致失败的例子不胜枚举，如格兰特、飞龙集团等。企业的高层管理者为了避免盲目扩张给企业带来灾难，在决策时应该深思以下问题：

（1）企业何去何从。

（2）资金的储备能支撑企业走多远。

（3）人力资源能否跟上。

（4）市场的容量有多大。

（5）竞争对手的竞争策略如何。

（6）与原材料供应商的合作如何。

（7）公司现在的盈利能力和生命力怎样。

（8）股东的承受能力。

（9）管理方面有无经验。

如果以上诸多因素都对企业有利的话，才能考虑扩大企业规模，否则，盲目的扩张只会给企业带来巨大的损失。

格乌司原理：在竞争中找准自己的"生态位"

【定律阐释】格乌司原理原指在大自然中，各种生物都有自己的"生态位"：亲缘关系接近的、具有同样生活习性的物种，不会在同一地方竞争同一生存空间。应用在企业经营上就是，同质产品或相似的服务，在同一市场区间竞争，难以同时生存。

生存就要做好"生态位"的定位

俄罗斯人格乌司将一种叫双小核草履虫和一种叫大草履虫的生物，分别放在两个相同浓度的细菌培养基中，几天后，这两种生物的种群数量都呈 S 形曲线增长。然后，他又把它们放入同一环境中培养，并控制一定的食物，16 天后，双小核草履虫仍自由地活着，而大草履虫却已消逝得无影无踪。经过观察，并未发现两种虫子互相攻击的现象，两种虫子也未分泌有害物质，只是双小核草履虫在与大草履虫竞争同一食物时增长比较快，导致大草履虫死亡。

接着，格乌司又做了相反的一种实验。他把大草履虫与另一种袋状草履虫放在同一环境中进行培养，结果两者都能存活下来，并且达到一个稳定的平衡水平。这两种虫子虽然竞争同一食物，但袋状草履虫占用的恰恰是不被大草履虫需要的那一部分食物。

这就是一种"生态位"现象。大自然中，存在者都有自己的"生态位"：亲缘关系接近的、具有同样生活习性的物种，不会在同一地方竞争同一生存空间。若同时在一个区域，则必有空间分割，即使弱者与强者共处于同一生存空间，弱者仍然能够很容易地生存下来。没有两种物种的生态位是完全相同的。物种在食物依赖上完全不同，有吃肉的就必有吃草的，吃肉吃草的分时供应；狮子白天显威，老虎傍晚横行，狼深夜觅食等等。人们把格乌司的这种发现称为"格乌司原理"。

一个物种只有一个"生态位"，但这并不排斥其他物种的侵占。商业竞争也一样，企业的产品在刚开始进入某个特定市场时，往往没有竞争对手，形成竞争前"生态位"。但是，只要市场是开放的，很快就会有其他竞争者大举进入该市场，形成"生态位"的部分重叠。如果市场容量足够大，大家尚能暂且相安无事，但随着市场份额的相对缩小，竞争就会日趋激烈。这时，企业无论大小强弱，都要像狮子与羚羊一样训练快速奔跑，否则你就会被"吃"掉。

竞争能带来活力。对于个人，大家在你追我赶的激烈追逐中能共同获得迅速的进步；同样，企业的活力也往往来源于竞争的威胁。商家之间的竞争，不但会促使其改善服务与提高产品质量，往往还会使其做出调整管理结构的举措，从而保持长久的竞争力。消费者们往往会在竞争中享受到降价以及服务与产品质量提高的实惠；经营者也会因消费增长而获得更多的利润。竞争不但激发了企业的商业创新能力，还有效提升了企业的生存能力。

在竞争中，无论企业还是个人，强者与弱者的结合，才是对自己"生态位"的高度发挥。老虎是强者，但由于人们对其生存环境的开发，使得其数量越来越少；而被视为弱者的老鼠，虽然时刻都面临着被人类迫害的命运，但还是到处都有。因为老鼠的"生态位"没有发生根本的变化，使得它可以避开老鼠药和人们的棍棒而生存。

同样，衡量企业成功的标准是生存，而不是强大。事实证明，世界上的好企业都是百年不衰的企业。做企业不是"百米冲刺"，而是"马拉松赛跑"。能生存就是好企业，偏离自己的"生态位"去做强者的企业，那注定是"昙花一现"。

个人的"生态位"也是指人的生存与发展环境，这不但包含自然环境，还包括由文化、观念、道德、政策等组成的社会环境。每个人都必须找到适合自己的"生态位"，即根据自己的爱好、特长、经验、社会资源等，确定自己的位置。看清楚自己目前所处的"生态位"，再给自己一个合适的定位，这样方能"到中流击水，浪遏飞舟"！

定位决定市场成败

第一次世界大战以后，美国的年轻人习惯在嘴上叼着一支香烟以表示沮丧的情绪，同样也包括许多女青年。众所周知，香烟是男人的专利品。

开发女士香烟被莫利普·莫里斯公司认为是一个千载难逢的机会，他们决心从女士的腰包里大捞一笔。很快，人们在各种媒体上频频地看到这样的广告：娇丽的女郎叼着香烟吞云吐雾。有幸被叼在她们嘴上的，就是莫利普·莫里斯公司的杰作：万宝路香烟。

制作那些广告花了不少钱，公司里很多人为此感到不安，但经营层信心十足："大家不要担心，不出一年，万宝路一定会打开市场，到时候我们就等着数钱吧！"

但事实上呢？1年，2年，10年，20年，万宝路的包装换了好几回，广告中的佳人也换得更加靓丽，但不知道为什么，经营者们心目中的热销场面始终未曾出现。大家都不明白其中的原因。是质量不过关吗？万宝路在制作过程中，从选料到加工，始终把好质量关，选取优质的烟草，精心处理，万宝路是不折不扣的高品位香烟啊，绝对不会辜负姑娘们的红唇。是价格太高吗？在美国国内的香烟市场上，万宝路的价格，对于大众烟民来说都是可以接受的。

20年后的一天，公司一位高层管理人员脑中极其偶然地闪过一个念头："是不是我们的市场定位出现了问题呢？"他们当即请来广告策划专家，给万宝路把脉诊断。一番望闻问切后，专家也认为是定位出了问题，并当即指出，应该抛弃坚持了20年的广告定位，另起炉灶。一个宣传了20年的品牌要割舍，肯定是一件痛苦的事情，抛开感情不说，仅花掉的钞票就让人心痛不已。但为了走出20年的低谷，公司经营层终于同意了专家的意见。

一个全新而又大胆的创意诞生了：以富有阳刚之气的美国男子汉形象来代替原来的娇俏女郎。广告公司费了很大的周折，在西部一个偏僻的农场找到一个"最富男子汉气质"的牛仔，并让他出演万宝路广告的主角。新广告于1954年推出，立即引起了烟民的狂热躁动，他们争相购买万宝路，要么叼在嘴上，要么夹在指尖，模仿那个硬汉的风格。万宝路的销售额也直线上升，新广告推出后的第一年，销售额就增加了3倍，万宝路一举成为全美十大香烟品牌之一。

在经营中，定位决定市场成功。定位就是要让自己进入消费者的大脑，让消费者对你的产品有个清晰的了解。这一理念，多年来一直影响着美国乃至世界企业的市场营销战略。

企业在全面了解、分析目标消费者、供应商需求的信息，以及竞争者在目标市场上的位置后，再确定自己的产品在市场上的位置及如何接近顾客，这样才能使营销获得最大限度的成功。

总的来说，企业要做出正确有效的定位，往往需要遵循一定的步骤：

1. 确定定位层次

确定定位层次是定位的第一步，就是要明确所要定位的客体，这个客体是行业、公司、产品组合，还是特定的产品或服务。

2. 识别重要属性

定位的第二步是识别影响目标市场顾客购买决策的重要因素。这些因素就是所要定位的客体应该或者必须具备的属性，或者是目标市场顾客具有的某些重要的共同特征。

3. 绘制定位图

在识别出了重要属性之后，就要绘制定位图，并在定位图上标示出本企业和竞争者所处的位置。一般都使用二维图。如果存在一系列重要属性，则可以通过统计程序将之简化为能代表顾客选择偏好的最主要的二维变量。定位图选择的二维变量，既可以是客观属性，也可以是主观属性，还可以是将两者结合起来的。但无论是选择主观属性，还是客观属性，都必须是"重要属性"。

4. 评估定位选择

里斯和屈劳特曾提出三种定位选择。一是强化现有位置，避免正面打击冲突。二是寻找市场空隙，获取先占优势。三是竞争者重新定位，即当竞争者占据了它不该占有的市场位置时，让顾客认清对手"不实"或"虚假"的一面，从而使竞争对手为自己让出它现有的位置。

5. 执行定位

定位最终需要通过各种沟通手段如广告、员工的着装和行为举止以及服务的态度、质量等载体传递出去，并为顾客所认同。

【定律链接】市场定位准确是品牌成功的关键

奇瑞QQ是现代都市的一道亮丽的风景线，它之所以能迷倒这么多人，与它对市场的准确定位分不开。

奇瑞QQ的目标客户是收入并不高但有知识、有品位的年轻人，同时也兼顾有一定事业基础、心态年轻、追求时尚的中年人。一般大学毕业两三年的白领都是奇瑞QQ潜在的客户，人均月收入2000元即可轻松拥有这款轿车。

许多时尚男女都因为QQ的靓丽、高配置和优良的性价比而把这个可爱的小精灵领回家，从此与QQ结成快乐的伙伴。

为了吸引年轻人，奇瑞QQ除了轿车应有的配置外，还装载了独有的"I—say"数码听系统，成为"会说话的QQ"，堪称目前小型车时尚配置之最。

据介绍，"I—say"数码听是奇瑞公司为用户专门开发的一款车载数码装备，集文本朗读、MP3播放、U盘存储等多种时尚数码功能于一身，让QQ与电脑和互联网紧密相连，完全迎合了离开网络就像鱼儿离开水的年轻一代的需求。

在产品名称方面，QQ取自网络语言，意思为："我找到你。"如此一来，就使得"QQ"突破了传统品牌名称非洋即古的窠臼，充满时代感的张力与亲和力，同时简洁明快，朗朗上口，富有冲击力。

在品牌个性方面，QQ被赋予了"时尚、价值、自我"的特质，在消费群体的心理情感中注入品牌内涵。

企业通过品牌定位有效地建立品牌与竞争者的差异性，所以在消费者心中占据一个与众不同的位置。在产品越来越同质化的今天，要成功打造一个品牌，品牌定位已是举足轻重。

品牌的市场定位，就是要确定企业的品牌情感到底是要凝聚在谁的身上。对于大多数做产品的企业来说，这种品牌情感一定是落在需要你产品的那群消费者身上。如果说你的品牌情感不是建立在需要你产品的那群人身上，而是在另外的群体身上，那么你的品牌就没有价值了。

为此，你需要做到以下几点：

第一，找准自己的品牌所面向的人群，比如儿童、青年人等。

第二，着重向目标群体进行宣传。

第三，务必使自己的产品符合你所定位的那个群体的要求。

·第八章·

赚钱：富脑袋才有富口袋

内卷化效应：不断创新，避免原地踏步

【定律阐释】20世纪60年代末，利福德·盖尔茨提出了内卷化效应，指一种社会或文化模式在某一发展阶段达到一种确定的形式后，便停滞不前或无法转化为另一种高级模式的现象。

为什么总是原地踏步

多年前，一位记者到陕北采访一个放羊的男孩，曾留下一段经典对话：

"为什么要放羊？"

"为了卖钱。"

"卖钱做什么？"

"娶媳妇。"

"娶媳妇做什么呢？"

"生孩子。"

"生孩子为什么？"

"放羊。"

这段对话对"内卷化"现象作了令人印象深刻的解释。多少年来，农民的生存状态没有发生什么改进，这在于他们压根儿没想到过改进。

"内卷化效应"概念被广泛应用到了政治、经济、社会、文化及其他学术研究中。"内卷化"其实并不深奥，观察我们的现实生活，"内卷化"现象比比皆是。比如在偏远农村，虽然已经改革开放30年，但当地的农民仍然过着"一亩

地一头牛，老婆孩子热炕头"的农耕生活。再如，一些家族企业，措施和办法因循守旧，重要岗位总是安排亲人把守，管理哲学是"打仗亲兄弟，上阵父子兵"，用自己的人放心。于是，在企业内部，人情重于能力，关系重于业绩，外部的新鲜空气难以吹进来，真正优秀的人才也吸引不进来。几年过去了，厂房依旧，机器依旧，规模依旧，各方面都没有多大变化。

思想观念的故步自封，使得打破"内卷化模式"的第一道关卡就变得非常困难。整天忙碌的人们，虽然没有站在黄土地上守着羊群，但在思想上是否就比那个放羊的小孩高明呢？他们怨天尤人或者安于现状，对职业没有信念，对前途缺乏信心，工作结束就是生活，生活过后接着工作，对"内卷化"听之任之，人生从此停滞不前。

我们身边随处可以看到陷入"内卷化"泥沼的人：老张当了一辈子干事，眼看着身边的人一个一个都升迁了，心里酸溜溜地难受；作家老李，20出头就以一个短篇获得了全国性大奖，但是20多年过去了，他不再有有影响的作品问世，而和他同时起步的同行已成了全国知名作家；老王，技工一做15年，同辈人已升任高工和主管，他却还是戴着一顶技工的帽子……

同样的环境和条件，有的人几年一个台阶，无论是专业能力还是岗位，都晋升很快，而另一些人却原地不动，多少年过去了仍然还在原地踏步。为什么会出现这种现象？人为什么会陷入"内卷化"的泥沼？

分析个人的"内卷化"情况，根本出发点在于其精神。如果一个人认为这一生只能如此，那么他的命运基本上也就不会再有改变，生活自此充满自怨自艾；如果一个人相信自己能有一番作为，并付诸行动，那么他便可能大有斩获。

"内卷化"的结果是可怕的。大到一个社会，小到一个企业，微观到一个人，一旦陷入这种状态，就如同车入泥潭，原地踏步，裹足不前，无谓地耗费着有限的资源，浪费着宝贵的人生。它会让人在一个层面上无休止地内缠、内耗、内旋，既没有突破式地增长，也没有渐进式地积累，让人陷入一种恶性循环之中。

生活陷入"内卷化"的普通人迫切需要改进观念，而那些成功人士也要更新理念，否则"内卷化"的后果往往更为严重。为什么有些人注定一辈子只能做一个小老板？并非他不想做大做强，而是思想观念停滞在小的层面。小老板需要精明，而大老板不仅需要精明，更需要气度。20世纪90年代，我国的民营企业纷纷进入多事之秋，很多著名企业一夜之间轰然崩塌，其中一个主要原因就是企业管理者的思想观念停在原地，面对国际化接轨、现代化生产的局势，这些企业的老板还在用小农思想进行管理。在市场中竞争如同逆水行舟，不进则退，倒闭是自然的事。

总而言之，一个企业或一个人要想摆脱"内卷化"状态，就要先确信自己是否还有上进的志气。如果有，再看看自己的实力是否强大。精益求精，发挥极限，这样才能最大限度地提升自己。只有充分地发挥自身力量，才能突破和创新，才能在未来的发展中呈现出一片勃勃生机。

不断创新，成功才会降临

不断创新，成功才会降临到你的身上；如果你一直守成不变，那你永远也不可能成功。

日本有一家技术公司，公司上层发现员工一个个萎靡不振，面带菜色。经咨询多方专家后，他们采纳了一个简单而别致的治疗方法——在公司后院用圆滑光润的 800 个小石子铺成一条石子小道，每天上午和下午分别抽出 15 分钟时间，让员工脱掉鞋在石子小道上随意行走。起初，员工们觉得很好笑，更有许多人觉得在众人面前赤足很难为情，但时间一久，人们便发现了它的好处，原来这是极具医学原理的物理疗法，起到了一种按摩的作用。

一个年轻人看了这则故事，深受启发。他请专业人士指点，选取了一种略带弹性的塑胶垫，将其截成长方形，然后带着它回到老家。老家的小河滩上全是光洁漂亮的小石子。在石料厂，他这将选好的小石子一分为二，一粒粒疏密有致地粘在胶垫上。干透后，他先上去反复试验感觉，反复修改了好几次后，确定了样品，然后就在家乡开始批量生产这种具有按摩作用的脚垫。他一周之内就为能代销的商店上了货。将产品送进商店只完成了销售工作的一半，另一半则是要把这些产品介绍给顾客。随后的半个月内，他每天都派人去做免费推介员。商店的代销量稳定后，他又开拓了一项上门服务：为大型公司铺设石子小道，为幼儿园、小学在操场边铺设石子乐园，为家庭铺设室内石子过道、石子浴室地板、石子健身阳台等。一块本不起眼的地方，一经装饰便成了一块小小的乐园。

紧接着，他变换花样，如将单色塑胶垫换成七彩的塑胶垫，将普通石子换成珍贵的玉石，以满足不同人士的需要。

800 粒小石子就此铺就了一个人的赚钱之路。

不要担心自己没有创新能力，惠能和尚说："下下人有上上智。"创新能力与其他能力一样，是可以通过教育、训练而激发出来，并在实践中不断得到提高的，它是人类共有的可开发的财富，是取之不尽、用之不竭的"能源"，并非为哪个人、哪个民族、哪个国家所专有。

因此，人人都能创新。你现在需要做的就是不断激发自己的创新能力，多一些想法，多一些创造，那么成功迟早会来临。

比较优势原理：把优势发挥到极致

【定律阐释】比较优势原理是指只要与其他国家相比，在生产成本上具有相对优势，就可以通过生产其相对成本较低的商品去交换别国生产的相对成本较高的商品，并因此获得比较利益。比较优势原理本来是国际贸易学中的重要概念，现被广泛用于经济活动领域各种竞争合作的比较当中。

以长博短，充分发挥优势

饶春毕业于北京外国语大学英语专业，在一家外资公司任部门经理助理，月薪3000元。年轻靓丽的她，毕业两年里换了几份工作，但不外乎助理、秘书、文员、前台等。最近，她一咬牙又辞了职，报名参加茶艺师培训，决心做个茶艺师。很多朋友不理解，放着好好的白领不当，辞职去学什么茶艺？可饶春自有一番道理。"说是白领，可每天干的活不外乎跑腿、帮经理写英文 Email、打字、接待客人等，凡有个大学文凭的人都能干。跳槽呢，最多挪个窝继续做助理，学不到一技之长。我一晃就要奔30岁了，还不知道自己的核心竞争力在哪儿。"

生活忙忙碌碌，找不到出路，为何不选一种自己想要的生活呢？饶春准备学了茶艺之后，利用自己的英文特长，向外国友人介绍中国博大精深的茶文化，她要在茶艺世界里找到属于自己的天地。

"3000块的薪水说高不高、说低不低，工作也没什么挑战性，每天原地踏步，知识一点点被'折旧'。与别的白领相比，我的英语水平不算高，但在茶艺行业里，这就是我的优势。"饶春说，"找到自己的优势，就特别容易获得发展，建立自己的核心竞争力。"

任何优势都是建立在比较基础上的，都是相对的，没有比较，优势就无从谈起。在国际贸易中有个重要的经济学理论——"比较优势理论"，这个理论的定义是，如果一个国家在本国生产一种产品的机会成本（用其他产品来衡量）低于在其他国家生产该产品的机会成本的话，则这个国家在生产该种产品上就拥有比较优势。

与比较优势相对应的一个概念是绝对优势。比如甲和乙两个人，甲比乙会理财，那么，甲在理财方面相对于乙有绝对优势；中国的彩电制造技术比印度强，中国在彩电制造上相对于印度有绝对优势。比较优势和绝对优势是否决定了人与人之间的分工关系或者国与国之间的贸易关系呢？我们进行如下分析：

甲比乙会理财，在这两个人中当然是甲来理财；中国比印度会生产彩电，当然是中国向印度出口彩电。但进一步推敲就会发现这个推论并不一定成立。甲比乙会理财，但甲比乙更会推销产品，在这个团队中谁来理财，谁来营销？答案是为了团队的总体利益，甲只能忍痛割爱，将账本留给乙。乙虽然不如甲会理财，但乙在推销产品上能力更差。将账本给乙，能够为甲腾出时间去搞推销。在这个团队中，甲的比较优势是营销，而乙的比较优势是理财。人与人之间的分工合作关系建立在比较优势之上，而不是绝对优势之上。

为什么会出现这样的结果？这种分配的前提是人的时间和精力是有限的。尽管甲各个方面都比乙强，但甲不可能一个人承担所有的任务。因为如果甲选择什么都自己做，受时间资源的限制，甲的收益会少于和乙合作所得的份额。同样道理，尽管中国在彩电生产上相对于印度有绝对优势，但在电脑生产上的绝对优势更大，那么中印贸易中会是中国向印度出口电脑，印度向中国出口彩电。两国的贸易关系是建立在比较优势而不是绝对优势的基础上的。

比较优势原理告诉我们，对一个各方面都强大的国家或个人而言，聪明的做法不是仰仗强势，处处逞能，而是将有限的时间、精力和资源用在自己最擅长的地方。反之，一个各方面都处于弱势的国家或个人也不必自怨自艾，抱怨自己的先天不足。要知道，"强者"的资源也是有限的，为了它自身的利益，"强者"必定留出地盘给"弱者"。比较优势原理的精髓就是我们中国人所说的"天生我材必有用"。

人力资源专家更注重个人的职业生涯发展和规划，更关心职业生涯发展的可持续性，这就不得不要求每个人从动态比较优势入手，合理分配个人的时间和精力，用以增加自身的职业生涯发展的"资产"。

如何获得这些资产？人力资源专家的建议是有计划地把收入中的一部分以自我投资的形式消费。具体讲就是把看似是支出的那一部分钱投入到对自己的各种形式的培训充电上。培训充电的内容应该首要考虑自己的专业和工作领域，因为这更容易使自己建立个人核心竞争力，从而在职场上拥有竞争优势。

每个人都有96%的能力尚未发挥

有人说，上帝最公平的地方就在于，他对谁都不公平，每个人都有特长，也有短处，而且它们总不同时出现。

法国文豪大仲马在成名前穷困潦倒。有一次，他到巴黎去拜访他父亲的一位朋友，请他帮忙找工作。

父亲的朋友问他："你会做什么？"

"我没有什么本事，老伯。"

"数学精通吗？"

"不行。"

"你懂物理吗？或者历史？"

"我不知道，老伯。"

"会计呢？法律如何？"

大仲马满脸通红，第一次知道自己太不行了，说："我真惭愧，现在我一定要努力弥补我的这些缺点。过一段时间，我一定会给老伯一个满意的答复。"

父亲的朋友对他说："可是，你要生活啊！把你的住处写在这张纸上吧。"

大仲马无可奈何地写下了他的住址。他父亲的朋友叫着说："你终究有一样长处，你的名字写得很好呀！"

大仲马在成名前，也曾认为自己一无是处。然而，他父亲的朋友，却发现了他的一个看起来并不算优点的优点——把名字写得很好。

把名字写得好，也许你对此不屑一顾：这算什么优点！然而，不管这个优点多么"小"，它毕竟是个优点。你也可以以此为基地，扩大你的优点范围。名字能写好，字也就能写好；字能写好，文章或许就能写好哦。

每个人都不会"一无是处"，哪怕你看起来资质平庸，一无所长，也一定有连自己也未曾发觉的比较优势——就像大仲马也从未意识自己的名字写得不错。人人都潜藏着独特的天赋，就像金矿一样埋藏在你看似平淡无奇的生命中。那些总是羡慕别人，认为自己一无是处的人，是挖掘不到自身的金矿的。将羡慕别人的眼光收回来，寻找自己的优势，很多时候，不是你没有优势，而是你不愿挖掘自己的优势。

著名的心理学家奥托指出，一个人所发挥出来的能力，只占他全部能力的

4%。也就是说，每个人都还有96%的能力尚未发挥出来，持续不断地发现并发挥你的比较优势，终有一天，它会变成你的绝对优势，让你变成一个奇迹，被无数人羡慕。

1987年3月30日，第59届奥斯卡金像奖的颁奖仪式正在举行。在优美的乐曲声中，颁奖仪式的高潮终于到来了。

主持人宣布：玛莉·马特琳因在《失宠于上帝的孩子们》中的出色表演，获得最佳女主角奖。全场立刻爆发出雷鸣般经久不息的掌声。

玛莉·马特琳在掌声和欢呼声中，快步走上领奖台。她激动不已，似乎有很多话要说，可人们没有看到她的嘴动，她把手举了起来，但不是挥手致意的姿势，眼尖的人已经看出她是在打手语，她的意思是：说心里话，我没有准备发言。此时此刻我要感谢电影艺术科学院，感谢全体剧组同事……

原来，这个奥斯卡金像奖最佳女主角奖获得者，竟是一个哑女。其实，玛莉·马特琳不仅是一个哑女，还是一个失聪者。

玛莉·马特琳出生时是个正常的孩子，但出生18个月后，高烧夺去了她的听力和说话的能力。

但这位聋哑女从小就喜欢表演。8岁时她加入聋哑儿童剧院，9岁时就在《盎司魔术师》中扮演多萝西。这些表演，使玛莉认识到了自己生活的价值，她不断锻炼自己以提高演技。

1985年，19岁的玛莉参加了舞台剧《失宠于上帝的孩子们》的演出。

女导演兰达·海恩丝决定将《失宠于上帝的孩子们》拍成电影。为了寻找女主角的扮演者，她用半年时间在美国、英国、加拿大和瑞典寻找，但都没找到中意的。

有次导演偶尔观看了舞台剧《失宠于上帝的孩子们》的录像，发现了玛莉高超的演技，决定立即起用玛莉担任影片的女主角。

玛莉扮演的萨拉，在全片中没有一句台词，全靠极富特色的眼神、表情和动作，揭示主人公矛盾复杂的内心世界——自卑和不屈、喜悦和沮丧、孤独和多情、消沉和奋斗。她勤奋、严谨、认真对待每一个镜头，用心去拍，表演得惟妙惟肖，让人拍案叫绝。

就这样，玛莉·马特琳实现了人生的飞翔，成为美国电影史上第一个聋哑影后。正如她自己所说的那样：我的成功，对每个人，不管是正常人，还是残疾人，都是一种激励。她用自己的勤奋执着将自己的比较优势变成了绝对优势，成为无数个青年自强不息、奋进不止的榜样。确实如此，上帝不会把每个人身上所有的门窗同时关死，他总会留下一线希望，一线生机，等待我们去发现。当我们用辛勤＋耐心＋等待去寻找的时候，我们也一定也会找到这一线来自天堂的光明。

【定律链接】晚一点起跑也能领先——次发优势

1949 年，英国德·哈维兰公司开发出了第一架喷气式飞机 Comet，该飞机时速可达 450 英里，是螺旋推进式飞机的两倍，而且飞起来既平稳又安静。1952 年，该机型进行了首次商业飞行。来自世界各地的订单纷至沓来，一时间其他飞机制造商黯然失色。

但好景不长，Comet 飞机开始频频出事。第一次空难发生在加尔各答，飞机在高空飞行时突然四分五裂，机上人员全体遇难。当时的解释是飞机遇到雷电袭击。但几个月后，在意大利上空相继出现了两起类似事故，引起航空界的高度警觉。经调查发现，Comet 飞机使用的金属材质和以前的螺旋推进式飞机一样，但由于飞行高度和速度的变化，金属的耐力和寿命大大减少。德·哈维兰为这 3 次空难付出了惨重代价。就在公司埋头重新设计飞机时，波音公司推出了 707 机型。当然，新设计吸取了 Comet 的教训，规避了这一设计缺陷。尽管波音曾落后德·哈维兰 5 年，但借助对手的这一失误，它迅速跃至行业前列。

在这个案例中，波音公司并没有因为后发而受制于人，相反，它充分利用了后发优势，避免了在产品设计上的一些失误，这样，照样可以后发制人，取得成功。

先发者可以依靠率先推出的产品占领市场，赢得先机，但同时也会面临较大的市场风险。因为市场往往是利益与风险并存的，在这个意义上，先发者就是后发者的铺路石和试验厂，相对地，那些后发者就少了探路和摸索的风险，它们的优势被称为次发优势。

次发优势基于市场的风险和不确定性，因为任何先行者都必须面临的问题是市场的不确定性。商业史大量的事实证明，市场预测的正确性非常低。例如，在电话刚刚发明的时候，有人曾预测它将成为发布广告的新媒介，结果却完全不是这么回事。网络在成为"改变人类工作、交流的方式"之前，也在政府、军队以及大学里默默无闻了 20 多年。有时候，一个很有价值的创意，如果未逢其时，也一样会成为先行者的陷阱。

另外，即使先发者在恰当的时机推出了恰当的产品，后来者还是有机可乘的。因为新开发的产品往往存在重大的设计缺陷，后来者可以乘机推出更好的产品，抢走市场份额。即使先发者没有明显失误，后来者也可以通过革新产品或营销方式取得胜利。好的市场营销＋一般性技术远远比一般性营销＋顶尖技术要吃得开。技术总是在变，人对产品的感受过程却基本相似，抓住主要技术潮流，用新方法出售老产品往往能事半功倍。例如，在 PC 市场中，戴尔一直受制于康柏。1994 年，戴尔将电脑撤出零售店，1996 年开始在网上直销。购买电脑的传统方式改变了，人们可以自由定制电脑，产品的质保和技术支持也由一家公司承担，出了问题再也不必东奔西走了。此举大大改变了戴尔和康柏的竞争格局，戴尔的市场份额迅速超过康柏，成为 PC 业的霸主。

蜕皮效应：勇于挑战，不断超越

【定律阐释】蜕皮效应指许多节肢动物和爬行动物，生长期间旧的表皮会脱落，长出新的表皮，这类动物通常每蜕皮一次就长大一些。能不断超越自己的人，才能取得成功。每个人都有一定的安全区，一个人想跨越自己目前的成就，就不能划地自限。只有勇于接受挑战，充实自我的人才会超越自己，发展得比想象中更好。

要像蝴蝶一样美丽，就要经历"破茧"的痛苦

有个生活非常潦倒的销售员，每天都埋怨自己"怀才不遇"，认为是命运在捉弄他。圣诞节前夕，家家户户张灯结彩，充满佳节的热闹气氛。他坐在公园的一张椅子上，开始回顾往事。去年的今天，他孤单一人，以酗酒度过了他的圣诞节，没有新衣，也没有新鞋，更别谈新车、新房了。

"唉！今年我又要穿着这双旧鞋度过圣诞了！"说着他准备脱掉穿着的旧鞋。

这个时候，他看见一个年轻人拄着拐杖走过，他立即醒悟："我有鞋子穿是多么幸福！他连穿鞋的机会都没有啊！"

经过这次顿悟，这位推销员"蜕掉"了自己萎靡不振的一层"皮"，从此脱胎换骨，发愤图强，力争上游。不久，他就因为销售成绩显著而多次得到加薪。最后，他又开办了自己的销售公司，并最终成为一名百万富翁。

蛇只有经过一次次蜕皮才能够成长。同样，人也必须经历不断的自我否定，才能够进步。墨守成规、满足现状只会导致故步自封，最终难逃被淘汰的命运。

积极的成功者永远是不安分的，因为他们永远不会停止前进的脚步，每时每刻都在追求更高、更强、更好的目标。

许多节肢动物和爬行动物在生长期间会定期蜕皮，脱掉旧的表皮，再慢慢长出新的表皮。通常，每蜕皮一次，这些动物就长大一些。等到蜕皮几次之后，这些动物就基本成熟，获得了完全依赖自己生活的能力，可以自己保护自己了。

蜕皮是一个痛苦的过程。把原有的皮蜕掉本身就是疼痛难忍的，在新皮长出来之前，往往还要面临着行动不便、无法捕食的危险，甚至无法抵御天敌的侵袭。因此，每一次蜕皮，都是一次生与死的考验。但是经过蜕皮的痛苦过程之后，换来的是新生，是更强壮、更成熟的生命。这就是"蜕皮效应"：满足现状，往往只会故步自封，只有超越自己，才能不断成长。

爱迪生研究电灯时，工作难度出乎意料的大，1600 种材料被他制作成各种形状的灯丝，效果都不理想，要么寿命太短，要么成本太高，要么太脆弱，工人难以把它装进灯泡。全世界都在等待他的成果。半年后人们失去耐心了，纽约《先驱报》说："爱迪生的失败现在已经完全证实。这个感情冲动的家伙从去年秋天开始就研究电灯。他以为这是一个完全新颖的问题，他自信已经获得别人没有想到的用电发光的办法。可是，纽约的著名电学家们都相信，爱迪生的路走错了。"

爱迪生不为所动，继续自己的实验。英国皇家邮政部的电机师普利斯在公开演讲中质疑爱迪生，他认为把电流分到千家万户、还用电表来计量，是一种幻想。当时，人们还在用煤气灯照明，煤气公司竭力说服人们，爱迪生是个大骗子。就连很多正统的科学家都认为爱迪生在想入非非。有人说："不管爱迪生有多少电灯，只要有一只寿命超过 20 分钟，我情愿付 100 美元，有多少买多少。"有人说："这样的灯，即使弄出来，我们也用不起。"爱迪生毫不动摇，在进行这项研究一年之后，他终于造出了能够持续照明 45 小时的电灯，完成了对自己的超越。

即便反对声如潮，爱迪生还是不为所动，坚持自己的研究发明。经过不懈地坚持和努力，爱迪生不但促成了自己的蜕变，牢牢地树立了自己在世人心目中的伟大的发明家形象，而且促成了人类生活方式的一次大变迁。也正是因为他的这项发明，人类才真正进入了电气时代。

对自己或对工作不满的人，首先要把自己想象成理想中的自己，并且拥有极好的工作机会。再采取行动。如果耐心地进行这种自我改造，就能发挥个性中本就具有的强大的精神力，使自己和工作按照理想的样子发生改变，从而取得成功。

一条蛇如果不舍得蜕去原有的皮，那么它永远也长不大，只会被淘汰；一个庞大的企业，如果领导者不知改进，员工也墨守成规、不思进取，那么这个企业也必定会逐渐衰退；一个人即使目前工作很不错，眼前的事情都能应付得来，但如果不追求进步，终有一天会被自己的工作抛弃。

不要幻想着我们可以永远保持我们目前的状况。满足于现状的心态是我们成功路上最大的障碍。满足于现状会使人变得没有信心，认为创造、革新或者成功都与自己没有关系。如果你满足于现状，那么可能会把注意力放在一些微不足道的地方，不关心创新的机会，埋没了本可以发挥的才华。千万不要满足于现状，因为这样会使你的才能被自己的惰性埋没掉。

人的才华是没有极限的，唯一的限制来自我们自身！蜕掉旧的皮，这样才有长大的空间，这样才能获得新的生命力！只有先超越了自己，才能够不断进步，最终超越别人。对于成功来说，最大的障碍往往来自自身。不要自我设限，要不断制定高的目标，我们才能每天都有所进步！

挑战极限，和"不可能"过招

在自然界中，有一种十分有趣的生物，叫作大黄蜂，曾经有许多生物学家、物理学家、社会行为学家联合起来研究它。

根据生物学的观点，所有会飞的生物必然是体态轻盈、翅膀十分宽大的，而大黄蜂这种生物，却正好跟这个理论相反。大黄蜂的身躯十分笨重，而翅膀却出奇地短小，依照生物学的理论来说，大黄蜂是绝对飞不起来的。物理学家的论调则是，大黄蜂的身体与翅膀的比例，根据流体力学的观点，同样是绝对没有飞行的可能的。简单来说，大黄蜂这种生物是根本不可能飞起来的。

可是，在大自然中，只要是正常的大黄蜂，却没有一只是不能飞的，甚至于它飞行的速度，并不比其他能飞的生物慢。这种现象，仿佛是大自然和科学家们开的一个很大的玩笑。最后，社会行为学家找到了这个问题的答案。很简单，那就是——大黄蜂根本不懂生物学与流体力学。每一只大黄蜂在它成熟之后，就很清楚地知道，它一定要飞起来去觅食，否则必定会活活饿死！这正是大黄蜂能够飞得那么好的奥秘。

由此可见，这世上没有绝对的"不可能"，只要敢于拼搏，一切皆有可能。

说到"不可能"这个词，我们来看一看著名成功学大师卡耐基年轻时用过的一个奇特的方法。

年轻的时候，卡耐基想成为一名作家。要达到这个目的，他知道自己必须精于遣词造句，字典将是他的工具。但由于他小的时候家里很穷，接受的教育并不完整，因此"善意的朋友"就告诉他，说他的雄心是"不可能"实现的。

年轻的卡耐基存钱买了一本最好的、最完全的、最漂亮的字典，他所需要的字都在这本字典里，而他对自己的要求是要完全了解和掌握这些字。他做了一件奇特的事，他找到"impossible"（不可能）这个词，用小剪刀把它剪下来，然后丢掉，于是他有了一本没有"不可能"的字典。以后他把整个事业建立在这个前提下，那就是对一个要成长，而且要超过别人的人来说，没有任何事情是不可能的。

当然，讲这个例子并不是建议你从你的字典中把"不可能"这个词剪掉，而是建议你要从你的脑海中把这个观念铲除掉。谈话中不提它，想法中排除它，态度中去掉它、抛弃它，不再为它提供理由，不再为它寻找借口。把这个字和这个观念永远抛开，而用"可能"来代替它。

翻一翻你的人生词典，里面还有"不可能"吗？可能很多时候，当我们鼓起雄心壮志准备大干一场时，有人会好心地告诉我们："算了吧，你想的未免也太天真、太不可思议了，那是不可能的事情。"接着我们也开始怀疑自己："我的想法是不是太不符合实际了？那是根本不可能达到的目标。"

假如回到500年前，有人对你说，你坐上一个银灰色的东西就可以飞上天，你拿出一个黑色的小盒子就能够跟远在千里之外的朋友说话，打开一个"方柜子"就能看到世界各地发生的事情……你同样会告诉他"不可能"。但是今天，飞机、手机、电视甚至宇宙飞船都已变成现实了。正如那句老话所说的，"没有做不到，只有想不到"，奇迹在任何时候都可能发生。

纵观历史上成就伟业的人，往往并非幸运之神的宠儿，而是那些将"不可能"和"我做不到"这样的字眼从他们的字典以及脑海中连根拔去的人。富尔顿仅有一只简单的桨轮，但他发明了蒸汽轮船；在一家药店的阁楼上，法拉第只有一堆破烂的瓶瓶罐罐，但他发现了电磁感应现象；在美国南方的一个地下室中，惠特尼只有几件工具，但他发明了锯齿轧花机；豪·伊莱亚斯只有简陋的针与梭，但他发明了缝纫机；贫穷的贝尔教授只有最简单的实验仪器，但他发明了电话。

美国著名钢铁大王安德鲁·卡内基在描述他心目中的优秀员工时说："我们所急需的人才，不是那些有着多么高贵的血统或者多么高学历的人，而是那些有着钢铁般的坚定意志，勇于向工作中的'不可能'挑战的人。"

人生如打牌，不要对还没有打的牌局说"不可能"，一切皆有可能，只有想不到，没有做不到，只要努力朝着赢牌的目标奔去，就很可能获得成功。

【定律链接】竭尽全力才能超越自我

大家是否思考过这样的问题：束缚我们的究竟是什么？阻碍我们成功的影响力到底是什么？如果没想过，现在想想也不迟。可能许多人要将答案归结于出身、家庭、金钱、社会关系，甚至命运。这些都有其道理，但在实际上，它们都不是根本，根本是我们没有超越自己。大家都知道，外力是靠内力起作用的，如果你从内心束缚了自己，外部条件再好也不能得到好的发挥。只有超越自己，让自己内心的路宽阔起来，我们才能获得意想不到的成功。

一位风度翩翩的青年海军军官大步走进宽敞的办公室，他是来见海曼·里科弗将军的。将军同他的谈话很特别，坐定之后，将军就让这位青年挑选任何他所希望讨论的话题。接着，他们讨论了时事、音乐、文学、海军战术、航海技术、电子学和射击学。谈话过程中，将军总是注视着对方的眼睛，不断问这问那，常常问得这位青年军官瞠目结舌。他很快明白了将军找他谈话的真正用意，他挑选的这些自以为懂得很多的问题，其实知道得很少。想到这里，他身上不由得冒出了冷汗。

结束谈话时，将军问他在海军学院学习成绩怎样。"先生，在820人的年级中，我名列第59。"年轻人不无自豪地说。"你竭尽全力了吗？""没有。"年轻人坦率地答道，"我并不总是竭尽全力。""为什么不竭尽全力呢？"将军瞪大眼睛，看了青年很久……

这位24岁的海军军官，就是后来成为美国总统的卡特。卡特终生不忘这次会见。"为什么不竭尽全力呢？"里科弗将军提出的这个问题强烈地震撼了他。此后他一直将"竭尽全力"作为自己的座右铭，鞭策自己顽强地学习和工作。

超越自己，就是要竭尽全力去做一件事情，并努力去拓展自己的思维。年轻人都有这样的经历：从上大学起或刚刚走上社会起，我们一个个宏伟的构想、美妙的计划（甚至包括学习计划）都在实施的过程中，像肥皂泡一样地破灭了。失望之余，不知你是否找过原因、总结过教训？其实，仔细审查后你一定会发现，你的那些计划、方案缺少的正是自己的竭尽全力，把自己加进去并成为主宰，这就是自我超越。

某成功人士曾说过："这个世界上没有什么不可能。"我们平时也经常听到

"没有做不到，只有想不到"这句话。很多时候不是因为我们做不到，而是因为不敢想、不愿想。勇敢地去想、勇敢地去做，"不可能"的事也就变为可能了。

人们一般认为北纬17度以北是橡胶种植的禁区，这是被公认的学术观点。赵其国院士一开始对这个纬度控制论觉得好奇，进而感到可疑：纬度真能那么严格地控制橡胶的生长吗？赵其国在橡胶宜林地经过认真地调查研究后，恍然大悟，原来纬度控制论只是一个经验性的总结，只是一种形式，决定橡胶生长的因素应该是热量条件和土壤性质，而在北纬17度以北，仍旧可以找到适宜橡胶生长所需的热量和土壤。于是赵其国就对我国北纬17度以北地区引种橡胶的可行性进行调查研究，在此基础上提出了以热量条件和土壤性质为标准的热带作物利用等级的评价方案，为制定热带作物发展规划布局提供了可靠的科学依据。国家科委对"橡胶北移"的研究成果也予以充分肯定，授予他国家技术发明一等奖。

这里需要强调的最重要因素就是"勇敢"，大家都认为不可能成功的事情，你要想把它干成功，首先必须凭借巨大的勇气，有时要力排众议，甚至孤注一掷。这时你可能是痛苦的，但和成功后的喜悦相比，这又算得了什么呢？

"想"要超出眼下人们"做"的范围，但又不是脱离实际地空想。"做"要以想为基础，同时必须把想出来的创意变成一个完备的方案，真正地做成一件事。大胆地想象，严谨地执行，我们成为一个成功的、具有影响力的人就指日可待了。

尼伦伯格原则：谈判，"损人利己"不如"利人利己"

【定律阐释】该原则由美国著名谈判学家尼伦伯格提出，认为一场圆满的、成功的谈判，每一方都应是胜利者。

成功的谈判，双方都是胜利者

买卖双方针对一笔交易进行谈判时，通常我们会看到，双方都会竭尽全力维护自己的报价，通常谈判也最容易将焦点集中在价格上。例如，一位精明的卖主会把自己的产品讲得完美无缺，尽量抬高自己产品的身价；而另一位出手不凡的买主也会在鸡蛋里挑骨头，从不同的角度指出产品的不足之处，从而将价格至少压低到对方出价的一半。最后，双方都会讲出无数条理由来支持自己的报价，谈判在无奈的情况下陷入僵局。如果不是僵局，那么通常是一方作出了一定的让步，或双方经过漫长的拉锯战，各自都进行了让步，从而达成一个中间价。

客观来讲，谈判的每一方都在为自己的既定立场争辩，最终通过一系列的让步达成协议，谈判学上称之为"立场争辩式谈判"。这样的谈判方式在生活中很常见，在商场里与店主的讨价还价，商务谈判中的你来我往，甚至工作中的分工协调等，都经常用这种方式来进行。然而在这种双方博弈的过程中，往往会使谈判陷入一种误区。比如双方从一开始就摆出高傲的气势，开出很高的条件，这会将谈判变成一场充满火药味的战斗，从而往往使得最后谈判各方不欢而散，甚至破坏了今后进一步合作的机会。

谈判各方都是为了自己的利益而来的，没有人愿意答应对方损人利己的方案。要想取得谈判的成功，最好的方法是让各方都能尝到好处。"成功的谈判，双方都是胜利者"，这就是著名的"尼伯伦格原则"。另外，谈判各方所追寻的利益不一定完全相同，这也为谈判的成功带来了机会。即使存在利益冲突，聪明的谈判家也总会从中找出某些共同的利害关系，做出一个公平的"双赢"方案。

有这样一则寓言故事：

有个人在野地里转悠，碰到了一只狐狸，他便十分亲热地对它说："可爱的狐狸，你身上的皮实在漂亮，不如把皮献给我。"他的话刚一说完，狐狸吓得转身窜进山里去了。

这个人又在路上遇到了一只羊，便立即对羊说："我现在正打算做一桌上好的酒菜，请你为我献上你身上的肉。"他的话还没说完，羊飞也似的逃进树林里躲起来了。

这则故事说明，如果所谋求的东西直接危害对方的利益，对方是不可能答应的。经济学认为，人都有利己之心，都以获得自己的最大利益为根本目的。但与人谈判不能忽视一个基本前提，即利己不损人。

实际上，谈判与合作有着密切的联系，尤其在商务活动中，几乎各方都是抱着合作的目的来谈的，即使心怀鬼胎，也会打着合作的旗号。在唇枪舌剑中，精明的谈判方会时刻寻找机会，使得局势朝着有利于自己的方向发展，有时甚至不惜代价地给对方设置"陷阱"。

日常生活中又何尝不是如此。占了一次别人的便宜后，沾沾自喜，他的形象会大打折扣，别人也会对他小心提防。相反，在僵局中，一个人的一次慷慨退让的举动，会为他赢得更多的口碑以及未来的机会。绞尽脑汁地置对方于不利，何不设身处地地寻找个共赢方案，为今后共同获利的长期合作打下基础。

当然，我们很难确定对手是抱着共赢的态度来谈判的。"防人之心不可无"，在这种情形下，不要让自己的意图过于暴露，而给对方机会；也不要摇摆或放松自己的立场，而让对方有机可乘。这样，如果能警惕对方的"陷阱"，同时不忘为"共赢"创造条件，你就是"谈判桌"上真正的赢家了。

变对手为队友，实现谈判的至高境界

《孙子兵法》里说，百战百胜，并不是能耐，不战而屈人之兵才是最高境界。在谈判中，变对手为队友是一种难得的谋略。

李平是一家通信公司的推销员，在与客户接触了一段时间之后，客户对他们的产品十分满意，但是在价格上却毫不让步，希望他能再降几万，否则的话，这桩生意就很难做成。客户很委婉地跟李平说："我知道你们的通信设备在水平、品质上都是一流的，这是我们公司内部都认同的，没有任何争议，所以老板吩咐我再与你们谈一次。可是这个价格确实比其他公司的贵了一倍以上，你让我们怎么决定呢？"

听完客户的话，李平急忙辩解："王总，一分价格一分货，便宜的不一定是好货，产品质量摆在那里……"

还没等他说完，客户立即打断了他的话："小李，这个我们知道，不然的话早就给其他公司下单了，也不会这么大老远地跑过来找你谈。"

看到对方话软，李平也立即找了个台阶下："这样好吧，王总，到底什么价位您可以接受？您给我一个数吧，可要是差太多，那您就让我为难了。我们干销售的也不容易啊。"

"降 10 万这个要求不算过分吧？"

听了王总的话，李平从微笑到夸张地笑。王总先是有些诧异，接着心里也有些打鼓，毕竟他也想达成这个合作："到底怎么样？成不成，给个话？"

李平不愧是销售界的老手，他定定地看着客户："您的要求绝对不过分，我要是您，肯定比您还要狠。您是甲方，您的要求就是我们做乙方的首要义务。不过，我也是靠销售吃饭的人，也就是说您决定着我们这些推销员的工资。您也知道，我们是没有决定权的。我给您请示一下经理，您看成吗？"

客户其实也有一些焦急："那什么时候可以得到答复？我们现在手里的单子也积压了好久，就等着设备呢？要不你现在就去把你们经理请出来，咱们一起吃个午饭，边吃边谈？"

听到这话，李平也很真诚地跟客户说："王总，其实我就老实跟您说吧，我比

您还想做这个单，如果您给其他公司下单完成您的任务，我可就惨了。所以这个单我们一定要想办法定下来。待会儿吃饭的时候，您一定要对经理说好话，告诉他明年你们在深圳开分公司，这次定了，下次还会再合作，或者您也可以说你们的生意伙伴也有需求。这样说就算是帮帮我吧，成吗？"

一顿愉快的午餐之后，经理同意了 7 万元的让价，客户推荐了 3 个合作伙伴，双方各取所需，都得到了想要的，实现了令双方都满意的双赢。

在谈判中，最常见的情况就是，潜在客户在沟通一段时间之后，会在多家供应商之间进行权衡比较，这是谈判最关键的一个阶段。在这个阶段，客户会通过降低供应商价格来实现利益最大化的目的。在这个案例中，客户首先提出的就是要求供应商降价，小李开始时使用的是很常见的方法，竭力解释自己的产品比其他公司的好，这些都是基于顾客能得到的利益陈述的。但是，由于客户已经完全认可了这些利益，因此，让客户接受价格再次使用这些方法就无效了，所以客户打断了小李的陈述。

陈述遇到挫折后，小李迅速转换示弱又赞同客户观点的方式，得到了客户一定程度的同情。

总之，在整个过程中，小李有效地应用了示弱、赞同、争取理解、获得同情等谈判技巧，最终成功实现了签单的目的。

【定律链接】谈判收尾五大策略，其实双赢很简单

就像买衣服一样，我们把商贩的期待降到 50 元，最后以 60 元成交，这时他会觉得很高兴，这就是一个好的收尾。一般谈判的收尾，一定要记得"赢者不全赢，输者不全输"的定律，这样才会使合作继续保持，不至于成为一锤子买卖。

假如今天一个公司有旅游活动，有一批人要去山边，有一批人要去海边，假期只有 3 天，上山就不能下海，下海就不能上山，这是典型的资源分配问题。为了让同事们彼此联谊，不能兵分二路，因为这样不熟的人将永远不熟，达不到联谊的目的。另外，也为了公司的团结，老板规定旅游活动的地点不能用表决的，因为一表决就把同事们分成了两派，反而形成对立，所以一定要通过协商，让大家都一致同意才行。这题该怎么解？

第一种方法：增加资源法

如分大饼，大家都想多分点的时候，最直接的方法就是把饼做大一点。如果能把假期累积成一个星期，那么就可以一半时间去山边，一半时间去海边。

有人说："这可能吗？"我们的答案是："不试你怎么知道不可能？"任何谈判都一样，不要先想怎么分，而应先想怎么创造新的东西出来，让大家都可以多分一点。

第二种方法："交集法"

我们让到山边和海边的人，为山边、海边下个定义：山边的好处是什么？海边的好处又是什么？想上山的人可能说：我要做森林浴、吃山珍野味等等；想去海边的人说：我要玩水、吃海鲜等等。

这时我们可以略加调整，问去海边的人："'海鲜'能不能改成'虾'？"如果他没有异议，那我们就可以找到同时有"森林浴、山珍野味、玩水、吃鱼虾"的地方——湖边。

第三种分法："切割法"

比如想上山的人本来想住小木屋，想去海边的人想住五星级大饭店。于是想上山的和想去海边的说："如果你们答应去山边，我们放弃小木屋，改住五星级大饭店，好不好？"住宿地点听你的，度假地点听我的，这就是切割。事实上"度假"一事可切的还不只是地点和住宿而已，它还可以切出交通、经费等细项。切得越细，可以交换的东西越多。

第四种分法："挂钩法"

如果想上山的人认为，去山边的目的就是住小木屋，如果去住五星级大饭店，还有什么意思，所以不能切割。如果不能切割，他就可能得把别的东西放在桌上一起谈："好啦，如果你们能答应我们去山边的话，过去我们两个单位不是争过一套20万的办公室软件到底该谁出钱吗？那就我们这边出好了，这样好不好？"办公室软件和度假本来风马牛不相及，但为了让谈判有进展而把它们放在一起，这就叫挂钩。

第五种解法：减少对方让步所付出的成本

如果最后是去海边的人获胜，那他们一定要花点时间去了解，为什么那批人一定要去山边？可能后来他们会发现，去山边的人除了"仁者乐山"之外，还因为山边便宜，海边太贵。这时去海边的就应该想想，原来想住五星级大饭店，现在可不可以改住三星级的，比较便宜？能减少对方让步的成本，也会让他感觉好些，比较能接受谈判结果。这就是收尾的功夫。

这五种谈判方法可以适用于任何场合，无论是商务谈判还是劳资谈判，只要熟用这些方法，都可以达成双赢的目的。

72 法则：找对时机，让资产翻倍

【定律阐释】72 法则用作估计将投资倍增或减半所需的时间，反映出的是复利的结果。计算所需时间时，用 72 除以预料增长率即可。投资理财如果能运用好复利，往往可以事半功倍。

资产翻番需要多少时间

2005 年王先生 30 岁，在年初的时候他投入 10 万元为自己建立了一个退休养老账户，这个账户每年的投资回报率是 9%，那么他的养老账户的增值情况如下表。

年龄	30 岁	38 岁	46 岁	54 岁	62 岁
账户资产	10 万	20 万	40 万	80 万	160 万

为什么我们会得出这样一个结论呢？这样的账户资产是怎么计算出来的呢？从这个图表中，我们可以看出一个规律：每 8 年王先生的账户资产就会翻一番，而 9% 的投资回报率与账户资产翻番的年限乘积永远都是 72，也就是说，用 72 除以投资回报率之后的数据大概就是账户资产翻番的年限。这就是经济学中著名的 "72 法则"。

通过运用 "72 法则"，我们可以计算出王先生的账户每 8 年会翻一番：72/9 = 8 年。由此我们可以看出，在王先生 62 岁的时候，他的养老账户已经增值到 160 万元，比最初的投入增值 16 倍。如果王先生到 38 岁（晚 8 年）才建立自己的养老金账户，那么到 62 岁时，王先生的账户只有 80 万元，前后有 80 万元的差别！因此我们说：投资应该尽早，这样我们才可以在同样的年纪收获更多的财富。

所谓的 "72 法则" 就是以 1% 的复利来计息，经过 72 年以后，你的本金就会变成原来的一倍。这个公式具有很强的实用性，例如，利用 5% 年报酬率的投资工具，经过 14.4 年（72/5）本金就变成原来的一倍；利用 12% 的投资工具，则要 6 年左右（72/12），就能让本金翻番。

如果你手中有 100 万元，运用了报酬率 15% 的投资工具，你可以很快知道，经过约 4.8 年，你的 100 万元就会变成 200 万元。

虽然利用 72 法则不像查表计算那么精确，但已经十分接近了，因此当你手中缺少一份复利表时，记住简单的 72 法则，或许能够帮你不少忙。

72 法则同样还可以用来算贬值，例如现在通货膨胀率是 3%，那么 72/3=24，24 年后你现在的一元钱就只能买五毛钱的东西了。

从小就喜欢数学，长大之后充分利用自己这一优势而成为一名投资者的崔益铉说："'72 法则'是很容易计算出复利的数学法则，采用复利收益率去投资，从某种观点上来看，投资成本在不久的将来会翻一倍。"

学会活用"72 法则"，对投资来说，是相当重要的一件事情。在这里，还有更重要的一点，那就是很多人在投资时，总是很注重投资目标时间和目标收益。为了达到目标时间获得目标收益的目的，他们会利用"72 法则"，算出自己应该投资复利率多少的投资品种，以便决定投资品种。

长期持有，复利增长的魅力

长期持有具有持续竞争优势的企业股票，将给投资者带来巨大的财富，其关键在于投资者未兑现的企业股票收益通过复利产生了巨大的长期增值。

巴菲特的每一项投资所要寻求的是最大的年复利税后报酬率，他认为借由复利的累进才是真正获得财富的秘诀。那么，为什么复利的累进可以帮助你变得富有呢？

假设你有 10 万美元，分别在 10 年、20 年和 30 年期间，以 5%、10% 及 20% 的比率，在不考虑税负循环复利累进的情况下，该笔钱循环复利所能累进的价值，仅仅是 10% 的差异，对投资人的整体获益就会有惊人的影响。你的 10 万美元，以每年 10% 的获利率经免税的复利累进计算，10 年后将会价值 259374 美元，若将获利率提高到 20%，那么 10 万美元在 10 年后将增加到总值为 619173 美元，20 年后，则变成 3833759 美元。持续 30 年，其价值会增长到 23737631 美元，是一个相当可观的获利。

很小的百分比差异在很长一段时间所造成的差异也是令人吃惊的。投资人的 10 万美元以 5% 的免税年获利率计算，经过 30 年后，将值 432194 美元；但是若年获利率 10%，30 年后，10 万美元将值 1744940 美元；倘若年获利率再加 5%，即以 15% 累进计算，30 年后，10 万美元将增加为 6621177 美元；若再从 15% 升到 20%，你会发现，30 年后 10 万美元将会增加到 23737631 美元。

作为一般投资者，在长期投资中，没有任何因素比时间更具有影响力了。随着时间的延续，复利将发挥巨大的作用，为投资者实现巨额的税后收益。

复利的大小由时间的长短和回报率的高低两个因素决定。两个因素的不同使复利带来的价值增值也有很大不同：时间的长短将对最终的价值数量产生巨大的影响，时间越长，复利产生的价值增值越多；回报率对最终的价值数量有巨大的杠杆作用，回报率的微小差异将使长期价值产生巨大的差异。以6%的年回报率计算，最初的1美元经过30年后将增值为5.74美元；以10%的年回报率计算，最初的1美元经过同样的30年后将增值为17.45美元。4%的微小回报率差异，却使最终价值差异高达3倍。

巴菲特对10%与20%的复利收益率造成的巨大收益差别进行了分析：1000美元的投资，收益率为10%，45年后将增值到72800美元；而同样的1000美元，在收益率为20%时，经过同样的45年将增值到3675252美元。从巴菲特1965年开始管理伯克希尔公司至今，40多年来，伯克希尔公司复利净资产收益率为22%，也就是说巴菲特把每1万美元都增值到了2593.85万美元。

因此，投资具有长期持续竞争优势的卓越企业，投资者所需要做的只是长期持有，耐心等待股价随着公司成长而上涨。投资者不必害怕大盘会跌，因为股市从中长期来看是大牛市；同时不管是在牛市中还是在熊市中，都有内在价值被市场低估的股票，这正是投资机会之所在。所以，我们要做的就是找出那些能够长期持有的价值型公司，不为眼前短期的波动所影响，长期持有，借助复利的威力，最终我们也会获得很高的收益。

【定律链接】基金短线赎回难享复利效应

林奇的麦哲伦基金从1800万美元的名不见经传的小基金成长为120亿美元的全球最大基金，13年的时间里基金收益高达29%年复利。从林奇投资的业绩，我们可以看出，基金长期投资能产生很大的复利效应。如果对基金像对股票一样做短线波段操作，很难享受复利带来的好处。

1. 基金不适合做波段

华尔街流传着这样一句话："要在市场中准确地踩点入市，比在空中接住一把正在落下的飞刀更难。"股市尚且如此，基金投资的波段操作难度就更是可想而知了。林奇也有这样一句名言："买基金跟减肥一样，决定最后结果的是耐力，而不是头脑。"考察一支基金和一个基金公司的优劣，一般至少需要3年时间。投资基金应获取长期稳定的收益，马上见效是不可能的。所以说，基金投资是不适合做波段的。

在基金投资上，投资者已经选择了让基金经理来帮你理财。当大盘涨到一定幅度，市场出现调整信号时，基金经理已经在做调仓、换股规避风险的操作了，而投资者在这时再自己做波段，是不是难上加难？牛市的特征是快跌慢涨，但总体趋势是向上的。牛市做波段操作，抛出点或买入点踩不准，不是踏空就是增加投资成本。所以，牛市应该做长线，不急着等钱用就放着。

"股指要调整了，还是赎回一些，等到股指见底了再买回来。"这种基金投资策略看似合理，但是投资者有预测股指走势的能力吗？股指下跌多少，才能判断出股指要调整了，而不是短期的波动？往往在股市已出现比较明显下跌的情况下，投资者才能判断出股指可能要进行调整，这时再去赎回，很可能卖了个低点。

2. 复利效应非常惊人

一位基金公司市场部负责人用客户的一个实例证明进行波段操作的投资策略是错误的。2006 年年初，公司某基金净值突破 1.2 元后，大量投资者赎回基金，短线实现利润。但赎回并未阻挡净值快速上涨的步伐，也迫使投资者认识到，不投资的风险更大。在基金净值超过 1.5 元时，投资者才大量申购，中间已损失了 0.3 元的涨幅。该基金净值在 2006 年六七月间达到阶段性高点，接近 1.9 元，后来的回调又让短线操作的基金投资者心惊胆战，在基金净值再次反弹到 2 元附近过程中，大量资金撤离了该基金。但基金后来的表现必将让这些投资者后悔不已，在不到两个月的时间内，基金又涨了 50%。2006 年初到 2007 年 1 月 19 日，该基金净值已涨了两倍多，但如果进行以上的波段操作，收益率可能只有 60% 左右。

也许有投资者认为，波段操作得到 60% 的收益也能令他满意，但是股市不可能经常重演 2006 年的盛况，基金也很难复制一年净值翻倍的业绩。从表面上看，这样的操作在短期内也许的确能获得高于持续持有股票型基金的投资回报。问题在于，如果我们从更长的时间来看待波段买卖股票型基金，就可能得出完全不一样的结论。

3. 波段操作减少 697% 收益

1965 ~ 2005 年的 41 年的时间里，"股神"巴菲特管理的基金资产年平均增长率为 21.5%。按照复利计算，如果最初有 1 万元投资，在持续 41 年获取 21.5% 回报后，你拥有的财富总额将达到 2935.13 万元。

若采取波段操作方法来投资股票型基金，即在 41 年里有 21 年持有股票型基金，其余 20 年持有现金。假设通过波段操作可以在持有股票型基金的年度中取得每年30%的收益率，同时假设持有现金的年度收益率为2%，那么，按复利计算，在41年之后最初1万元的投资只能变成368.12万元。显而易见，因为波段操作，原来可获得2935.13万元的财富增值变成了368.12万元，减少了697%的收益。

一句话，投资基金是长期的行为，没有必要整天考虑赎回的事，时时关心涨跌。在基金市场上，天道不酬勤。

多米诺骨牌效应：莫让一次失败套走你所有的财富

【定律阐释】多米诺骨牌效应，又称多米诺效应，指在一个相互联系的系统中，一个很小的初始能量就可能产生一串的连锁反应。

投资起步，要想好自己的退路

投资创业几乎是每一位有志者的奋斗目标。刚起步时，我们很容易太过冲动，总是思考如何让事业持续到永远。

然而，相关的调查数据告诉我们：让事业永远沿着一个方向持续下去是个不折不扣的幻想。那么，如果能够预测经济衰退或危机什么时候到来，我们就能及时地撤退，从而避免多米诺骨牌效应的发生。

美国麦金利咨询公司调查显示，20世纪20～30年代，全球500强企业的平均寿命是65年，到了1960年变成了30年，而到了1990年缩短至15年，估计到2010年，企业的平均寿命为10年。所以，没有做好撤退的准备就开始创业是一件非常冒险的事情。

虽然顺利地撤退对于确保整体的利润是非常重要的，但人们很少提起它，大概是因为现实中，人们更加关注成功，而避讳失败吧。

在这个充满竞争、高速发展的新时代，任何企业都无法长久性地抱有永远鼎盛的期待。所以，明智的创业投资者，从一开始就要研究中止事业时将面临的风险。在此基础上，轻装上阵。

具体来说，要尽可能地做到零库存，要坚持预先付款、现金回收的原则，不要有拖欠的货款；不要雇用正式员工，尽可能地使用临时兼职人员；必须严格坚守不签长期租约、不借钱的原则。

在创业的过程中，客户可能希望你能有库存，也可能提出延长付款期等各种要求。如果答应了客户的要求，就有可能让你的事业背负极大的风险。也有的经营者抱着没有风险就没有利益的想法，认为有增加库存的必要，可是如果所得利润不足以维持库存的话，企业的运转就会崩溃。

迄今为止，大家都认为坚持是良好的品质，而且，中途停止事业会使我们对顾客心怀歉意。可是，事实上即使是像证券公司这样的大企业倒闭后，也没有多少顾客会因此烦恼。

事实上，与其说中途停止事业要冒很大的风险，倒不如说，不预测中止时间、不采取相应对策才是最危险的。如果撤退的壁垒已经被升高了，想退都退不了，那你的事业也就走到终点。

投资要深谋远虑

从多米诺骨牌效应中，我们知道事物之间联系紧密，环环相扣。因此，我们在做事情时，就要全盘考虑。

秦昭襄王跟赵惠文王在渑池会谈后，为保障互不侵犯，将公子异人送到赵国做人质。异人到赵后，赵孝成王想杀掉他来报复秦国的进攻，平原君对赵王说："留着他，还可作为赵国撤退时的一个条件，杀他并没有好处。"

孝成王答应不杀，但从此减少了对公子异人的供给。后来商人吕不韦发现此人，就跟父亲说："种庄稼能得利多少？"

吕父说："一倍！"

吕不韦又问："经商呢？"

吕父说："十倍！"

吕不韦接着问道："要是打倒一个君主、另立一个君主，那利息该是多少呢？"

吕父笑道："那可没有止境了！"

听了父亲肯定的话，吕不韦开始用各种方式对公子异人进行贿赂。因此，公子异人十分感激吕不韦，跟他甚是亲近。一天，吕不韦请公子异人到家饮酒，特意让自己最得意的赵姬来侍奉。赵姬跟吕不韦同居已有了身孕，而在敬酒时故意挑逗公子异人，令公子异人神魂颠倒。

吕不韦为了实现夺国的目的，于是在酒桌上就把赵姬送给了公子异人。

吕不韦怕夜长梦多，对赵姬说："他既然上了钩，就得把他钩住，快点办婚事，将来你就是皇后了，那时可别忘了我！"

公子异人与赵姬婚后不久，生子名叫政。一天，吕不韦对他说："秦王年纪已高，安国君恐怕不久就要继位了，即位后就要立太子，您不早些回国，那二十几个公子，说不定谁就被立为太子，您就没指望了。"

公子异人说："我没这么高的奢望，父亲不喜欢我，才推我出来做人质，我怎还敢盼望做太子？只要能回秦国，就算幸运了！"

吕不韦道："不然！您及早回去侍奉华阳夫人，是能做太子的。您父亲很宠爱华阳夫人，而华阳夫人没儿子，您只要侍奉好华阳夫人，她收您做了儿子，安国君准能立您为太子。我拿出几千两黄金，到秦国去替您办这件事，您等待好消息吧！"

公子异人立刻跪拜说："将来我一定有厚报！"

吕不韦到秦国后，经过一番努力，华阳夫人欣然收公子异人为儿子，安国君命他迅速把公子带回秦国，并给他三千两黄金做费用。华阳夫人又补上一千两，嘱咐他快办此事。

吕不韦到赵国，把金子交给公子异人，告诉他办事的经过，公子异人一再向吕不韦表示绝不相负。

昭襄王四十九年，秦军包围赵都邯郸，吕不韦便用谎言和几千两黄金收买了赵将，护送公子异人一家三口顺利出了赵国都城。

到了秦国，公子异人讨得华阳夫人欢心改名子楚，住在华阳夫人宫里。

昭襄王死后，安国君即位为孝文王，子楚为太子；孝文王死后，子楚立为庄襄王，赵政为太子，封吕不韦为丞相。

吕不韦的成功说明：有远见，才敢大投入；敢大投入，才能有大收获。

所以，想干一番事业的人应该多些深谋远虑，做到节节相扣，步步为营，才能实现心中的愿望。

【定律链接】货币危机

20 世纪 20 年代，随着一战的结束，世界经济进入衰退时期，欧洲各国的货币都摇摇欲坠，马克、卢布、法郎都经历了混乱的时期。德国和苏联的劳动人民因此陷入绝望的境地，在没有储备、没有外国支援的情况下，大部分人民为了填饱肚子不得不卖命地劳动，很多人被迫流亡，连有声望的贵族这时也变得非常贫穷。但在这个时期，法国却上演了一场货币捍卫战：

法郎危机也是伴随着第一次世界大战开始的。法国政府在一战中花了大量军费，这个数字是 1913 ~ 1914 年所有主要参战国军事费用的两倍。一战结束后，法国财政出现了 62 亿法郎的缺口，并且还有巨额贷款。1926 年，法郎的汇率开始下滑，人们相信，法郎将会面临和德国马克一样的命运。当时的法国政府内阁束手无策，物价不停上涨，法郎持续贬值。这时，总理雷蒙·恩加莱开始掌权。他通过提高短期利率把短期借款转为长期借款，并提高税收和削减政府支出，同时他从纽约的摩根银行借来了一笔使法国银行的现汇得以补充的巨额贷款，他的一系列措施恢复了人们对法郎的信任，最终这些措施取得了成功。从此，法郎币值开始走稳，经济和政局也渐趋稳定。

这是一场成功的货币危机保卫战。货币危机的概念有狭义和广义之分。狭义的货币危机与特定的汇率制度（通常是固定汇率制）相对应，其含义是，实行固定汇率制的国家，在非常被动的情况下（如在恶化的情况下，或者在遭遇强大的投机攻击情况下），对本国的汇率制度进行调整，转而实行浮动汇率制，而由市场决定的汇率水平远远高于原先所刻意维护的水平（即官方汇率），这种汇率变动的影响难以控制、难以容忍，这一现象就是货币危机。广义的货币危机泛指汇率的变动幅度超出了一国可承受的范围，这一现象通常情况表现为本国货币的急剧贬值。

当代国际经济社会很少再看见一桩孤立的货币动荡事件。在全球化时代，由于国民经济与国际经济的联系越来越密切，一国货币危机常常会波及别国。

随着市场经济的发展与全球化的加速，经济增长的停滞已不再是导致货币危机的主要原因。经济学家的大量研究表明：定值过高的汇率、经常项目巨额赤字、出口下降和经济活动放缓等都是发生货币危机的先兆。就实际运行来看，货币危机通常由泡沫经济破灭、银行呆坏账增多、国际收支严重失衡、外债过于庞大、财政危机、政治动荡、对政府的不信任等引发。

1. 汇率政策不当

众多经济学家普遍认同这样一个结论：固定汇率制在国际资本大规模、快速流动的条件下是不可行的。固定汇率制名义上可以降低汇率波动的不确定性，但是自20世纪90年代以来，货币危机常常发生在那些实行固定汇率的国家。正因如此，近年来越来越多的国家放弃了曾经实施的固定汇率制，比如巴西、哥伦比亚、韩国、俄罗斯、泰国和土耳其等。然而，这些国家大多是由于金融危机的爆发而被迫放弃固定汇率的。汇率的调整往往伴随着自信心的丧失、金融系统的恶化、经济增长的放慢以及政局的动荡。也有一些国家从固定汇率制成功转轨到浮动汇率制，如波兰、以色列、智利和新加坡等。

2. 银行系统脆弱

在大部分新兴市场国家，包括东欧国家，货币危机的一个可靠先兆是银行危机。资本不足而又没有受到严格监管的银行向国外大肆借取贷款，再贷给国内的的问题项目，由于币种不相配（银行借的往往是美元，贷出去的通常是本币）和期限不相配（银行借的通常是短期资金，贷出的往往是历时数年的建设项目），因此累积的呆坏账越来越多。如东亚金融危机爆发前 5 ~ 10 年，马来西亚、印度尼西亚、菲律宾和泰国信贷市场的年增长率均在 20% ~ 30%，远远超过了工商业的增长速度，由此形成的经济泡沫越来越大，银行系统也就越发脆弱。

3. 外债负担沉重

泰国、阿根廷以及俄罗斯的货币危机，就与所欠外债规模巨大且结构不合理紧密相关。如俄罗斯 1991 ~ 1997 年共吸入外资 237.5 亿美元，但在外资总额中，直接投资只占 30% 左右，短期资本投资约 70%。在货币危机爆发前的 1997 年 10 月，外资已掌握了股市交易的 60% ~ 70%，国债交易的 30% ~ 40%。1998 年 7 月中旬以后，最终使俄财政部发布"8.17 联合声明"，宣布"停止 1999 年底前到期国债的交易和偿付"，债市的实际崩溃，直接引发了卢布危机。

4. 财政赤字严重

在发生货币危机的国家中，或多或少都存在财政赤字问题，赤字越庞大，发生货币危机的可能性也就越大。财政危机直接引发债市崩溃，进而导致货币危机。

5. 政府信任危机

民众及投资者对政府的信任是货币稳定的前提，同时赢得民众及投资者的支持，是政府有效防范、应对金融危机的基础。墨西哥比索危机很大一部分归咎于其政治上的脆弱性，1994 年总统候选人被暗杀和恰帕斯州的动乱，使墨西哥社会经济处于动荡之中。新政府上台后在经济政策上的犹豫不决，使外国投资者认为墨西哥可能不会认真对待其政府开支与国际收支问题，信任危机引发了金融危机。1998 年 5 ~ 6 月间的俄罗斯金融危机的主要诱因也是国内"信任危机"。

6. 经济基础薄弱

强大的制造业、合理的产业结构是防止金融动荡的坚实基础。产业结构的严重缺陷是造成许多国家经济危机的原因之一。如阿根廷一直存在着严重的结构性问题，20 世纪 90 年代虽实行了新自由主义改革，但产业结构调整滞后，农牧产品的出口占总出口的 60%，而制造业出口只占 10% 左右。在国际市场初级产品价格走低及一些国家增加对阿根廷农产品壁垒之后，阿根廷丧失了竞争优势，出口受挫。

7. 危机跨国传播

由于贸易自由化、区域一体化，特别是资本跨国流动的便利化，一国发生货币风潮极易引起邻近国家的金融市场发生动荡，这在新兴市场尤为明显。泰国之于东亚，俄罗斯之于东欧，墨西哥、巴西之于拉美等反复印证了这一"多米诺骨牌效应"。

250 定律：每一位顾客都是上帝

> **【定律阐释】**250 定律，即每一位顾客身后，大约有 250 名亲朋好友，如果你赢得了一位顾客的好感，就意味着赢得了 250 个人的好感；反之，如果你得罪了一名顾客，也就意味着得罪了 250 名顾客。

时刻想着顾客，而不是想着竞争

企业经营者应该重点研究什么呢？

针对这个问题，共同经营一家企业的两兄弟发生了激烈的争论。哥哥认为应该研究竞争对手，了解竞争对手的一举一动，并制定相应的战略；弟弟则认为应该研究内部管理，不断提升内部管理水平，自己强大了，竞争对手就相对弱小了。

两兄弟的观点都有道理，谁也说服不了谁。在相持不下时，他们决定去请教他们的父亲。

父亲是一代商神，白手起家创立了兄弟俩现在经营的商业王国。"竞争对手当然要研究，知己知彼，百战不殆；内部管理也应该研究，提升管理是企业的一项基础工程。"父亲说，"但这都不是研究的重点，重点应该是消费者。"

"此话如何理解？"兄弟俩问。

"企业经营，如同一幕大戏，你们认为大戏的主角应该是谁呢？"父亲反问道。

"是竞争双方。"哥哥说。

"企业的经营者。"弟弟说。

"你们都错了。"父亲说，"真正的主角是消费者。无论是竞争的双方，还是企业的经营者，都是导演，而不是演员。导演应该关注的当然是主角——消费者。那种只关心竞争对手，和竞争对手打打杀杀的经营者，等于是把主角晾在一边，自己和竞争对手充当了主角。只关心自己内部管理的经营者，则是在自导自演独角戏，这出戏可能根本就没有人喜欢。"

在这个故事中，"父亲"的回答，解决了企业经营者"心里想着谁，关注谁，研究谁"的问题。

正是从这个角度出发，著名推销员和演讲家乔·吉拉德总结归纳出神奇的250定律。他创造了商品销售最高纪录，被载入《吉尼斯大全》，他曾经连续15年成为世界上售出汽车最多的人。他指出，每一位顾客身后大约有250名亲朋好友。那么，如果能心中时时刻刻想着现在的顾客，你将不仅仅和他们同行，不被他们冷落或抛弃，还可能使他们身后250名亲朋好友成为你的潜在顾客，与你同行。

真正的销售始于售后

乔·吉拉德的250定律对人们的营销观念有着革命性的影响。通过在工作中对250定律的亲身感受，乔·吉拉德认为："推销活动真正的开始在成交之后，而不是之前。"

推销是一个连续的过程，成交既是本次推销活动的结束，又是下次推销活动的开始。将250定律反向思考，推销员在成交之后继续关心顾客，既能赢得老客户，又能通过老客户的口口相传，影响其身边亲近的人，从而吸引新客户，使生意越做越大，客户越来越多。

推销成功之后，乔·吉拉德立即将客户及其与购买汽车有关的一切信息，全部记在卡片上。第二天，他会给买过车子的客户寄出一张感谢卡。当时，很多推销员不会这样做，所以顾客对感谢卡感到十分新奇，对乔·吉拉德印象特别深刻。

乔·吉拉德说："顾客是我的衣食父母，我每年都要发出13000张明信片，表示我对他们最真切的感谢。"

乔·吉拉德的顾客每个月都会收到一封来信。这些信都是装在一个朴素的信封里，但信封的颜色和大小每次都不同，它们都是乔·吉拉德精心设计的。乔·吉拉德说："不要让信看起来像邮寄的宣传品，那样人们连拆都不愿拆就会直接扔进纸篓里。"

顾客拆开乔·吉拉德写来的信，可以看到一排醒目的字："您是最棒的，我相信您。""谢谢您对我的支持，是您成就了我的生命。"乔·吉拉德每个月都会为顾客发出一封相关的卡片，而顾客都喜欢这种卡片。

乔·吉拉德拥有每一个从他手中买过车的顾客的详细档案。当顾客生日那天，会收到这样的贺卡："亲爱的××，生日快乐！"假如是顾客的夫人过生日，同样也会收到乔·吉拉德的贺卡："比尔夫人，生日快乐。"

正是商品售出后仍与顾客保持联系，乔·吉拉德的生意越做越大。无独有偶，瑞典的卡隆门公司也采取了同样的方法。

瑞典的卡隆门公司本是经营家用电器的一家小公司，经过多年的苦心经营，生意仍不见起色。公司的管理层经过反复思考，最后决定用服务吸引顾客。

卡隆门在公司门口张贴公告：本公司出售的家用电器质量上乘，保证永久免费维修。当时，冰箱和彩电等家用电器在瑞典等西方国家是名贵商品，购置这些价格不菲的商品，人们总担心会有损坏或故障。卡隆门公司保证永久免费维修，消除了顾客的顾虑，所以消费者纷纷前来光顾。短短几年的时间，卡隆门公司迅速发展起来，成为著名的大企业。

卡隆门公司承诺对本公司出售的商品，都可免费维修。1984 年 11 月，一个家庭主妇拿来一个电熨斗，这件商品是该公司 1957 年出售的，已有 27 年历史。这位妇女本来只是抱着试试看的心理，但没想到，对于这个出了毛病的旧熨斗，卡隆门公司的员工十分热情地给予了修复。熨斗修好后，卡隆门公司的员工有礼貌地对那位妇女说："太太，你的熨斗修好了，不用付钱。顺便告诉您，这种熨斗已十多年不生产和出售了，现在流行自动的蒸汽熨斗，希望太太下次关照。"几个月后，这位太太又来了，对卡隆门公司说："上次你们修好的熨斗至今尚可以用，你们的信誉真好，但它太老了，我想来你们公司再买一个新式的熨斗。"

正是通过这样的服务承诺，顾客渐渐对卡隆门公司产生了好感，卡隆门公司有了更多忠诚的消费者。

可见，想要长久地保持住我们的营销链条，我们不仅不能得罪任何一个顾客，而且还要向顾客提供优质的售后服务。一方面，这是为顾客着想的体现；另一方面，还能让顾客感受到真诚，吸引更多顾客的青睐。

【定律链接】售后服务的关键是什么

相关人士指出，做好售后服务，关键是要超常做好企业分内的工作，提供超出消费者预期的服务。

例如，企业承诺接到维修电话 24 小时内上门服务，而实际上不超 5 小时就上门服务，不仅及时，而且服务还非常专业，这就是超过预期。这样，顾客自然会很满意。

同时，对于售后服务人员做的其他一些额外服务，如修理完产品帮顾客清理现场、顺手把垃圾带下楼，或应请求帮顾客修理一下其他有小毛病的相关产品等等，则会给顾客一个惊喜。在这个时候，顾客表现出来的满意是发自内心的，他会认为你没有任何功利性目的。

无论销售前，还是销售后，如果企业都能把"让顾客满意"作为自己永远的追求来对待，那员工就会从内心里热爱服务工作，把整个服务过程做得更好，更有效果，提供更加人性化的服务。

王永庆法则：富翁是省出来的

【定律阐释】王永庆法则，由中国台湾企业界"精神领袖"、台塑创办人王永庆提出，指节省一元钱等于净赚一元钱。

越有钱越"小气"，越"小气"越有钱

美国知名公司沃尔玛曾多次蝉联美国《财富》杂志公布的"世界财富排名500强龙虎榜"榜首，但在该公司内部，"节俭"是每个员工日常工作的一部分。如果你没有打印纸，想找秘书要，对方一定是轻描淡写地来一句："地上盒子里有纸，裁一下就行了。"如果你再强调要打印纸，对方一定会回答："我们从来没有专门用来打印的纸，用的都是废报告的背面。"

据报道，2001 年沃尔玛中国年会，与会的来自全国各地的经理级以上代表所住的只不过是能够洗澡的普通招待所。沃尔玛的节俭不只是针对员工，企业老总也坚持率先垂范。沃尔玛的创始人山姆尽管是亿万富翁，但他节俭的习惯从未改变。他没购置过一所豪宅，经常开着自己的旧货车进出小镇，每次理发都只花当地理发的最低价 5 美元，外出时经常和别人同住一个房间。正是这种节约的态度，才使山姆有了今天的成功，使沃尔玛有了今天的地位。

在为汶川地震的捐款中，台塑集团慷慨捐赠 1 亿人民币，但台塑总裁王永庆却是出名的"小气鬼"——曾在多个场合多次强调"节省一元钱等于净赚一元钱"。这就是被业界奉为经典的"王永庆法则"。

传说香港著名企业家李嘉诚先生，一次从家中出来，正当秘书为其开车门弯腰欲上车的刹那，不小心从上衣口袋掉出一个硬币。不巧的是这个硬币正好滚落到了路边的井盖下面。于是李嘉诚先生让秘书通知专人前来揭开井盖，小心翼翼地在井下寻找该硬币。大约10分钟后，终于找到了硬币，于是李嘉诚先生"奖励"这位服务人员100元港币。有人不解，以为"落井"的这枚硬币有特殊身份，其实这就是一枚普通硬币。李嘉诚先生这样解析：一枚硬币也是财富，如果你忽视它，它"落井"了，你不去救它，那么慢慢地财神就会离你而去；100元港币则是李嘉诚先生对获得满意服务支付的报酬。所以说，有钱的人，不是"小气"而是深知金钱的价值。不能浪费每一分钱，但是该花的钱一定要花。

通过这些赫赫有名的富人的"小气"行为，我们似乎会有这样一种感觉——有钱的人都很"小气"。其实，如果从"思路决定财路"的角度来讲，我们与其说"有钱的人都很'小气'"，不如换成说："正是因为他们'小气'，他们才会变得有钱。"

节约是一种美德，节约是一大财源

节约是中华民族的传统美德，也是当今世界最倡导的生活方式。大仲马说："节约是穷人的财富，富人的智慧。"还有一句话说得好："节约本身就是一个大财源。"如果你一天节约1元钱，然后存下来，假定年收益率是10%的话，等到你60岁时你就会拥有200万元；如果收益率是4%的话，18年内你的资产就能翻一番；假如收益率能提高到12%的话，6年时间，你手中的资金就会翻一番了。这就是一元钱的力量，不要小看每一分钱，它的背后都有一个巨大的财富机会。

著名的船商、银行家出身的斯图亚特，曾经有一句名言："在经营中，每节约一分钱，就会使利润增加一分，节约与利润是成正比的。"直到他建立了庞大的商业王国，他的这种节约的习惯仍保留着。一位在他身边服务多年的高级职员曾经回忆说："在我为他服务的日子里，他交给我的办事指示都用手写的条子传达。他用来写这些条子的白纸，都是纸质粗劣的信纸，而且会把信纸撕成宽窄适度的条子，这样的话，一张信纸大小的白纸可以写三四条'最高指示'。"一张只用了1/5的白纸，不应把其余部分浪费，这就是他"能省则省"的原则。

"用了30年的地毯舍不得换；喝咖啡时奶油球还要用咖啡涮一涮以免浪费；一条毛巾用到破烂还舍不得丢；纸张不但要双面利用，正面四边留白也要利用；财务报表小数点后面的'.00'，也被他认为浪费空间又浪费印表机墨水。"这些说的正是本法则的创造者—王永庆先生。每省一元钱就等于净赚一元钱，这样的观念已经深入他的骨髓。

这里说的节约，是针对浪费而言的，杜绝任何形式的浪费，一定要将每一分钱都用在刀刃上，最大限度地发挥各种资源的价值。所谓"省钱等于赚钱，花钱等于赚钱"，就是讲要合理利用每一分钱，该花的要花，不该花的一定不能花。金利来集团主席曾宪梓博士从企业创办伊始就奉行勤俭持家的原则，他自己从不进入高档会所，没有抽烟喝酒的习惯，每天步行到公司，但是他让客户住星级宾馆，让员工开奥迪宝马，他在品牌建设上一掷万金，遇到人才，不惜重金挖过来，他将"省钱等于赚钱，花钱等于赚钱"的理论发挥到了极致。在他的带领下，金利来迅速成了全球知名的品牌。

在我们的日常生活中，也有很多节约的例子。比如用洗脸的水冲厕所，复印时用双面复印，房间里没人的时候一定要关灯，买东西不要只追求名牌，不需要的东西尽量不要买。节约是一种习惯，也是一种态度，更是一种原则。从小养成节约的好习惯，一生都会因此而受益。其实，节约一时容易，难的是坚持。穷苦的时候，你会懂得节约，那是生活所迫；可贵的是你钱多到花不完时却依然懂得节约，这时节约已经成为一种品德。真正懂得节约的人，是知道如何花钱的人，他们用的每一分钱都会创造出更高的价值。

·第九章·

消费：消费有讲究，否则被消费

收入效应：别让降价成为你购买的理由

【定律阐释】收入效应是指由商品的价格变动所引起的实际收入水平变动，进而引起商品需求量的变动。具体来说，当你在购买一种商品时，如果该种商品的价格下降了，对你来说，你的名义货币收入是固定不变的，但是价格下降后，你的实际购买力增强了，你就可以买到更多的该种商品。这种实际货币收入的提高，会改变消费者对商品的购买量，从而达到更高的效用水平。

消费中的收入效应

某商品价格下降，使消费者购买水平提高，实际收入水平相应提高，会使消费者增加对这种商品的需求量，从而达到更高的效用水平。这就是消费中的收入效应。具体来说就是当你在购买一种商品时，如果该种商品的价格下降了，对于你来说，你的名义货币收入是固定不变的，但是价格下降后，你的实际购买力增强了，你就可以买更多该种商品。这种实际货币收入的提高，会改变消费者对商品的购买量，从而达到更高的效用水平，这就是收入效应。

按照一般的消费理论，引起消费变化的主要因素分"替代效应"和"收入效应"，长期以来，我国刺激消费走出低迷状况的措施大都聚焦于"替代效应"，即出台政策令消费变得"更便宜"，而储蓄"更贵"（如降低利率、征加利息税等），这些措施的目的是要引导储蓄向当期消费转化。

相对于"替代效应"，"收入效应"应是消费增长的长期可持续动力源泉。不过就一个国家增加居民收入而言，并不是意味着是要过多地干预企业与职员的工资。世行对此的建议显得很具实际可行性，中国目前仍有大量劳动力在从事生产率较低的农业，而农业的劳动生产率仅为其他经济部门的1/6左右。这部分农业劳动力有一半为剩余劳动力，若将其重新配置到其他行业中，特别是劳动密集型的服务业，就业类型的转变可能给这些劳动力的收入带来质的变化，这可能是未来增加居民收入在GDP中占比的最重要途径。

不过，在农村劳动力向城市劳动力转移的过程中，收入差距因素正在转变为一股阻碍的力量：并不是越穷的地方，劳动力转移率会越高。因为农民在原住地的低收入不仅意味着转移出来的机会成本低，有转移激励，还意味着他们很难提高就业境遇的初期投入（比如交通费用、饮食费用，以及城市中的居住费用等）。

商品再降价，消费也要理智

通常，商品一旦降价，消费者的购买欲和购买力都会有所增加。然而，作为一名明智的消费者，我们不应该只看到"商品降价"，而是要考虑手里的钱该不该花，花在必需的、高品质的东西上是一种节约，也是一种智慧。

那么，我们如何才能做到理智消费呢？

1. 消费之前先问6个W

消费专家总结出家庭消费的6W，或许对你合理消费有所帮助。

（1）What（买什么）。从生存需求来看，柴米油盐等都是每家每户的基本生活必需品，属于非买不可的东西；从享受需求来看，美味可口的高档食品，做工考究的精美服饰可根据自己的经济状况妥善安排，并非非买不可；从发展需求来看，音响是否高级进口，彩电是否超平面大屏幕，虽是生活中所需的，但也并非"必需"的。

（2）Why（为什么要买）。任何一个家庭添置东西之前，尤其是购买那些价格较高，属于发展性需求的物品时，总是会郑重地权衡一下是否必须购置，是否符合家庭成员的共同需求，是否为家庭的经济收入和财力状况所允许。

（3）When（什么时间去买）。购物时如果你能巧妙地利用时间差，同样会使你获益匪浅。如在换季大减价的时候购买时装，就有可能以较低的价格买到较称心的衣服。

（4）Where（在什么地方买）。一般情况下，土特产品在产地购买，不仅价格低廉，而且也货真质好；进口货、舶来品在沿海地区购买，往往比内地花费更少。即使在同一地方的几家商店内，也有一个"货比三家不吃亏"的原则。

（5）How（以什么方式去买）。市场经济条件下，商家为了清仓脱货，促进资金流转，往往会使出浑身解数，开展"有奖销售""分期付款""以旧换新""还本销售"等促销活动。这时，你要保持冷静的头脑，进行慎重选择。

（6）Who（什么人去买）。买生活必需品、副食品及服装和床上用品等，做妻子的往往比丈夫精明；而购买家电、家具等耐用消费品似乎做丈夫的比妻子内行些。

掌握了这"6W"，便能把自己的家庭生活安排得较为舒适、美好。当你和家人漫步在街上，面对商场、超市里琳琅满目的商品，光怪陆离的广告，花样百出的促销方式，你便会显得轻松从容，心中有数了。

2. 拒绝免费的午餐

俗话说"买的不如卖的精"，皆因卖的有"底"，买的无"数"。为了各自的利益，"卖的"与"买的"永远是一对矛盾体。众所周知，如今在利益的驱使下，消费市场早已不是一片净土，消费者一不小心，也许就会陷入商家精心设计好的陷阱。

在一个免费为顾客电脑画像的摊位前，顾客小谭被"免费"二字吸引，就坐下尝试了一下，等电脑上出现了自己清晰的影像后，画像者问："你要相片吗？"小谭随口答道："要。"相片出来后，画像者便来收钱，小谭指着免费宣传牌质问为何要钱？人家振振有词地说："电脑画像的确是免费的，不要相片就不收钱，但你要了相片就得交钱。"

免费的午餐，不管是不是骗局，都不要去试，否则，一旦上当你连哭的地方都没有。

3. 逛超市要保持清醒

现代人工作日益繁忙，能照顾到家人的日常生活所需的超市便成为大众购物极为方便的消费场所，不过，如何在琳琅满目的商品中选择物美价廉又不伤钱包的必需品，可就要认真思考一番了！

其实，大的商场都会通过研究消费者的心理和行为来指导经营策略。这些经营策略大到超市地点的分布、经营的风格、品牌所面对的目标消费人群，小到超市里的色调、播放的音乐以及货架的摆放。作为消费者的你，了解了一些商家常用的策略之后，就可以在消费中争取主动地位，避免浪费。

因此，在逛超市之前，最好列一个购物单，严格按照购物单上所列条目来购物，那就能管住你口袋中的钱了。

超市常常举办一些满多少金额就可以抽奖的促销活动。商家刺激的是购物热情，买家在诱惑之下应保持平常心。买该买的东西，抽个奖、拿个小赠品，当然皆大欢喜，但千万不要为了抽奖而盲目购物，否则最后奖没有抽到，还花冤枉钱买了一堆不需要的商品，就得不偿失了。

超市的确是我们生活中的好伙伴，我们也能在超市的环境中得到休闲和乐趣，但你一定要以经济实惠、省钱合理为主要消费原则。

【定律链接】人民币升值是好事，还是坏事

人民币升值实际上指的是人民币兑换外币的比率增加。这里我们要先明白汇率的概念，汇率指的是以一种货币表示另一种货币的价格。根据这个道理，倘若人民币对美元的汇率是 1：8 时，1 美元可以换 8 元的人民币；当汇率上升为 1：7 时，1 美元只能换 7 元的人民币。这样人民币相对于美元来说，就是升值了。如果这时你拿人民币购买美国的东西，就比以前要花的钱少了。因为，人民币更"值钱"了。

2008 年，福建的蓝老板决定为自己购买一辆进口的新车——一款留意很久的凯迪拉克 SRX。在做这笔生意时，蓝老板可谓是打紧了小算盘，他说："我浏览了不少国外专业网站，美国那边经销商的报价为 37140 美元，如果按以前的汇率 8.3 换算，要 308262 元人民币；但我买时的汇率是 7.35，只花了 272979 元人民币，节省了 35000 多元。"

刚刚拿到新车的蓝老板对新座驾非常满意。他准备等到人民币再次升值后，为家里再添置一辆新车。

利用这个例子，就能弄清人民币升值的含义。同时，我们从中看到，人民币升值极大地提高了国内人民的国际购买能力。对于像蓝老板这样的消费者来说，外国的商品现在都等于是在打七、八折的价钱卖给我们，让百姓十分受惠。

同样的，对于进口商来说，他们进口商品也将会比以前更加便利，进口商品和进口原料便宜了，国内的一些加工产品也会变得更低价。于是，人们的购买力增加，从而拉动内需，促进了消费。此外，若有人想出国留学，人民币升值也是个非常不错的契机。根据新浪网留学咨询材料的相关统计："2008 年，赴美留学成本平均约为 12 万元人民币 / 年，其价格和赴澳大利亚或新加坡等国已经相差无几，对国内消费者的吸引力逐渐增强。"而以赴美留学 4 年修完学士学位为例，2008 年留学美国的平均成本要比 2006 年初便宜 10 万元左右。

可见，人民币升值引起的这些效应都同日常生活息息相关，让老百姓有了切实的感受。但在高兴之余，大众似乎都忘记了去辩证地思考，难道人民币升值带来的都是好处吗？

2008年的搜狐财经报道：江苏省盛泽镇——原为中国四大丝绸之都之一，拥有数万台套国内外领先的生产设备，全镇每年生产各种纺织品60亿米。但因人民币升值，将近几百家企业停产，根据纺织协会的有关人员介绍，目前停产的中小企业约占全国中小企业数量的1/3。人民币升值，造成当地企业的利润空间被极大地压缩。

按照中国纺织工业协会的统计，仅2007年一年，全国纺织企业蒙受的经济损失就在1500亿元以上，远远超过企业获得的利润，51%的企业步入亏损边缘，纺织企业的形势堪忧。

概括地讲，人民币升值可以产生如下几方面的正面效应：

（1）有利于推进汇率制度乃至金融体系的改革。

（2）有利于解决对外贸易的不平衡问题。由于实行单一的盯住美元的汇率制度，使中国产品始终保持着"廉价"的优势，在一定程度上可缓解国际收支不平衡的矛盾。

（3）有利于降低进口商品价格和以进口原材料为主的出口企业的生产成本。

（4）有利于降低中国公民出境旅游的成本。

（5）有利于促使国内企业努力提高产品的竞争能力。我们的企业长期以低价占领国际市场，让外国进口商渔翁得利。人民币升值后如提价，可能失去市场；不提价，可能增加亏损，因此只能提高生产率和科技含量，降低成本，提高质量，增强竞争力。

（6）有利于减少国外资金对国内的购房需求，减少房地产泡沫。

同时，人民币升值还可以产生如下几方面的负面效应：

（1）将在一定时期内降低企业的赢利空间，使竞争力和在国际市场的份额下降，导致出口减少。

（2）将加剧某些国内领域的竞争。一些出口产品的生产厂家会加入国内市场竞争的行列，使国内市场竞争更加惨烈。

（3）将造成某些领域的生产相对过剩。如食品、服装、文化用品等出口商品有40%～60%转移到国内市场，必然造成产品在一定时期内供过于求。

（4）将加剧就业压力，特别是会导致许多农民工失去工作。

（5）将增加外商在华投资的成本，利用外资可能会呈现逐渐下降局面。

（6）将增加海外游客在大陆旅游的花费，可能使他们转往其他国家或地区旅游。

总之，人民币升值带来的效果，不能仅仅用利或弊一方面来概括，利与弊是相辅相成，都不可能被回避的。

折扣效应：低折扣背后，藏着高门槛

【定律阐释】折扣效应指在商场里，卖方按原价给予买方一定百分比的退让，即在价格上给予适当的优惠，也就是我们常说的"折扣"，从而诱使消费者再次消费。由于存在这些折扣，消费者多会感到既然买东西都会被宰，被少宰一点，总是好一些。渐渐地，人们也就接受了这样的销售模式。

究竟谁诱惑了你

情人节之际，章先生到花店买玫瑰（平时玫瑰2元一朵，情人节标价20元一朵）。

章先生想：花虽贵，但不能不买，而且，买少了面子上挂不住，买多了又费银子。

正在犹豫，店家走了过来，问："先生，买花啊？"

章先生："嗯。……这，……咳咳，这玫瑰能不能便宜点？"

店家笑道："送女朋友吧？追女孩子怎么能怕花钱呢？若是因为这一大束花，换来了你的幸福，那可是太划得来了！"

章先生犹豫不决……

店家接着说："要不这样吧，您在我这里办张会员卡，我给您五折优惠。"

章先生说："啊？有这个必要吗？"

店家惊讶地说："怎么没有啊，谁家红白喜事不送花？以后用得着的地方多着呢！"

章先生想想也对，就办了张卡，买了束花。

生活中，我们常常会遇到这样的事，明知打折是商家给我们挖的坑，然而我们还是照跳不误。是商家得了便宜还卖乖的表演——"我已经赔了，看在老乡的分上就权当我给你捎一个了"——让我们心软了，还是我们天生就是上当的主？

商家的软磨硬泡之所以能频频奏效，恰恰是利用了我们是理性经济人的特点，即追求实现自己的利益最大化。

在商场里，经营者以种类繁多的商品吸引消费者，再用昂贵的价格获取利润，而为了能获得更多的交易机会，他们会适当地给予消费者折扣。因为存在这些折扣，消费者多少会感到心里舒服些，既然买东西都会被宰，被少宰一点，总是好一些。渐渐地，人们也就接受了这样的销售模式。这就是所谓的折扣效应。

所谓折扣效应，是指卖方按原价给予买方一定百分比的退让，即在价格上给予适当的优惠，从而诱使消费者再次消费。

把顾客的腰包掏空，是这个追逐利润时代的主流思想。人们都想赚钱，都想变着法地从周围的人身上掏钱。打折，就是这样的一个从别人口袋里"掏钱"的方法。无数的商场店家，无不用折扣券、会员卡来吸引消费者，且屡试不爽。消费者捂紧钱包，也很难逃过狡猾的商家设下的一个个圈套。滑稽的是，有时候消费者不仅不对此感到厌恶，还对此非常钟情。

美国 P&G 公司曾经实行过"折扣券"制度，对积攒、保存、出示"折扣券"的顾客（往往都是收入较低的顾客）采用比较优惠的价格。1996 年，该公司以区分消费者需求弹性成本太高之名要取消此种制度。结果，经常来光顾的顾客火了，一纸诉状将它告到了纽约州司法部，最后，P & G 公司被强制要求继续执行"折扣券"制度。

折扣效应让消费者对产品的价格更加敏感，也蒙蔽了消费者，它让人们光看到自己在某一次消费中少花了多少，而没有看到已经为之付出的和将来还要为之付出的代价。有人在消费某些奢侈品的打折优惠时，感到非常满意，却没想到，商家这招用的是"放长线，钓大鱼"，不看眼前蝇头小利，注重的是长期利益。

这一技巧性的方法，被广泛地应用到商业竞争中，可是，人们却无法用法律来对其进行规制和定性。折扣效应一直存在，大至房屋建筑，小至家居杂物，无论在哪里，我们都会听到这样的声音——"本店可办会员卡（送优惠券），购物满100享受八五折！省钱！实惠！您还等什么！"不知道那些"折价生意"背后，到底是谁笑了？

打折的背后——利润上涨

如今的市场促销手段中，最吸引人眼球的莫过于"打折"这两个字了。一逢节假日，商场的促销手段便纷至沓来，令人眼花缭乱。消费者平日工作忙，只有在这个时候才有时间出来采购。精明的商人自然不会错过这个赚钱的好机会，你会发现只要是你要买的东西全在打折。有的人经受不住打折的诱惑，一看见这两个字便想掏钱抢购。

打折的手段花样繁多，最直接的就是在商品价格栏上贴上"五折优惠"的标签，此外还有"满200元立减100元""买一送一""满200送100"等促销口号，外加"跳楼价""放血大甩卖"等惨烈的字眼，目的只有一个，让消费者一看里面全是实惠，赶紧到我这来买。

时间长了，"打折"的新鲜感退去了，人们不禁会心有疑问：难道市场真到了"无处不打折，鲜见原价格"的地步了吗？

有的商场几乎天天打折，打折广告接二连三，打折花样不断翻新。有时全场打折，有时部分商品打折，有时分楼层打折，有时按专柜打折，逢年过节打折，喜庆活动打折，某类产品专项打折，仿佛看不到不打折的时候，商家把利润全给了消费者，难道他们不过了吗？

天底下没有免费的午餐，商家也不会做赔本的买卖，商家对利润的敏感犹如苍蝇嗜血的本性。每一个打折的背后都有一笔精明的小算盘。

"打折"只不过是商家用来招揽顾客的幌子，其背后仍是利润的赚取。由于商品定价投放是商家的自由，所以商家往往将商品的价格提升一点，然后再推出打折的广告。如此一来，不仅能吸引更多的顾客，而且会赚到更多的利润，不会赔本。

进一步来分析，商家的成本由固定成本和变动成本两部分组成。固定成本是相对于变动成本来说的，指总额在一定时期和一定的业务量范围内，不受业务量增减变动的影响，并能保持不变的成本，例如厂房建筑、机械设备、卖场租金等都是属于固定成本范围。变动成本则与固定成本相反，是指成本的总发生额随着生产或业务量的变动而呈线性变动的成本，例如工人的工资等。这两者构成了生产商品所需的总成本，而每件商品平均摊到的总成本就是平均总成本。

在市场经济条件下，产品成本是衡量生产消耗的补偿尺度，企业必须以产品销售收入抵补产品生产过程中的各项支出，才能确定赢利。所以，只要商品的出售价格高过了平均总成本，商家就能获利。商家就是通过精心计算，使打折之后的价格仍然能够高过平均总成本，另一方面，销量的增加，甚至可以使他们获得比平时更高的利润。

　　从商家的角度来说，产品怎样定价、怎样投放是商家的自由，折扣只是商家的一种促销手段，并没有侵犯消费者的切身利益。所以，我们并不能影响商家的这种行为，只能在愈演愈烈的打折背后保持清醒，做一个理性的消费者。

　　此外，商家若没有让利的诚意，折扣不能给消费者以真实惠，一味地隐瞒消费者，从长远来说会有损商家的声誉。商家若想获得长远的顾客，就应该实行明折明扣，使产品的价格透明化、公开化，使消费者能够明明白白地获得让利。

　　【定律链接】增强对"打折"的抵抗力

　　很多人在商场购完物结账时从不看小票，等走在回家的路上时才犯嘀咕——怎么花了这么多钱，我买的很多商品都打折的啊……等拿出小票细看时，才发现很多商品的价格并非是自己原来在货架上看到的价格，并非是所谓的特价商品。这到底是怎么回事呢？

　　"打折"商品却按"原价"收费，到底是自己眼花了还是商家灌你"迷魂汤"了？现在就借你一双"火眼金睛"，让你看清商家玩的那些"躲猫猫"的把戏。

　　1. "特价"商品照样按原价结算

　　明明是"特价"商品怎么能还按原价结算，这不是故意欺诈吗？如果你发现得早，赶在结算之前，收银员会以"工作人员贴错标码"了、"货物放错货架"了或"你看错了"等为由来敷衍你；但是如果你发现得晚，过于相信电脑的零失误率，也不太留意结算时的电脑小票，等你反应过来下次去商场理论时，商家往往会以"特价活动已经结束，现已恢复原价，只是标价牌还没及时更换"为由拒绝返还差价。

　　2. 故意以"打折"商品诱惑消费者，实则仍是原价，甚至比原价还高

　　节假日、换季时各大商场的打折、优惠、购物抽奖的广告扑面而来，吹得你头晕目眩，吹得你直掏腰包捡"实惠"。"买100送60""买300减100"、一折区、二折区、三折区……不少服装店贴满了各种醒目的"黄条"，告诉你他们在"挥泪大甩卖"，只剩"最后三天清仓"了，错过时机你就再也捡不着这样的"实惠"了。他们惯用的伎俩就是在商品上贴上"原价4000元现价1000元"之类的标签来达到促销的目的。一个服装行业的朋友就曾经自吐苦水地说："没办法啊，现在大家都搞这样的噱头，消费者就喜欢看这样的字眼，我们这样写也是为了生意好啊，哪有不赚钱的生意……"是啊，哪有不赚钱的生意——这才是商家打折真正的目的所在——打折＝利润，减价实为涨价。

3.将原价商品故意标为"特价"出售

为吸引消费者注意,商家将一些原价商品故意标为"特价"商品售卖,并以"特价商品概不退换"来制造假象让消费者相信这是最省钱的"白菜价"了,你要不赶快抢这块"肥肉",很快就被别人捷足先登了。等你花了这"白菜价"的钱后,你才发现其实这"白菜价"水分太多,但是商品一旦出售,"概不退换",消费者是捡便宜还是吃亏了,难得糊涂一次吧!

4.在"打折"区域中摆放原价商品来混淆视线

很多超市经常在醒目位置设置"特价"区域,堆放一些特价商品,同时也将一些原价商品放入其中。消费者一般不会仔细查看每件商品的标签,等到结算时才发现所购买的"特价"商品其实是原价商品。但看看排了这么长时间的队等待结账,也只好自咽苦水地买下,谁让自己不仔细看清楚呢!

有些商家就是摸透了消费者这些心理,借"打折""减价"之名,行"欺诈"之实,这对消费者非常有"迷惑性"。当我们兴高采烈地消费时,却不知不觉地投资了零售业、服装业……不知不觉地沦为一个"商品奴"。花了钱,我们是可喜呢,还是可悲呢?!

选择性供给效应:"最低消费"未必消费最低

> 【定律阐释】选择性供给效应是指商家在为消费者提供服务的过程中,一般都对顾客有一个基本的消费额预期,不到这个预期值的顾客,不是他们的目标顾客。比如,很多商家会对顾客的消费提出一定的限制条件,如最低消费等。

有争议的最低消费

中央电视台曾针对北京市政府禁止饭馆向顾客强行摊销"最低消费"的事情录制了一期电视节目。在节目里提到,生活中,许多餐厅酒店、娱乐场所等地方都能看到"顾客最低消费××元"的标示,由于不是一家两家,而是有一批这样的商家,结果这样的规定就被戏称为是餐饮娱乐业的"潜规则"。

在外企工作的林先生对朋友抱怨说:"都说消费者是上帝,但上帝消费多少还要饭店来定,太可笑了。"此类的抱怨已经不是第一例了。在老百姓眼里,餐饮娱乐服务本身是消费者的选择性消费,强加限制,是不是有点过分了?大家只是碍于没有相关法律规定,不能说饭店里有"最低消费"的规定是违法的,但心里早就对商家的此类做法非常反感了。很多人都对此深感不解，希望有关的专家能给个说法。

面对"最低消费"，人们该持怎样的观点？部分法学专家认为，最低消费侵害了消费者的合法权益，违背了消费者的意愿，因此应当撤销。但如果从经济学角度来看，最低消费具有一定的合理性首先，撤销"最低消费"，于法无据，没有哪项法律规定应当对其进行撤销。其次，在消费者消费的过程中，最低消费如果是被明确告知的，那么，消费者有充分的选择余地，决定是否消费。当他选择消费的时候，就应当视其为是理性的消费者，是承认这种消费的，则可以推断出这种"最低消费"是合理的。如果消费者不接受这种"最低消费"，消费者有权拒绝。尤其是在有些饭店里，有包间最低消费多少一说，这是商家提供的特殊服务，因为包间的配置也是需要一定成本的，只要商家的要求不过分，最低消费就合情理。

餐饮业应当算是充分性竞争行业，经营者有选择何种经营方式的权利。倘若商家出高额费用提供幽雅环境，设施齐备，一流的饭菜和服务，却得不到相应回报，那么经营就会亏损。打个夸张点的比方就是，到一家五星级的大酒店里消费，只有消费者花了上千元，饭店才可能有利润入账，如果大家都只消费几十元钱，恐怕饭店早就关门了！这时候，你再看饭店要求客户必须消费满 1000 元，是不是就合理了？退一步说，消费者完全可以不到这里消费，自由选择的权利还是有的。随着部分消费者的放弃，就会筛选出一部分消费能力高的顾客。也可以说，商家是在通过这一途径对消费者进行选择性供给。在商家提供服务的过程中，选择双方是平等的，而商家一般都对进入的顾客有一个基本的消费额预期，不到这个预期值的顾客，不是他们的目标顾客。所以，利用"最低消费"来做个衡量，也是正常的。

这两个观点各说各有理，难以分出胜负。但在现实中，消费者一般都倾向于保护自己的权利，认为不应当有"最低消费"。目前迟迟没有相关法律规定出台，所以，工商部门也没有办法采取相应的措施。因此只能再次提醒消费者，在消费前，一定要慎重选择，要清楚该店是否实行"最低消费"，最低消费是多少，以及自己是否要选择这种最低消费。

消费要精明

日常生活中的很多费用是不必要的，有些花销看似不起眼，但长年累月积攒下来，却不是小数目。因此，面对日常生活中的消费，我们要学会精明到一点一滴，这有助我们养成良好的理财习惯，也充分体现了我们的消费智慧。

许多人每天早出晚归努力工作，甚至牺牲休息时间加班加点，结果到了月底，仍然觉得收入和支出刚刚扯平，有时还不够用，这是怎么回事呢？另一些和自己收入同等的却月月有结余，这又是怎么回事呢？差别只在于你是不是能有效地运用每一笔资金，是不是将每一笔消费都翔实地记录下来了。通过有效运用和详细记录两种方法，你不但不会把钱浪费掉，反而会因此更了解自己的消费习惯，如此一来，要想存一笔钱，成为人人羡慕的小富翁，就不是难事了。

那么，我们具体该如何将消费精明到一点一滴上呢？下面的几大主要消费方面可以为你提供非常重要的参考。

1. 餐饮费

如果想和朋友聊天，尽量把他们约到家里来，这样可以节省一笔饮料费开销。除此之外，还可以自己下厨，体验自己做饭的快乐，因为到餐厅吃吃喝喝十分费钱。

2. 交通费

交通费其实最容易控制，如果路远的话，每天只要提早出门，多搭公共汽车，少打车，即可轻轻松松省下一笔庞大而不必要的开销。

3. 交际费

交际费是生活中最想节省却往往节省不下来的那笔开销，其实最理想的方案就是尽量在家里解决聚餐和吃饭问题，这要比外面的饭店省钱很多，而且还很卫生。至于实在省不掉的开销，比如结婚礼金等等，就记一笔人情账，人家送多少适量还多少，就当作是定期储蓄了。

4. 服装费

聪明的女士都知道，宁可挑一两件质地好，又不容易过时的服装，也不要选购"仅在这个季节流行"的服装。

5. 娱乐费

为了有效节约，很多娱乐活动都可以在非繁忙时间段进行，比如早场电影票价就比一般的电影票价要便宜一半左右。

6. 美容费

如果想省钱，可以自己动手做保养，如清洁、按摩以及祛除青春痘、粉刺等，比到专业美容店，每月可省下几十元至几百元不等的费用。

7. 其他杂费

常见的杂费包括水费、电费、电话费等等。节约杂费的诀窍在于"用一些巧思"。比如冰箱中食物不要放得太满，可防止电量的损耗；照明用节能灯；使用煤气烧开水，小火比大火要省煤气等等。

价格歧视效应：价格"因人而异"

【定律阐释】价格歧视效应实质上是一种价格差异，通常指商品或服务的提供者在向不同的接受者提供相同等级、相同质量的商品或服务时，在接受者之间实行不同的销售价格或收费标准。经营者没有正当理由，就同一种商品或者服务，对条件相同的若干买主实行不同的售价，则构成价格歧视行为。价格歧视是一种重要的垄断定价行为，是垄断企业通过差别价格来获取超额利润的一种定价策略。

同人不同价的缘由——价格歧视

孟尝君是战国后期有名的政治家，被称为战国四公子之一，门下有三千食客，他为这些食客无偿地提供衣食住行。有一位叫冯谖的人因穷困潦倒，无以维持生计，便托人请求孟尝君，表示愿意在他的门下寄居为食客。孟尝君问他有什么爱好，他回答说没有什么爱好。又问他有什么才能，他回答说没有什么才能。孟尝君听后笑了笑，但还是接受了他。佣人看到孟尝君看不起冯谖，就供给冯谖粗劣的饭菜。

按照孟尝君的待客惯例，门客按能力分为三等：上客吃饭有鱼，外出乘车；中客吃饭有鱼，外出无车；下客饭菜粗劣，外出自便。过了一段时间，冯谖倚着柱子弹着自己的剑，唱道："长铗归来乎！食无鱼。"要求改善生活待遇。左右的人把这事告诉了孟尝君，孟尝君就改善了他的伙食。

又过了一段时间，冯谖弹着他的剑，唱道："长铗归来乎！出无车。"左右的人都取笑他，并把这件事告诉给孟尝君，孟尝君给他配备了马车。

这使冯谖深受感动，后来他为孟尝君政治地位的稳定作出了重要贡献。

孟尝君将他的食客分为三等，上等和下等食客的待遇是截然不同的，事实上这些食客是受到了歧视。消费经济学中也存在歧视，即价格歧视。

越剧《何文秀》中有个段子是这样的，算命先生说："大户人家叫算命，命金要收五两银；中等人家叫算命，待茶待饭待点心；贫穷人家叫算命，不要银子半毫分，倘若家中有小儿，先生还要送礼金，倒贴铜钱二十四文，送与小儿买糕饼。"这段唱词中，算命先生的一副好心肠令大家感动不已。

当然，算命先生的话即使被大户人家听到了，大户人家还是可能找他算命，只要算命先生能提供与价值相符的服务。算命先生对不同人家的不同定价策略，似乎并不影响他的"生意"。他的定价策略其实是很明显的"价格歧视"。

价格歧视，实质上是一种价格差异，通常指商品或服务的提供者在向不同的接受者提供相同等级、相同质量的商品或服务时，在接受者之间实行不同的销售价格或收费标准。经营者没有正当理由地将同一种商品或服务，对条件相同的若干买主实行不同的售价，则构成价格歧视行为。

实行价格歧视的目的是为了获得较多的利润。如果以较高的价格能把商品卖出去，生产者就可以多赚一些钱，因此生产者会尽量把商品价格定得高些。但如果把商品价格定得太高了，又会赶走许多支付能力较低的消费者，从而导致生产者利润的减少。这时，生产者会采取一种两全其美的方法，既以较高的商品价格赚得富人的钱，又以较低的价格把穷人的钱也赚过来，这就是生产者所要达到的目的，也是"价格歧视"产生的根本动因。

生活中无处不在的"价格歧视"

价格歧视看上去好像很神秘，其实它无时无刻不在我们身边。在生活中，实行价格歧视的事例比比皆是。大学生放假回家，只要手持学生证，就可以买到半价票；在北京坐公交车，刷卡便可以打四折；有的舞厅为了使舞客在跳舞时成双配对，甚至只让男士买票，女士可以免费……

一般电影院会对学生和老人打对折，这样支付能力低的学生和老人也可以去看电影，电影院既不会失去这部分客户，又能对其他客户收取较高费用。这就是一种价格歧视，即你要为同样的商品支付不同的价格。

最能体现价格歧视的例子当属机票的价格。相邻的两个座位价格可能相差一倍——这就是航空公司的价格歧视，它通过对人群进行甄别，然后对不同群体收取不同的费用来实现自己的利润最大化。一般如果你提前两周或一个月去预订机票，价格会比即买即走要低得多。因为提前订票的大都是经常看报寻找优惠活动的人，把这些人甄别出来，就可以用低廉的价格来吸引他们。但是对那些说走就要走的忙人，价格不是最重要的因素，时间才是最宝贵的。这样的客户群体，收费当然要高啦。

对消费者来说，商家实行"价格歧视"的前提是市场分割。如果生产者不能分割市场，就只能实行一个价格。如果生产者能够分割市场，区别顾客，而且分割的不同市场具有明显不同的支付能力，这样企业就可以对不同的群体实行不同的商品价格，尽最大的可能实现企业较高的商业利润。

如果没有价格歧视，每个消费者都平等，实际上会造成对高"需求者"（需求弹性小、支付意愿强的消费者）的歧视。厂商向每一位顾客收取其刚好愿意支付的价格的做法叫作"完全价格歧视"。完全价格歧视表面上看好像不公平，其实未必。这是因为，在整个价格歧视中，不同的有效需求者都能得到有效的供给，因而从需求与供给相等的意义上说，没有任何人遭到歧视。对高"需求者"歧视不行，对价格敏感、需求弹性大的普通百姓而言，如果不被"歧视"，那就更不答应了。所以说，价格歧视本身也是一种市场公平的体现。

【定律链接】什么是"二级价格歧视"与"影子价格"

二级价格歧视也称作非线性定价。垄断厂商按不同的价格出售不同单位的产品，但是购买相同数量产品的每个人都支付相同的价格。一个垄断的卖方还可以根据买方购买量的不同，收取不同的价格。比如，电信公司根据客户每月上网时间的不同，收取不同的价格，对于使用量小的客户，收取较高的价格；对于使用量大的客户，收取较低的价格。因此，不是不同的人之间，而是不同的产量之间存在价格歧视。

影子价格是投资项目经济评价的重要参数。它是指社会处于某种最优状态下，能够反映社会劳动消耗、资源稀缺程度和最终产品需求状况的价格。影子价格是社会对货物真实价值的度量，只有在完善的市场条件下才会出现。但这种完善的市场条件是不存在的，因此现成的影子价格也是不存在的，只有通过对现行价格进行调整，才能求得它的近似值。

买单诡计论：理性消费，才是明智消费

【定律阐释】买单诡计论是指商家将利润藏在看不见的角落，把实惠落在明处，让客户看到商家的慷慨和善心，即使看出隐藏的利润，也会对商家敬佩不已。

天天打折的商场为何对生活必需品不打折

各大商场的打折正如火如荼。周日李艾出去购物，除了给自己买了许多衣物

外，还破天荒地给老公买了一件羊毛衫和一双皮鞋。

当李艾抱着大包小包冲进家门的时候，老公正在看电视。她兴高采烈地对老公说："我给你买了羊毛衫和皮鞋，快过来看看。""今天商场又打折吧？"老公冷眼旁观，丝毫没有兴奋的神色。"是的，都很便宜。"李艾边说边把老公的皮鞋从鞋盒子里拿了出来。"我一听说你居然还给我买了东西，就知道商场这次打折打得有多厉害了。"老公冷静地说道。

常常去商场购物的你，是否注意过，在打折的物品中，哪一些商品的打折频率比较高呢？

其实不难发现，名牌服饰和家具等以高收入白领阶层为目标的商品占了打折品的大部分，而生活中必不可少的日用消费品却很少打折，即使有，打折券上也常常有四个字——限量销售。为什么呢？

因为生活必需品是不得不买的商品，在商场中没有降价的必要。人们要买便宜的生活必需品，会去小区旁边的超市，很少有人会去商场。

实际上，超市所走的打折路线和商场是一致的，目的都是将消费者吸引过来，不同的是，超市是通过对某些商品的打折促销来吸引消费者，再通过销售其他较昂贵的商品以确保超市的销量。

全球 500 强榜首企业沃尔玛公司，是美国最大的私人雇主和世界上最大的连锁零售企业。1996 年，沃尔玛进入中国，以"天天平价"为宗旨，"为顾客节省每一分钱"。不出几年，沃尔玛就登上了中国零售超市的榜首。至 2008 年，沃尔玛已经在中国的 89 个城市开设了 143 家商场，每周光临沃尔玛在华超市的顾客超过 500 万人次。

正如经济学家称，商家对利润的敏感犹如苍蝇嗜血的本性，沃尔玛当然也不例外。沃尔玛的商品总是轮番打折，今天食品大促销，明天生活用品搞活动。其实，它的所谓"天天平价"主要是针对那些顾客比较熟悉的商品、价格感知比较敏感的食品、日常消费品，在顾客心中树立"平价"形象，以部分商品的低价招徕更多顾客，也进一步推动正价商品的消费。

不管超市还是商场，生活必需品无论价格如何上涨或下降，其需求都不会有大幅的变化，所以它们属于价格非弹性商品；相反，奢侈品如果价格很高，其需求就会大幅下降，一旦折扣信息传出，需求就会大大增加。所以，很多商场通过这样的折扣来吸引消费者眼球，让消费者充分享受打折带来的利益与满足感，从而购买平时想都不敢想的物品。又因为这类商品的价格弹性很大，所以，商场可以达到自己的销售额，消费者也可以买到中意的商品。

提防"赠品"陷阱，别为了"糖衣炮弹"吃一嘴沙

如今，商家为了促销，经常会附送一些赠品来吸引消费者。例如，买冰箱赠微波炉，买彩电送 VCD、饮水机，买杂志赠沐浴露，去游乐场还会得到一张再次光临的赠票……消费者真的这么幸运吗？如果是陷阱，到底在哪里呢？

不错，你的问题问到了点子上。商家又没要你的钱，免费送给你的还不好吗？每个人都有贪小便宜的心理，几乎没有人会拒绝"免费"的东西，商家正是利用人们的这种心理来牟取暴利的。

有关调查显示，冲着商家有赠品去消费的顾客占了绝大多数。但实际上，这些赠品并不是白送的，商家早就把赠品的折合价一块算到成品里让消费者掏过腰包了，也就是消费者花钱自己买了赠品。回头再看看这些赠品，完全没有什么实际价值。

不少亲身体验了赠品陷阱的人都曾有过类似的不愉快经历：

"我前不久买了一个电磁炉，商家还赠送了一个汤锅，回家我就用赠送的汤锅做汤。没想到，刚把锅放上电磁炉上，锅就吱吱冒起烟来。"

"我买过一个紫砂锅，商家赠送了一个锅铲，结果不到一个月就断掉了。"

"有一次，我在超市看到捆绑在一起的牛奶正在打特价，也没有留意日期，等回家后才发现再有四五天就过保质期了。"

……

当然，也有些是货真价实的赠品，但你以为你真的占到便宜了吗？

李先生想买台笔记本电脑，为了买得实惠，他货比三家，终于在一家商场"锁定目标"。这台笔记本电脑的价格是 17500 元，广告宣传正在搞活动，会赠送很多赠品，两个电池、两个电源、一个小音箱。李先生觉得价格适中，还可以得到实用的配件，一举两得，爽快地买下了。但是，他不知道的是"羊毛出在羊身上"，其实这些赠品本来就是包括在产品里的，是产品的附件，赠品的价格早就被商家加到家电产品上了。

买的永远没有卖的精，看似免费的赠品，其实后面有很大利润、很多陷阱。

商家怎么可能不赚钱呢？越是提供赠品的，你越要睁大自己的眼睛看有没有掉进商家的温柔陷阱里，更要避免因为贪图赠品而"捡了芝麻，丢了西瓜"。

朱小姐在某商场花460元买了一台抽油烟机，当时正值该商品促销，朱小姐得到一桶色拉油，可抽油烟机仅使用两个多月便出现故障。于是，朱小姐不得不回商场找工作人员要求退货或者维修。但商场的回应却非常令人费解，商场要朱小姐交回曾经赠送的色拉油，否则不给退货或者售后服务。朱小姐表示色拉油已被她用了，商场负责人就让她拿出50元钱作为赔偿赠品的钱，才给她退换或者维修。

商家这样的欺诈行为，实在让人汗颜，找消协投诉让他们得到应有的惩罚，才能让消费者平息怒火。但是，市场之大，有些行为总是屡禁不止，消费者要想避免陷入陷阱，就不要贪图小便宜，想着天下掉馅饼的事情。

要知道，商家精明过了头，顾客只能当"冤大头"！

【定律链接】提高消费性价比

祖父领着孙女去饭店吃饭，要点一碗炸酱面，问面和酱各多少钱。饭店服务生说一碗面100元，酱免费。祖父毫不犹豫地给孙女点了一碗酱。酱吃完后，故事还没完，祖父得知饭店免收加工费，又从随身带的麻袋里掏出一只鸡和一些蔬菜，让店里给做成菜。

这是中央电视台2009年春节晚会上的一个小品，很多观众看后都被逗得哈哈大笑。这是会心的笑，拥有传统消费心理，口袋里的银子还没有多到一掷千金程度的人，几乎都会有这种想法。

艺术来源于现实生活，这个小品在生活当中有很多原型。比如，去麦当劳就餐，经常会看到这样的场景：有的人只吃汉堡不喝可乐，有的人喝可乐但不加冰，还有很多人几乎不吃配餐。这到底是怎么一回事呢？

关于麦当劳、肯德基等洋快餐的赢利模式，已被无数专家热炒过许多遍。我们在这里讨论的是，对价格比较敏感的普通顾客而言，如何才能在性价比更高地在洋快餐店内就餐。

首先，麦当劳的汉堡，不管是板烧鸡腿堡、麦辣鸡腿汉堡、巨无霸或其他形式的汉堡，跟其他小超市、面包屋，甚至街头的"中式汉堡"比起来，要美味很多，而且价格相对固定，可替代效应比较低，加之其是主餐，所以，在它们身上省钱的念头可就此打住。

其次，看配餐，麦辣鸡翅、麦乐鸡、薯条和玉米。一般而言，麦辣鸡翅和麦乐鸡属可替代食物，而薯条和玉米也属于可替代食物。如果你选择了麦辣鸡翅，就可以放弃麦乐鸡；如果你不喜欢薯条的油腻，可用清淡的玉米代替，但前提条件是填饱肚皮。跟价格比较起来，玉米相对而言性价比不高，因为市场上相同价格可以买来几倍的玉米。

在超市，同样价格可以购买很大的一瓶可乐，而在麦当劳里，只能买到一小杯。如果报纸上的社会评论所说属实，麦当劳很大一部分赢利来自可乐。如果我们知道每杯可乐的成本很低，那我们就不会再去消费。这也就不难理解为什么很多人去麦当劳去只吃汉堡不喝可乐，或者带瓶矿泉水吃汉堡。

仔细分析，在麦当劳的餐单上，可乐的替代效应也很小。任你买哪一种饮料，都会让自己掉入麦当劳的定价陷阱中——那就是将不多的利润放在汉堡中，而将大部分的利润放在可乐等饮料中，因为可乐和汉堡属于"互补品"，可乐和薯条也属于"互补品"，汉堡或薯条销售量的增加必然会带动可乐的销售量。将主要利润成本放在可乐身上，也是麦当劳的定价高明之处。

将主要利润放在貌似非主要产品的身上是商家的高明处，再机灵的消费者也不会带着一杯水、一包糖和苏打踱进店里，让服务员给他免费加工一杯可乐。

奢侈品效应：享受有差别的生活

【定律阐释】在经济学上讲，奢侈品指的是价值/品质关系比值最高的产品；从另外一个角度上看，奢侈品又是指无形价值/有形价值关系比值最高的产品。人们为了追求荣耀、优越感及个性化等因素，往往会把购买奢侈品作为一种享受。

有一种享受叫奢侈

法国皇帝拿破仑三世是一个奢靡的人，同时也是一个喜欢炫耀自己的人。他常常大摆宴席，宴请天下宾客。每次宴会，他总是特意显示出皇帝的尊贵。餐桌上的用具几乎全是用银制成的，唯有他自己用的那一个碗是铝制品。有人可能有疑问了，为什么贵为法国皇帝，却不用高贵而亮丽的银碗，而用色泽要暗得多的铝碗呢？原来，在差不多200年前的拿破仑时代，冶炼和使用金银已经有很长的历史，宫廷中的银器比比皆是。可是，在那个时候，人们才刚刚懂得从铝矾土中炼出铝来，冶炼铝的技术还非常落后，炼铝十分困难。所以，当时铝是非常稀罕的东西，不要说平民百姓用不起，就是大臣贵族也用不起。拿破仑让客人们用银餐具，而自己用铝碗，就是为了显示自己的高贵。

这事如果发生在现代社会，一定十分可笑，因为在今天，铝不仅比银便宜得多，而且光泽和性能都远远比不上银。铝之所以变得便宜，是因为后来人们发明了电解铝的技术，可以大量生产铝。但对于拿破仑时代的人来说，铝碗无疑是奢侈品。

奢侈品在国际上被定义为"一种超出人们生存与发展需要范围的，具有独特、稀缺、珍奇等特点的消费品"，又称为非生活必需品。奢侈品在经济学上，指的是价值 / 品质的关系比值最高的产品。从另外一个角度上看，奢侈品又是指无形价值 / 有形价值的关系比值最高的产品。从经济意义上看，奢侈品消费实质是一种高档消费行为，本身并无褒贬之分。

对于人的消费而言，维持和延续人体基本生存的生活资料属于必需的消费品，如满足人体新陈代谢所需的食物、满足人们保暖的住房等。在不同的经济发展阶段上，生存资料标准与范围也不相同，随着消费水平的不断提高，必需消费品的种类不断增加、质量不断提高，就出现了满足人的高级享受需要的消费品，也就是奢侈消费品。在经济发展的不同阶段，奢侈消费品的内涵也不尽相同，某件商品在经济发展水平低的阶段是奢侈消费品，随着经济发展就有可能转化为必需消费品。

人类追求奢侈品的4个主要动机：

1. 富贵的象征

奢侈品是贵族阶层的物品，它是贵族形象的代表。如今，虽然社会民主了，但人们的"富贵观"并未改变。劳斯莱斯汽车就被视为贵族车的象征。

2. 看上去就好

奢侈品的高级性应当是看得见的，正因为其奢华"显而易见"，它才能为主人带来荣耀。所以说，奢侈品必须提供可见价值——让人看上去就感到好。那些购买奢侈品的人完全不是在追求实用价值，而是在追求"最好"的感觉。

3. 个性化

正是因为奢侈品的个性化，才为人们的购买提供了理由；也正因为奢侈品的个性化，才更显示出其尊贵的价值。

4. 距离感

在市场定位上，奢侈品是为少数"富贵人"服务的。因此，要维护目标顾客的优越感，就应当使大众与他们产生距离感。奢侈品要不断地设置消费壁垒，拒大众消费者于千里之外。

省吃俭用买来奢侈品能提升"地位"

购买奢侈品需要足够的经济实力，然而，生活中有很多人，经济实力并不雄厚，终日省吃俭用，然后用节省下来的钱去购买奢侈品，以为这样就可以提升自己的"地位"。其实，这就是人们的虚荣心在作怪。

爱慕虚荣是人类最普遍的弱点之一，每个人身上都有爱慕虚荣的毛病。虚荣心是指一个人借用外在的、表面的或他人的荣光来弥补自己内在的、实质的不足，以赢得别人和社会的注意与尊重，是一种很复杂的心理现象。法国哲学家柏格森曾经这样说过："虚荣心很难说是一种恶行，然而一切恶行都围绕虚荣心而生，都不过是满足虚荣心的手段。"

虚荣心强的人喜欢在别人面前炫耀自己昔日的荣耀经历或今日的辉煌业绩，他们或夸夸其谈，肆意吹嘘，或哗众取宠，故弄玄虚，自己办不到的事偏说能办到，自己不懂的事偏要装懂，一切为了提高自己。虚荣心强的人喜欢炫耀有名望有地位的亲朋好友，妄图借助他人的荣光来弥补自己的不足，而对于那些无名无分、地位"卑微"的亲朋则避而不谈。

下面这些情形在你身上发生过吗？

（1）你喜欢谈论有名气的亲戚朋友或以与名人交往为荣；

（2）你热衷于时髦服装，对西方的流行货万分倾倒，对名牌津津乐道；

（3）你喜欢和别人谈论电影、名著和艺术，但其实你知道的并不多，你只是为了得到别人的赞许；

（4）你喜欢表现自己，尤其想在大庭广众面前露一手，以为这会引起大家对你的重视；

（5）你每月只有3000元的收入，不过你最近还是买了一个10000元左右的LV包；

（6）你的爱人让你觉得与你很不般配，于是你不愿意带着爱人参加集体活动，你怕别人怀疑你的品位；

（7）你经常停留在商店橱窗前，悄悄欣赏自己的身影，欣赏自己照片已成为生活的一部分；

（8）你在与同事朋友的谈论中，常常强词夺理、文过饰非；

（9）你头脑一热请朋友吃饭，花费不少，于是你感到后悔；

（10）你因为朋友的衣物或手表比你名贵一些，你感到很有压力，甚至不愿与这位朋友一起吃饭。

如果上述情形有很多在你身上发生过，那么你就要注意了，因为你可能会为了吸引别人的注意，得到别人的称赞，而渐渐失去了自己。当别人用羡慕的眼光看着你的时候，你会感到更加开心；每当你的行头又有了新花样的时候，你会第一时间跑到别人面前展示；也许你并不富裕，但是你却通过省吃俭用购买那些"提升"地位的奢侈品；你还不时展示你几乎没有的才华，只为了博得别人的赞许……

虚荣心让你生活在表演之中，你渐渐失去了你自己，你活得就像个小丑。

虚荣心给人们带来的麻烦和苦恼也是有目共睹的，所以，我们一定不要成为虚荣的奴隶。那么如何摆脱虚荣呢？

第一，要客观评价自己，对自己的优缺点、优劣势有一个真实的评价，不要自己欺骗自己，要敢于正视自己的不足，建立对自己的信心。

第二，正确地对待名誉，不要热衷于虚名。不要为名声、形象所累。因为名声、形象实际上都是抽象的、虚幻的、人为的，受每个人的价值观念影响。只要你自己有相应的进取、发展、成熟的思维和行为，就完全可以按照自己的心理需求行事，不必过多考虑他人会说什么，有什么看法。

第三，力戒说谎，避免以说谎来表现虚荣。

第四，敢于自我暴露。不但要向他人表现自己的优点、优势，也要暴露自己的弱点、劣势，在人际交往、各种活动中流露自然的自我，自己是什么样的就表现出什么样，有什么想法就说出来，做真实的自己。